Erich Lamprecht

Lineare Algebra 2

2., korrigierte Auflage

Springer Basel AG

Prof. Dr. Erich Lamprecht, geboren in Mainz, Studium der Mathematik in Berlin, Promotion 1952 in Berlin, Habilitation für Mathematik 1955 in Würzburg, seit 1963 o. Professor für Mathematik an der Universität des Saarlandes in Saarbrücken.

Die erste Auflage dieses Titels erschien 1983 in der Reihe UTB.

Die Deutsche Bibliothek – CIP-Einheitsaufnahme

Lamprecht, Erich:
Lineare Algebra / Erich Lamprecht. – Basel ; Boston ; Berlin :
Birkhäuser.
2.–2., korrigierte Aufl. – 1993
ISBN 978-3-7643-2889-4   ISBN 978-3-0348-8572-0 (eBook)
DOI 10.1007/978-3-0348-8572-0

© 1993 Springer Basel AG
Ursprünglich erschienen bei Birkhäuser Verlag Basel 1993
Gedruckt auf säurefreiem Papier, hergestellt aus chlorfrei gebleichtem Zellstoff

9 8 7 6 5 4 3 2 1

Inhaltsverzeichnis

Inhalt von Band 1

Kapitel I K-Vektorräume und ihre Homomorphismen

Kapitel II K-Endomorphismen, Elementarteiler und Normalformenprobleme

Vorwort zur 1. Auflage

Die Einordnung der beiden Bände zur «Linearen Algebra» im Rahmen der Gesamtliteratur gleichen oder ähnlichen Titels wurde im Vorwort zu Band 1 bereits ausführlich vorgenommen, so daß auf eine Wiederholung dieser Ausführungen hier verzichtet werden kann.

Der vorliegende Band 2 enthält mit dem ersten Themenkreis in Kapitel III (Semilineare und quadratische Formen, unitäre und euklidische Räume) einen Gegenstand, der zumindest in den Hauptergebnissen zur Grundausbildung in linearer Algebra für Studierende der Mathematik und Informatik gehört und auch für naturwissenschaftliche Anwendungen von Interesse ist. Genaueres über den Inhalt ist der Einleitung des Kapitels zu entnehmen, die benötigten Vorkenntnisse aus Band 1 zeigt der Leitfaden auf (entsprechendes gilt auch für die anderen Kapitel dieses Bandes).

Die übrigen Gegenstände werden in der Regel nicht oder nur teilweise in dem zweisemestrigen Grundkurs zur linearen Algebra durchgenommen. Sie wurden von mir oft in unterschiedlichen Zusammenstellungen in ergänzenden Lehrveranstaltungen bzw. in Proseminaren zur linearen Algebra behandelt. Es handelt sich um Themen, bei denen gewisse Kenntnisse für den Mathematiker und Naturwissenschaftler durchaus zweckmäßig sind. Hierzu gehören die in Kapitel IV diskutierten Grundtatsachen zur multilinearen Algebra, wie z.B. Tensorprodukte, Tensoren, alternierende Produkte und Determinanten; diese Fakten werden mit Ausblicken auf weiterführende Untersuchungen und Anwendungen ergänzt. Im Kapitel V schließlich wird gezeigt, wie man aus der algebraisch-arithmetisch begründeten linearen Algebra die affine bzw. euklidisch-affine sowie die projektive Geometrie herleiten kann.

Hierbei wird nicht nur auf allgemeine Definitionen und die Angabe von Existenz- und Klassifikationssätzen Wert gelegt, sondern auch geschildert, wie wichtige geometrische Sätze aus denen der linearen Algebra folgen. Dieses Kapitel kann somit als Textvorlage für eine Lehrveranstaltung zur analytischen Geometrie dienen; es soll dem Studierenden zugleich eine Möglichkeit bieten, seine Geometrie-Kenntnisse über das aus der Schule Bekannte hinaus zu erweitern und zwar mit Methoden, die er sich für sein Studium ohnehin aneignen müßte. Bewußt wird auch auf geometrische Begriffe eingegangen, die bei Anwendungen in Analysis, Physik und Technik von Wichtigkeit sind.

Wieder sind den Paragraphen ausführliche Ergänzungen beigefügt; sie erlauben es, nach Interesse die einzelnen Themen unterschiedlich intensiv zu bearbeiten. Zahlreiche, nach Schwierigkeitsgrad geordnete Aufgaben sollen die Einübung in Theorie und Praxis fördern (vgl. auch die Hinweise für den Leser).

Allgemeine Anregungen aus dem Kollegen- und Studentenkreis flossen in dieses Buch ein; darüber hinaus bin ich insbesondere den nachstehend genannten Mitarbeitern für ihre Hilfe beim Entstehen des Buches zu Dank verpflichtet: Frau B. Barth, Frau Dr. S. Geisler und Herr Dr. G. Lehrmann halfen mir bei der Erstellung und Kontrolle des Aufgabenprogrammes; Herr H.-J. Andres wirkte intensiv bei der Endredaktion der Texte mit; mein Sohn Ronald half mir bei der Erstellung der Figuren; Frl. M. Schommer bearbeitete Index und Symbolregister; Frl. Chr. Wilk besorgte die Manuskriptreinschrift. Neben den genannten halfen mir meine Frau und meine Tochter Karin bei den Korrekturen. Dem Birkhäuser Verlag danke ich für die Aufnahme dieses Buches in die UTB-Reihe Mathematik und die drucktechnische Ausstattung des Bandes.

Saarbrücken, Sommer 1983

E. Lamprecht

Vorwort zur 2. und korrigierten Auflage

Allen, die mir durch Hinweise auf Druckfehler und Ungenauigkeiten bei der Verbesserung der vorliegenden Neuauflage dieses Buches geholfen haben, – insbesondere den Herren Elwert, Krämer, Wahrenberg und Wendel – bin ich hierfür sehr dankbar. Für die schnelle Ausführung des korrigierten Nachdruckes des Bandes, sowie die drucktechnische Ausstattung, gilt mein Dank dem Birkhäuser Verlag.

Saarbrücken, Februar 1993

E. Lamprecht

Hinweise für den Leser

In dem vorliegenden zweiten Teil der Linearen Algebra schließen
wir uns in den Bezeichnungen und Schreibweisen sowie der Numerierung von Paragraphen, Satzen und Formeln dem ersten Band

> Lineare Algebra 1 (vgl «Erganzende Literatur»),
> im folgenden zitiert mit LA 1

an und setzen die dortige Zahlung fort (z B LA 1, §3, Satz 3 12 usw)
Ebenso benutzen wir gelegentlich Rechentechniken der Algebra und
numerisches Beispielmaterial zur elementaren Gleichungs-, Matrizen-
und Determinantentheorie, wie es in meinem Buch

> Einfuhrung in die Algebra (vgl «Erganzende Literatur»),
> im folgenden zitiert mit EA

enthalten ist, Ergebnisse dieses Buches werden entsprechend zitiert
(z B EA, Satz 8 14 usw)

Die logische Abhangigkeit der Untersuchungen des vorliegenden
Bandes untereinander sowie von den Ergebnissen aus Band 1 ist aus
dem nebenstehenden Leitfaden zu entnehmen Dieser Leitfaden zeigt,
daß die Kapitel des Buches inhaltlich weitgehend unabhangig voneinander sind, auch dort, wo Abhangigkeiten genannt sind, betrifft
dies oft nur Teile des diskutierten Stoffes Die Erganzungen zu den
Paragraphen (zitiert etwa in der Form §8,E) sind weitgehend unabhangig und konnen bei der ersten Lekture ubergangen werden Sie
wollen es dem Leser – je nach Neigung und Interesse ermoglichen,
einzelne Themen zu vertiefen bzw bei spateren weiterfuhrenden
Studien die Zusammenhange mit den Grundbegriffen zu erkennen

Zur praktischen Einubung der Verfahren und zur Vertiefung der
Theorie wurde ein umfangreiches, nach Schwierigkeitsgrad geordnetes
Aufgabenmaterial bereitgestellt, dessen Bearbeitung eindringlich
empfohlen wird Die Behauptungen einiger theoretischer Aufgaben,
die von weitergehendem Interesse sind, sind zugleich im Text als Satz
oder Bemerkung formuliert

Leitfaden

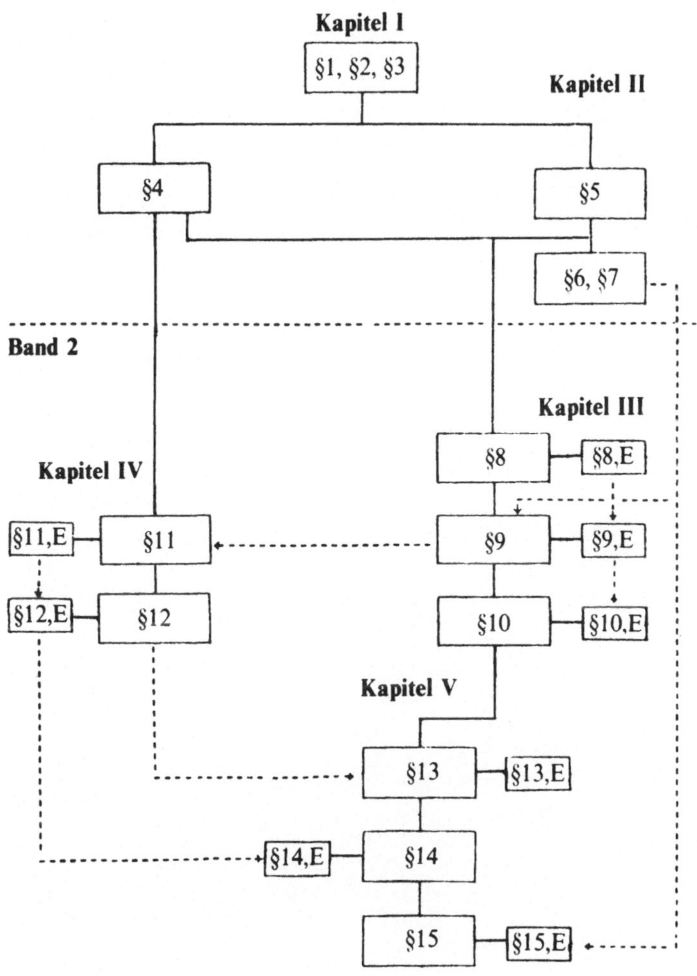

Vgl. auch das Inhaltsverzeichnis.

---->: Ergebnisse werden zum Teil benötigt.

Kapitel III
Semibilineare und quadratische Formen, unitäre und euklidische Räume

Der Gegenstand von Kapitel III ist die Diskussion von K-Vektorraumen und ihrer K-Homomorphismen beim Vorliegen zusatzlicher algebraischer Strukturen in diesen Vektorraumen Dies bedeutet, daß wir uns auf die Untersuchung spezieller Vektorraume (mit reichhaltiger Struktur) beschranken und insbesondere Begriffe (wie z B Abbildungen) diskutieren, die mit dieser Zusatzstruktur in einer noch zu prazisierenden Beziehung stehen Die erwahnten Spezialfalle umfassen und verallgemeinern die konkreten Beispiele der arithmetischen euklidischen Vektorraume, wie man sie oft bei einer ersten Bekanntschaft mit der Vektorraumtheorie kennenlernt (vgl auch EA, §8 bzw §11), und die fur die Anwendungen besonders wichtig sind

Die erwahnte zusatzliche algebraische Struktur wird bilinear oder allgemeiner sesquilinear sein Wir hatten bereits in LA 1, §4 aus Kapitel I bilineare Formen und allgemeine Skalarprodukte eingefuhrt und erste Eigenschaften dieser Bildungen diskutiert Diese Ansatze sollen hier zunachst zum Begriff der semibilinearen und sesquilinearen Form verallgemeinert werden und zugehorige Folgebegriffe, wie z B quadratische Formen, spezielle Raumtypen und Abbildungsklassen, insbesondere im endlich-dimensionalen Fall, ausfuhrlich untersucht werden Dies fuhrt dann zur Theorie der Vektorraume mit zusatzlicher sesquilinearer oder bilinearer Struktur, einem der Hauptgegenstande dieses Kapitels

Dem Haupttext – er enthalt den Stoff, der ublicherweise im Rahmen eines Kurses uber lineare Algebra besprochen wird – sind jeweils wieder Erganzungen sowie Aufgaben beigefugt Die Erganzungen richten sich mehr an den algebraisch interessierten Leser, der in einem Teilgebiet Genaueres wissen mochte, sie konnen bei der ersten Lekture ubergangen werden (vgl auch die «Hinweise fur den Leser») Die Aufgaben sind nach Schwierigkeitsgrad geordnet

In dem einfuhrenden §8 werden nach Bemerkungen uber den Begriff der Involution in einem Korper K zunachst Semibilinearformen und σ-Sesquilinearformen definiert und an Beispielen illustriert Folgebegriffe, wie z B nicht ausgeartete (σ-Sesquilinear) Formen, Orthogonalitat, Fundamentalmatrizen (bei endlicher Dimension) und ihr Transformationsverhalten sowie Eigenschaften und Anwendungen werden behandelt, desgleichen werden wichtige Spezialfalle, wie z B σ-hermitesche und σ-schiefhermitesche Sesquilinearformen und die zugehorigen Matrizen besprochen Als erstes zentrales Ergebnis wird der Orthogonalisierungssatz (Satz 8 5) fur σ-hermitesche Sesquilinearformen bei endlicher Dimension hergeleitet und diskutiert Weiter fuhren wir quadratische Formen $Q^B(X)$ ein, fur die dann im Fall $K = \mathbf{R}$ der Tragheitssatz von Sylvester, einschließlich zugehoriger Berechnungsverfahren, hergeleitet wird Definit-, Semidefinit- und Indefinitheit hermitescher Formen und Kriterien hierfur sowie unitare bzw euklidische Raume und erste zugehorige Begriffe bilden den weiteren Inhalt von §8 Die Erganzungen zu §8 enthalten zunachst einige Bemerkungen uber semilineare Abbildungen Anschließend folgt ein Abriß einer allgemeinen Theorie von Raumen mit Skalarprodukt B uber Korpern K mit Char(K) $\neq 2$ bzw von quadratischen Raumen mit den Begriffen Isometrie, orthogonale Summen, isotrope Teilraume und dem Satz uber die Wittsche Zerlegung solcher Raume und Formen (Satz 8 12) Ausfuhrliches Aufgabenmaterial erganzt diese Gegenstande

Nach einleitenden allgemeinen Uberlegungen zu Paaren adjungierter Abbildungen von Raumen mit Sesquilinearformen und zugehorigen Matrizen diskutieren wir in §9 hauptsachlich lineare adjungierte Abbildungspaare von unitaren und euklidischen Raumen Unser besonderes Interesse gilt hierbei den normalen bzw selbstadjungierten oder anti-selbstadjungierten Endomorphismen solcher Raume und den zugehorigen Matrizen Dies fuhrt insbesondere zum Diagonalisierungssatz (Satz 9 7) fur normale Endomorphismen endlichdimensionaler unitarer Raume Unter Benutzung der Komplexifizierung reeller Vektorraume und ihrer Endomorphismen kann dann zunachst fur selbstadjungierte und spater (Satz 9 11) fur normale Endomorphismen von euklidischen Vektorraumen eine Matrizennormalform konstruiert werden, einige Spezialfalle und Anwendungen werden mitdiskutiert – In den Erganzungen wird die Ubertragung der Theorie der Raume mit Skalarprodukt aus §8 auf alternierende Formen und symplektische Raume skizziert, einige weitere spezielle Sorten von Endomorphismen werden hier und in den Aufgaben erwahnt

In §10 werden unitare (bzw orthogonale) Abbildungen, d h lineare

2

Abbildungen zwischen unitären (bzw. euklidischen) Räumen, die mit der Skalarproduktbildung verträglich sind, eingeführt und diskutiert. Im Fall endlicher Dimension führt die Untersuchung unitärer bzw. orthogonaler Endomorphismen zu den Folgebegriffen der unitären bzw. orthogonalen Matrizen und Gruppen und der Einführung der unitären Kongruenz $G' \underset{u}{\equiv} G$ bzw. der orthogonalen Kongruenz $G' \underset{o}{\equiv} G$ von Matrizen; die allgemeine Variante des Satzes über Hauptachsentransformationen von hermiteschen (bzw. symmetrischen) Matrizen bzw. quadratischen Formen und die Charakterisierung normaler Matrizen schließt sich in Satz 10.5 bzw. Satz 10.5a an. Die Berücksichtigung der Eigenwerte führt dann zu einer feineren Typisierung unitärer und orthogonaler Abbildungen und Matrizen und insbesondere zu den Begriffen der Spiegelungen und Drehungen (speziell im 2- und 3-dimensionalen Fall) sowie zu einer Charakterisierung der Automorphismen n-dimensionaler unitärer und euklidischer Räume. – In den Ergänzungen zu §10 sowie in den zugehörigen Aufgaben werden weitere rechnerische Eigenschaften und Beschreibungen von Spiegelungen und Drehungen euklidischer Räume (z.B. Eulersche Winkel) geschildert. Ausblicke auf den unitären Fall bzw. allgemeinere Räume mit Skalarprodukt runden diese Untersuchungen ab.

§8   Semibilinearformen, Sesquilinearformen, hermitesche Formen und quadratische Formen

In Weiterführung und Verallgemeinerung der Ansätze aus LA 1, §4 führen wir hier semibilineare bzw. sesquilineare Formen ein und diskutieren diese einschließlich ihrer Folgebegriffe und Spezialfälle mit der erforderlichen Ausführlichkeit. Dabei werden einige Formeln und Regeln aus §4 hier nochmals aufgeführt, allerdings in allgemeinerer Situation und mit weitergehender Bedeutung.

Dazu betrachten wir zunächst den folgenden Hilfsbegriff aus der Körpertheorie:

Definition 8A. Ist K ein Körper, so heißt eine Abbildung

$$\sigma = \text{inv}: K \to K \text{ mit}$$
$$K \ni \alpha \mapsto \sigma(\alpha) = \text{inv}(\alpha) = \bar{\alpha} \in K,$$

(8.1)

wobei die folgenden Rechenregeln erfüllt sind:

$$\sigma(\alpha + \beta) = \text{inv}(\alpha + \beta) = \text{inv}(\alpha) + \text{inv}(\beta) = \sigma(\alpha) + \sigma(\beta)$$
$$\text{für alle } \alpha, \beta, \in K$$

(8.1a)

3

und

$$(\sigma \circ \sigma)(\alpha) = (\mathrm{inv} \circ \mathrm{inv})(\alpha) = \bar{\bar{\alpha}} = id_K(\alpha) = \alpha \ \text{für alle} \ \alpha \in K, \quad (8.1\mathrm{b})$$

eine *Involution von K*.

Bemerkung 1. Eine Involution von K ist offensichtlich ein Körperautomorphismus von K, dessen Quadrat (bei Hintereinanderausführung) die Identität (identische Abbildung von K in sich) ist.
Beweis. 1. Wegen (8.1) ist $\sigma = \mathrm{inv}$ eine Abbildung von K in sich, die wegen (8.1a) mit der Ringstruktur verträglich ist, also ein Endomorphismus des Ringes K. Da K ein Körper und Kern σ ein zweiseitiges Ideal in K ist, muß eine solche Abbildung entweder die Nullabbildung (Kern $\sigma = K$) oder injektiv (Kern $\sigma = (0)$) sein (vgl. EA, Def. 3E sowie §10 bzw. LA 1, §1).

2. Wegen (8.1b) ist $\sigma^2(\alpha) = \sigma(\sigma(\alpha)) = \alpha$ für alle $\alpha \in K$; da aber $\alpha \neq 0$ in K existiert und $\sigma(0) = 0$ sein muß, ist $\sigma = \mathrm{inv}$ nicht die Nullabbildung und wegen $\mathrm{Bild}(\sigma^2) \subseteq \mathrm{Bild}(\sigma)$ zugleich surjektiv. Folglich ist $\sigma = \mathrm{inv}$ ein Körperautomorphismus. $\blacksquare$

Wir geben einige *Beispiele* für diese Bildung an (vgl. hierzu und zu den Aufgaben auch EA, §10, Satz. 10.7 und $\boxed{3\mathrm{b}}$, sowie LA 1, §1, $\boxed{3\mathrm{c}}$, $\boxed{4}$ und Aufgabe 14):

$\boxed{1}$ Es sei K ein beliebiger Körper und $\sigma = \mathrm{inv} := id_K$ mit $\sigma(\alpha) = \alpha$ für alle $\alpha \in K$ gewählt. Dann sind (8.1) und (8.1a, b) erfüllt, d.h. σ ist eine Involution auf K.

$\boxed{1\mathrm{a}}$ Sei $K = \mathbf{C}$ und $\sigma(z) = \mathrm{inv}(z) := \bar{z}$ (die zu z konjugiert-komplexe Zahl). Dann folgt aus EA, §3, (I.3.9a, b) (vgl. auch LA 1, §1, $\boxed{4}$): σ: $z \mapsto \bar{z}$ ist ein Automorphismus von $\mathbf{C}$ mit $\sigma^2(z) = \bar{\bar{z}} = z$ für alle $z \in \mathbf{C}$, d.h. eine Involution auf $\mathbf{C}$. – Dieses Beispiel enthält den für die Anwendungen wichtigsten Fall (hierher kommt auch die Schreibweise $\sigma(\alpha) = \bar{\alpha}$ in (8.1)).

$\boxed{1\mathrm{b}}$ Sei $K = \mathbf{Q}(\sqrt{2}) \subseteq \mathbf{R}$. Dann ist K zugleich 2-dimensionaler $\mathbf{Q}$-Vektorraum mit der Basis $1, \sqrt{2}$ und

$$\sigma : \alpha = a + b\sqrt{2} \mapsto \sigma(\alpha) = \bar{\alpha} := a - b\sqrt{2} \quad (a, b \in \mathbf{Q})$$

ist ein Automorphismus von K mit $\bar{\bar{\alpha}} = \alpha$ für alle $\alpha \in K$, d.h. σ ist eine Involution auf K.

Bemerkung 2. Es gibt somit in jedem Körper K mindestens·eine *Involution* σ, nämlich id_K. Es können jedoch in einem Körper mehrere (im Einzelfall sogar viele) derartige Involutionen existieren. – Bei unseren nachfolgenden Überlegungen wird jedoch jeweils bei vorgegebenem K stets auch eine feste Involution σ ausgezeichnet sein, und wir verabreden die folgende Schreibweise:

$$\boxed{\sigma(\alpha) = \mathrm{inv}(\alpha) = \bar{\alpha}, \quad \alpha \in K \text{ und } \sigma \text{ fest}} \tag{8.1c}$$

und sprechen dann von der zugehörigen σ-*Struktur*. – Entsprechend bedeute für n-tupel $\tilde{x} \in K^n$ bzw. für Matrizen $A = (\alpha_{\mu v}) \in K^{m,n}$ jeweils

$$\sigma(\tilde{x}) = \bar{\tilde{x}} := \begin{pmatrix} \bar{x}_1 \\ \vdots \\ \bar{x}_n \end{pmatrix} \in K^n \text{ mit } \bar{x}_v = \sigma(x_v), \; v = 1,\dots,n, \text{ und} \tag{8.1d}$$

$$\sigma(A) = \bar{A} := \begin{pmatrix} \bar{\alpha}_{11} & \cdots & \bar{\alpha}_{1n} \\ \vdots & & \vdots \\ \bar{\alpha}_{m1} & \cdots & \bar{\alpha}_{mn} \end{pmatrix} \in K^{m,n} \begin{array}{l} \text{mit } \bar{\alpha}_{\mu v} = \sigma(\alpha_{\mu v}), \\ \mu = 1,\dots, m, \; v = 1,\dots,n, \end{array}$$

d.h. durch Überstreichen kennzeichnen wir die n-tupel bzw. Matrizen die durch Anwendung von σ auf die Elemente entstehen.

Ist speziell $A = (\alpha_{\mu v}) \in K^{n,n}$, so daß also $\det(A) = |A|$ bildbar ist, so ist

$$\det(\bar{A}) = |\bar{A}| = \overline{|A|} = \overline{\det(A)} = \sigma(\det(A)). \tag{8.1e}$$

Falls $K = \mathbb{C}$ ist, so bedeutet in der Regel

$$\boxed{\sigma(z) = \bar{z}, \quad \text{konjugiert-komplexe Zahl.}} \tag{8.1f}$$

$\bar{A} \in \mathbb{C}^{m,n}$ heißt hier die zu A *konjugiert-komplexe Matrix* (vgl. EA, §6, (II.6.11)).

In Weiterführung von §4, Definition 4B, erklären wir nun

Definition 8B. Ist K ein Körper mit einer Involution $\sigma(\alpha) = \bar{\alpha}$ gemäß Definition 8A, sind V bzw. W jeweils K-Vektorräume, so heißt eine Abbildung

5

$$S : W \times V \to K \text{ mit}$$
$$W \times V \ni (y, x) \mapsto S(y, x) \in K \tag{8.2}$$

und den Eigenschaften (für $x, x' \in V$, $y, y' \in W$, $\lambda \in K$)

$$S(y + y', x) = S(y, x) + S(y', x),$$
$$S(\lambda y, x) = \lambda \cdot S(y, x) \tag{8.2a}$$

sowie

$$S(y, x + x') = S(y, x) + S(y, x'),$$
$$S(y, \lambda x) = \sigma(\lambda) \cdot S(y, x) = \bar{\lambda} \cdot S(y, x) \tag{8.2b}$$

eine *Semibilinearform oder auch Sesquilinearform auf $W \times V$ (bzgl. σ).* Ist hierbei speziell $V = W$, so nennen wir ein solches $S = S(y, x)$ stets eine *Sesquilinearform auf V (bzgl. σ)* bzw. *σ-Sesquilinearform auf V.*

Bemerkung 3. Eine Semibilinearform ist nach (8.2a) im ersten Argument, d.h. auf W, linear, im zweiten Argument, d.h. auf V, ist sie nach (8.2b) zwar additiv, jedoch beim «Herausziehen» von Skalaren λ ist die Involution σ von K anzuwenden (vgl. hierzu auch den Begriff der σ-linearen Funktion in den Ergänzungen, Definition 8K). Alles, was im folgenden für Semibilinearformen formuliert wird, gilt sinngemäß auch für σ-Sesquilinearformen auf V. Die Bezeichnung «Sesquilinearform» wird in der Literatur auch für den Fall $V \neq W$ benutzt; wenn wir jedoch hervorheben wollen, daß V und W verschieden sein können, sprechen wir hier von Semibilinearformen. – Ist speziell $\sigma = id_K$, d.h. $\sigma(\alpha) = \alpha$ für alle $\alpha \in K$, so ist

$$S(y, x) = B(y, x) \tag{8.2'}$$

eine *Bilinearform* auf $W \times V$ im Sinne von Definition 4B.

Somit hat man für diese Begriffe zunächst die Beispiele aus §4, wie:

$\boxed{2}$ K Körper, $V = K$-Vektorraum, $\sigma = id_K$, $W = V^*$ der Dualraum von V und (vgl. §4, (4.2))

$$S(x^*, x) = \langle x^*, x \rangle = x^*(x) \text{ für } x \in V, \; x^* \in V^*.$$

Ferner haben wir nach EA, §7, Def. 7F, insbesondere (II.7.9):

$\boxed{2a}$ $K = \mathbf{C}$, $V = W = \mathbf{C}^n$, $\text{inv}(z) = \bar{z} = \sigma(z)$ (konjugiert-komplexe Zahl); dann ist das Standardskalarprodukt

6

$$S(\tilde{y}, \tilde{x}) := \langle \tilde{y}, \tilde{x} \rangle = \sum_{\nu=1}^{n} y_\nu \cdot \bar{x}_\nu \text{ für}$$

$$\bar{x}^T = (x_1, \ldots, x_n), \quad \tilde{y}^T = (y_1, \ldots, y_n) \in \mathbf{C}^n$$

eine Sesquilinearform auf $V = \mathbf{C}^n$ bzgl. σ, wie aus den Ergebnissen in EA, §7 (II.7.9a) folgt.

Wegen der Additivität in beiden Argumenten gelten für beliebige Semibilinearformen auf $W \times V$ die **Rechenregeln**:

$$\begin{aligned} S(\mathbf{0}_W, x) &= 0 \quad \text{für alle } x \in V, \\ S(y, \mathbf{0}_V) &= 0 \quad \text{für alle } y \in W. \end{aligned} \tag{8.2c}$$

Wie früher (§4) erklären wir nun

Definition 8C. Eine Semibilinearform $S = S(y, x)$ auf $W \times V$ bzgl. σ heißt *nicht ausgeartet*, falls gleichzeitig gilt:

$$\begin{aligned} &\text{Aus } S(y, x) = 0 \quad \text{für alle } y \in W \Rightarrow x = \mathbf{0}_V, \\ &\text{aus } S(y, x) = 0 \quad \text{für alle } x \in V \Rightarrow y = \mathbf{0}_W. \end{aligned} \tag{8.2d}$$

Definition 8C'. Ist $S(y, x)$ Semibilinearform auf $W \times V$ bzgl. σ (nicht notwendig «nicht ausgeartet»), so heißen $y \in W$ und $x \in V$ *orthogonal zueinander bzgl.* S (genauer: *y ist orthogonal zu x bzgl. S*; in Zeichen $y \perp x$ oder $y \underset{S}{\perp} x$), falls gilt:

$$y \underset{S}{\perp} x :\Leftrightarrow S(y, x) = 0; \tag{8.2e}$$

weiter heißt jeweils für $\emptyset \neq M \subseteq W$ bzw. $\emptyset \neq N \subseteq V$

$$M^\perp = \left\{ x \in V \mid y \underset{S}{\perp} x \text{ für alle } y \in M \right\} \leq V \tag{8.2f}$$

bzw.

$$^\perp N = \left\{ y \in W \mid y \underset{S}{\perp} x \text{ für alle } x \in N \right\} \leq W \tag{8.2f'}$$

das *orthogonale Komplement von M in V* bzw. *von N in W* bzgl. S.

Bemerkung 4. Im Zusammenhang mit Orthogonalitätsfragen ist hauptsächlich der Fall der nicht ausgearteten Semibilinearformen von Interesse; aber auch der allgemeine Fall ist wichtig (vgl. auch die

Ergänzungen). – Bei dem auftretenden Orthogonalitätsbegriff müssen die $y \in W$ vor und die $x \in V$ hinter dem Zeichen $\underset{S}{\perp}$ stehen, d.h. die Relation ist «gerichtet», weswegen man gelegentlich auch $\underset{S}{\perp}$ schreibt; selbst wenn $V = W$ und $S = B$ eine Bilinearform ist, dürfen x und y i.a. nicht vertauscht werden, d.h.: Aus $y \underset{B}{\perp} x$ folgt i.a. nicht $x \underset{B}{\perp} y$.

$\boxed{2b}$ Sei $K = \mathbf{R}$ oder $\mathbf{C}$ und $V = K^2 = W$, sowie
$B(\tilde{y}, \tilde{x}) = y_1 x_1 + y_1 x_2 + y_2 x_2$. Dann ist für $\tilde{y}^T = (1, 0)$, $\tilde{x}^T = (1, -1)$ $B(\tilde{y}, \tilde{x}) = 0$, d.h. $\tilde{y} \underset{B}{\perp} \tilde{x}$, aber $B(\tilde{x}, \tilde{y}) = 1$, d.h. $\tilde{x}$ ist nicht orthogonal zu $\tilde{y}$ bzgl. B.

Bemerkung 5. Für den eingeführten Orthogonalitätsbegriff gelten bei gleichem Beweis die Aussagen von Lemma 4.6 (LA 1) sinngemäß, wie z.B.

$$M_1 \subseteq M \subseteq W \Rightarrow M_1^\perp \geq M^\perp,$$
$$N_1 \subseteq N \subseteq V \Rightarrow {}^\perp N_1 \geq {}^\perp N, \tag{8.2g}$$
$$M^\perp = [M]^\perp; \quad {}^\perp N = {}^\perp[N].$$

Im Spezialfall endlich-dimensionaler K-Vektorräume erklärt man wie in Definition 4F:

Definition 8D. Ist $\mathbf{b}^T = (b^1, \ldots, b^m)$ eine Basis von W, $\mathbf{a}^T = (a^1, \ldots, a^n)$ eine Basis von V und ist $S(y, x)$ eine Semibilinearform auf $W \times V$ bzgl. der Involution $\sigma = \mathrm{inv}$ von K, so heißt die Matrix

$$G = G^S_{\mathbf{b}, \mathbf{a}} = \begin{pmatrix} g_{11} & \cdots & g_{1n} \\ \vdots & & \vdots \\ g_{m1} & \cdots & g_{mn} \end{pmatrix} := (S(b^\mu, a^\nu)) \in K^{m, n} \text{ mit}$$

$$g_{\mu\nu} = S(b^\mu, a^\nu) \in K \quad (\mu = 1, \ldots, m; \ \nu = 1, \ldots, n) \tag{8.3}$$

die *S bzgl. der Basen* $\mathbf{b}$ *und* $\mathbf{a}$ *zugeordnete Fundamentalmatrix oder Gramsche Matrix.* Für Sesquilinearformen $S(y, x)$, d.h. $V = W$, schreiben wir abkürzend

$$G^S_{\mathbf{a}} := G^S_{\mathbf{a}, \mathbf{a}} = (g_{\mu\nu}) \in K^{n, n} \text{ mit } g_{\mu\nu} = S(a^\mu, a^\nu) \tag{8.3a}$$
$$(\mu, \nu = 1, \ldots, n).$$

Durch sinngemäße Übertragung und Ergänzung der Herleitung von Lemma 4.7 erhält man sofort (vgl. auch Aufgabe 5) das

8

Lemma 8.1. *Unter den Voraussetzungen und Bezeichnungen von Definition 8D gilt für die Werte der Semibilinearform*

$$S(y,x) = \sum_{\mu=1}^{m} \sum_{v=1}^{n} y_{\mu}\, \bar{x}_v\, S(b^{\mu}, a^v) = \tilde{y}^T\, G\, \bar{\tilde{x}}$$

(8 3b)

mit $G = G^S_{b\,a}$ gemäß (8 3), und $y = \tilde{y}^T\, b \in W$, $x = \tilde{x}^T\, a \in V$, $\tilde{y}^T = (y_1,\quad, y_m)$, $\tilde{x}^T = (x_1,\quad, x_n)$, $\bar{\tilde{x}}$ gemäß (8 1d),

umgekehrt gibt es zu jeder Matrix $G \in K^{m\,n}$ bei Interpretation gemäß (8 3) genau eine Semibilinearform S auf $W \times V$ bzgl σ mit $G = G^S_{b\,a}$, nämlich $S(y,x)$ gemäß (8 3b)

Natürlich hängt die genannte Fundamentalmatrix $G^S_{b\,a}$ außer von S selbst auch von den ausgezeichneten Basen b bzw a ab, wir geben deshalb an, wie sich die Matrix bei einem Basiswechsel ändert

Lemma 8.2. *Sind unter den Voraussetzungen und Bezeichnungen von Definition 8D und Lemma 8 1 jeweils $b'^T = (b'^1,\quad, b'^m)$ bzw $a'^T = (a'^1,\quad, a'^n)$ weitere Basen von W bzw V und ist jeweils*

$$y = \tilde{y}^T\, b = \tilde{y}'^T\, b' \text{ und } b' = S_1^T\, b, \quad \tilde{y} = S_1\, \tilde{y}'$$
$$\text{mit } S_1 \in K^{m\,m} \text{ und } |S_1| \neq 0,\ \tilde{y}'^T = (y'_1,\quad, y'_m)$$

(8 3c)

bzw

$$x = \tilde{x}^T\, a = \tilde{x}'^T\, a',\ a' = S_2^T\, a,\ \tilde{x} = S_2\, \tilde{x}'$$
$$\text{mit } S_2 \in K^{n\,n} \text{ und } |S_2| \neq 0,\ \tilde{x}'^T = (x'_1,\quad, x'_n),$$

(8 3c')

so gilt für $S(y,x)$ neben (8 3b) noch

$$S(y,x) = \sum_{\mu=1}^{m} \sum_{v=1}^{n} y'_{\mu}\, \bar{x}'_v\, S(b'^{\mu}, a'^v)$$

(8 3d)

$$= \tilde{y}'^T\, G^S_{b'\,a'}\, \bar{\tilde{x}}' = \tilde{y}^T\, G^S_{b\,a}\, \bar{\tilde{x}} \text{ mit } G'\ = G^S_{b'\,a'} = ((S(b'^{\mu}, a'^v))$$

und

$$\boxed{S_1^T\, G^S_{b\,a}\, \bar{S}_2 = G^S_{b'\,a'}}\ ,$$

(8 3e)

insbesondere erhalten wir im Fall einer Sesquilinearform S auf V (bzgl σ) die Transformationsregel

$$G_a^s = S_1^T\, G_a^S\, \bar{S}_1 \quad bzw \quad G_a^S = (S_1^{-1})^T\, G_a^S\, (\bar{S}_1)^{-1} \qquad (8\,3\mathrm{f})$$

Beweis Diese Rechenregeln verifiziert man einfach nach dem Muster aus den Erganzungen zu §4 (vgl (4 9) bis (4 9f)) ∎

Wir erklaren nun ahnlich zu Definition 4G (vgl auch EA, §11, insbesondere Definition 11B) folgende Äquivalenzrelation auf $K^{n\,n}$

Definition 8E. Ist K ein Korper mit einer Involution $\sigma = \mathrm{inv}$, $n \in \mathbf{N}$, so heißen zwei Matrizen $G, G' \in K^{n\,n}$ *σ-kongruent* bzw *kongruent bzgl* $\sigma = \mathrm{inv}$, falls

$$G' = S_1^T\, G\, \bar{S}_1 \text{ mit } S_1 \in K^{n\,n} \text{ und } |S_1| \neq 0$$
$$\text{(in Zeichen } G' \underset{\sigma}{\equiv} G), \qquad\qquad (8\,3\mathrm{g})$$

im Spezialfall $\sigma = \mathrm{inv} = \mathrm{id}_K$ heißen $G, G \in K^{n\,n}$ *kongruent*, wenn

$$G' = S^T\, G\, S \text{ mit } S \in K^{n\,n}, |S| \neq 0$$
$$\text{(in Zeichen } G' \underset{K}{\equiv} G) \qquad\qquad (8\,3\mathrm{g'})$$

Hiermit gilt

Lemma 8.2a. *Sind a und a zwei Basen eines K-Vektorraumes V mit (8 3c'), so sind die zugehorigen Fundamentalmatrizen einer σ-Sesquilinearform S auf V gemaß (8 3f, g) zueinander σ-kongruent*

Genauso wie im Fall der Bilinearformen (vgl LA 1, §4) kann man die Fundamentalmatrizen zur Beschreibung von speziellen Eigenschaften von Semibilinearformen bei endlich-dimensionalen Vektorraumen heranziehen Wegen (8 3e) andert sich der Rang der Fundamentalmatrix beim Basiswechsel nicht (vgl LA 1, §5, insbesondere Bem 2, (5 2c)), und wir erhalten wie in LA 1, §4, (vgl dort Lemma 4 8 und Satz 4 9)

Satz 8.3. *Eine σ-Semibilinearform S auf den endlich-dimensionalen K-Vektorraumen V und W mit Basen a bzw b ist auf $W \times V$ genau dann nicht ausgeartet, wenn*

10

(i) $\quad \dim_K(W) = m = n = \dim_K(V)$,

(ii) $\quad n = \mathrm{Rg}(G)$, $G := G^S_{b,a}$ (*Fundamentalmatrix*);

$$(8.3\mathrm{h})$$

in diesem Falle gilt darüber hinaus

$$U \leq V \Rightarrow \dim_K(^{\perp}U) = n - \dim_K(U),$$
$$U_1 \leq W \Rightarrow \dim_K(U_1^{\perp}) = n - \dim_K(U_1).$$

$$(8.3\mathrm{h}')$$

Bemerkung 6. Der Beweis folgt durch direkte Übertragung der oben erwähnten Überlegungen aus LA 1, §4; entsprechend kann man die Orthogonalräume durch Lösung geeigneter linearer Gleichungssysteme bestimmen (vgl. auch Aufgabe 7b).

Die nachfolgenden Spezialfälle betreffen Sesquilinearformen von K-Vektorräumen beliebiger K-Dimension, wobei für viele praktische Anwendungen insbesondere der Fall $K = \mathbf{C}$ oder $K = \mathbf{R}$ von Interesse ist.

Definition 8F. Ist σ mit $\sigma(\alpha) = \bar{\alpha}$ eine Involution des Körpers K und S eine σ-Sesquilinearform auf dem K-Vektorraum V, so heißt S σ-*hermitesch auf* V, falls

$$S(x,y) = \overline{S(y,x)} \text{ für alle } x,y \in V; \tag{8.4}$$

S wird σ-*schiefhermitesch auf* V genannt, falls

$$S(x,y) = -\overline{S(y,x)} \text{ für alle } x,y \in V. \tag{8.4a}$$

Eine Bilinearform $B(y,x) = S(y,x)$ auf V heißt (vgl. LA 1, §4, (4.8a)) *symmetrisch auf* V, falls

$$B(x,y) = B(y,x) \text{ für alle } x,y \in V; \tag{8.4b}$$

eine Bilinearform B auf V mit

$$B(x,y) = -B(y,x) \text{ für alle } x,y \in V \tag{8.4c}$$

nennt man eine *schiefsymmetrische* (oder auch *alternierende*) *Bilinearform auf* V.

11

Bemerkung 7. Die Benennung σ-hermitesch für σ-Sesquilinearformen mit (8.4) basiert auf dem Namen des Mathematikers Charles Hermite (1822–1901). Eine symmetrische Bilinearform auf V ist gemäß (8.4b) eine hermitesche σ-Sesquilinearform zu $\sigma = id_K$, eine schiefsymmetrische Bilinearform ist analog σ-schiefhermitesch zu $\sigma = \text{inv} = id_K$.

Im Spezialfall $K = \mathbf{C}$ bestätigt man leicht das folgende nützliche Kriterium (vgl. auch EA, §7 und Ergänzungen zu §7).

Bemerkung 8. Für einen $\mathbf{C}$-Vektorraum V liefert eine Abbildung

$$H\colon V \times V \to \mathbf{C} \text{ mit}$$

$$H(\lambda_1 y^1 + \lambda_2 y^2, x) = \lambda_1 H(y^1, x) + \lambda_2 H(y^2, x) \tag{8.4d}$$

$$\text{für } \lambda_1, \lambda_2 \in \mathbf{C}, \; y^1, y^2, x \in V$$

und mit der Eigenschaft

$$H(x, y) = \overline{H(y, x)} \tag{8.4d'}$$

eine *hermitesche Form* auf V, und es gilt zusätzlich

$$H(x, x) \in \mathbf{R} \text{ für alle } x \in V. \tag{8.4e}$$

Wir illustrieren dies an

$\boxed{3}$ Es seien $I = [a, b] \subseteq \mathbf{R}$ ein Intervall, $\sigma(\alpha) = \bar{\alpha}$ der übliche Übergang zum Konjugiert-komplexen in $\mathbf{C}$,

$$V := \{f\colon I \to \mathbf{C} \mid f \text{ stetig auf } I\};$$

$$S\colon V \times V \to \mathbf{C} \text{ mit } S(f, g) = \int_a^b f(t) \cdot \overline{g(t)}\, dt$$

ist eine hermitesche Form auf V.

Für endlich-dimensionale Vektorräume gibt es zu den in Definition 8 F eingeführten Begriffen die folgenden zweckmäßigen Kriterien:

Lemma 8.4. *Ist σ eine Involution des Körpers K und V ein n-dimensionaler K-Vektorraum mit der Basiszeile $\mathfrak{a}^T = (a^1, \ldots, a^n)$, so gelten für σ-Sesquilinearformen $S(y, x)$ und die zugehörigen Fundamentalmatrizen bzgl. $\mathfrak{a}$*

$$G = G_{\mathfrak{a}}^S = (g_{\mu,\nu}) \in K^{n,n} \text{ mit } g_{\mu,\nu} = S(a^\mu, a^\nu) \tag{8.4f}$$

12

die folgenden Kriterien:

(i) $\quad$ S σ-*hermitesch* $\Leftrightarrow G^T = \sigma(G) = \bar{G}$ (σ-*hermitesche Matrix*),

(ii) $\quad$ S σ-*schiefhermitesch* $\Leftrightarrow G^T = -\sigma(G) = -\bar{G}$

$$(8.4\text{g})$$

$\qquad\qquad\qquad\qquad$ (σ-*schiefhermitesche Matrix*);

speziell für $\sigma = id_K$ *ist:*

(iii) $\quad$ S *symmetrisch* $\Leftrightarrow G^T = G$ (*symmetrische Matrix*),

(iv) $\quad$ S *schiefsymmetrisch* $\Leftrightarrow G^T = -G$ $\qquad\qquad\qquad$ (8.4h)

$\qquad\qquad\qquad\qquad$ (*schiefsymmetrische Matrix*),

und dies gilt bei jeder Basis $\mathfrak{a}$.

Beweis. Aus $g_{\mu,\nu} = S(a^\mu, a^\nu)$ ($\mu, \nu = 1, \ldots, n$) und den Bedingungen (8.4), (8.4a, b, c) folgen sofort die Matrizeneigenschaften (8.4g, h) und umgekehrt. $\blacksquare$

Dies schildern wir an den nachfolgenden Beispielen:

$\boxed{3a}$ $\quad$ $K = \mathbf{R}$, $\sigma = id_\mathbf{R}$, $V = \mathbf{R}^2$, $G_e^S = \begin{pmatrix} 1 & 0 \\ 0 & 1 \end{pmatrix}$, so ist $S(y,x)$ eine symmetrische Bilinearform.

$\boxed{3b}$ $\quad$ $K = \mathbf{C}$, $\sigma(\alpha) = \bar{\alpha}$, $V = \mathbf{C}^2$, $G_e^S = \begin{pmatrix} 1 & 0 \\ 0 & 1 \end{pmatrix}$, so ist $S(y,x) = y_1 \bar{x}_1 + y_2 \bar{x}_2$ eine hermitesche Form.

$\boxed{3c}$ $\quad$ $K = \mathbf{R}$, $\sigma = id_\mathbf{R}$, $V = \mathbf{R}^2$, $G_e^S = \begin{pmatrix} 0 & 1 \\ -1 & 0 \end{pmatrix}$, so ist $S(y,x)$ eine schiefsymmetrische Bilinearform auf V.

$\boxed{3d}$ $\quad$ $K = \mathbf{C}$, $\sigma(\alpha) = \bar{\alpha}$, $V = \mathbf{C}^2$ und $G_e^S = \begin{pmatrix} 0 & i \\ i & 0 \end{pmatrix} = -\bar{G}^T$, so ist $S(y,x)$ schiefhermitesche Sesquilinearform.

Wir wollen zunächst den symmetrischen und hermiteschen Spezialfall und einen Folgebegriff etwas genauer diskutieren und machen dazu die folgenden Voraussetzungen: Es sei

$\qquad$ K ein Körper mit $\text{Char}(K) \neq 2$,

$\qquad$ σ (evtl. $= id_K$) eine Involution auf K, $\qquad\qquad\qquad$ (8.5)

$\qquad$ V ein K-Vektorraum.

Weiter sei

$$H = S \quad V \times V \to K \quad \text{mit } (y, x) \mapsto H(y, x) \in K$$

eine *hermitesche σ-Sesquilinearform auf V*, $\qquad$ (8 5a)

d h $H(x, y) = \overline{H(y, x)}$ fur $x, y \in V$,

bzw im Spezialfall $\sigma = \mathrm{id}_K$

$$B = S \quad V \times V \to K \quad \text{mit } (y, x) \mapsto B(y, x)$$

eine *symmetrische Bilinearform auf V*, $\qquad$ (8 5a')

d h $B(x, y) = B(y, x)$ fur $x, y \in V$

Da sich die symmetrischen Bilinearformen B als Spezialfall den hermiteschen σ-Sesquilinearformen H unterordnen, werden wir, sofern die Aussagen allgemein gelten, die Untersuchungen jeweils fur H durchfuhren

Bemerkung 9 In beiden Fallen (8 5a, a) gilt wegen der Automorphie-eigenschaft von σ

$$H(x, y) = 0 \Rightarrow H(y, x) = 0, \qquad (8\ 5b)$$

falls H nicht die Nullfunktion ist, gibt es stets ein $z \in V$ mit

$$H(z, z) \neq 0 \qquad (8\ 5b')$$

Beweis 1 Die erste Aussage (8 5b) ist unmittelbar klar
2 Zum Beweis von (8 5b') beachte man, daß fur $x, y \in V, \alpha \in K$ stets gilt

$$\begin{aligned} H(x + \alpha y, x + \alpha y) - H(x - \alpha y, x - \alpha y) = \\ 2(\bar{\alpha}\ H(x, y) + \alpha\ H(y, x)) \end{aligned} \qquad (8\ 5b'')$$

Ist $\sigma = \mathrm{id}_K$, d h $H = B$ symmetrische Bilinearform, so ist $H(x, y) = H(y, x)$, mit $\alpha = 1 \in K$ folgt, wegen Char$(K) \neq 2$, aus (8 5b'') sofort (8 5b'), da sonst H die Nullfunktion ware
3 Ist jedoch $\sigma \neq \mathrm{id}_K$, so gibt es ein $\alpha \neq 0 \in K$ mit $\sigma(\alpha) = \bar{\alpha} \neq \alpha$, ferner ist $\sigma(1) = 1$ Folglich ist

$$\begin{aligned} H(x + y, x + y) - H(x - y, x - y) - \alpha^{-1}\ (H(x + \alpha y, x + \alpha y) - \\ H(x - \alpha y, x - \alpha y)) = (2 - 2\bar{\alpha}\ \alpha^{-1})\ H(x, y) \\ \text{mit } 1 \neq \bar{\alpha}\ \alpha^{-1}, \end{aligned} \qquad (8\ 5b''')$$

14

hieraus folgt wieder die Existenz eines $z \in V$ mit (8.5b'). ∎

Ist speziell V n-dimensional, so ist

$$\mathfrak{a}^T = (a^1, \ldots, a^n) \text{ Basis von } V, \; x = \tilde{x}^T \cdot \mathfrak{a}, \; y = \tilde{y}^T \cdot \mathfrak{a},$$

$$H(y,x) = \tilde{y}^T \cdot G_\mathfrak{a}^H \cdot \bar{\tilde{x}} = \sum_{\mu,\nu=1}^{n} g_{\mu\nu} \cdot y_\mu \cdot \bar{x}_\nu \tag{8.5c}$$

$$\text{mit } g_{\mu\nu} = H(a^\mu, a^\nu) \; (\mu, \nu = 1, \ldots, n)$$

$$\text{und } G := G_\mathfrak{a}^H = (g_{\mu\nu}) \in K^{n,n};$$

dabei gilt bei einem Basiswechsel $\mathfrak{a}' = S_1^T \cdot \mathfrak{a}$ gemäß Lemma 8.2

$$H(y,x) = \tilde{y}'^T \cdot G' \cdot \bar{\tilde{x}}' \text{ mit } G' := G_{\mathfrak{a}'}^H = S_1^T \cdot G \cdot \bar{S}_1$$
$$x = \tilde{x}^T \cdot \mathfrak{a} = \tilde{x}'^T \cdot \mathfrak{a}', \quad y = \tilde{y}^T \cdot \mathfrak{a} = \tilde{y}'^T \cdot \mathfrak{a}', \tag{8.5d}$$

wobei gemäß

$$G'^T = \bar{S}_1^T \cdot \bar{G} \cdot S_1 = \overline{(S_1^T \cdot G \cdot \bar{S}_1)} = \bar{G}' \tag{8.5e}$$

G' wieder eine σ-hermitesche (symmetrische) Matrix ist (vgl. auch Lemma 8.4). Wir behaupten nun genauer:

Satz 8.5. *Unter der Voraussetzung (8.5) gibt es zu jeder σ-hermiteschen Sesquilinearform H (bzw. zu jeder symmetrischen Bilinearform B) des n-dimensionalen K-Vektorraums V mit (8.5c) eine Basis $\mathfrak{v}^T = (v^1, v^2, \ldots, v^n)$ von V aus paarweise orthogonalen Vektoren, d.h.*

$$v^\mu \perp v^\nu, \text{ also } H(v^\mu, v^\nu) = 0 \text{ für } \mu \neq \nu, \tag{8.5f}$$

und die H bzgl. $\mathfrak{v}$ zugeordnete Fundamentalmatrix $G_\mathfrak{v}^H$ ist eine Diagonalmatrix, d.h. gemäß

$$\boxed{G_\mathfrak{a}^H \underset{\sigma}{\equiv} G_\mathfrak{v}^H = \operatorname{diag}(g'_{11}, \ldots, g'_{nn}) \text{ mit } g'_{\nu\nu} := H(v^\nu, v^\nu)} \tag{8.5g}$$

ist jede Fundamentalmatrix von H σ-kongruent zu einer Diagonalmatrix; insbesondere ist also jede σ-hermitesche (bzw. symmetrische) Matrix σ-kongruent zu einer Diagonalmatrix.

Beweis 1   Wir fuhren den Beweis im hermiteschen Fall H durch und begrunden dazu durch Induktion nach $n = \dim_K V$ die Existenz einer Basis v^1 mit (8 5f)   Diese Existenz ist fur $n = 1$ trivial

2   Es sei jetzt $n > 1$, und wir machen die Induktionsannahme, daß die Aussage fur Raume der Dimension $\leq n - 1$ zutrifft Falls $H(\iota, x) = 0$ fur alle $x, \iota \in V$, so ist (8 5f) trivialerweise erfullt Wir konnen uns also auf die Untersuchung des Falles beschranken, in dem $H(\iota, x)$ nicht die Nullfunktion ist In diesem Fall gibt es nach Bemerkung 9, insbesondere (8 5b) ein $\iota^1 \in V$ mit

$$H(\iota^1, \iota^1) \neq 0 \tag{8 5h}$$

Hiermit bilden wir

$$U = \{\iota \in V \mid H(\iota, \iota^1) = 0\} \leq V, \tag{8 5i}$$

dieser Unterraum wird durch eine homogene lineare Gleichung bestimmt, da $\iota^1 \notin U$, muß $\dim_K(U) < n$ gelten Nach der Induktionsannahme existiert somit eine Basis $\iota^2, \ldots, \iota^m$ von U mit

$$H(\iota^\mu, \iota^\nu) = 0 \text{ fur } \mu \neq \nu \text{ und } \mu, \nu \in \{2, \ldots, m\} \tag{8 5i}$$

Wegen der Hermitezitat von H, (8 5b) und (8 5i) gilt dies auch noch fur $\mu = 1$ oder $\nu = 1$ (8 5f) ist somit bewiesen falls gezeigt ist

$$n = m \text{ und } \iota^1, v^2, \ldots, \iota^m \text{ ist eine Basis von } V \tag{8 5j}$$

3   Zum Beweis von (8 5j) sei $\iota \in V$ und wir bilden

$$y^1 = \iota - \frac{H(\iota, \iota^1)}{H(\iota^1, \iota^1)} \, \iota^1 \quad (\in V) \tag{8 5k}$$

Wegen $H(y^1, v^1) = 0$, folgt $\iota^1 \in U$, d h y^1 ist Linearkombination von $\iota^2, \ldots, \iota^m$ Also ist jedes $\iota \in V$ Linearkombination von $v^1, \iota^2, \ldots, \iota^m$, die somit ein Erzeugendensystem von V bilden und zudem (8 5f) erfullen Ist nun

$$\lambda_1 \, v^1 + \lambda_2 \, v^2 + \ldots + \lambda_m \, \iota^m = 0_V,$$

so folgt

16

$$0 = H\left(\sum_{\mu=1}^{m} \lambda_\mu \cdot v^\mu, v^1\right) = \sum_{\mu=1}^{m} \lambda_\mu \cdot H(v^\mu, v^1) = \lambda_1 \cdot H(v^1, v^1),$$

d.h. $\lambda_1 = 0$ wegen (8.5h). Da die $v^2, \dots, v^m$ linear unabhängig sind, folgt weiter $\lambda_\mu = 0$ ($\mu = 2, \dots, m$). Somit bilden $v^1, v^2, \dots, v^m$ sogar eine Basis von V, und es muß $m = n$ sein, wie behauptet wurde. ∎

$\boxed{4}$ Die hermitesche Form H sei auf dem 3-dimensionalen C-Vektorraum V ($\sigma = $ komplexe Konjugation) bzgl. der Basis

$$\mathfrak{a}^T = (a^1, a^2, a^3) \text{ durch } G_\mathfrak{a}^H = \begin{pmatrix} 2 & -i & 0 \\ i & 0 & -2 \\ 0 & -2 & 0 \end{pmatrix} \text{ gegeben.}$$

Für $v^1 := a^1$ gilt zunächst $H(v^1, v^1) = 2 \neq 0$. Wir bilden nun gemäß (8.5i) $U := \{y = \eta_1 a^1 + \eta_2 a^2 + \eta_3 a^3 \in V \mid H(y, v^1) = 0\}$, wobei $H(\eta_1 a^1 + \eta_2 a^2 + \eta_3 a^3, v^1) = 2 \cdot \eta_1 + i \cdot \eta_2 + 0 \cdot \eta_3$ ist. Somit ist $U = [v^2, a^3]$, wobei $v^2 := v^1 + 2ia^2$ und $H(v^2, v^2) = -2 \neq 0$ ist. Bilden wir nun analog den Unterraum $U_1 := \{z = \zeta_2 v^2 + \zeta_3 a^3 \in U \mid H(z, v^2) = 0\} \leq U$, wobei $H(z, v^2) = 2 \zeta_2 + \zeta_3 \cdot H(a^3, v^2) = -2\zeta_2 + 4i\zeta_3$ ist, so ist $v^3 := 2iv^2 + a^3$ ein erzeugender Vektor von U_1. Da $H(v^3, v^3) = 8$, erhalten wir zu $\mathfrak{v}^T = (v^1, v^2, v^3)$ die Matrix $G_\mathfrak{v}^H = \mathrm{diag}(2, -2, 8)$ von Diagonalform, die zugleich wieder hermitesch ist.

Nach dem Muster dieses Beispiels kann man stets zu einer σ-hermiteschen Matrix eine σ-kongruente Diagonalmatrix bestimmen. Im Spezialfall gilt noch schärfer

Satz 8.6. *Ist speziell K ein algebraisch-abgeschlossener Körper (wie z.B. $K = \mathbf{C}$), V n-dimensionaler K-Vektorraum mit (8.5) und $\sigma = \mathrm{id}_K$, ist gemäß (8.5a') B eine symmetrische Bilinearform auf V, so gibt es eine Basis $\mathfrak{w}^T = (w^1, w^2, \dots, w^n)$ aus paarweise orthogonalen Vektoren von V mit*

$$B(w^\mu, w^\nu) = 0 \quad \text{für} \quad \mu \neq \nu$$
$$B(w^\rho, w^\rho) = 1 \quad \text{für} \quad \rho = 1, \dots, r \tag{8.6}$$
$$B(w^\nu, w^\nu) = 0 \quad \text{für} \quad \nu = r+1, \dots, n,$$

wobei

$$r = \mathrm{Rg}(G_\mathfrak{w}^B)(\text{Rang der Fundamentalmatrix}) \tag{8.6a}$$

durch B eindeutig bestimmt ist.

Beweis 1 Ist a eine beliebige Basis von V, so gilt entsprechend zu (8 6) die Kongruenz

$$G_a^B \underset{K}{\equiv} G_\mathfrak{w}^B - \mathrm{diag}(\underbrace{1 \qquad 1}_{r\text{-mal}}, 0, \ , 0), \tag{8 6}$$

und dies ist zugleich eine Matrizenaquivalenz, da sich hierbei der Rang einer Matrix nicht andert (vgl §5, Bem 2, (5 2c)), so ist die Form $G_\mathfrak{w}^B$ (sofern sie existiert) durch B eindeutig bestimmt
2 Zum Existenznachweis fur $\mathfrak{w}^l$ denken wir uns zunachst nach Satz 8 5 eine orthogonale Basis v^l gewahlt und diese so sortiert, daß

$$B(\iota^\rho, \iota^\rho) = q_{\rho\rho} \begin{cases} \neq 0 & \text{fur } \rho = 1, \quad , r \\ = 0 & \text{fur } \rho > r \end{cases} \tag{8 6b}$$

Da K ein algebraisch-abgeschlossener Korper ist, gibt es jeweils Flemente

$$\alpha_\rho \in K, \ \alpha_\rho \neq 0 \ \text{mit} \ \alpha_\rho^2 = q_{\rho\rho} \quad (\rho = 1, \quad , r),$$

namlich die Nullstellen von $X^2 - q_{\rho\rho} \in K[X]$ in K Bezuglich der neuen Basis

$$\mathfrak{w}^\rho = \begin{cases} \alpha_\rho^{\ 1} \iota^\rho & \text{fur } \rho = 1, \quad r \\ \iota^\cdot & \text{fur } \rho > r, \end{cases} \tag{8 6c}$$

haben wir dann

$$B(\mathfrak{w}^\mu, \mathfrak{w}^\cdot) = 0 \ \text{fur } \mu \neq \nu,$$
$$B(\mathfrak{w}^\cdot, \mathfrak{w}^\cdot) = B(\iota^\cdot, \iota^\cdot) = 0 \ \text{fur } \nu > r$$

und

$$B(\mathfrak{w}^\rho, \mathfrak{w}^\rho) = B(\alpha_\rho^{\ 1} \iota^\rho, \alpha_\rho^{\ 1} \iota^\rho) = \alpha_\rho^{\ 2} B(v^\rho, \iota^\rho) = \alpha_\rho^{-2} g_{\rho\rho} = 1$$
$$\text{fur } \rho = 1. \quad , r,$$

woraus die Behauptungen des Satzes folgen ∎

Wir formulieren nun die nachfolgende

18

Definition 8G. Ist K ein Körper mit $\mathrm{Char}(K) \neq 2$ und B gemäß (8.5a') eine symmetrische Bilinearform auf einem K-Vektorraum V, so nennt man

$$Q^B: V \to K \quad \text{mit}$$
$$V \ni x \mapsto Q^B(x) = B(x, x) \in K \tag{8.6d}$$

die zu B gehörige *quadratische Form auf V*.

Bemerkung 10. Unter den Voraussetzungen von Definition 8G gelten für eine quadratische Form auf V die Rechenregeln

$$Q^B(\lambda \cdot x) = \lambda^2 \cdot Q^B(x) \quad \text{für } \lambda \in K, \, x \in V, \tag{8.6e}$$

sowie die *Polarisierungsformeln*

$$B(y, x) = \tfrac{1}{2}(Q^B(x + y) - Q^B(x) - Q^B(y)) \tag{8.6f}$$

bzw. (vgl. (8.5b''))

$$Q^B(x + y) - Q^B(x - y) = 4 \cdot B(y, x); \tag{8.6f'}$$

umgekehrt kann man diese Regeln zur Charakterisierung von quadratischen Formen verwenden (vgl. Aufgabe 11).

Ist speziell V n-dimensional, $\mathfrak{a}^T = (a^1, \ldots, a^n)$ Basis von V, so gilt gemäß (8.5c):

$$Q^B(x) = B(x, x) = \tilde{x}^T \cdot G \cdot \tilde{x} = \sum_{\mu, \nu = 1}^{n} g_{\mu\nu} x_\mu x_\nu$$
$$\text{mit } G := G_{\mathfrak{a}}^B = (g_{\mu\nu}) \in K^{n,n} \text{ und } g_{\mu\nu} = B(a^\mu, a^\nu) \tag{8.6g}$$
$$\text{für } x = \tilde{x}^T \cdot \mathfrak{a} \in V.$$

Die voranstehenden Ergebnisse über symmetrische Bilinearformen lassen sich, wie folgt, auf quadratische Formen übersetzen:

Satz 8.6a. *Zu einer quadratischen Form Q^B auf einem n-dimensionalen K-Vektorraum V gibt es stets eine Basis $\mathfrak{v}$ von V, so daß*

$$Q^B(x) = \sum_{\nu = 1}^{n} g'_{\nu\nu} x'^2_\nu \quad \text{für } x = \tilde{x}'^T \cdot \mathfrak{v} \text{ mit } G_{\mathfrak{v}}^B = (g'_{\mu, \nu}) \tag{8.6h}$$

von Diagonalform bzgl v ist, d h G_v^B ist Diagonalmatrix ist speziell K algebraisch abgeschlossen so gibt es zu gegebenem Q^B stets eine Basis w von V so daß Q^B bzgl w die spezielle Diagonalform

$$Q^B(x) = \sum_{v=1}^{r} x_v^2, \quad r = \mathrm{Rang}(G_w^B), \quad x = \tilde{x}^T w \qquad (8\ 6\mathrm{i})$$

hat die durch Q^B eindeutig bestimmt ist

Als nachstes Hauptergebnis vermerken wir

Satz 8.7. *(Tragheitssatz von Sylvester) Ist Q^B eine quadratische Form auf einem n-dimensionalen **R**-Vektorraum V, so gilt bezuglich einer geeigneten Basis w von V*

$$\boxed{Q^B(x) = x_1^2 + \quad + x_p^2 - x_{p+1}^2 - \quad - x_r^2, \quad x = \tilde{x}^T w,} \qquad (8\ 6\mathrm{j})$$

wobei $r = \mathrm{Rg}(G_w^B)$ und die Zahl p der positiven Vorzeichen in (8 6j) nur von Q^B abhangen und invariant bestimmt sind die zugehorige Fundamentalmatrix hat also die Form

$$G_w^B = \mathrm{diag}(\underbrace{1, \quad, 1}_{p\text{-mal}}, \underbrace{-1, \quad, -1}_{(r-p)\text{-mal}}, \underbrace{0, \quad, 0}_{(n-r)\text{-mal}}) \qquad (8\ 6\mathrm{j}')$$

Beweis 1 Sei zunachst $Q^B(x)$ bzgl einer Basis v von V in der Diagonalform (8 6h) gegeben, $x = \tilde{x}'^T v \in V$, $g_{vv} \in \mathbf{R}$ und $r = \mathrm{Rang}(G_v^B)$ die invariante Zahl der $g_{vv}' \neq 0$ Seien nun nach eventueller Umnumerierung

$$g_{11}', \quad, g_{pp}' > 0 \text{ und } g_{p+1\ p+1}', \quad, g_{rr}' < 0 \qquad (8\ 6\mathrm{k})$$

In **R** existieren stets Zahlen $b_\rho \neq 0$ mit $b_\rho^2 = |g_{\rho\rho}'|$ fur $\rho = 1, \quad, r$, und somit folgt bei dem Basiswechsel

$$w^\rho = \begin{cases} b_\rho^{-1}\, v^\rho \\ v^\rho \end{cases} \text{mit} \quad \begin{aligned} x_\rho &= b_\rho x_\rho' \quad (\rho = 1, \quad, r) \\ x_\rho &= x_\rho' \quad (\rho = r+1, \quad, n) \end{aligned} \qquad (8\ 6\mathrm{k}')$$
$$\text{fur} \quad x = \tilde{x}'^T v = \tilde{x}^T w$$

die Formel

20

$$Q^B(x) = x_1^2 + \cdots + x_p^2 - x_{p+1}^2 - \cdots - x_r^2, \quad x = \tilde{x}^T \mathfrak{w}, \qquad (8.6\mathrm{k}'')$$

wobei r invariant, p gemäß (8.6k) bestimmt ist.

2. Bezüglich einer anderen Basis $\mathfrak{u}^T = (u^1, \ldots, u^n)$ von V sei

$$Q^B(x) = z_1^2 + \cdots + z_q^2 - z_{q+1}^2 - \cdots - z_r^2 \text{ mit}$$
$$x = (z_1, \ldots, z_n) \cdot \mathfrak{u}. \qquad (8.6\mathrm{l})$$

Wäre hierbei $q \neq p$, d.h. etwa $q > p$, dann wird durch das lineare homogene Gleichungssystem

$$\begin{aligned} x_1 &= \cdots = x_p = 0 \\ z_{q+1} &= \cdots = z_n = 0 \end{aligned} \quad (n = \dim_{\mathbf{R}}(V)) \qquad (8.6\mathrm{m})$$

ein Teilraum $U \leq V$ mit $\dim_{\mathbf{R}}(U) > 0$ erklärt, denn $n - q + p = n - (q - p) < n$ lineare homogene Gleichungen in n Unbekannten (z.B. $x_1, \ldots, x_n$) haben eine nichttriviale Lösung. Hierbei gilt offensichtlich

$$U = [u^1, \ldots, u^q] \bigcap [w^{p+1}, \ldots, w^n]. \qquad (8.6\mathrm{m}')$$

Da die Komponenten eines $x \in U$ die durch $(8.6\mathrm{m}, \mathrm{m}')$ gegebenen Bedingungen erfüllen müssen, ist

$$Q^B(x) = z_1^2 + \cdots + z_q^2 = -x_{p+1}^2 - \cdots - x_r^2$$
$$\text{für } x = \tilde{z}^T \cdot \mathfrak{u} = \tilde{x}^T \cdot \mathfrak{w} \in U. \qquad (8.6\mathrm{n})$$

Da die z_ν und die x_ρ aus dem angeordneten Körper $\mathbf{R}$ sind, muß $z_1 = \cdots = z_q = x_{p+1} = \cdots = x_r = 0$ gelten; insgesamt also ist $z_1 = \cdots = z_n = 0$, d.h. $x = \mathbf{0}_V$ für $x \in U$. Dies widerspricht der Tatsache, daß $U \neq (\mathbf{0}_V)$ ist. Somit muß $p = q$ sein, wie behauptet wurde. ∎

Bemerkung 10a. Der Trägheitssatz für quadratische Formen über $\mathbf{R}$ wurde 1852 von dem Engländer James Joseph Sylvester (1814–1897) veröffentlicht; die Aussage war jedoch schon früher bekannt.

Bezeichnungen. Ist Q^B eine quadratische Form auf dem n-dimensionalen $\mathbf{R}$-Vektorraum V mit Basis $\mathfrak{a}$, so heißt:

(a) $r = \text{Rang}(G_a^B)$ der *Rang von* Q^B,

(b) $n - r$ der *Nullindex von* Q^B,

(c)   die Anzahl p der positiven Vorzeichen in (8 6j,j') der *Positivitats-index (Tragheitsindex) von* Q^B,

(d) $s = r - p$ der *Negativitatsindex ı on* Q^B ($=$ Anzahl der negativen Vorzeichen in (8 6j,j')),

(e)   die Zahl $p - s = 2\,p - r$ heißt die *Signatur von* Q^B

Ist V ein K-Vektorraum und H eine σ-hermitesche bzw symmetrische Form auf V, so heißt $v \in V$ *isotrop*, falls

$$H(\iota, v) = 0, \ \iota \neq \mathbf{0}_V, \tag{8 7}$$

sonst *anisotrop*

Wir erlautern nun einige in Satz 8 7 auftretende Begriffe, wie folgt

Satz 8.7a. *Es sei* Q^B *eine quadratısche Form und* $v^T = (v^1, \quad , v^n)$ *eine Orthogonalbasıs des* **R**-*Vektorraums* V *bzgl* B *Bezeichnet weiter*

$$V^\perp = V_0 = \{v \in V \mid B(\iota, x) = 0 \text{ fur alle } x \in V\}, \tag{8 7a}$$

den Kern oder Nullraum von B *auf* V, *so ıst der Nullindex*

$$n - r = \dim_{\mathbf{R}}(V_0) = \text{Anzahl der ısotropen } v^\rho \text{ aus } v^T, \tag{8 7b}$$

und bei geeigneter Numerıerung gilt

$$V_0 = [v^{r+1}, \quad , v^n], \tag{8 7b'}$$

weiter ıst

$$p = \text{Posıtıvıtatsındex} = \text{Anzahl der } v^\rho \text{ mıt } Q^B(v^\rho) > 0,$$
$$\tag{8 7c}$$
$$s = \text{Negatıvıtatsındex} = \text{Anzahl der } v^\rho \text{ mıt } Q^B(v^\rho) < 0,$$

schlıeßlıch entsprıcht der Vorzeıchenzerlegung

$$(1, \quad , 1, -1, \quad , -1, 0, \quad , 0) \qquad \textit{von } Q^B \textit{ nach } (8\,6\text{j,j}') \tag{8 7d}$$
$$\underbrace{\qquad\qquad}_{p\text{-mal}} \underbrace{\qquad\qquad}_{s\text{-mal}} \underbrace{\qquad\qquad}_{(n-r)\text{-mal}}$$

22

stets eine direkte Summenzerlegung

$$\boxed{V = V_0 \oplus V^+ \oplus V^-} \tag{8.7e}$$

mit V_0 *nach* (8.7a);

$V^+ := [\,\{v^\rho\colon Q^B(v^\rho) > 0\}\,],$

$\dim_{\mathbf{R}}(V^+) = p$ *und* $Q^B(v) > 0$ *für* $v \neq \mathbf{0}_V$ *aus* V^+;

$V^- := [\,\{v^\rho\colon Q^B(v^\rho) < 0\}\,],$

$\dim_{\mathbf{R}}(V^-) = s$ *und* $Q^B(v) < 0$ *für* $v \neq \mathbf{0}_V$ *aus* V^-.
$$\tag{8.7e'}$$

Der Beweis dieses Zusatzes ergibt sich einfach aus Satz 8.7 und den vorangehenden Überlegungen (vgl. Aufgabe 13).

[4a] Auf dem $\mathbf{R}$-Vektorraum $V = \mathbf{R}^3$ mit der Basis $\mathfrak{a}^T = (a^1, a^2, a^3)$ sei eine symmetrische Bilinearform B durch

$$G_{\mathfrak{a}}^B = \begin{pmatrix} 0 & 1 & 1 \\ 1 & 0 & 0 \\ 1 & 0 & 0 \end{pmatrix} \in \mathbf{R}^{3,3}$$

gegeben. Unter Beachtung von Bemerkung 9 oder durch Probieren findet man $v^1 = a^1 + a^2 \in V$ mit $B(v^1, v^1) = 2$. Beim Lösen von $B(y, v^1) = 0$ mit $y = \eta_1 a^1 + \eta_2 a^2 + \eta_3 a^3 \in V$ erhält man die Bedingung $\eta_1 + \eta_2 + \eta_3 = 0$ und die Basisvektoren $v^2 = a^1 - a^2, v^3 = a^2 - a^3$ von $[v^1]^\perp$ mit $B(v^2, v^2) = -2$ und $B(v^3, v^3) = 0$. Anschließendes Normieren der v^i führt zu einer Basis $\mathfrak{w}^T$ mit

$$G_{\mathfrak{w}}^B = \begin{pmatrix} 1 & 0 & 0 \\ 0 & -1 & 0 \\ 0 & 0 & 0 \end{pmatrix} \text{ und}$$

$$\tag{8.7e''}$$

$$V = V^+ \oplus V^- \oplus V_0, \quad V^+ = [w^1], \quad V^- = [w^2], \quad V_0 = [w^3].$$

Wählt man jedoch $u^1 = 3v^1 + v^2, u^2 = v^1 + 3v^2, u^3 = v^3$, so ist $B(u^1, u^1) = 16, B(u^2, u^2) = -16$, und man erhält eine Zerlegung von $V = V_1^+ \oplus V_1^- \oplus V_0$ mit anderen Räumen V_1^+ und V_1^- aber mit der gleichen Trägheitsform der Matrix gemäß (8.7e''). –

Die Zerlegung (8.7e), d.h. die Räume V^+ und V^- hängen also, wie aus Satz 8 7a ersichtlich ist, von der zuvor konstruierten Orthogonalbasis ab

Bemerkung 11 Es kann naturlich nicht ausgeartete symmetrische Bilinearformen B, d h mit $V_0 = (0_v)$, geben, fur die isotrope Vektoren existieren, wie das nachfolgende Beispiel (*hyperbolische Ebene*) zeigt

$\boxed{4\text{b}}$ Sei $V = \mathbf{R}^2$ mit der Standardbasis e^1, e^2 gegeben und $B(\tilde{\imath}, \tilde{x}) = \tilde{y}^T \begin{pmatrix} 0 & 1 \\ 1 & 0 \end{pmatrix} \tilde{x}$, d h $B(e^1, e^1) = B(e^2, e^2) = 0$, also sind e^1 und e^2 isotrope Vektoren Da $|G| = -1 \neq 0$, ist B nicht ausgeartet und $Q^B(\tilde{x}) = 2x_1 x_2$ Da

$$B(u^1, u^1) = 1 \text{ fur } u^1 = \frac{1}{\sqrt{2}}(e^1 + e^2),$$

$$B(u^2, u^2) = -1 \text{ fur } u^2 = \frac{1}{\sqrt{2}}(e^1 - e^2) \text{ sowie}$$

$$B(u^1, u^2) = B(u^2, u^1) = 0, \text{ ist bzgl } u^T = (u^1, u^2)$$

$$Q^B(x) = x_1'^2 - x_2'^2 \text{ mit } x = (x_1', x_2') \text{ u},$$

folglich ist hier $r = 2$, $p = s = 1$

(Zur Bezeichnung «hyperbolische Ebene» beachte man, daß in der Elementargeometrie durch Gleichungen der Form $x_1^2 - x_2'^2 = 1$, $2 x_1 x_2 = 1$ Hyperbeln beschrieben werden. vgl Kap V, §14)

Im folgenden sei

$$\sigma(z) = \bar{z} \text{ fur } z \in \mathbf{C} \text{ (konjugiert-komplex)},$$

V ein n-dimensionaler $\mathbf{C}$-Vektorraum, $\qquad$ (8 7f)

H eine hermitesche Form auf V (bzgl σ),

dann betrachten wir analog die Funktion

$$Q^H \quad V \to \mathbf{R} \quad \text{mit}$$
$$V \ni x \mapsto Q^H(x) = H(x, x) \qquad (8\ 7f\ )$$

die offensichtlich reellwertig ist Durch die Polarisierungsformel fur $x, y \in V$

24

$$4H(y, x)$$
$$= Q^H(x + y) - Q^H(y - x) + \imath Q^H(y + \imath x) - \imath Q^H(y - \imath x) \tag{8 7f}$$

erhalt man hieraus H zuruck Berucksichtigt man nun, daß

$$z\,\bar z = |z|^2 \geq 0 \quad \text{fur } z \in \mathbf{C} \tag{8 7g}$$

ist, so erhalt man durch Ubertragung der obigen Rechnungen (vgl Satz 8 7, Satz 8 7a und Satz 8 5 sowie Aufgabe 13) den

Satz 8.7b. Fur eine gemaß (8 7f, f) erklarte hermitesche Form $H(y, x)$ des n-dimensionalen $\mathbf{C}$-Vektorraumes V gilt bzgl einer geeigneten Orthogonalbasis von V (bzgl H)

$$Q^H(x) = H(x, x) = |x_1|^2 + \quad + |x_p|^2 - |x_{p+1}|^2 - \quad - |x_r|^2, \tag{8 7h}$$

wobei der Rang r, der Positivitatsindex p und der Negatimtatsindex $s = r - p$ analog zu oben definiert und Q^H invariant zugeordnet sind mit ahnlichen Eigenschaften wie in Satz 8 7a

Definition 8H. Eine hermitesche Form H auf einem $\mathbf{C}$-Vektorraum V (bzw eine symmetrische Bilinearform B auf einem $\mathbf{R}$-Vektorraum V) heißt

positiv-definit auf V, falls

$$H(x, x) > 0 \ (\text{bzw } B(x, x) > 0) \text{ fur alle } x \neq \mathbf{0}_V \text{ aus } V, \tag{8 8}$$

positiv-semidefinit auf V, falls

$$H(x, x) \geq 0 \ (\text{bzw } B(x, x) \geq 0) \text{ fur alle } x \in V, \tag{8 8}$$

negativ-definit auf V, falls

$$H(x, x) < 0 \ (\text{bzw } B(x, x) < 0) \text{ fur alle } x \neq \mathbf{0}_V \text{ aus } V, \tag{8 8a}$$

negativ-semidefinit auf V, falls

$$H(x, x) \leq 0 \ (\text{bzw } B(x, x) \leq 0) \text{ fur alle } x \in V, \tag{8 8a}$$

ın allen anderen Fallen heißen H (bzw B) *ındefinıt auf V*

$\boxed{5}$ Dıe Matrızen

$$\begin{pmatrix} 1 & 0 \\ 0 & 1 \end{pmatrix}, \begin{pmatrix} 1 & 0 \\ 0 & 0 \end{pmatrix}, \begin{pmatrix} -1 & 0 \\ 0 & -1 \end{pmatrix} \text{ bzw } \begin{pmatrix} -1 & 0 \\ 0 & 0 \end{pmatrix}$$

als Fundamentalmatrızen aufgefaßt, reprasentıeren gerade dıe vıer genannten Typen von H (bzw B)

Bemerkung 12   Eıne belıebıge ındefinıte Form kann naturlıch auf eınem Teılraum definıt seın, so ıst z B ın Satz 8 7a dıe Bılınearform B auf V^+ posıtıv-definıt und auf V negatıv-definıt

Wegen Definıtıon 8H und den Satzen 8 7, 8 7a sowıe 8 7b erhalten wır sofort dıe nachstehende Folgerung

Satz 8.8. *Ist H posıtıv-definıte hermıtesche Form uber dem n-dımensıonalen $\mathbf{C}$-Vektorraum V bzw B posıtıv-definıte symmetrısche Bılınearform uber dem n-dımensıonalen $\mathbf{R}$-Vektorraum V, so gıbt es eıne Basıs $\mathfrak{w}$ von V mıt*

$$Q^H(x) = \sum_{v=1}^{n} |x_v|^2 \quad (uber\ \mathbf{C})\ bzw$$

$$\text{\textit{fur }} x = \tilde{x}^T \mathfrak{w}, \qquad (8\ 8b)$$

$$Q^B(x) = \sum_{v\ 1}^{n} x_v^2 \quad (uber\ \mathbf{R})$$

dıe Fundamentalmatrıx $G = (q_{\mu v})$ eıner posıtıv-definıten hermıteschen Form H bzw symmetrıschen Bılınearform B (bzgl ırgendeıner Basıs) ıst somıt gemaß

$$S^T\ G\ \bar{S} = E \text{ mıt } |S| \neq 0,\ d\,h\ \ G \underset{\sigma}{\equiv} E\ bzw$$

$$S^T\ G\ S = E \text{ mıt } |S| \neq 0,\ d\,h\ \ G \underset{\mathbf{R}}{\equiv} E \qquad (8\ 8c)$$

σ-kongruent bzw kongruent zur n-reıhıgen Eınheıtsmatrıx E und umgekehrt

Sınd nun S bzw G Matrızen aus $\mathbf{C}^{n\,n}$ bzw $\mathbf{R}^{n\,n}$ und bedeutet weıterhın $\sigma(z) = \bar{z}$ dıe konjugıert-komplexe Zahl, so gılt wegen (8 1e) fur dıe Determınanten

$$\det(\bar{S}) = \overline{\det(S)}; \quad \det(S^T)\cdot\det(\bar{S}) = |\det(S)|^2 \geq 0;$$
$$\bar{G} = G^T \quad \Rightarrow \det(G)\in \mathbf{R}. \tag{8.8d}$$

Da weiter $\det(E) = 1 > 0$ ist, folgt unter Benutzung des Determinantenmultiplikationssatzes

Satz 8.8a. *Ist einer hermiteschen Form H (bzw. einer symmetrischen Bilinearform B) über einem n-dimensionalen **C**- (bzw. **R**-) Vektorraum V die Fundamentalmatrix $G = G_a^H$ (bzw. $= G_a^B$) bzgl. einer beliebigen Basis a von V zugeordnet, so ist der Wert $\det(G)$ stets reell und*

$$\mathrm{sgn}\,(\det(G)) = \mathrm{sgn}\,(\det(S^T\cdot G\cdot \bar{S})) \tag{8.8e}$$

unabhängig von der speziellen Auswahl der Basis a von V; speziell für positiv-definites H (bzw. B) ist dieser Wert reell und positiv, d.h.

$$\det(G) = \begin{vmatrix} g_{11} & \cdots & g_{1n} \\ \vdots & & \vdots \\ g_{n1} & \cdots & g_{nn} \end{vmatrix} > 0 \ \text{und aus } \mathbf{R}. \tag{8.8f}$$

Bezeichnung. Ist $G = (g_{\mu\nu})\in K^{n,n}$ eine beliebige quadratische Matrix, so nennt man die speziellen Unterdeterminanten

$$|G_i| := \begin{vmatrix} g_{11} & \cdots & g_{1i} \\ \vdots & & \vdots \\ g_{i1} & \cdots & g_{ii} \end{vmatrix} \in K, \quad 1 \leq i \leq n \tag{8.8g}$$

die *Hauptminoren* von G.

Die positive Definitheit einer hermiteschen Form H (bzw. einer symmetrischen Bilinearform B) läßt sich wie folgt an den Fundamentalmatrizen erkennen:

Satz 8.9. *Eine hermitesche Form H (bzw. eine symmetrische Bilinearform B) eines n-dimensionalen Vektorraumes über **C** (bzw. **R**) ist genau dann positiv-definit, wenn alle Hauptminoren der Fundamentalmatrix $G = G_a^H$ (bzw. $= G_a^B$) $= (g_{\mu\nu})\in \mathbf{C}^{n,n}$ (bzw. $\in\mathbf{R}^{n,n}$) bzgl. einer Basis a von V reell und positiv sind, d.h. falls gilt:*

$$|G_i| = \begin{vmatrix} g_{11} & \cdots & g_{1i} \\ \vdots & & \vdots \\ g_{i1} & \cdots & g_{ii} \end{vmatrix} > 0 \quad (1 \leq i \leq n). \tag{8.9}$$

Beweis. Wir führen den Beweis im hermiteschen Fall durch, da dieser den der symmetrischen Bilinearform einschließt. Sei dabei $a^1, \ldots, a^n$ eine Basis von V und

$$H(a^\mu, a^\nu) = g_{\mu\nu} \quad (\mu, \nu = 1, \ldots, n). \tag{8.9a}$$

sowie jeweils

$$U_r := [a^1, \ldots, a^r] \quad (1 \le r \le n) \tag{8.9b}$$

der von den ersten r Basiselementen erzeugte r-dimensionale Teilraum, wobei

$$U_{r-1} \subsetneqq U_r, \; 1 < r \le n. \tag{8.9b'}$$

Es sind nun zwei Richtungen zu beweisen:

1. Sei H positiv-definit und hermitesch auf $V = U_n$. Dann ist H auch auf jedem linearen Teilraum von V hermitesch und positiv-definit (durch Einschränkung), und dabei ist insbesondere

$$G_r = \begin{pmatrix} g_{11} & \cdots & g_{1r} \\ \vdots & & \vdots \\ g_{r1} & \cdots & g_{rr} \end{pmatrix} \in \mathbf{C}^{r,r}, \quad 1 \le r \le n \tag{8.9c}$$

die Fundamentalmatrix von H zur Basis $(a^1, \ldots, a^r)$ von U_r; nach Satz 8.8a ist also $|G_r| > 0 \; (1 \le r \le n)$, d.h. alle Hauptminoren von G sind positiv.

2. Sei umgekehrt für $G = (H(a^\mu, a^\nu)) \in \mathbf{C}^{n,n}$ die Bedingung erfüllt, daß alle Hauptminoren positiv sind, seien weiter die U_r gemäß (8.9b) gegeben.

Da $|G_1| = H(a^1, a^1) > 0$, ist offensichtlich H auf $U_1 = [a^1]$ positiv-definit und für $y^1 = \dfrac{1}{\sqrt{|G_1|}} \cdot a^1$ gilt

$$H(y^1, y^1) = 1 = \delta_{11}. \tag{8.9d}$$

Wir machen nun die Induktionsannahme, daß für ein r mit $1 \le r < n$ H auf U_r positiv-definit sei, und daß es eine Basis $y^1, \ldots, y^r$ von U_r gebe mit (vgl. Satz 8.8):

28

$$H(y^\mu, y^\nu) = \delta_{\mu\nu} \quad (1 \leq \mu,\, \nu \leq r). \tag{8.9e}$$

Da $U_r \subsetneqq U_{r+1}$ und $\dim_{\mathbb{C}}(U_{r+1}) = \dim_{\mathbb{C}}(U_r) + 1$, kann man $y^1, \ldots, y^r$ nach dem Austauschsatz von Steinitz durch Hinzunahme eines Vektors y (etwa aus $\{a^1, \ldots, a^{r+1}\}$) zu einer Basis von $U_{r+1} = [y^1, y^2, \ldots, y^r, y]$ ergänzen. Setzt man nun

$$y^{r+1} := y - \sum_{\rho=1}^{r} H(y, y^\rho) \cdot y^\rho. \tag{8.9f}$$

Dann gilt auch (vgl. LA 1, Lemma 3.2)

$$U_{r+1} = [y^1, \ldots, y^r, y^{r+1}], \tag{8.9g}$$

und außerdem ist

$$\begin{aligned}
H(y^{r+1}, y^\nu) &= H(y, y^\nu) - \sum_{\rho=1}^{r} H(y, y^\rho) \cdot H(y^\rho, y^\nu) \\
&= H(y, y^\nu) - H(y, y^\nu) = 0 \quad \text{für } 1 \leq \nu \leq r;
\end{aligned} \tag{8.9h}$$

wegen der Hermitezität ist auch

$$H(y^\nu, y^{r+1}) = 0 \qquad (1 \leq \nu \leq r). \tag{8.9h'}$$

Wegen (8.9e) und (8.9h, h') ist die zu H und $y^1, \ldots, y^{r+1}$ gehörige Matrix

$$\begin{aligned}
(H(y^\mu, y^\nu)) &= \operatorname{diag}(1, \ldots, 1, H(y^{r+1}, y^{r+1})), \\
&\quad 1 \leq \mu,\, \nu \leq r+1
\end{aligned} \tag{8.9i}$$

von Diagonalform mit (vgl. Satz 8.8 a):

$$|(H(y^\mu, y^\nu))| = H(y^{r+1}, y^{r+1}) = |G_{r+1}| \cdot |S|^2 > 0; \tag{8.9i'}$$

folglich ist H auf U_{r+1} positiv-definit und nach eventueller Skalarmultiplikation von y^{r+1}

$$H(y^\mu, y^\nu) = \delta_{\mu\nu} \quad (1 \leq \mu,\, \nu \leq r+1), \tag{8.9i''}$$

d.h. die Induktionsannahme gilt auch für U_{r+1}. Somit ist durch Induktion gezeigt, daß H auf V positiv-definit ist, q.e.d. ∎

Bemerkung 13. Man nennt nicht ausgeartete symmetrische Bilinearformen oder σ-hermitesche Formen auf K-Vektorräumen oft auch *Skalarprodukte* und schreibt dann

$$H(y, x) = \langle y, x \rangle \text{ bzw. } B(y, x) = \langle y, x \rangle$$
$$\text{(gelegentlich auch } \langle y, x \rangle = y \cdot x); \tag{8.10}$$

z.B. wird dieses Zeichen für Standardskalarprodukte auf endlichdimensionalen K-Vektorräumen verwendet. Die Bezeichnung und Schreibweise sind in der Literatur nicht ganz einheitlich. In der weiterführenden algebraischen Theorie wird das Wort «Skalarprodukt» auch im ausgearteten Fall verwendet (vgl. hierzu die Ergänzungen zu §8, insbesondere (8.13a) und die dort folgenden Überlegungen sowie die Ergänzungen zu §9).

Eine andere Methode zur Berechnung von Positivitäts- bzw. Negativitätsindex hermitescher Formen und zur Entscheidung von Definitheitsfragen lernen wir in §9 kennen.

Besonders wichtig sind (vgl. auch EA, §7) die nachstehend genannten Fälle.

Definition 8 I. Ist B eine symmetrische positiv-definite Bilinearform auf einem **R**-Vektorraum V, so nennt man das Paar $(V; B)$ einen *euklidischen Raum* mit dem Skalarprodukt B. – Ist H eine positiv-definite hermitesche Form auf einem **C**-Vektorraum V, so heißt $(V; H)$ ein *unitärer Raum* mit dem Skalarprodukt H.

Bemerkung 14. Positiv-definite symmetrische Bilinearformen bzw. positiv-definite hermitesche Formen sind natürlich nicht ausgeartet. Bei gegebenem **R**- oder **C**-Vektorraum gibt es i.a. sehr viele verschiedene Möglichkeiten, ein solches B bzw. H zu definieren. Falls V endlich-dimensional ist, liefert Satz 8.9 hierzu ein Verfahren (vgl. auch die in Bemerkung 18 der Ergänzungen genannte Methode und die dortigen Ausführungen).

$\boxed{5a}$ Man erhält somit positiv-definite symmetrische Bilinearformen bzw. hermitesche Formen auf $\mathbf{R}^3$ bzw. $\mathbf{C}^3$ durch Angabe der Fundamentalmatrizen

$$G = \begin{pmatrix} 2 & 1 & 0 \\ 1 & 1 & -1 \\ 0 & -1 & 4 \end{pmatrix} \text{ mit } \begin{vmatrix} 2 & 1 \\ 1 & 1 \end{vmatrix} = 1 \text{ und } |G| = 2 \text{ bzw.}$$

$$G' = \begin{pmatrix} 1 & 2 & i \\ 2 & 5 & 0 \\ -i & 0 & 6 \end{pmatrix} \quad \text{mit} \quad \begin{vmatrix} 1 & 2 \\ 2 & 5 \end{vmatrix} = 1 \text{ und } |G'| = 1.$$

Man beachte, daß man z.B. $(\mathbf{C}^3; H)$ mit $G_e^H \doteq G$ oder $= G'$ bilden kann und so zwei verschiedene Strukturen eines unitären Raumes auf $V = \mathbf{C}^3$ erhält.

Wenn keine Verwechslungen möglich sind, schreiben wir in einem unitären oder euklidischen Raum abkürzend

$$\begin{aligned} H(y,x) &= y \cdot x = \langle y, x \rangle \quad \text{bzw.} \\ B(y,x) &= y \cdot x = \langle y, x \rangle \end{aligned} \tag{8.10'}$$

für das ausgezeichnete Skalarprodukt. Wie schon früher erwähnt, können in diesen Fällen die Folgebegriffe eines Skalarproduktes mit den üblichen Eigenschaften (vgl. EA, §7) eingeführt werden.

Dies gilt z.B. für die gemäß Definition 8C' erklärte *Orthogonalität* von Vektoren, d.h.

$$y \perp x \Leftrightarrow \langle y, x \rangle = 0 \text{ für } x, y \in V, \tag{8.10a}$$

wobei die Eigenschaften aus (8.2f, f'), Bemerkung 5, Satz 8.3 (beachte, daß $\langle , \rangle$ nicht ausgeartet ist) und Bemerkung 6 zutreffen; aus (8.5b) folgt noch

$$y \perp x \Leftrightarrow x \perp y. \tag{8.10b}$$

Weiter erklären wir

Definition 8J. Ist V ein unitärer oder euklidischer Raum, so heißt

$$\begin{aligned} \sqrt{H(x,x)} &= \sqrt{\langle x, x \rangle} =: |x|_H = \|x\| \quad \text{bzw.} \\ \sqrt{B(x,x)} &= \sqrt{\langle x, x \rangle} =: |x|_B = \|x\| \end{aligned} \qquad (x \in V) \tag{8.10c}$$

die *Länge* oder *Norm des Vektors* x.

Dies bedeutet, daß die Norm wie folgt

$$\|x\|^2 = |x|_H^2 = Q^H(x) \text{ bzw. } \|x\|^2 = |x|_B^2 = Q^B(x) \tag{8.10d}$$

31

mit den oben diskutierten «quadratischen» Formen Q^H bzw Q^B zusammenhangt Wir vermerken noch

Satz 8.10. *In einem unitaren bzw euklidischen Raum V gelten für die Norm $\|x\|$ die folgenden Regeln*

$$\|x\| \geq 0, \ \|x\| = 0 \Leftrightarrow x = \mathbf{0}_V \ (positive \ Definitheit), \tag{8 10e}$$

$$\|\lambda \, x\| = |\lambda| \ \|x\| \quad (\lambda \in \mathbf{C} \ bzw \in \mathbf{R}, \ x \in V), \tag{8 10f}$$

$$|H(y,x)| \leq \|y\| \ \|x\| \ bzw \ |B(y,x)| \leq \|y\| \ \|x\|$$
$$(Cauchy\text{-}Schwarzsche \ Ungleichung), \tag{8 10g}$$

$$\|x + y\| \leq \|x\| + \|y\| \ (Dreiecksungleichung) \tag{8 10h}$$

Beweis (Skizze) 1 Die Regeln (8 10e, f) sind nach Definition von H bzw B unmittelbar klar
2 Wegen der positiven Definitheit folgt für $\lambda \in \mathbf{C}$

$$0 \leq \|x - \lambda v\|^2 = \langle x - \lambda y, x - \lambda y \rangle$$
$$= \|x\|^2 - \lambda \langle y, x \rangle - \bar{\lambda} \langle x, y \rangle + |\lambda|^2 \ \|y\|^2 \tag{8 10i}$$

Wegen $\langle y, x \rangle = \overline{\langle x, y \rangle}$ folgt für $\lambda = \langle x, y \rangle \ \|y\|^{-2}$ für $y \neq \mathbf{0}_V$ nach einfacher Rechnung (8 10g) Für $y = \mathbf{0}_V$ ist (8 10g) trivial
3 Berechnet man $\|x + y\|^2$ (setze in 2 $\lambda = -1$) und berucksichtigt $\langle x, y \rangle + \langle y, x \rangle \leq 2|\langle x, y \rangle|$ und (8 10g), so erhalt man sofort (8 10h) ∎

Bemerkung 15 Die obigen Aussagen gelten bei beliebiger Dimension Aus Formel (8 10i) erhalt man durch Einsetzen von $\lambda = -1$ bzw $\lambda = -i$ sofort

$$2 \, \mathrm{Re}\langle x, y \rangle = \|x + v\|^2 - \|x\|^2 - \|y\|^2 ,$$
$$2 \, \mathrm{Im}\langle x, y \rangle = \|x + iv\|^2 - \|x\|^2 - \|y\|^2 , \tag{8 10j}$$

entsprechend kann man weitere Regeln für die Norm herleiten Schließlich liefert der Ansatz

$$d(x, y) = \|x - y\|, \ x, y \in V \tag{8 11}$$

eine Distanzfunktion mit den üblichen Eigenschaften einer Metrik, die außerdem noch translationsinvariant ist (vgl Aufgabe 16)

Bezeichnungen Eine Gesamtheit $\{x^1, x^2, \ \}$ von nicht notwendig endlich vielen Vektoren $\neq 0$ eines unitaren oder euklidischen Vektorraumes heißt ein *Orthogonalsystem*, falls

$$x^\mu \perp x^\nu \quad \text{fur } \mu \neq \nu, \tag{8 11a}$$

gilt zusatzlich $\|x^\mu\| = 1$ fur alle x^μ dieser Gesamtheit, d h sind alle x^μ *Einheitsvektoren*, so heißt $\{x^1, x^2, \quad\}$ ein *Orthonormalsystem*

Satz 8.10a. *Zu einem System $\{x^1, x^2, \quad\}$ linear unabhangiger Vektoren eines unitaren bzw euklidischen Vektorraumes V gibt es ein Orthonormalsystem $\{v^1, y^2, \quad\}$ so daß*

$$[x^1, \quad, x^r] = U_r = [y^1, \quad, y^r]$$
$$\textit{fur jedes } r \in \mathbf{N} \textit{ mit } r \leq \dim[x^1, x^2, \quad] \tag{8 11b}$$

und man erhalt dieses nach dem Schmidtschen Orthonormalisierungsverfahren

Beweis Wir gehen dabei ahnlich wie im Beweis von Satz 8 9 vor und setzen jeweils $U_r = [x^1, \quad, x^r]$ Dann lost $y^1 = \frac{x^1}{\|x^1\|}$ die Aufgabe fur $r = 1$ Wir machen dann die Induktionsannahme, fur ein $r \in \mathbf{N}$ seien $y^1, \quad, v^r$ mit (8 11a) gegeben, so daß

$$\langle y^\nu, y^\mu \rangle = \delta_{\mu\nu} \quad (1 \leq \nu, \mu \leq r) \tag{8 11c}$$

Dann ist $[x^1, \quad, x^{r+1}] = U_{r+1} = [y^1, \quad, y^r, x^{r+1}]$, und mit dem Ansatz (8 9f) erhalt man

$$z^{r+1} = x^{r+1} - \sum_{\rho=1}^{r} \langle x^{r+1}, y^\rho \rangle\, y^\rho$$

und $y^{r+1} = \frac{z^{r+1}}{\|z^{r+1}\|}$ lost die Aufgabe fur $r+1$, womit ein algorithmisches Verfahren zur Orthonormalisierung skizziert ist (Fur eine Illustration im Fall $r = 1$ vgl auch EA, Seite 146, 147, insbesondere Figur 8) $\blacksquare$

Bemerkung 16 Umgekehrt besteht ein Orthogonalsystem stets aus linear unabhangigen Vektoren – Man kann mit Hilfe von (8 10g), insbesondere im euklidischen Fall, auch Winkel zwischen Vektoren solcher Raume einfuhren (vgl §10 sowie die geometrischen Anwendungen in Kapitel V, §13)

$\boxed{5b}$ Sei $V = \mathbf{C}^2$ und $H(y, x) = \langle y, x \rangle = y_1 x_1 + y_2 x_2$ das Standard-skalarprodukt von $\mathbf{C}^2$ Sei weiter

$$x^1 = (e^{\frac{2\pi i}{3}}\ 0)\quad x^2 = (1, 2i)$$

Dann folgt $\|x^1\| = 1$, $\langle x^2, x^1 \rangle = e^{-\frac{2\pi i}{3}}$

Also ist $y^1 = x^1$ und $z^2 = x^2 - \langle x^2, y^1 \rangle\, y^1$

$$= (1, 2i) - e^{-\frac{2\pi i}{3}}\ (e^{\frac{2\pi i}{3}}, 0) = (0, 2i),\ \|z^2\|^2 = 4,\ \text{d h}\ y^2 = (0, i)$$

Ergänzungen zu § 8

Wir wollen hier einige Ansatze, Begriffe und Ergebnisse des vorangehenden Paragraphen weiterfuhren und erganzen Zunachst erinnern wir in Abschwachung von Definition 8A und Bemerkung 1 an die

Bezeichnung Eine bijektive Abbildung

$$\sigma\ K \to K\ \text{mit}$$
$$\sigma(\alpha + \beta) = \sigma(\alpha) + \sigma(\beta)\ \text{fur alle}\ \alpha, \beta \in K \tag{8 12}$$

eines Korpers K heißt ein *Automorphismus von* K

Definition 8K. Sind V und W K-Vektorraume, ist σ ein Automorphismus von K so wird eine Abbildung

$$\varphi\ V \to W \tag{8 12a}$$

mit

$$\begin{aligned} \varphi(x^1 + x^2) &= \varphi(x^1) + \varphi(x^2)\\ \varphi(\lambda\, x) &= \sigma(\lambda)\ \varphi(x) \end{aligned}\quad \text{fur alle}\ x^1\ x^2, x \in V\ \text{und}\ \lambda \in K \tag{8 12b}$$

eine *semilineare* bzw σ *lineare Abbildung* genannt ist dabei speziell $W = K$ so heißt eine Abbildung (Funktion)

$$\varphi\ V \to K \tag{8 12c}$$

mit den Eigenschaften (8 12b) eine *semilineare* bzw σ-*lineare Funktion* auf V

Bemerkung 17 Die semilinearen Funktionen sind weitgehend analog zu den semibilinearen und sesquilinearen Formen nach Definition 8B gebildet Wir kommen auf diese Begriffe in den Erganzungen zu den geometrischen Anwendungen des Kapitels V zuruck

Die numerische Beschreibung von σ-linearen Abbildungen illustrieren wir an folgendem Beispiel

$\boxed{6}$ σ sei ein Automorphismus von K, $V = K^n$, $W = K^m$, und es bedeute jeweils

$$\sigma(\tilde{x}^T) = \sigma(x_1\quad x_n) = (\sigma(x_1),\quad \sigma(x_n))\ \text{fur}\ \tilde{x}^T \in K^n \tag{8 12d}$$

Ist nun $A \in K^{m\,n}$ so liefert

34

$$\varphi\ K^n \to K^m \text{ mit}$$
$$\tilde{x} \mapsto \varphi(\tilde{x}) = A\ \sigma(\tilde{x}) = A \begin{pmatrix} \sigma(x_1) \\ \\ \sigma(x_n) \end{pmatrix} \tag{8 12e}$$

eine bzgl σ semilineare Abbildung, wie man sofort verifiziert Weiter sind Kern $\varphi \leq K^n$ und Bild $\varphi \leq K^m$ jeweils Teilvektorraume und es gilt

$$\text{Kern } \varphi = \{0_{K^n}\} \Rightarrow \dim_K(\varphi(K^n)) = \dim_K(K^n) = n \tag{8 12f}$$

Rechteckige Matrizen $A = (\alpha_{\mu\nu}) \in K^{m\,n}$ sind im Text dieses Buches in zwei Interpretationen aufgetreten, namlich einmal als Fundamentalmatrizen von Semibilinearformen (Definition 8D) und als beschreibende Matrizen von linearen bzw σ-linearen Abbildungen (vgl LA 1, Kap II und z B (8 12e)) Eine Beziehung zwischen diesen beiden Interpretationsmoglichkeiten wird u a durch die nachfolgende Bemerkung angedeutet

Bemerkung 18 Ist $V = K^n$ der n-dimensionale arithmetische K-Vektorraum und bedeutet $\langle\, ,\, \rangle$ eine feste nicht ausgeartete symmetrische Bilinearform auf K^n, wie z B das Standardskalarprodukt

$$\langle \tilde{y}, \tilde{x} \rangle = \sum_{\nu=1}^{n} y_\nu x_\nu \text{ fur } \tilde{y} = \begin{pmatrix} y_1 \\ \\ y_n \end{pmatrix},\ \tilde{x} = \begin{pmatrix} x_1 \\ \\ x_n \end{pmatrix} \in K^n, \tag{8 12g}$$

so gibt es zu jeder Bilinearform $B(\tilde{y}, \tilde{x})$ auf $V = K^n$ eindeutig bestimmte Matrizen A und $C \in K^{n\,n}$ mit

$$B(\tilde{y}, \tilde{x}) = \langle A\ \tilde{y}, \tilde{x} \rangle = \langle y, C\ \tilde{x} \rangle \text{ fur alle } \tilde{x}, \tilde{y} \in K^n, \tag{8 12h}$$

umgekehrt liefert bei gegebenen Matrizen A, C der Ausdruck (8.12h) eine Bilinearform, die bei symmetrischem $A = A^T = C$ sogar symmetrisch ist (hierzu vgl. Aufgabe 22a, sowie spätere Bemerkungen).

Wir wollen nun noch berichten, wie die Theorie der symmetrischen Bilinearformen bzw die der quadratischen Formen weitergefuhrt werden kann Hierzu seien

$$K \text{ ein fester Korper mit Char}(K) \neq 2,$$
$$V \text{ ein } K\text{-Vektorraum endlicher Dimension} \tag{8 13}$$

Es bezeichne

$$B(x, y) \text{ eine symmetrische Bilinearform auf } V,$$
$$Q^B(x) = B(x, x) \text{ die zugehorige quadratische Form} \tag{8 13'}$$

Entsprechend seien spater V' bzw B' usw uber dem gleichen Korper K definiert Die Begriffe «nicht ausgeartet» bzw «orthogonale Vektoren und Komplemente», d h $x \perp y$ bzw $M^\perp$ sowie Fundamentalmatrizen G_a^B und ihre Kongruenz werden wie fruher verwendet

Definition 8L. Unter den Voraussetzungen (8 13), (8 13') heißt das Paar

$$(V, B) \tag{8 13a}$$

ein *Raum mit Skalarprodukt*, ist zusatzlich B nicht ausgeartet, so nennt man das Paar

35

$$(V, Q^B) \tag{8 13a'}$$

auch einen *quadratischen Raum* uber K

Definition 8M. Zwei Raume (V, B) und (V', B') mit Skalarprodukt heißen *isometrisch*, in Zeichen V isomet V', falls es eine K-lineare Abbildung

$$\varphi \ V \to V' \tag{8 13b}$$

gibt mit

(i) $\quad \varphi$ ist K-Isomorphismus, d h $V \cong V'$,

(ii) $\quad B'(\varphi(x), \varphi(y)) = B(x, y)$ fur alle $x, y \in V$ $\tag{8 13c}$

Definition 8N Sind W_1 und W_2 Teilraume eines Raumes (V, B) mit

$$V = W_1 \oplus W_2 \quad \text{(direkte Summe der } W_i),$$
$$B(x^1, x^2) = 0 \quad \text{fur } x^i \in W_i \ (i = 1, 2), \tag{8 13d}$$

so heißt V *(innere) orthogonale Summe von* W_1 *und* W_2, in Zeichen

$$V = W_1 \perp W_2 \tag{8 13d'}$$

Sind (W_1, B_1), (W_2, B_2) Raume mit Skalarprodukt, so nennt man den durch

$$V = W_1 \dotplus W_2 \ \text{(außere direkte Summe) und}$$
$$B(x, y) = B_1(x^1, y^1) + B_2(x^2, y^2) \tag{8 13d''}$$
$$\text{fur } x = x^1 \dotplus x^2, \ y = y^1 \dotplus y^2 \quad \text{mit } x^i, y^i \in W_i, \ i = 1, 2$$

definierten Raum (V, B) die *außere orthogonale Summe von* (W_1, B_1) *und* (W_2, B_2), und man schreibt auch hier

$$V = W_1 \perp W_2 \tag{8 13d'''}$$

Bemerkung 19 Entsprechend erklart man m-fache $(m > 2)$ innere (bzw außere) orthogonale Summen $W_1 \perp W_2 \perp \ \perp W_m$, bezeichnet hierbei jeweils B_μ das durch Einschrankung von B auf $W_\mu \times W_\mu$ entstehende Skalarprodukt, so gilt speziell fur die zugehorige quadratische Form

$$Q^B\left(\sum_{\mu=1}^m x^\mu\right) = \sum_{\mu=1}^m Q^{B_\mu}(x^\mu) \quad \text{fur } x^\mu \in W_\mu \ (\mu = 1, \ , m) \tag{8 13e}$$

Speziell gilt nach Satz 8 5, Satz 8 6a Es gibt stets eine Basis aus paarweise orthogonalen Vektoren x^ν von V, d h es ist

$$V = W_1 \perp W_2 \perp \ \perp W_n, \quad W_\nu = [x^\nu],$$
$$\dim_K W_\nu = 1 \quad (\nu = 1, \ , n = \dim_K V) \tag{8 13f}$$

orthogonale Summe eindimensionaler Unterraume

Bilden wir wie in (8 7a) den Unterraum

$$V_0 = V^\perp = \{v \in V \mid B(v, x) = 0 \text{ fur alle } x \in V\}, \tag{8 13g}$$

d h den *Annullator von* V *bzgl* B oder *Nullraum* oder *Kern von* B, dann folgt

$$V_0 = V^\perp = \{0_V\} \Leftrightarrow B \text{ nicht ausgeartet} \tag{8 13h}$$

36

Ein Komplementarraum U von $V^\perp$ in V ist bis auf Isometrie eindeutig bestimmt Denn wegen $(V^\perp)^\perp = V$ gilt

$$V = U \perp V^\perp, \tag{8 13i}$$

und für $v = u + v^0 \in V$, $v' = u' + v'^0 \in V$ mit $u, u' \in U$, $v^0, v'^0 \in V^\perp$ ist

$$B(v, v') = B(u, u') \tag{8 13i'}$$

Hiermit kann man leicht zeigen, daß zwei Komplementarraume U und U_1 von $V^\perp$ in V zueinander isometrisch sind (vgl Aufgabe 23b) B eingeschrankt auf $U \times U$ ist nicht ausgeartet, und es ist

$$\dim_K U = n - \dim_K(V^\perp) = \mathrm{Rg}(G^B) \tag{8 13j}$$

Somit kann man sich auf die Untersuchung des nicht ausgearteten Falles beschranken

Weiter gilt (vgl Aufgabe 23c)

$$U \leq V \text{ und } B \text{ nicht ausgeartet auf } U \Rightarrow V = U \perp U^\perp \tag{8 13k}$$

Bezeichnung Analog zu (8 7) sagt man Ein Vektor $v \in V$, $v \neq 0_V$, ist *isotrop* bzgl B, falls $B(v,v) = Q^B(v) = 0$, und anderenfalls *anisotrop*, ein $W \leq V$ heißt *isotroper Teilraum* bzgl B, falls ein isotroper Vektor in W existiert (anderenfalls heißt W *anisotroper Teilraum*) Ist speziell jeder Vektor $w \in W$, $w \neq 0_W$ isotrop bzgl B, so wird W ein *totalisotroper Teilraum* genannt

In Prazisierung und Verallgemeinerung von Bemerkung 11 und $\boxed{4b}$ erklaren wir nun

Definition 8O. Ein Raum (V, B) mit Skalarprodukt heißt *hyperbolische Ebene*, falls gilt

$$\begin{aligned} &\dim_K(V) = 2, \quad B \text{ ist nicht ausgeartet, und} \\ &\text{es existiert ein isotroper Vektor } v \in V, \end{aligned} \tag{8 14}$$

eine orthogonale Summe von endlich vielen hyperbolischen Ebenen heißt ein *hyperbolischer Raum*

Ist $e^1 = v$ ein isotroper Vektor einer hyperbolischen Ebene, so gibt es ein u mit $B(v, u) \neq 0$, da B nicht ausgeartet ist, und somit kann man mit dem Ansatz $e^2 = \alpha v + \beta u$ stets erreichen (vgl Aufgabe 23d)

Lemma 8.11. *In einer hyperbolischen Ebene (V, B) gibt es stets eine Basis e^1, e^2 (ein sogenanntes hyperbolisches Paar) mit*

$$B(e^1, e^2) = B(e^2, e^1) = 1, \quad Q^B(e^1) = Q^B(e^2) = 0 \tag{8 14a}$$

Umgekehrt erhalt man aus dieser Basis e^1, e^2 in der Form

$$v^1 = e^1 + \frac{e^2}{2}, \quad v^2 = e^1 - \frac{e^2}{2} \tag{8 14b}$$

stets eine Orthogonalbasis v^1, v^2 mit

$$\begin{aligned} &Q^B(v^1) = -Q^B(v^2) = 1, \; d\, h \\ &[v^1]^\perp = [v^2], \; [v^2]^\perp = [v^1], \quad V = [v^1] \perp [v^2] \end{aligned} \tag{8 14c}$$

Weiter verifiziert man sofort (vgl Aufgabe 23e)

Lemma 8.11a. *Sind x, y Vektoren eines Raumes (V, B) mit Skalarprodukt und ist*

$$Q^B(x) = Q^B(y) \neq 0, \tag{8 14d}$$

so gibt es eine orthogonale Summenzerlegung von V und eine zugehorige Isometrie φ, d h

$$V = W \perp W' \text{ mit } \varphi(w + w') = w - w'$$
$$\text{fur } w \in W, \, w' \in W' \text{ und } \varphi(x) = y \tag{8 14e}$$

Wir formulieren nun

Satz 8.12. *Es seien (V, B) ein Raum mit Skalarprodukt und $U, U', U' \leq V$ Teilraume, auf denen B nicht ausgeartet ist dann gilt*

$$U \text{ isomet } U \Rightarrow U^\perp \text{ isomet } U'^\perp \tag{8 15}$$

und insbesondere auch die «Kurzungsregel»

$$(U \perp U') \text{ isomet } (U \perp U'') \Leftrightarrow U' \text{ isomet } U'' \tag{8 15a}$$

Weiter besitzt V eine sogenannte Wittsche Zerlegung der Form

$$V \text{ isomet } V^\perp \perp H_1 \perp H_2 \perp \quad \perp H_m \perp U_a, \tag{8 15b}$$

hierbei sind die $H_\mu (\mu = 1, \ , m)$ sofern sie auftreten, hyperbolische Ebenen und ihre Anzahl, der «Witt-Index» m, ist eindeutig bestimmt Falls $V^\perp = \{0_V\}$ ist m die maximale Dimension eines totalisotropen Teilraumes U_a ist ein bis auf Isometrie eindeutig bestimmter anisotroper Teilraum

Beweis 1 Begrundung von (8 15) Falls speziell $U = [u^1]$, $U' = [u'^1]$ eindimensional sind und $Q^B(u^1) = Q^B(u'^1) \neq 0$ gilt, folgt die Isometrie $\varphi(U^\perp) = U^\perp$ aus Lemma 8 11a

Ist im allgemeinen Fall $U = [u^1, u^2, \ , u^q]$ isomet $U' = [u'^1, u'^2, \ , u'^q]$, so erhalt man durch Anwendung des ersten Schrittes auf u^1 und $\varphi(u^1) = u'^1$ (o B d A) sofort

$$[u^2, \ , u^q] \perp U^\perp \text{ isomet } [u'^2, \ , u'^q] \perp U'^\perp,$$

und durch einen einfachen Induktionsschluß folgt (8 15)
2 Die Kurzungsregel (8 15a) laßt sich hieraus leicht bestatigen (vgl Aufgabe 24a)
3 Nach (8 13i) ist zunachst

$$V = V^\perp \perp U,$$
$$\text{wobei } U \text{ bis auf Isometrie eindeutig bestimmt ist,} \tag{8 15c}$$

also genugt es (8 15b) fur den nicht ausgearteten Fall zu beweisen
4 Seien also $U^\perp = U_0 = \{0_V\}$ und B nicht ausgeartet auf U Sei weiter $W = [w^1, \ , w^t] \neq U$ mit $w^1, \ , w^t$ linear unabhangig ein totalisotroper Teilraum von U (evtl sei W ein totalisotroper Teilraum mit maximal moglicher Dimension, falls kein totalisotroper Teilraum existiert, sind wir mit dem Beweis von (8 15b) fertig)

Da B auf U nicht ausgeartet ist, existiert ein $u^1 \in U$ mit

$$B(w^1, u^1) \neq 0, \, B(w^\tau, u^1) = 0 \quad (\tau = 2, \ , t) \tag{8 15d}$$

Nach Definition 8O und Lemma 8 11 ist somit

$$H_1 = [w^1, u^1] \text{ hyperbolische Ebene,}$$
$$U = H_1 \perp U', \ w^\tau \in U' = H_1^\perp \text{ für } \tau = 2, \quad , t \tag{8 15e}$$

Durch Induktion konstruiert man sich analog $u^2, \quad , u^t$ aus U', so daß gilt

$$H_\tau = [w^\tau, u^\tau] \text{ hyperbolische Ebene } (\tau = 2, \quad , t),$$
$$U = H_1 \perp \quad \perp H_t \perp U_a \tag{8 15f}$$

Enthielte nun U_a noch einen isotropen Vektor, so wäre die Konstruktion fort-
führbar, bei W mit maximal möglicher Dimension t ist somit $U_a = U'$
anisotrop Somit ist $m = t$ wie im Satz angegeben eindeutig bestimmt, und
aus der Kürzungsregel folgt, daß U_a bis auf Isometrie eindeutig bestimmt
ist ∎

Bemerkung 20 Die Wittsche Zerlegung (8 15b) von V bzw die «direkte
Summenzerlegung» der zugehörigen quadratischen Form

$$Q^B = Q^{B_0} \oplus Q^{B_1} \oplus \quad \oplus Q^{B_m} \oplus Q^B \text{ mit}$$
$$Q^{B_0} = Q^B|_{V'^\perp}, \ Q^{B_\mu} = Q^B|_{H_\mu} \ (\mu = 1, \quad , m), \quad Q^B = Q^B|_{U_a}, \tag{8 15g}$$

verallgemeinert gerade die Aussage des Spezialfalls $K = \mathbf{R}$ in Satz 8 7a
(Trägheitssatz) Bei geeigneter Basiswahl in den H_μ gemäß Lemma 8 11 (8 14c)
erhält man die Diagonalform aus (8 7d, e), wobei $\dim_{\mathbf{R}}(V^\perp)$ der Nullindex
$2m = \text{Rang } Q^B - |\text{Signatur } (Q^B)|$ und $\dim_{\mathbf{R}}(U_a) - |\text{Signatur } (Q^B)|$ — Bei
Zugrundelegung anderer Basen aus Lemma 8 11 kann man andere Normal-
formen der Fundamentalmatrix zu B finden, ebenfalls lassen sich die anderen
Aussagen des Satzes verallgemeinern (vgl Aufgabe 24 und 25)

Man kann mit Hilfe der obigen Begriffe nun weitere algebraische Strukturen
einführen Da die Isometrie von Räumen mit nicht ausgeartetem Skalarprodukt
eine Äquivalenzrelation ist, folgt hierfür

$$(\mathcal{M}(K), +) \text{ mit}$$
$$\mathcal{M}(K) = \{[V]|\text{Isometrieklasse von } (V, B)\} \text{ und} \tag{8 16}$$
$$[V_1] + [V_2] = [V_1 \perp V_2]$$

bildet ein abelsches Monoid, in dem die Kürzungsregel gilt Man nennt zwei
Räume mit nicht ausgearteten Skalarprodukten *äquivalent*, wenn die aniso-
tropen Anteile in (8 15b) isometrisch sind

$$V_1 \sim V_2 \Leftrightarrow U_{1\,a} \text{ isomet } U_{2\,a},$$
$$[V]_a = \text{Äquivalenzklasse von } V \text{ bzgl } \sim \tag{8 16a}$$

Bemerkung 21 Wie man leicht bestätigt, ist

$$(W(K), +) \text{ mit } W(K) = \{[V]_a\}$$
$$\text{und } [V_1]_a + [V_2]_a = [V_1 \perp V_2]_a \tag{8 16b}$$

eine abelsche Gruppe, die sogenannte *Witt-Gruppe von K*, speziell ist
$(W(\mathbf{R}), +) \cong (\mathbf{Z}, +)$ und $(W(\mathbf{C}), +) \cong (\mathbf{Z}/2\mathbf{Z}, +)$ (vgl Aufgabe 26 und 27)

Für einige weitere Überlegungen hierzu vgl auch die Ergänzungen zu §9 und §11 Daruber hinaus wird in diesem Zusammenhang oft die Frage diskutiert, welche Elemente aus K sich als Werte von Q^B darstellen lassen

Aufgaben zu § 8

1. Es bezeichne $K = \left\{ \begin{pmatrix} a & b \\ 11b & a \end{pmatrix} \in \mathbf{Q}^{2\,2} \,\middle|\, a, b \in \mathbf{Q} \right\} \subseteq \mathbf{Q}^{2\,2}$

   a) Zeige, daß K bei ublicher Addition und Multiplikation von Matrizen einen Korper bildet, der in Form der Skalarmatrizen einen zu $\mathbf{Q}$ isomorphen Teilkorper enthalt

   b) Zeige, daß durch $\sigma \begin{pmatrix} a & b \\ 11b & a \end{pmatrix} \mapsto \begin{pmatrix} a & -b \\ -11b & a \end{pmatrix}$ eine Involution $\sigma \neq id_K$

   von K geliefert wird Bestimme $\{\alpha \in K \,|\, \sigma(\alpha) = \alpha\}$

2. Es sei $K = \mathbf{C}(X)$ der Quotientenkorper des Polynomringes $\mathbf{C}[X]$ in X Zeige
   a) Durch die Festsetzungen

   $$\sigma_1(f(X)) = \sigma_1\left(\sum_{v=0}^{d(f)} \alpha_v X^v \right) = \sum_{v=0}^{d(f)} \alpha_v X^v,$$

   $$\sigma_2(f(X)) = \sum_{v=0}^{d(f)} \overline{\alpha_v} X^v \text{ und } \sigma_i\left(\frac{f(X)}{g(X)} \right) = \frac{\sigma_i(f(X))}{\sigma_i(g(X))} \quad (i = 1,2)$$

   fur Polynome $f(X)$ und $g(X) \neq 0$ aus $\mathbf{C}[X]$ werden zwei verschiedene Involutionen σ_1 und σ_2 auf K erklart
   b) Zeige, daß $\sigma_1 \circ \sigma_2 = \sigma_2 \circ \sigma_1$ eine weitere Involution auf K definiert

3. a) Es sei K ein Korper mit $\operatorname{Char}(K) \neq 2$ und $f(X) = X^2 + a \in K[X]$ ein irreduzibles Polynom Zeige, daß $L = k[X]/f(X) K[X]$ ein Korper und zugleich ein 2-dimensionaler K-Vektorraum mit der Basis $\bar{1}$ und $\bar{X} = $ Klasse von $X \bmod f(X)$ ist, der

   $$\sigma \quad \alpha + \beta \bar{X} \mapsto \alpha - \beta \bar{X} \quad (\alpha, \beta \in K)$$

   als Involution besitzt
   b) Es sei $L = \mathbf{Q}(\sqrt{2}, \sqrt{3}) = \mathbf{Q}(\sqrt{2})(\sqrt{3}) \subseteq \mathbf{R}$ der kleinste $\mathbf{Q}, \sqrt{2}$ und $\sqrt{3}$ enthaltende Teilkorper von $\mathbf{R}$ Zeige, daß L ein 4-dimensionaler $\mathbf{Q}$-Vektorraum mit der $\mathbf{Q}$-Basis $1, \sqrt{2}, \sqrt{3}, \sqrt{2}\sqrt{3}$ ist Bestimme vier verschiedene Involutionen von L
   c) Es sei $L = \mathbf{F}_3[X]/(X^2 + 1) \mathbf{F}_3[X]$ Zeige, daß $\sigma \ \alpha \mapsto \alpha^3$ fur $\alpha \in L$ eine Involution ist

4. a) Es sei σ eine Involution von K und $V = W = K^n$ $(n \in \mathbf{N})$ Zeige, daß

   $$(*) \quad S(\tilde{y}, \tilde{x}) = \sum_{v=1}^{n} y_v \, \sigma(x_v)$$

   eine nicht ausgeartete σ-Sesquilinearform auf V ist
   b) Es seien K und σ wie in 1. gegeben und $n = 2$,

$$\tilde{y}^T = \left(\begin{pmatrix} \tfrac{1}{3} & 0 \\ 0 & \tfrac{1}{3} \end{pmatrix}, \begin{pmatrix} a & b \\ 11b & a \end{pmatrix}\right), \quad \tilde{x}^T = \left(\begin{pmatrix} 0 & 2 \\ 22 & 0 \end{pmatrix}, \begin{pmatrix} a & b \\ 11b & a \end{pmatrix}\right) \in K^2$$

Berechne $S(\tilde{y}, \tilde{x})$ und $[\tilde{y}]^{\perp}$ und $^{\perp}[\tilde{y}^{\perp}]$ in K^2

c) Seien $L = \mathbf{Q}[X]/(X^2 + 5)\,\mathbf{Q}[X]$ und σ wie in **3** a) erklart, sowie $n = 3$, $\tilde{y}^T = (\bar{1}, \bar{1} + \bar{X}, \bar{2} - \bar{X}) \in L^3$ Berechne alle $\tilde{x}^T \in L^3$ mit $S(\tilde{y}, \tilde{x}) = 0$ fur S aus (∗)

5. a) Begrunde die Formeln (8 2g) aus Bemerkung 5

b) Fuhre den Beweis von Lemma 8 1 aus

c) Verifiziere die Rechenregeln aus Lemma 8 2

6. Es seien $K = \mathbf{C}$ und σ gemaß $\boxed{\text{1a}}$ erklart

a) Fur $V = W = \mathbf{C}^3$ sei $S(\tilde{y}, \tilde{x}) = \sum_{v=1}^{3} y_v \tilde{x}_v$ und $e^T = (e^1, e^2, e^3)$ die Standardbasis von $\mathbf{C}^3$ Bestimme G_a^S fur

$$a^T = (e^1 + ie^2, e^2 + e^3, 3(1 + i)e^3) \text{ bzw fur}$$
$$a^T = (3e^1 + (1 - i)e^3, e^3 + (1 + i)e^1, -ie^2)$$

b) Fur $V = W = \mathbf{C}^3$ sei bzgl e S' durch

$$G_e^S = \begin{pmatrix} 2 - i & 2 + 3i & 1 + i \\ 7 & 6i & -i \\ i & 4 & 5 \end{pmatrix}$$

gegeben Ist S nicht ausgeartet? Wie sehen $^{\perp}U_i$, $U_i^{\perp}$ ($i = 1, 2$) bzgl S von

$$U_1 = [(3i, 0, 1), \quad (1, 1 + i, 0)] \text{ bzw } U_2 = [(-2 + i, 2, 6i)] \text{ aus?}$$

c) Es seien $W = \mathbf{C}^2$ mit der Standardbasis e und $V = \mathbf{C}^3$ mit der Standardbasis f sowie fur $\tilde{y} \in W$, $\tilde{x} \in V$

$$S(\tilde{y}, \tilde{x}) = 8y_1\bar{x}_1 + (1 + i)y_1\bar{x}_2 + 3y_1\bar{x}_3 + iy_2\bar{x}_1 + (3 - 2i)y_2\bar{x}_2 - iy_2\bar{x}_3$$

gegeben Bestimme $G_{e\,f}^S$

Seien weiter $e = S_1^T e$ in W und $f = S_2^T f$ in V mit

$$S_1 = \begin{pmatrix} 1 + i & i \\ 3 & 1 - i \end{pmatrix} \in \mathbf{C}^{2\,2}, \quad S_2 = \begin{pmatrix} 5i & 1 + 2i & i \\ -1 & -7i & 0 \\ 1 + i & 0 & 2 \end{pmatrix} \in \mathbf{C}^{3\,3},$$

beweise, daß dies Basiswechsel sind und bestimme $G_{e\,f}^S$

7. a) Begrunde, daß die σ-Kongruenz gemaß (8 3g) eine Aquivalenzrelation in $K^{n\,n}$ liefert

b) Fuhre den Beweis von Satz 8 3 aus und leite aus linearen Gleichungssystemen fur U bzw U_1 in (8 3h') jeweils solche fur $^{\perp}U$ bzw $U_1^{\perp}$ her

c) Begrunde Bemerkung 8

8. a) Zeige, daß die symmetrischen bzw schiefsymmetrischen Matrizen aus $\mathbf{R}^{n\,n}$ $\mathbf{R}$-Vektorraume bilden und bestimme deren Dimension Bilden auch die hermiteschen bzw schiefhermiteschen Matrizen aus $\mathbf{C}^{n\,n}$ jeweils $\mathbf{R}$-bzw $\mathbf{C}$-Vektorraume?

b) Es seien $L = \mathbf{Q}(\sqrt{2}, \sqrt{3})$ wie in **3.** b) bestimmt und $\{\sigma_1, \sigma_2, \sigma_3, \sigma_4\}$ die Menge der Involutionen von L und $V = L^3$ Sind die σ_ν-Sesquilinearformen $S_\jmath$ ($\jmath = 1, 2, 3$) mit den Fundamentalmatrizen

$$G_e^{S_1} = \begin{pmatrix} 1 + \sqrt{3} & 2 + \sqrt{2} & 7 \\ 2 - \sqrt{2} & 1 - \sqrt{3} & 1 - \sqrt{6} + \sqrt{2} \\ 7 & 1 + \sqrt{6} - \sqrt{2} & 4 \end{pmatrix},$$

$$G_e^{S_2} = \begin{pmatrix} 5 + 7\sqrt{6} & \sqrt{3} & \frac{8}{5} \\ -\sqrt{3} & 10 & 1 + \sqrt{2} \\ \frac{8}{5} & 1 - \sqrt{2} & -\sqrt{6} \end{pmatrix}, \quad G_e^{S_3} = \begin{pmatrix} 0 & \frac{3}{2} & -4 \\ -\frac{3}{2} & 0 & 7 \\ 4 & -7 & 0 \end{pmatrix}$$

σ_ν-hermitesch bzw. σ_ν-schiefhermitesch bzw. σ_ν-symmetrisch bzw. σ_ν-schiefsymmetrisch ($\nu = 1, 2, 3, 4$)?

9. Es bedeute σ die komplexe Konjugation in $\mathbf{C}$ und es sei $V = \mathbf{C}^3$

   a) Die σ-hermiteschen Formen H_ν ($\nu = 1, 2$) auf V seien durch die Fundamentalmatrizen

$$G_1 = G_e^{H_1} = \begin{pmatrix} 1 & 1 + \imath & 5\imath \\ 1 - \imath & 0 & 2 - \imath \\ -5\imath & 2 + \imath & 1 \end{pmatrix} \text{ bzw } G_2 = G_e^{H_2} = \begin{pmatrix} 4 & 0 & -2\imath \\ 0 & 1 & -1 \\ 2\imath & -1 & -1 \end{pmatrix}$$

gegeben Finde hierzu jeweils σ-kongruente Diagonalmatrizen gemäß Satz 8 5 und gebe Orthogonalbasen v_ν ($\nu = 1, 2$) an, für die dies eintritt

   b) Es sei eine symmetrische Bilinearform auf $V = \mathbf{C}^3$ durch

$$G = G_e^B = \begin{pmatrix} 4 + \imath & 0 & -1 \\ 0 & 9\imath & 0 \\ -1 & 0 & -1 \end{pmatrix}$$

gegeben Bestimme eine Basis v von V mit (8 6)

10. Es sei K ein Korper mit einer Involution σ, es bezeichnen W_ν, V_ν ($\nu = 1, 2$) K-Vektorraume und S_ν $W_\nu \times V_\nu \to K$ ($\nu = 1, 2$) σ-Semibilinearformen

   a) Zeige $S_{1\,2}$ $(W_1 \oplus W_2) \times (V_1 \oplus V_2) \to K$ mit

   $S_{1\,2}((y^1, y^2), (x^1, x^2)) = S_1(y^1, x^1) + S_2(y^2, x^2)$ ist eine σ-Semibilinearform auf $(W_1 \oplus W_2) \times (V_1 \oplus V_2)$

   b) Zeige Sind S_ν ($\nu = 1, 2$) σ-hermitesch (bzw nicht ausgeartet), so ist auch $S_{1\,2}$ σ-hermitesch (bzw nicht ausgeartet)

   c) Wie sieht im endlich-dimensionalen Fall die Fundamentalmatrix von $S_{1\,2}$ bzgl Basen b_ν von W_ν, a_ν von V_ν ($\nu = 1, 2$) aus?

   d) Bestimme den Orthogonalraum von $V_1 \oplus V_2$ bzgl $S_{1\,2}$

11. a) Weise die Rechenregeln (8 6e), (8 6f, f) fur eine quadratische Form Q^B nach

b) Seien V ein K-Vektorraum, Char$(K) \neq 2$ und $q\ V \to K$ eine Abbildung mit

(i) $q(\lambda y) = \lambda^2 q(x)$ fur $\lambda \subset K$, $x \in V$,
(ii) $B(y, x) = \frac{1}{2}(q(x + y) - q(x) - q(y))$ ist symmetrische Bilinearform auf V

Zeige $q(x) = Q^B(x)$

12. Es seien $V = \mathbf{R}^4$, $e^T = (e^1, \ ,e^4)$ die Standardbasis und

$\mathfrak{a}^T = (e^1 + e^2, 2e^1 + e^2, e^4, e^3)$ sowie $x = \tilde{x}^T \mathfrak{a}$ mit $\tilde{x}^T = (x_1, x_2, x_3, x_4)$

Weiter seien durch

a) $Q^{B_1}(x) = 2x_1^2 + 6x_1x_2 + 5x_2^2 - x_4^2$,

b) $Q^{B_2}(x) = -2x_1^2 - 6x_1x_2 - 5x_2^2 - x_4^2$,

c) $Q^{B_3}(x) = x_1^2 + 2x_1x_2 + 17x_3^2 - 2x_3x_4 + x_4^2$

quadratische Formen Q^{B_v} auf V gegeben Bestimme jeweils Rang, Null-, Positivitats-, Negativitatsindex, Signatur und die Normalform (8 6j) zu Q^{B_v} sowie eine hierzu geeignete Basis $\mathfrak{v}$ von V

13. Fuhre den Beweis der Satze 8 7a und 8 7b aus

14. a) Auf $V = \mathbf{R}^4$ sei eine quadratische Form Q^B durch

$$G_e^B = \begin{pmatrix} -3 & 0 & 2 & 0 \\ 0 & -1 & -3 & 2 \\ 2 & -3 & -10 & 6 \\ 0 & 2 & 6 & -4 \end{pmatrix}$$

gegeben Bestimme eine Zerlegung gemaß Satz 8 7a (8 7e) zu Q^B und eine zugehorige Orthogonalbasis von V

b) Bestimme zu den quadratischen Formen aus **12.** die Matrix $G_e^{B_v}$ und fuhre die entsprechende Zerlegung gemaß Satz 8 7a durch

c) Die hermitesche Form H auf $\mathbf{C}^4$ sei bzgl $\mathfrak{a}^T = (a^1, \ ,a^4)$ durch die Matrix

$$G_{\mathfrak{a}}^H = \begin{pmatrix} 0 & 0 & 1 & 0 \\ 0 & 1 & 2\iota & 1+\iota \\ 1 & -2\iota & 3 & 2-2\iota \\ 0 & 1-\iota & 2+2\iota & 2 \end{pmatrix} \in \mathbf{C}^{4\ 4}$$

gegeben Bestimme die Zerlegung (8 7h) gemaß Satz 8 7b und eine Orthogonalbasis hierzu Ist H positiv definit?

15. a) Sei eine hermitesche Form $H = H_{a\,b}$ auf $V = \mathbf{C}^3$ mit reellen Parametern a, b durch

$$G_e^H = \begin{pmatrix} 2(1+a) & (1+a)+\iota & -1-(1+a)\iota \\ (1+a)-\iota & a & -1-\iota \\ -1+(1+a)\iota & -1+\iota & a+b \end{pmatrix} \in \mathbf{C}^{3\ 3}$$

gegeben Fur welche $a, b \in \mathbf{R}$ ist H positiv definit?

b) Es seien $A \in \mathbf{R}^{m\,n}$ und $C = A^T\, A \in \mathbf{R}^{n\,n}$ Wann ist die quadratische Form

$$Q^B(\tilde{x}) = \tilde{x}^T\, C\, \tilde{x}\ (\tilde{x} \in \mathbf{R}^n)$$

positiv definit?

16. Es sei V ein unitarer oder euklidischer Vektorraum mit der Norm $|x|$ fur $x \in V$

a) Fuhre den Beweis von Satz 8 10 aus

b) Bestatige fur die Distanzfunktion $d(x, v) = \|x - y\|$ die folgenden Regeln einer Metrik $(x, y, z \in V)$

   (i) $d(x, y) \geq 0,\quad d(x, y) = 0 \Leftrightarrow x = y,$

   (ii) $d(x, y) = d(y, x),$

   (iii) $d(x, v) \leq d(x, z) + d(z, y),$

   (iv) $d(x, v) = d(x + z, y + z)$ (Translationsinvarianz)

c) Beweise im euklidischen Fall die Identitaten

   (v) $\|x - y\|^2 = \|x\|^2 + \|y\|^2 \Leftrightarrow \langle x, y \rangle = 0,$

   (vi) $\|x + v\|^2 + \|x - y\|^2 = 2(\|x\|^2 + \|y\|^2),$

   (vii) $\|x - y\|\ \|z\| \leq \|v - z\|\ \|x\| + \|z - x\|\ \|y\|$

17. Sei in $V = \mathbf{R}^3$ die Bilinearform B durch

$$B(\tilde{y}, \tilde{x}) = 5x_1 y_1 + x_2 y_2 + 13 x_3 y_3 + 2(x_1 y_2 + x_2 y_1) + 3(x_1 y_3 + x_3 y_1)$$

gegeben fur $\tilde{y}, \tilde{x} \in V$

a) Bestimme G_e^B und zeige, daß B symmetrisch und positiv-definit ist
b) Orthonormalisiere e^1, e^2, e^3 bzgl B
c) Orthonormalisiere $\tilde{x}^{1^T} = (1, 1, 0),\ \tilde{x}^{2^T} = (1\ 0, 1),\ \tilde{x}^{3^T} = (0, 1, 1)$

18. Sei in $V = \mathbf{C}^3$ die Form H durch

$$G_e^H = \begin{pmatrix} 2 & \imath & -\imath \\ -\imath & 1 & 0 \\ \imath & 0 & 5 \end{pmatrix} \quad \text{gegeben}$$

a) Zeige, daß H eine positiv-definite hermitesche Form ist
b) Orthonormalisiere e^1, e^2, e^3 bzgl H
c) Orthonormalisiere $\tilde{y}^1 = e^1 + 2e^2,\ \tilde{y}^2 = e^2,\ \tilde{y}^3 = -e^2 + e^3$ aus V

19. a) Zeige, daß ein Orthogonalsystem von Vektoren eines unitaren (bzw euklidischen) Raumes stets aus linear unabhangigen Vektoren besteht
b) Es sei $(y^1, y^2, \ )$ eine Orthonormalbasis des unitaren Raumes V mit Skalarprodukt $\langle , \rangle$ und

$$\langle v, y^\nu \rangle = \gamma_\nu \in \mathbf{C},\ v \in V,$$

dann folgt

$$\|v\| \leq \sum_{\nu=1}^{n} \gamma_\nu \bar{\gamma}_\nu\ \text{fur jedes } n \in \mathbf{N}$$

20. a) Sei V der **C**-Vektorraum der auf $[0, 2\pi]$ stetigen komplexwertigen Funktionen und fur $f, g \in V$ $H(f, g) = \int\limits_0^{2\pi} f(t)\, \overline{g(t)}\ dt$ Zeige, daß die Funktionen

$$\left\{ \frac{1}{\sqrt{2\pi}},\ \cos\frac{t}{\sqrt{\pi}},\ \sin\frac{t}{\sqrt{\pi}},\ \ ,\ \cos\frac{kt}{\sqrt{\pi}},\ \sin\frac{kt}{\sqrt{\pi}}, \right\}$$

ein Orthonormalsystem von V bilden

b) Auf dem **R**-Vektorraum W der auf $[-1, 1]$ stetigen reellwertigen Funktionen sei $B_h(f, g) = \int\limits_{-1}^{1} h(t)\, f(t)\, g(t)\ dt$ mit $h, f, g \in W$ definiert Unter welchen Voraussetzungen fur h ist B_h positiv-definit bzw negativ-definit? Gebe ein h an, fur das B_h indefinit ist

21. Es seien $B_1 = \begin{pmatrix} -2 & 1 & 0 \\ -1 & 0 & 1 \\ -2 & 1 & 1 \end{pmatrix}$, $B_2 = \begin{pmatrix} 1 & -2 & 1 \\ 0 & -2 & 1 \\ 1 & -1 & 0 \end{pmatrix}$,

$$B_3 = \begin{pmatrix} 0 & 1 & -1 \\ 1 & 1 & -2 \\ 1 & 0 & -2 \end{pmatrix} \in \mathbf{Q}^{3\ 3}$$

a) Zeige, daß die Teilmenge $L = \{A = \sum\limits_{i=1}^{3} \lambda_i B_i \mid \lambda_i \in \mathbf{Q}\} \subseteq \mathbf{Q}^{3\ 3}$ bei ublicher Matrizenaddition und -multiplikation einen Korper bildet, der in Form der Skalarmatrizen $\mathbf{Q}$ enthalt und 3-dimensionaler $\mathbf{Q}$-Vektorraum ist

b) Bestimme ein irreduzibles Polynom aus $\mathbf{Q}[X]$, das B_i $(i = 1, 2, 3)$ als Nullstellen hat und zeige, daß durch

$$\sigma(B_1) = B_2,\ \sigma(B_2) = B_3,\ \sigma(B_3) = B_1$$

ein Korperautomorphismus von L geliefert wird, der $\mathbf{Q}$ fest laßt und keine Involution ist

22. a) Beweise Bemerkung 18

b) Seien in $V = \mathbf{R}^n$ die Bilinearformen

$$B_1(\tilde{y}, \tilde{x}) = \sum_{v=1}^{n} (-1)^v y_v x_v + 5 y_1 x_n \text{ und}$$

$$B_2(\tilde{y}, \tilde{x}) = \sum_{v=1}^{n-1} (y_v x_{v+1} + y_{v+1} x_v) \text{ gegeben}$$

Bestimme die zugehorigen Matrizen $A_i, C_i (i = 1, 2)$ gemaß (8 12h)

23. a) Wie sind die Voraussetzungen in Aufgabe **10** zu spezialisieren, damit eine außere orthogonale Summe im Sinne von Definition 8N vorliegt?

b) Zeige. daß zwei Komplementarraume U und U_1 von $V^\perp$ in V zueinander isometrisch sind
c) Beweise (8 13k)
d) Beweise Lemma 8 11
e) Fuhre den Beweis von Lemma 8 11a aus

24. a) Beweise die Kurzungsregel (8 15a)
    b) Fuhre die anderen Beweisschritte von Satz 8 12 aus
    c) Zeige, daß im Spezialfall $K = \mathbf{R}$ der Satz 8 12 gerade den Satz 8 7a zur
       Folge hat (Bemerkung 20) Welche Matrizennormalformen erhalt man
       bei Zugrundelegung der Basen e^1, e^2 bzw ι^1, ι^2 aus Lemma 8 11? Wie
       hangen die Raume V^+, V^- aus Satz 8 7a mit (8 15b) aus Satz 8 12
       zusammen?
    d) Vergleiche im Fall $K = \mathbf{C}$ Satz 8 12 mit der Aussage von Satz 8 6a

25. In $V = \mathbf{Q}^5$ sei die symmetrische Bilinearform

    $$B(\tilde{y}, \tilde{x}) = 2x_1 y_1 + x_1 y_2 + x_2 y_1 - x_3 y_3 + 5x_4 y_4$$

    fur $\tilde{x}^T = (x_1, \quad , x_5), \tilde{y}^T = (y_1, \quad , y_5) \in \mathbf{Q}^5$

    gegeben Fur $W = [e^4]$ berechne $W^\perp$
    a) Bestimme $V^\perp$ und eine Wittsche Zerlegung (8 15b) von V bzgl B
    b) Fasse B als symmetrische Bilinearform in $\mathbf{R}^5$ auf und berechne eine
       Wittsche Zerlegung (8 15b) Bestimme eine zugehorige Zerlegung
       gemaß Satz 8 7a
    c) Interpretiere B als symmetrische Bilinearform auf $\mathbf{C}^5$ Wie sehen die
       entsprechenden Zerlegungen aus?

26. Wir betrachten die Gesamtheit der Raume V mit nicht ausgeartetem
    Skalarprodukt uber dem Korper K
    a) Zeige. daß die Isometrie eine Aquivalenzrelation dieser Raume liefert
       und daß ($\mathcal{M}(K), +$) gemaß (8 16) ein abelsches Monoid ist, in dem die
       Kurzungsregel gilt
    b) Zeige, daß $\sim$ gemaß (8 16a) eine Aquivalenzrelation liefert und daß
       ($W(K), +$) gemaß (8 16b) eine abelsche Gruppe ist

27. a) Begrunde, daß ($W(\mathbf{R}), +) \cong (\mathbf{Z}, +)$ und ($W(\mathbf{C}), +) \cong (\mathbf{Z}/2\mathbf{Z}, +)$ ist
    b) Berechne ($W(\mathbf{F}_q), +$) fur die endlichen Korper $\mathbf{F}_q$ von q Elementen fur
       $q = 3, 4, 5$

§9 Adjungierte, normale und selbstadjungierte Abbildungen, insbesondere in unitären bzw. euklidischen Räumen

In §8 haben wir durch Semibilinearformen bzw Sesquilinearformen
bzw Skalarprodukte in K-Vektorraumen zusatzliche Strukturen eingefuhrt und die Eigenschaften von Vektoren bzgl dieser «quadratischen Strukturen» diskutiert Dies fuhrte insbesondere zu Begriffen
wie orthogonal, positiv-definit bzw Norm eines Vektors

Wir wollen hier zeigen, daß jeder linearen Abbildung derartiger Raume

46

eine zweite lineare Abbildung zugeordnet werden kann und wollen die Bedeutung und Anwendungen dieser Bildung diskutieren.

Dazu beginnen wir mit der folgenden, recht allgemeinen

Definition 9 A. Ist K ein Körper mit einer Involution $\sigma(\alpha) = \text{inv}(\alpha) = \bar\alpha$ (für $\alpha \in K$), sind W und V bzw. W' und V' jeweils K-Vektorräume mit Sesquilinearformen (Semibilinearformen) bzgl. σ

$$S: W \times V \to K, \qquad \text{Wert: } S(y, x),$$
$$S': W' \times V' \to K, \qquad \text{Wert: } S'(y', x') \tag{9.1}$$

und ist

$$\varphi: W \to W' \text{ mit } y \mapsto \varphi(y) \tag{9.1a}$$

eine K-lineare Abbildung, so heißt eine K-lineare Abbildung

$$\varphi^*: V' \to V \text{ mit } x' \mapsto \varphi^*(x') \tag{9.1b}$$

mit der Eigenschaft

$$S'(\varphi(y), x') - S(y, \varphi^*(x'))$$
$$\text{für alle } y \in W \text{ und } x' \in V' \tag{9.1c}$$

eine *zu φ adjungierte Abbildung φ^* bzgl. (S, S')*; falls speziell $W = W'$, $V = V'$ und $S = S'$ Skalarprodukte sind, sprechen wir kurz von einer *zu φ adjungierten Abbildung φ^*.*

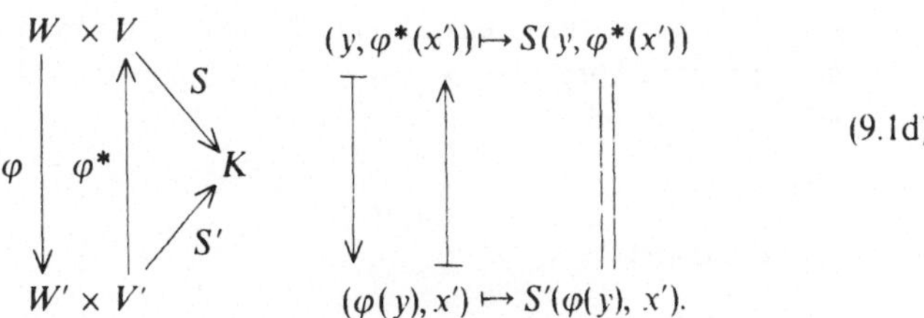

$$\tag{9.1d}$$

Wir zitieren zunächst einige Beispiele und Spezialfälle:

$\boxed{1}$ Seien $\sigma = id_K$, W, W' K-Vektorräume und $V := W^*$, $V' := W'^*$ die entsprechenden Dualräume, ferner

$$S: W \times W^* \to K \text{ mit } S(y, y^*) := y^*(y) = \langle y^*, y \rangle \text{ und}$$
$$S': W' \times W'^* \to K \text{ mit } S'(y', y'^*) := y'^*(y') = \langle y'^*, y' \rangle$$

die zugehörigen natürlichen Standardskalarprodukte gemäß
LA 1, §4. Ist $\hat{\varphi}$: $W \to W'$ eine K-lineare Abbildung, dann ist

$$\varphi^* \quad W'^* \to W^* \quad \text{mit} \quad S'(\varphi(y), y'^*) = \langle y'^*, \varphi(y) \rangle$$
$$= \langle \varphi^*(y^*), y \rangle = S(v, \varphi^*(y^*))$$

die *zu φ duale Abbildung* im Sinne von LA 1. §4, (4 10h, 1)

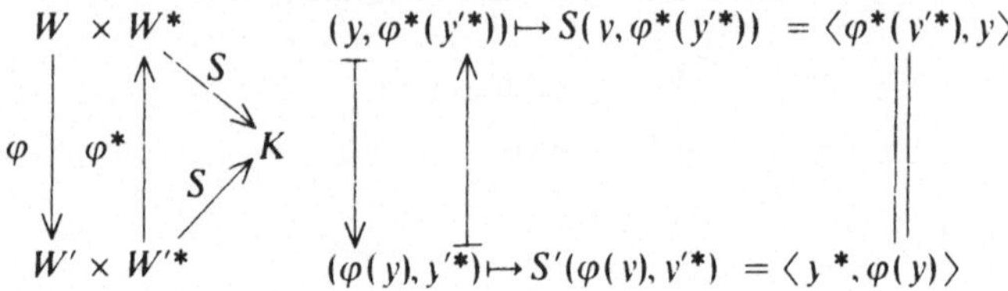

1a Es sei σ eine Involution des Korpers K, und es seien $W = V$
und $W' = V'$ K-Vektorraume sowie

$$S \quad V \times V \to K, \quad S' \quad V' \times V \to K$$

σ-Sesquilinearformen auf V bzw V Dann ist eine zu einer
linearen Abbildung φ $V \to V'$ adjungierte Abbildung φ^* bzgl
(S, S) ein K-Homomorphismus in umgekehrter Richtung, d h

$$\varphi^* \quad V \to V \text{ mit}$$

$$S(y, \varphi^*(x')) = S'(\varphi(v), x') \text{ fur alle } y \in V, \ x \in V'$$

1b Sind V und V' **C**- (bzw **R**-) Vektorraume und bedeutet jeweils
$H(y, x) = \langle v, x \rangle$ bzw $H'(y', x') = \langle y', x \rangle$ ein festes positiv-
definites Skalarprodukt auf V bzw V' (d h $\langle , \rangle$ ist positiv-
definit und hermitesch bzw symmetrisch bilinear), so daß V
und V' unitare (bzw euklidische) Raume sind, dann ist zu
einer linearen Abbildung φ $V \to V'$ eine adjungierte Abbildung
φ^* $V' \to V$ durch

$$\langle \varphi(y), x' \rangle = \langle y, \varphi^*(x') \rangle \text{ fur } y \in V, \ x' \in V' \tag{9 1e}$$

charakterisiert

Naturgemaß stellt sich in der Situation von Definition 9A die Frage
nach der Existenz bzw Eindeutigkeit von bzgl (S, S') adjungierten
Abbildungen Dazu vermerken wir

*Lemma 9.1 Ist unter den Voraussetzungen und Bezeichnungen von
Definition 9A speziell S eine nicht ausgeartete σ-Sesquilinearform auf
$W \times V$, so gibt es zu jedem φ $W \to W'$ hochstens eine bzgl (S, S')*

adjungierte Abbildung φ^*: $V' \to V$, d.h. wenn φ^* existiert, ist es auch eindeutig bestimmt. Bei endlich-dimensionalen K-Vektorräumen V, V', W, W' existiert zu jedem φ auch genau eine bzgl. (S, S') adjungierte Abbildung φ^* gemäß (9.2e, g).

Beweis. 1. *Eindeutigkeitsaussage:* Sind φ_1^* und φ_2^* zwei adjungierte Abbildungen zu φ bzgl. (S, S'), so ist

$$S(y, \varphi_1^*(x') - \varphi_2^*(x')) = S(y, \varphi_1^*(x')) - S(y, \varphi_2^*(x'))$$
$$= S'(\varphi(y), x') - S'(\varphi(y), x') = 0 \quad \text{für alle } y \in W.$$

Da S als nicht ausgeartet vorausgesetzt war, muß also

$$\varphi_1^*(x') - \varphi_2^*(x') = \mathbf{0}_V,$$

d.h. $\varphi_1^*(x') = \varphi_2^*(x')$ für alle $x' \in V'$ sein; somit ist $\varphi_1^* = \varphi_2^*$.
2. *Existenzaussage:* Sind die vier K-Vektorräume endlich-dimensional, so gilt mit geeigneten Basisspalten und arithmetischen Vektoren $\tilde{y}, \tilde{x}, \tilde{y}', \tilde{x}'$

$$W \ni y = \tilde{y}^T \cdot \mathbf{b}, \qquad V \ni x = \tilde{x}^T \cdot \mathbf{a},$$
$$W' \ni y' = \tilde{y}'^T \cdot \mathbf{b}', \qquad V' \ni x' = \tilde{x}'^T \cdot \mathbf{a}' \tag{9.2}$$

und damit

$$S(y, x) = \tilde{y}^T \cdot G \cdot \bar{\tilde{x}}$$
$$\text{mit } G = G_{b,a}^S = (S(b^\mu, a^\nu)) \tag{9.2a}$$

bzw.

$$S'(y', x') = \tilde{y}'^T \cdot G' \cdot \bar{\tilde{x}}'$$
$$\text{mit } G' = G_{b',a'}^{S'} = (S'(b'^\mu, a'^\rho)). \tag{9.2b}$$

Da S nicht ausgeartet ist, folgt aus §8, Satz 8.3:

$$\dim_K(W) = n = \dim_K(V),$$
$$G = G_{b,a}^S \in K^{n,n} \text{ mit } |G| \neq 0. \tag{9.2c}$$

Für die lineare Abbildung φ ist dann gemäß LA 1, §3, insbesondere Satz 3.9 und (3.6d″)

$$
\begin{array}{ccc}
W' & \xrightarrow{\ \varphi\ } & W'' \\
\varphi_b \downarrow & & \uparrow \varphi_b{}^{-1} \\
K^n & \xrightarrow[\tilde{\varphi}_A]{} & K^m
\end{array}
\qquad \text{d.h. } \varphi = \varphi_b{}^{-1}\ \tilde{\varphi}_A\ \varphi_b
$$

$$(9.2\mathrm{d})$$

mit $y = \tilde{y}^{\,T}\cdot b \mapsto \varphi(y) = \tilde{y}'^{\,T}\cdot b'$, wobei $\tilde{y}' = A\cdot\tilde{y}$

und $A = A^{\varphi}_{b',b} = (\alpha_{\mu\nu})\in K^{m,n}$, $m = \dim_K(W')$.

Ist φ^* eine lineare Abbildung von V'' nach V', so ist entsprechend

$$
\begin{array}{ccc}
V'' & \xrightarrow{\ \varphi^*\ } & V' \\
\varphi_a \downarrow & & \uparrow \varphi_a{}^{-1} \\
K^r & \xrightarrow[\tilde{\varphi}^*_C]{} & K^n
\end{array}
\qquad \text{d.h. } \varphi^* = \varphi_a{}^{-1}\ \tilde{\varphi}^*_C\ \varphi_{a'}
$$

$$(9.2\mathrm{e})$$

mit $x' = \tilde{x}'^{\,T}\cdot a' \mapsto \varphi^*(x') = \tilde{x}^T\cdot a$, wobei $\tilde{x} = C\cdot\tilde{x}'$

und $C = A^{\varphi^*}_{a,a'} = (\gamma_{\lambda\rho})\in K^{n,r}$, $r = \dim_K(V')$.

Falls φ^* zu φ bzgl. (S,S') adjungiert ist, erhält man

$$
\tilde{y}^{\,T}\cdot A^T\cdot G'\cdot\tilde{x}' = S'(\varphi(y),x') = S(y,\varphi^*(x')) = \tilde{y}^T\cdot G\cdot\bar{C}\cdot\tilde{\bar{x}}'
$$
für alle $\tilde{y}\in K^n$ und $\tilde{x}'\in K^r$.

$$(9.2\mathrm{f})$$

Dies ist sicher erfüllt, wenn (wegen $|G|\neq 0$ existiert G^{-1})

$$
\boxed{\; A^T\cdot G' = G\cdot\bar{C},\ \text{d.h. } G^{-1}\cdot A^T\cdot G' = \bar{C}\;}
$$

$$(9.2\mathrm{g})$$

Ein C mit den gewünschten Eigenschaften ist also stets konstruierbar, woraus die restlichen Aussagen des Lemmas folgen. ∎

$\boxed{1\text{c}}$ Seien $W = V = \mathbf{R}^2$ mit $S(\tilde{y},\tilde{x}) = y_1\cdot x_1$ für $\tilde{y}^T = (y_1,y_2)$ und $\tilde{x}^T = (x_1,x_2)$ und $W' = V' = \mathbf{R}^1$ mit $S'(\tilde{y}',\tilde{x}') = y'_1\cdot x'_1$ für $\tilde{y}' = y'_1$ und $\tilde{x}' = x'_1$, sowie $\varphi\colon W \longrightarrow W'$ mit $\varphi(\tilde{y}) = y_1$ in W'. S ist ausgeartet und die Abbildungen $\varphi_i^*\colon V' \longrightarrow V$ $(i = 1,2)$, definiert durch

$$
\varphi_1^*(\tilde{x}') = \varphi_1^*(x'_1) = \begin{pmatrix} x'_1 \\ x'_1 \end{pmatrix}
\quad \text{bzw.} \quad
\varphi_2^*(\tilde{x}') = \varphi_2^*(x'_1) = \begin{pmatrix} x'_1 \\ 0 \end{pmatrix}.
$$

sind jeweils zu φ adjungiert bzgl. (S,S').

50

Wir wollen diese Ergebnisse nun in dem Spezialfall unitärer bzw. euklidischer Räume anwenden und weiterführen (einige allgemeinere Ergebnisse folgen in den Ergänzungen bzw. Aufgaben zu §9). Es sei also

$$W = V \text{ ein } \mathbf{C}\text{-Vektorraum,}$$
$$H(y, x) = \langle y, x \rangle \text{ positiv-definit und hermitesch auf } V;$$
$$W' = V' \text{ ein } \mathbf{C}\text{-Vektorraum,}$$
$$H'(y', x') = \langle y', x' \rangle \text{ positiv-definit und hermitesch auf } V', \tag{9.3}$$

d.h. in beiden unitären Räumen seien jeweils *feste Skalarprodukte* ausgezeichnet. Durch Spezialisierung folgt hieraus der euklidische Fall

$$W = V \quad \mathbf{R}\text{-Vektorraum,}$$
$$\langle , \rangle \text{ positiv-definites Skalarprodukt;}$$
$$W' = V' \quad \mathbf{R}\text{-Vektorraum,}$$
$$\langle , \rangle \text{ positiv-definites Skalarprodukt.} \tag{9.3'}$$

Bemerkung 1. Da ein positiv-definites Skalarprodukt stets nicht ausgeartet ist, muß die adjungierte Abbildung, wenn sie existiert, eindeutig bestimmt sein. Die genannten Ergebnisse werden wir insbesondere auch im Fall von Endomorphismen, d.h.

$$W = V = W' = V' \text{ fester } \mathbf{C}\text{- (bzw. } \mathbf{R}\text{-) Vektorraum,}$$
$$\varphi, \varphi^* \in \mathrm{End}(V) \tag{9.3''}$$

anwenden, ein Fall, der uns noch sehr beschäftigen wird.

Unter den Voraussetzungen (9.3) bzw. (9.3') wird also

$$\varphi\colon V \longrightarrow V' \text{ mit } y \mapsto \varphi(y) \text{ linear} \tag{9.3a}$$

die *adjungierte Abbildung*

$$\varphi^*\colon V' \longrightarrow V \text{ mit } x' \mapsto \varphi^*(x') \in V$$
$$\text{mit } \langle \varphi(y), x' \rangle = \langle y, \varphi^*(x') \rangle \text{ für alle } y \in V,\, x' \in V' \tag{9.3b}$$

zugeordnet (falls sie existiert).

Sind nun V und V' gemäß (9.3) gegeben und beide endlich-dimensional, so existieren gemäß Satz 8.10a Orthonormalbasen

$$\mathfrak{e}^T = (e^1, \ldots, e^n) \text{ bzgl. } \langle\,,\rangle \text{ von } V,$$
$$\mathfrak{f}^T = (f^1, \ldots, f^m) \text{ bzgl. } \langle\,.\,\rangle \text{ von } V'.$$

(9.3c)

Dann folgt aber für die zugehörigen Fundamentalmatrizen

$$G = (\langle e^\mu, e^\nu \rangle) = E_{n,n} \in \mathbf{C}^{n,n} \text{ und}$$
$$G' = (\langle f^\mu, f^\nu \rangle) = E_{m,m} \in \mathbf{C}^{m,m}.$$

(9.3d)

Da entsprechende Bildungen auch bei **R**-Vektorräumen möglich sind, schreiben wir im folgenden für die Vektorraumdimensionen kurz dim $V = n$ bzw. dim $V' = m$ (ohne Hervorhebung des Skalarkörpers).

Hiermit erhalten wir

Satz 9.2. *Sind V und V' endlich-dimensionale unitäre $\mathbf{C}$-Vektorräume mit den Orthonormalbasen $\mathfrak{e}^T$ bzw. $\mathfrak{f}^T$, so existiert zu jeder linearen Abbildung $\varphi\colon V \to V'$ eine eindeutig bestimmte adjungierte Abbildung $\varphi^*\colon V' \to V$, und für die zugeordneten Matrizen $A = A_{\mathfrak{e},\mathfrak{f}}^\varphi$ und $C = A_{\mathfrak{f},\mathfrak{e}}^{\varphi^*}$ ist dabei*

$$A^T = \bar{C}, \ d.h. \ C = \bar{A}^T;$$

(9.3e)

*eine entsprechende Aussage gilt für euklidische **R**-Vektorräume.*

Definition 9A'. *Ist $A \in \mathbf{C}^{m,n}$, so schreibt man oft*

$$A^* := \bar{A}^T \in \mathbf{C}^{n,m}$$

(9.3f)

und nennt dies die zu A *adjungierte* oder *konjugiert-komplex transponierte Matrix.*

Bemerkung 2. Für diese Adjungiertenbildung von Matrizen gelten die Rechenregeln

$$(A + B)^* = A^* + B^*, \ (A \cdot B)^* = B^* \cdot A^*,$$
$$(\lambda \cdot A)^* = \bar{\lambda} \cdot A^*, \ (A^*)^* = A, \ |A^*| = \overline{|A|}.$$

(9.3g)

Wir zitieren einige weitere allgemeine Regeln für adjungierte Abbildungen:

Lemma 9.3. *Zur linearen Abbildung $\varphi\colon V \to V'$ der unitären (bzw.*

52

euklidischen) Räume V und V' existiere die adjungierte Abbildung φ^* mit (9.3b). Dann existiert auch die zu φ^* adjungierte Abbildung $\varphi^{**}\colon V \to V'$, und es gilt

$$\varphi^{**} = \varphi; \tag{9.3h}$$

weiter ist

$$\mathrm{Kern}(\varphi^*) = \varphi(V)^\perp \ \textit{und}\ \mathrm{Kern}(\varphi) = {}^\perp(\varphi^*(V')), \tag{9.3i}$$

und es sind die folgenden Implikationen richtig:

$$\varphi\ \textit{surjektiv} \Rightarrow \varphi^*\ \textit{injektiv},$$
$$\varphi^*\ \textit{surjektiv} \Rightarrow \varphi\ \textit{injektiv}; \tag{9.3j}$$

schließlich haben wir noch die weiteren Regeln

$$\dim_{\mathbf{C}}(V') < \infty \Rightarrow (\varphi\ \textit{surjektiv} \Leftrightarrow \varphi^*\ \textit{injektiv}),$$
$$\dim_{\mathbf{C}}(V) < \infty \Rightarrow (\varphi^*\ \textit{surjektiv} \Leftrightarrow \varphi\ \textit{injektiv}), \tag{9.3k}$$

sowie

$$\dim(V) < \infty, \ \dim(V') < \infty \Rightarrow$$
$$\mathrm{Rg}(\varphi) = \dim(\varphi(V)) = \dim(\varphi^*(V')) = \mathrm{Rg}(\varphi^*). \tag{9.3l}$$

Beweis. 1. Im endlich-dimensionalen Fall folgen diese Ergebnisse zum Teil durch direkte Rechnung aus Satz 9.2.

2. Im allgemeinen Fall benutzt man wesentlich, daß $\langle\,,\,\rangle$ nicht ausgeartet ist. Hieraus folgt insbesondere die Einzigkeit der adjungierten Abbildung. Da nach Voraussetzung φ^* existiert, verifiziert man die einzelnen Aussagen des Lemmas wie folgt:

2a. Da $\langle\varphi^*(x'), y\rangle = \langle y, \varphi^*(x')\rangle = \langle\varphi(y), x'\rangle = \langle x', \varphi(y)\rangle$ für alle $y \in V, x' \in V'$, ist $\varphi = \varphi^{**}$ zu φ^* adjungiert.

2b. Falls $x' \in \mathrm{Kern}(\varphi^*)$, d.h. $\varphi^*(x') = \mathbf{0}_V$, so ist $\langle\varphi(y), x'\rangle = \langle y, \varphi^*(x')\rangle$ $= 0$ für alle $y \in V$ und somit ist $x' \in \varphi(V)^\perp$. Falls jedoch $x' \in \varphi(V)^\perp$, d.h. $\langle\varphi(y), x'\rangle = 0$ für alle $y \in V$, so gilt auch $\langle y, \varphi^*(x')\rangle = \langle\varphi(y), x'\rangle = 0$ für alle $y \in V$. $\langle\,,\,\rangle$ ist aber nicht ausgeartet, und somit gilt $\varphi^*(x') = \mathbf{0}_V$, d.h. $x' \in \mathrm{Kern}(\varphi^*)$. Da analog ${}^\perp(\varphi^*(V')) = \mathrm{Kern}\,\varphi^{**} = \mathrm{Kern}\,\varphi$, folgt hieraus (9.3i).

2c. Ist φ surjektiv, d.h. $\varphi(V) = V'$, so ist $\varphi(V)^\perp = \mathrm{Kern}\,\varphi^* = (\mathbf{0}_{V'})$

$(\langle\,,\,\rangle$ ist nicht ausgeartet), also muß φ^* injektiv sein; analog zeigt man die zweite Aussage (9.3j).

2d. Sei jetzt $\dim(V') < \infty$; wegen (9.3j) ist nur noch zu zeigen: φ^* injektiv impliziert φ surjektiv. Aus φ^* injektiv und (9.3i) folgt $\dim(\varphi(V)^\perp) = 0$; andererseits gilt gemäß Satz 8.3: $\dim(\varphi(V)^\perp) = \dim V' - \dim(\varphi(V))$. Somit ist $\dim V' = \dim(\varphi(V))$, d.h. $\varphi(V) = V'$. Analog zeigt man die restlichen Aussagen von (9.3k, l). ∎

Wir illustrieren die Ergebnisse in

$\boxed{2}$ Es seien $V = \mathbf{C}^3$ und $V' = \mathbf{C}^2$ die arithmetischen Spaltenvektorräume mit den Standardskalarprodukten

$$\langle \tilde{y}, \tilde{x} \rangle = \sum_{v=1}^{\mu} y_v \bar{x}_v, \quad \mu = 2 \text{ bzw. } 3. \text{ Wir betrachten die lineare}$$

Abbildung

$\varphi\colon V \to V'$ mit

$$\tilde{y} = \begin{pmatrix} y_1 \\ y_2 \\ y_3 \end{pmatrix} \mapsto \varphi(\tilde{y}) = \begin{pmatrix} 1 & 0 & -i \\ 0 & 1 & 0 \end{pmatrix}\begin{pmatrix} y_1 \\ y_2 \\ y_3 \end{pmatrix} = \begin{pmatrix} y_1 - iy_3 \\ y_2 \end{pmatrix}.$$

Dann existiert die zu φ adjungierte Abbildung

$\varphi^*\colon V' \to V$ mit

$$\tilde{x}' = \begin{pmatrix} x_1' \\ x_2' \end{pmatrix} \mapsto \varphi^*(\tilde{x}') = \begin{pmatrix} 1 & 0 \\ 0 & 1 \\ i & 0 \end{pmatrix} \cdot \tilde{x}' = \begin{pmatrix} x_1' \\ x_2' \\ ix_1' \end{pmatrix} \text{ mit}$$

$$\begin{aligned}
\langle \varphi(\tilde{y}), \tilde{x}' \rangle &= (y_1 - iy_3)\cdot \bar{x}_1' + y_2 \cdot \bar{x}_2' \\
&= y_1 \cdot \bar{x}_1' + y_2 \cdot \bar{x}_2' + y_3 \cdot (-i \cdot \bar{x}_1') = \langle \tilde{y}, \varphi^*(\tilde{x}') \rangle \\
&\text{für alle } \tilde{y} \in V, \tilde{x}' \in V'.
\end{aligned}$$

φ ist surjektiv, $\mathrm{Kern}(\varphi^*) = (\mathbf{0}_{V'})$, d.h. φ^* injektiv; da $\mathrm{Kern}(\varphi) = \{\tilde{y}\mid y_2 = 0, y_1 - iy_3 = 0\} \neq (\mathbf{0}_V)$, ist φ nicht injektiv und φ^* nicht surjektiv. $\mathrm{Rg}(\varphi) = \mathrm{Rg}(\varphi^*) = 2$.

Wir betrachten nun den Spezialfall, in dem sogar $V = V'$ ist. Es sei also

V ein unitärer $\mathbf{C}$-Vektorraum mit dem
positiv-definiten Skalarprodukt $H(y, x) = \langle y, x \rangle$ $\hfill (9.4)$

bzw.

$$V \text{ ein euklidischer } \mathbf{R}\text{-Vektorraum mit dem} \tag{9.4'}$$
$$\text{positiv-definiten Skalarprodukt } B(y,x) = \langle y,x \rangle,$$

und es bedeute

$$\varphi: V \longrightarrow V \quad \text{mit } x \mapsto \varphi(x) \in V \tag{9.4a}$$

und entsprechend φ^*, falls es existiert, einen $\mathbf{C}$-Endomorphismus (bzw. $\mathbf{R}$-Endomorphismus) von V; wir schreiben kurz

$$\mathrm{End}(V) \tag{9.4a'}$$

für die Endomorphismenmenge von V (wir lassen also die Indizes $\mathbf{R}$ bzw. $\mathbf{C}$ weg, falls keine Verwechslungen möglich sind).

Bemerkung 3. Ist speziell $\dim(V) = n < \infty$, so sind die φ bzgl. geeigneter Basen zugeordneten Matrizen $A = A^\varphi_{a,a} =: A^\varphi_n$ jeweils quadratische Matrizen aus $\mathbf{C}^{n,n}$ (bzw. aus $\mathbf{R}^{n,n}$)

Wir führen nun die folgenden Begriffe ein.

Definition 9B. Ist V gemäß (9.4) (bzw. (9.4')) ein unitärer (bzw. euklidischer) Vektorraum, so heißt $\varphi \in \mathrm{End}(V)$ ein *normaler Endomorphismus*, falls $\varphi^* \in \mathrm{End}(V)$ existiert und mit φ vertauschbar ist, d.h.

$$\varphi \circ \varphi^* = \varphi^* \circ \varphi; \tag{9.4b}$$

eine Matrix $A \in \mathbf{C}^{n,n}$ (bzw. $\in \mathbf{R}^{n,n}$) heißt eine *normale Matrix*, falls A mit der adjungierten Matrix $A^* = \bar{A}^T$ vertauschbar ist, d.h.

$$A \cdot A^* = A \cdot \bar{A}^T = \bar{A}^T \cdot A = A^* \cdot A. \tag{9.4c}$$

Wir vermerken einige Eigenschaften normaler Abbildungen von Vektorräumen, bei denen die Dimension nicht notwendig endlich sein muß.

Satz 9.4. *Ein Endomorphismus $\varphi \in \mathrm{End}(V)$ eines unitären (bzw. euklidischen) Vektorraumes ist genau dann normal, wenn $\varphi^* \in \mathrm{End}(V)$ existiert und wenn gilt*

$$\langle \varphi(y), \varphi(x) \rangle = \langle \varphi^*(y), \varphi^*(x) \rangle \text{ für alle } x, y \in V; \tag{9.4d}$$

für normales $\varphi \in \mathrm{End}(V)$ *ist*

$$\mathrm{Kern}(\varphi) = \mathrm{Kern}(\varphi^*), \tag{9.4e}$$

und φ und φ^* besitzen die gleichen Eigenvektoren; genauer gilt:

x ist Eigenvektor von φ zum Eigenwert λ

$$\Leftrightarrow x \text{ ist Eigenvektor von } \varphi^* \text{ zum Eigenwert } \bar{\lambda}. \tag{9.4f}$$

Beweis. Zu $\varphi \in \mathrm{End}(V)$ existiere $\varphi^* \in \mathrm{End}(V)$.
1. Aus $\varphi \circ \varphi^* = \varphi^* \circ \varphi$ folgt dann
$$\langle \varphi(y), \varphi(x) \rangle = \langle y, \varphi^*(\varphi(x)) \rangle = \langle y, \varphi(\varphi^*(x)) \rangle = \langle \varphi^*(y), \varphi^*(x) \rangle$$
für alle $x, y \in V$, d.h. (9.4d) gilt.

Ist umgekehrt (9.4d) für alle $x, y \in V$ erfüllt, so folgt
$$\langle \varphi(\varphi^*(x)), y \rangle = \langle \varphi^*(x), \varphi^*(y) \rangle = \langle \varphi(x), \varphi(y) \rangle = \langle \varphi^*(\varphi(x)), y \rangle,$$
d.h. $\langle (\varphi \circ \varphi^*)(x) - (\varphi^* \circ \varphi)(x), y \rangle = 0$.

Da dies bei festem aber beliebigem x für alle $y \in V$ gilt, muß
$$(\varphi \circ \varphi^*)(x) = (\varphi^* \circ \varphi)(x) \text{ für alle } x \in V$$
zutreffen, d.h. φ ist ein normaler Endomorphismus.

2. Aus der Normalität von φ folgt für jedes $x \in V$
$$|\varphi(x)|^2 = \langle \varphi(x), \varphi(x) \rangle = \langle \varphi^*(x), \varphi^*(x) \rangle = |\varphi^*(x)|^2,$$
d.h.
$$\varphi(x) = 0_V \Leftrightarrow \varphi^*(x) = 0_V$$
und somit (9.4e).
3. Mit einer ähnlichen Rechnung wie bei der Herleitung der Cauchy-Schwarzschen Ungleichung in Satz 8.10 (vgl. auch (8.10i)) sieht man zunächst

$$\begin{aligned}
&\langle \varphi(x) - \lambda \cdot x, \varphi(x) - \lambda \cdot x \rangle \\
&= \langle \varphi(x), \varphi(x) \rangle - \lambda \cdot \langle x, \varphi(x) \rangle - \bar{\lambda} \cdot \langle \varphi(x), x \rangle + \lambda \cdot \bar{\lambda} \langle x, x \rangle \\
&= \langle \varphi^*(x), \varphi^*(x) \rangle - \lambda \cdot \langle \varphi^*(x), x \rangle - \bar{\lambda} \cdot \langle x, \varphi^*(x) \rangle + \lambda \cdot \bar{\lambda} \langle x, x \rangle \\
&= \langle \varphi^*(x) - \bar{\lambda} \cdot x, \varphi^*(x) - \bar{\lambda} \cdot x \rangle \quad \text{für beliebiges } x \in V.
\end{aligned}$$

Somit ist

$$\varphi(x) = \lambda \cdot x \Leftrightarrow \varphi^*(x) = \bar{\lambda} \cdot x,$$

und hieraus folgt (9.4f). ∎

Satz 9.5. *Es sei* $e^T = (e^1 \quad e^n)$ *eine Orthonormalbasis eines n-dimensionalen unitaren (bzw euklidischen) Vektorraumes V und es bedeute*

$$A = A_e^\varphi \qquad\qquad (9\ 4g)$$

die einem Endomorphismus $\varphi \in \mathrm{End}(V)$ *zugeordnete Matrix Unter diesen Voraussetzungen ist* φ *genau dann normal, wenn* A_e^φ *eine normale Matrix ist*

Beweis Ist e Orthonormalbasis von V, so ist nach Satz 9 2

$$A = A_e^\varphi \ \text{und}\ C = \bar{A}^T = A_e^{\varphi *}, \qquad\qquad (9\ 4g')$$

und wegen (9 4b) muß somit (9 4c) gelten, aus (9 4g, g') und (9 4c) folgt umgekehrt (9 4b). q e d ∎

Bemerkung 4 Ist a eine beliebige Basis von V und φ ein normaler Endomorphismus, so sind auch A_a^φ und $A_a^{\varphi *}$ miteinander vertauschbar, wobei im allgemeinen $A_a^{\varphi *} \neq \overline{A_a^\varphi}^T$ ist, bei einer Orthonormalbasis gilt jedoch insbesondere $A_e^{\varphi *} = \bar{A}^T$ (vgl Aufgabe 5a)

Wir fuhren nun eine weitere Sorte spezieller Endomorphismen ein

Definition 9C. Ein Endomorphismus φ eines unitaren (bzw euklidischen) Vektorraumes I heißt *selbstadjungiert*, wenn fur beliebiges $x\ y \in V$ gilt

$$\langle \varphi(v), x \rangle = \langle y, \varphi(x) \rangle, \qquad\qquad (9\ 5)$$

d h wenn der adjungierte Endomorphismus φ^* existiert und

$$\varphi^* = \varphi \qquad\qquad (9\ 5)$$

ist Ein Endomorphismus eines unitaren (bzw euklidischen) Vektorraumes heißt *anti-selbstadjungiert*, falls φ^* existiert und

$$\varphi = -\varphi^*, \text{d h}$$
$$\langle \varphi(v), x \rangle = -\langle y, \varphi(x) \rangle \ \text{fur alle}\ x, y \in V \qquad\qquad (9\ 5a)$$

Wir vermerken nun in Analogie zu Satz 9 4 den

Satz 9.5a. *Jeder selbstadjungierte oder anti-selbstadjungierte Endomorphismus* φ *eines unitaren bzw euklidischen Vektorraums V ist* *normal. Falls speziell V n-dimensional und $e^T = (e^1, \ldots, e^n)$ eine Ortho-normalbasis von V ist, folgt für die zugeordneten Matrizen:*

(i)   *V unitärer $\mathbf{C}$-Vektorraum:*

$$\varphi \in \mathrm{End}_{\mathbf{C}}(V) \ selbstadjungiert \Leftrightarrow A = A_e^\varphi = \bar{A}^T$$

$$(hermitesche\ Matrix), \quad (9.5b)$$

$$\varphi \in \mathrm{End}_{\mathbf{C}}(V)\ anti\text{-}selbstadjungiert \Leftrightarrow A = A_e^\varphi = -\bar{A}^T$$

$$(schiefhermitesche\ Matrix).$$

(ii)   *V euklidischer $\mathbf{R}$-Vektorraum:*

$$\varphi \in \mathrm{End}_{\mathbf{R}}(V)\ selbstadjungiert \Leftrightarrow A = A_e^\varphi = A^T$$

$$(symmetrische\ Matrix), \quad (9.5c)$$

$$\varphi \in \mathrm{End}_{\mathbf{R}}(V)\ anti\text{-}selbstadjungiert \Leftrightarrow A = A_e^\varphi = -A^T$$

$$(schiefsymmetrische\ Matrix).$$

Beweis. 1. Für selbstadjungiertes φ, d.h. $\varphi = \varphi^*$ gilt $\varphi \circ \varphi^* = \varphi \circ \varphi = \varphi^* \circ \varphi$; entsprechend folgt für anti-selbstadjungiertes φ, d.h. $\varphi^* = -\varphi$, $\varphi \circ \varphi^* = -\varphi^2 = \varphi^* \circ \varphi$. In beiden Fällen ist φ also normal.
2. Ist V n-dimensional und e^T eine Orthonormalbasis, so ist nach Satz 9.5 $A = A_e^\varphi$ und $\bar{A}^T = A_e^{\varphi*}$. Aus $\varphi = \varphi^*$ folgt also $A = \bar{A}^T$ und aus $\varphi = -\varphi^*$ folgt $A = -\bar{A}^T$. Die umgekehrte Richtung und die Aussagen im euklidischen Fall sind dann klar. ∎

Bemerkung 5. Auch hier gelten die Aussagen im endlich-dimensionalen Fall nur bzgl. Orthonormalbasen e. Die Kriterien (9.5b, c) ermöglichen Existenznachweise für normale Matrizen sowie das Auffinden von Matrizen, die normal aber nicht hermitesch sind.

$\boxed{3}$ Sei $V = \mathbf{C}^n$ bzw. $V = \mathbf{R}^n$ mit dem Standardskalarprodukt $\langle\,,\,\rangle$ und der Standardbasis $e^T = (e^1, \ldots, e^n)$. Durch geeignete Wahl von $A \in \mathbf{C}^{n,n}$ bzw. $\in \mathbf{R}^{n,n}$ gemäß (9.5b, c) erhält man mit $\varphi := \tilde{\varphi}_A \colon V \to V$ Abbildungen der geschilderten Typen; z.B. für $n = 2$:

$$A = \begin{pmatrix} 2 & 1+i \\ 1-i & 3 \end{pmatrix} \text{ hermitesch} \Rightarrow \varphi \text{ selbstadjungiert in } \mathbf{C}^2,$$

$$A = \begin{pmatrix} 0 & i \\ i & 0 \end{pmatrix} \text{ schiefhermitesch} \Rightarrow \varphi \text{ anti-selbstadjungiert in } \mathbf{C}^2;$$

$$A = \begin{pmatrix} 1 & 1 \\ 1 & 2 \end{pmatrix} \text{ symmetrisch} \Rightarrow \varphi \text{ selbstadjungiert in } \mathbf{R}^2,$$

$$A = \begin{pmatrix} 0 & 1 \\ -1 & 0 \end{pmatrix} \text{schiefsymmetrisch} \Rightarrow \varphi \text{ anti-selbstadjungiert in } \mathbf{R}^2$$

$\boxed{3a}$ Fur $V = \mathbf{C}^2$ und $A = \begin{pmatrix} 1 & 1 \\ -1 & 1 \end{pmatrix}, \bar{A}^T = \begin{pmatrix} 1 & -1 \\ 1 & 1 \end{pmatrix} \in \mathbf{C}^{2\,2}$ folgt

$$A\,\bar{A}^T = \begin{pmatrix} 2 & 0 \\ 0 & 2 \end{pmatrix} = \bar{A}^T\,A, \text{ d h } A \text{ ist eine normale Matrix, die}$$

weder hermitesch noch schiefhermitesch ist, folglich erhalt man mit $\tilde{\varphi}_A \in \mathrm{End}(\mathbf{C}^2)$ einen normalen Endomorphismus, der weder selbstadjungiert noch anti-selbstadjungiert ist

In der Herleitung der Diagonalisierungssatze aus LA 1 (vgl §7, Satz 7 3a und Satz 7 11 sowie §5, Aufgabe 9b) waren implizit die nachfolgenden Aussagen enthalten, die wir im folgenden verwenden wollen (im reellen Spezialfall vgl auch EA, §11, Satz 11 2 und Korollar 11 6)

Bemerkung 6 Fur einen Endomorphismus φ eines n-dimensionalen K-Vektorraumes V gilt die folgende Diagonalisierungsregel Es gibt eine Basis α von V aus Eigenvektoren von φ genau dann, wenn die zugehorige Matrix $A - A_b^\varphi$ (bei beliebiger Basis b) diagonalisierbar ist Die zugehorige Diagonalmatrix ist dann $D - A_a^\varphi = \mathrm{diag}(\lambda_1, \quad ,\lambda_n)$, wobei die λ_ν ($\nu = 1, \quad ,n$) alle Eigenwerte von φ einschließlich der Vielfachheit sind

Satz 9.6. *Es sei* $n \geq 1, \varphi \in \mathrm{End}_{\mathbf{C}}(V)$ *ein Endomorphismus eines n-dimensionalen unitaren $\mathbf{C}$-Vektorraumes V oder $\varphi \in \mathrm{End}_{\mathbf{R}}(V)$ ein Endomorphismus eines n-dimensionalen euklidischen $\mathbf{R}$-Vektorraumes V, dessen charakteristisches Polynom $\chi(X, \varphi)$ in $\mathbf{R}[X]$ vollstandig in Linearfaktoren zerfallt, dann gilt*

> *φ ist genau dann normaler Endomorphismus, wenn es eine Orthonormalbasis $\mathbf{e}^7 = (e^1, e^2, \quad , e^n)$ von V gibt, die aus lauter Eigenvektoren von φ besteht* $\qquad$ (9 5d)

Beweis 1 Es sei zunachst φ ein normaler Endomorphismus von V, wir wollen durch Induktion nach der Dimension n von V zeigen, daß eine Orthonormalbasis aus Eigenvektoren von φ existiert

Da $\chi(X, \varphi)$ uber dem Grundkorper $\mathbf{C}$ bzw $\mathbf{R}$ vollstandig in Linearfaktoren zerfallt (im unitaren Fall ist dies nach dem Fundamentalsatz der Algebra trivialerweise erfullt), existiert mindestens ein Eigenwert λ_1 von φ und somit auch ein zugehoriger normierter Eigenvektor e^1 mit

$$\varphi(e^1) = \lambda_1 \cdot e^1 \text{ und } \|e^1\| = 1; \tag{9.5e}$$

damit ist die Behauptung für $n = 1$ richtig.

Falls $n > 1$, machen wir die Induktionsannahme, daß die Aussage für Dimensionen $\leq n - 1$ richtig sei. Ist e^1 wie in (9.5e) gegeben, so sei

$$U := [e^1]^\perp = \{x \in V \mid \langle x, e^1 \rangle = 0\} \text{ mit } \dim U = n - 1 \tag{9.5f}$$

der zugehörige Orthogonalraum. Da nun

$$\langle x, y \rangle = 0 \Leftrightarrow \langle y, x \rangle = 0,$$

folgt wegen (9.4f) für jedes $x \in U$

$$\langle \varphi(x), e^1 \rangle = \langle x, \varphi^*(e^1) \rangle = \langle x, \overline{\lambda_1} \cdot e^1 \rangle = \lambda_1 \cdot \langle x, e^1 \rangle = 0,$$

also ist $\varphi(x) \in U$ für alle $x \in U$ und somit $\varphi(U) \subseteq U$.

Analog erhält man für φ^* und $x \in U$

$$\langle e^1, \varphi^*(x) \rangle = \langle \varphi(e^1), x \rangle = \langle \lambda_1 \cdot e^1, x \rangle = \lambda_1 \cdot \langle e^1, x \rangle = 0,$$

d.h. $\varphi^*(x) \in U$ und somit $\varphi^*(U) \subseteq U$.

Also sind sowohl φ als auch φ^* nach Einschränkung als Endomorphismen von U auffaßbar und dort ebenfalls adjungiert und normal. Nach Induktionsannahme existiert nun eine Orthonormalbasis $(e^2, \ldots, e^n)$ von U aus lauter Eigenvektoren von φ. Somit besteht $(e^1, e^2, \ldots, e^n)$ aus n Eigenvektoren von φ in V, die zugleich ein Orthonormalsystem, d.h. eine Basis bilden.

2. Gibt es umgekehrt zu $\varphi \in \text{End}(V)$ eine Orthonormalbasis $\mathbf{e}^T$ aus Eigenvektoren e^ν von φ, d.h. (vgl. Bemerkung 6)

$$A_\mathbf{e}^\varphi = \text{diag}(\lambda_1, \ldots, \lambda_n) = D, \tag{9.5g}$$

mit den Eigenwerten λ_ν von φ, so ist

$$D^* = \bar{D}^T = \bar{D} = \text{diag}(\overline{\lambda}_1, \ldots, \overline{\lambda}_n) = A_\mathbf{e}^{\varphi^*} \tag{9.5g'}$$

die zugehörige Matrix der zu φ adjungierten Abbildung φ^*. Wegen

60

$$D \cdot D^* = D^* \cdot D, \quad \text{d.h. } A_e^{\varphi} \text{ ist normale Matrix,}$$

und mit Satz 9.5 ist

$$\varphi \circ \varphi^* = \varphi^* \circ \varphi, \tag{9.5h}$$

d.h. φ ist ein normaler Endomorphismus. – Diese Aussage hätte man auch durch direktes Nachrechnen verifizieren können (vgl. Aufgabe 7b). ∎

Gemäß LA 1, §5, insbesondere Satz 5.3 und Definition 5C wird die Matrix A_a^{φ}, die einen Endomorphismus φ bzgl. der Basis a beschreibt, beim Basiswechsel in V in eine ähnliche Matrix übergeführt. Aus den vorangehenden Überlegungen erhalten wir somit:

Satz 9.7. *Ist $\varphi \in \mathrm{End}_{\mathbf{C}}(V)$ ein normaler Endomorphismus eines n-dimensionalen unitären C-Vektorraumes V, so ist jede zugehörige Matrix A_a^{φ} diagonalisierbar; dabei entspricht φ bzgl. einer geeignet gewählten Orthonormalbasis e aus lauter Eigenvektoren eine Diagonalmatrix*

$$A_e^{\varphi} = \mathrm{diag}(\lambda_1, \ldots, \lambda_n); \tag{9.5i}$$

hierbei tritt der gleiche Eigenwert λ_v in (9.5i) e_v-mal auf, wenn

$$e_v = \text{Vielfachheit des Eigenwertes } \lambda_v \text{ in } \chi(X; \varphi)$$
$$= \dim_{\mathbf{C}}(EV(\varphi, \lambda_v)) \text{ und} \tag{9.5j}$$
$$EV(\varphi, \lambda_v) = \text{Eigenvektorraum zum Eigenwert } \lambda_v$$

ist. Jede normale Matrix $A \in \mathbf{C}^{n,n}$ ist diagonalisierbar, d.h. ähnlich zu einer Diagonalmatrix; eine Diagonalmatrix aus $\mathbf{C}^{n,n}$ ist normal.

Beweis. 1. Ist $\varphi \in \mathrm{End}_{\mathbf{C}}(V)$ normaler Endomorphismus von V, so folgt aus Satz 9.6 und Bemerkung 6 die Diagonalisierbarkeit von A_a^{φ} und (9.5i, j).

2. Ist $A \in \mathbf{C}^{n,n}$ eine normale Matrix und wählen wir $\mathfrak{f}^T = (f^1, \ldots, f^n)$ als eine Orthonormalbasis des n-dimensionalen unitären C-Vektorraums $V = \mathbf{C}^n$, so ist $\varphi \in \mathrm{End}_{\mathbf{C}}(V)$ mit $A_{\mathfrak{f}}^{\varphi} = A$ nach Satz 9.5 normal. Folglich ist nach obigem

$$A = A_{\mathfrak{f}}^{\varphi}$$

diagonalisierbar.

3. Für eine Diagonalmatrix A gilt trivialerweise $A \cdot \bar{A}^T = \bar{A}^T \cdot A$, d.h. A ist eine normale Matrix. ∎

Umgekehrt muß jedoch nicht jede diagonalisierbare Matrix aus $\mathbf{C}^{n,n}$ normal sein, wie das folgende Beispiel zeigt:

$\boxed{4}$ Sei $\mathfrak{a}^T = (a^1, a^2)$ eine Basis des 2-dimensionalen $\mathbf{C}$-Vektorraumes V. Dann wird für $x = \tilde{x}^T \cdot \mathfrak{a}$, $y = \tilde{y}^T \cdot \mathfrak{a}$ durch

$$H(y,x) = \tilde{y}^T \cdot G \cdot \bar{\tilde{x}} \text{ mit } G = \begin{pmatrix} 2 & 1+i \\ 1-i & 3 \end{pmatrix} \in \mathbf{C}^{2,2}$$

eine positiv-definite hermitesche Form erklärt, d.h. $(V; H)$ ist ein unitärer Raum; hierbei ist

$$G^{-1} = \tfrac{1}{4} \begin{pmatrix} 3 & -(1+i) \\ -(1-i) & 2 \end{pmatrix} \in \mathbf{C}^{2,2}.$$

Aus $\mathfrak{a}^T$ erhält man durch Orthonormalisierung bzgl. H die Basis

$$\mathfrak{b}^T = (b^1, b^2) \text{ mit } b^1 = \frac{a^1}{\sqrt{2}}, \ b^2 = \frac{a^2}{\sqrt{2}} - \frac{(1-i)}{2\sqrt{2}} \cdot a^1.$$

Sei weiter $\varphi \in \mathrm{End}_{\mathbf{C}}(V)$ bzgl. $\mathfrak{a}$ durch die Matrix

$$A = A_{\mathfrak{a}}^{\varphi} = \begin{pmatrix} 1 & 0 \\ 0 & 2 \end{pmatrix} = A^T \in \mathbf{C}^{2,2}$$

gegeben. Gemäß Lemma 9.1 (9.2g) gehört dann zur adjungierten Abbildung φ^* bzgl. $\mathfrak{a}$ die Matrix

$$C = A_{\mathfrak{a}}^{\varphi^*} \text{ mit } \bar{C} = G^{-1} \cdot A^T \cdot G = \begin{pmatrix} \frac{1}{2} & -\frac{3}{4}(1+i) \\ \frac{1}{2}(1-i) & \frac{5}{2} \end{pmatrix}.$$

Da nun

$$A \cdot C = \begin{pmatrix} \frac{1}{2} & -\frac{3}{4}(1-i) \\ 1+i & 5 \end{pmatrix} \neq \begin{pmatrix} \frac{1}{2} & -\frac{3}{2}(1-i) \\ \frac{1}{2}(1+i) & 5 \end{pmatrix} = C \cdot A,$$

ist $\varphi \circ \varphi^* \neq \varphi^* \circ \varphi$, d.h. φ ist kein normaler Endomorphismus. Man beachte hierzu: a^1, a^2 sind zwar Eigenvektoren von φ, sind aber nicht orthonormal. –

Wegen $C = \bar{G}^{-1} \cdot A \cdot \bar{G}$ ist C zwar ähnlich zu einer Diagonalmatrix (aber nicht bzgl. einer Orthonormalbasis).

Da $C \cdot \bar{C}^T \neq \bar{C}^T \cdot C$, ist C keine normale Matrix.

$\boxed{\text{4a}}$ Seien $V, H, \mathfrak{a}$ und $\mathfrak{b}$ wie in $\boxed{4}$, so ist

$$H(y, x) = \tilde{y}'^T \cdot G' \cdot \tilde{x}' = y_1' \bar{x}_1' + y_2' \bar{x}_2' \text{ für } y = \tilde{y}'^T \cdot \mathfrak{b}, \ x = \tilde{x}'^T \cdot \mathfrak{b},$$

d.h. H hat die Fundamentalmatrix $G' = E_{2,2}$ bzgl. $\mathfrak{b}$.
Ist $\psi \in \mathrm{End}_{\mathbf{C}}(V)$ bzgl. $\mathfrak{b}$ durch die Diagonalmatrix

$$D = A_{\mathfrak{b}}^{\psi} = \begin{pmatrix} 2 & 0 \\ 0 & 3 \end{pmatrix} = D^T \in \mathbf{C}^{2,2}$$

gegeben, so muß D nach Satz 9.7 normal sein; wegen $A_{\mathfrak{b}}^{\psi *} = D^T = D$ ist ψ eine normale Abbildung.

Um die entsprechenden Fragen im verbleibenden euklidischen Fall beantworten zu können, schildern wir eine Konstruktion, die es gestattet, den euklidischen Fall auf den unitären Fall zurückzuführen. Sei zunächst

$$V \text{ ein } \mathbf{R}\text{-Vektorraum.} \tag{9.6}$$

Bemerkung 7. Wir benötigen zunächst keine Dimensionseinschränkung für V, werden die Ergebnisse aber hauptsächlich im endlichdimensionalen Fall anwenden; die nachfolgenden Rechnungen werden in Kapitel IV, §11 wesentlich weitergeführt ((11.5ff) und $\boxed{3}$); vgl. auch analoge Ansätze in EA, §11, Lemma 11.1.

Wir bilden nun die Menge

$$\hat{V} = V^2 = (V, V) = \{\hat{v} = (x, y) \mid x, y \in V\} \tag{9.6a}$$

der geordneten Paare von Elementen aus V und erklären in $\hat{V}$ die Verknüpfungen

Addition: $\hat{V} \times \hat{V} \to \hat{V}$ mit

$$(\hat{v}, \hat{v}') \mapsto \hat{v} + \hat{v}' = (x, y) + (x', y') := (x + x', y + y'),$$
Multiplikation mit Skalaren aus $\mathbf{C}$: $\mathbf{C} \times \hat{V} \to \hat{V}$ mit
$$(\gamma, \hat{v}) \mapsto (\alpha + i\beta) \cdot \hat{v} := (\alpha x - \beta y, \alpha y + \beta x) \in \hat{V},$$
$$\gamma = \alpha + i\beta \in \mathbf{C};$$

(9.6b)

hierbei bedeutet z.B. $x + x'$ die Addition und $\alpha \cdot x$ die Skalarmultiplikation im $\mathbf{R}$-Vektorraum V.

Durch einfache Rechnung bestätigt man, daß $\hat{V}$ ein $\mathbf{C}$-Vektorraum mit dem Nullvektor

$$\mathbf{0}_{\hat{V}} = (\mathbf{0}_V, \mathbf{0}_V) \tag{9.6c}$$

ist.

Im endlich-dimensionalen Spezialfall gilt dabei:

$$\dim_{\mathbf{R}}(V) = n \Rightarrow \dim_{\mathbf{C}}(\hat{V}) = n. \tag{9.6c'}$$

Mit Hilfe der Inklusionsabbildung

$$j: V \to \hat{V} \text{ mit } x \mapsto j(x) := (x, \mathbf{0}_V) \in \hat{V} \tag{9.6d}$$

und den Rechenregeln

$$j(x + x') = j(x) + j(x'), \ j(\alpha \cdot x) = \alpha \cdot j(x), \alpha \in \mathbf{R} \tag{9.6d'}$$

erhält man eine isomorphe Einbettung von V in $\hat{V}$ (bzgl. der $\mathbf{R}$-Vektorraumstruktur). Wir können somit schreiben

$$\hat{v} = (x, y) = (x, \mathbf{0}_V) + (\mathbf{0}_V, y) = j(x) + i \cdot j(y), \text{ kurz: } x + i \cdot y. \tag{9.6a'}$$

Definition 9D. Ist V ein $\mathbf{R}$-Vektorraum, so heißt $\hat{V}$ gemäß (9.6a, b) mit der Einbettung (9.6d) die *komplexe Erweiterung* bzw. *Komplexifizierung* von V.

Lemma 9.8. *Ein symmetrisches Skalarprodukt eines* $\mathbf{R}$-*Vektorraumes* V *kann auf genau eine Weise zu einem hermiteschen Skalarprodukt H auf der Komplexifizierung $\hat{V}$ von V fortgesetzt werden, nämlich durch*

$$H(z, z') = H(x + iy, x' + iv')$$
$$:= B(x, x') + B(y, y') + i(B(y, x') - B(x, y')) \tag{9.6e}$$
$$\text{für } z = x + iy, z' = x' + iy' \in \widehat{V},$$

mit

$$H(x, x') = H(j(x), j(x')) = B(x, x'), \quad x, x' \in V. \tag{9.6e'}$$

Beweis. 1. Ist H eine hermitesche Form auf $\widehat{V}$, so muß für H gelten:

$$H(z, z') = H(x + iy, x' + iy')$$
$$= H(x, x') + \bar{i} \cdot H(x, y') + i \cdot H(y, x') + i \cdot \bar{i} \cdot H(y, y')$$
$$= (H(x, x') + H(y, y')) + i(H(y, x') - H(x, y')).$$

Falls also ein H existiert, das B fortsetzt, so muß wegen (9.6e′) auch (9.6e) erfüllt sein; es gibt somit höchstens ein derartiges Skalarprodukt.

2. Umgekehrt erhält man mit dem Ansatz (9.6e) eine Abbildung $H: \widehat{V} \times \widehat{V} \to \mathbf{C}$, für die man sofort die Rechenregeln einer hermiteschen Form verifiziert. Da

$$H(x + iy, x + iy) = B(x, x) + B(y, y),$$

ist diese Form sogar positiv-definit. Für $z, z' \in j(V)$ ist

$$H(j(x), j(x')) = B(x, x'),$$

also ist H Fortsetzung von B auf $\widehat{V}$. ∎

Bemerkung 8. Jeder euklidische Raum $(V; B)$ läßt sich in einen nach Lemma 9.8 eindeutig bestimmten unitären Raum $(\widehat{V}; H)$ einbetten, die *unitäre Erweiterung von* $(V; B)$.

Lemma 9.8a. *Sind V und V' $\mathbf{R}$-Vektorräume und ist*

$$\varphi: V \to V' \tag{9.6f}$$

eine $\mathbf{R}$-lineare Abbildung, so gibt es genau eine Fortsetzung $\hat{\varphi}$ von φ auf die komplexen Erweiterungen $\widehat{V}$ und $\widehat{V}'$, d.h. eine $\mathbf{C}$-lineare Abbildung

$$\hat{\varphi}: \widehat{V} \to \widehat{V}' \text{ mit } \hat{\varphi}_{|V} = \varphi, \tag{9.6g}$$

namlich

$$\hat{\varphi}(z) = \hat{\varphi}(x + \imath y) = \hat{\varphi}(x) + \imath\hat{\varphi}(y) = \varphi(x) + \imath\varphi(y) \text{ in } \hat{V}'$$
$$\text{fur } x, y \in V, d\,h\,, z = x + \imath y \in \hat{V} \qquad (9\,6\text{h})$$

Falls $\varphi \in \mathrm{End}_{\mathbf{R}}(V)$ *ein normaler Endomorphismus eines euklidischen Vektorraumes* V *und* $\hat{V}$ *die unitare Erweiterung von* V *ist, so ist auch die Fortsetzung*

$$\hat{\varphi} \quad \hat{V} \to \hat{V} \text{ mit } \hat{\varphi}_{|V} = \varphi \qquad (9\,6\text{g}')$$

ein normaler Endomorphismus von $\hat{V}$ *Weiter gilt*

$$\boxed{\begin{array}{l} \varphi \text{ selbstadjungiert in } V \quad \Rightarrow \hat{\varphi} \text{ selbstadjungiert in } \hat{V} \\ \varphi \text{ anti-selbstadjungiert in } V \Rightarrow \hat{\varphi} \text{ anti-selbstadjungiert in } \hat{V} \end{array}} \qquad (9\,6\text{h}')$$

Beweis 1 Falls eine solche Abbildung $\hat{\varphi}$ existiert, so muß wegen (9 6g) und der **C**-Linearitat die Regel (9 6h) gelten, d h $\hat{\varphi}$ ist die einzig mogliche Losung Umgekehrt wird durch (9 6h), wie eine einfache Rechnung zeigt, eine **C**-lineare Abbildung von $\hat{V}$ in $\hat{V}'$ gegeben, die φ fortsetzt

2 Wir bezeichnen das Skalarprodukt eines euklidischen **R**-Vektorraumes V ebenso wie die Fortsetzung in der unitaren Erweiterung $\hat{V}$ mit $\langle\,,\,\rangle$ (vgl auch Lemma 9 8) Ist speziell $\varphi \in \mathrm{End}_{\mathbf{R}}(V)$ normal und $\varphi^* \in \mathrm{End}_{\mathbf{R}}(V)$ die zugehorige adjungierte Abbildung und ist $\hat{\varphi} \in \mathrm{End}_{\mathbf{C}}(\hat{V})$ nach (9 6h) bestimmt, so gilt

$$\begin{aligned}
\langle \hat{\varphi}(x + \imath y), x' + \imath y \rangle &\\
&= \langle \varphi(x), x' \rangle + \langle \varphi(y), y' \rangle + \imath(\langle \varphi(y), x' \rangle - \langle \varphi(x), y' \rangle) \\
&= \langle x, \varphi^*(x') \rangle + \langle y, \varphi^*(y') \rangle + \imath(\langle y, \varphi^*(x') \rangle - \langle x, \varphi^*(y') \rangle) \\
&= \langle x + \imath y, \varphi^*(x') + \imath\,\varphi^*(y') \rangle \text{ fur } x + \imath y, x' + \imath y' \in \hat{V}
\end{aligned}$$

Durch den Ansatz

$$\hat{\varphi}^* \quad \hat{V} \to \hat{V} \text{ mit } \hat{\varphi}^*(x + \imath y') = \varphi^*(x') + \imath\,\varphi^*(y') \qquad (9\,6\imath)$$

erhalt man eine **C**-lineare Abbildung von $\hat{V}$ in sich, die offensichtlich zu $\hat{\varphi}$ adjungiert ist, d h $\hat{\varphi}^* \in \mathrm{End}_{\mathbf{C}}(\hat{V})$ existiert und setzt sogar φ^* fort Aus $\varphi \quad \varphi^* = \varphi^* \circ \varphi$ folgt wieder durch einfache Rechnung

66

$$\hat{\varphi} \circ \hat{\varphi}^* = \hat{\varphi}^* \circ \hat{\varphi}, \tag{9.6j}$$

d.h. $\hat{\varphi}$ ist normal auf $\hat{V}$.

3. Ist $\varphi \in \mathrm{End}_{\mathbf{R}}(V)$ sogar selbstadjungiert, d.h. gilt $\varphi^* = \varphi$, so folgt aus (9.6i) für $x + i \cdot y \in \hat{V}$:

$$\hat{\varphi}^*(x + i \cdot y) = \varphi^*(x) + i \cdot \varphi^*(y) = \varphi(x) + i \cdot \varphi(y) = \hat{\varphi}(x + i \cdot y),$$

d.h. auch $\hat{\varphi}$ ist selbstadjungiert in $\hat{V}$. Analog bestätigt man (9.6h′) im anti-selbstadjungierten Fall. ∎

$\boxed{5}$ Ist $V = \mathbf{R}^n$ der arithmetische $\mathbf{R}$-Vektorraum mit der Standardbasis $e^1, \ldots, e^n$, so ist offensichtlich $\mathbf{C}^n = \{\hat{v} = (v_1, \ldots, v_n) |$ $v_\nu = \xi_\nu + i \cdot \eta_\nu \subset \mathbf{C}\}$ bei der Interpretation

$$\hat{V} = \mathbf{R}^n \times \mathbf{R}^n \cong \mathbf{C}^n = \{\hat{v} = \tilde{\xi}^T + i\tilde{\eta}^T = (\xi_1 + i\eta_1, \ldots, \xi_n + i\eta_n),$$
$$\tilde{\xi}^T = (\xi_1, \ldots, \xi_n), \tilde{\eta}^T = (\eta_1, \ldots, \eta_n) \in \mathbf{R}^n\}$$

ein Modell der Komplexifizierung von V. Das Standardskalarprodukt

$$\langle \hat{v}, \hat{w} \rangle = \sum_{\nu=1}^{n} v_\nu \bar{w}_\nu \text{ von } \hat{V}$$

setzt das von $V = \mathbf{R}^n$ fort.

Ist ein Endomorphismus $\varphi = \tilde{\varphi}_A$ von $\mathbf{R}^n$ in Matrizenschreibweise durch

$$\tilde{\xi} = \begin{pmatrix} \xi_1 \\ \vdots \\ \xi_n \end{pmatrix} \mapsto \varphi(\tilde{\xi}) = A \cdot \begin{pmatrix} \xi_1 \\ \vdots \\ \xi_n \end{pmatrix} \text{ mit } A \in \mathbf{R}^{n,n}$$

gegeben (vgl. LA 1, §3 sowie EA, §6, Lemma 6.3), so liefert die gleiche Matrix A (als Matrix aus $\mathbf{C}^{n,n}$ interpretiert) gemäß

$$\mathbf{C}^n \ni \tilde{v} = \begin{pmatrix} v_1 \\ \vdots \\ v_n \end{pmatrix} \mapsto \hat{\varphi}(\tilde{v}) = A \cdot \tilde{v} \in \mathbf{C}^n$$

die Fortsetzung von φ auf $\mathbf{C}^n$.

Satz 9.9. *Ein selbstadjungierter Endomorphismus φ eines unitären oder euklidischen Raumes V hat nur reelle Eigenwerte; ist dabei* dim $V < \infty$, *so hat $\chi(X;\varphi)$ nur reelle Nullstellen.*

Beweis. 1. Ist V euklidisch und $\varphi \in \mathrm{End}(V)$ selbstadjungiert, so ist auch die komplexe Fortsetzung $\hat\varphi$ von φ selbstadjungiert; ein Eigenwert von φ ist auch ein solcher von $\hat\varphi$, und es genügt, den letzteren Fall zu untersuchen.

2. Sei also $\varphi(x) = \lambda \cdot x$ für ein $x \neq \mathbf{0}_V$, dann folgt

$$\lambda \cdot \langle x, x \rangle = \langle \lambda \cdot x, x \rangle = \langle \varphi(x), x \rangle = \langle x, \varphi(x) \rangle = \langle x, \lambda \cdot x \rangle$$
$$= \bar\lambda \cdot \langle x, x \rangle.$$

Wegen $\langle x, x \rangle \neq 0$ muß also $\lambda = \bar\lambda \in \mathbf{R}$ sein; der Rest ist klar. ∎

Bemerkung 9. Ist $\hat V$ die komplexe Erweiterung eines n-dimensionalen $\mathbf{R}$-Vektorraumes V und $\hat\varphi$ die Fortsetzung auf $\hat V$ eines $\varphi \in \mathrm{End}_\mathbf{R}(V)$, so gilt natürlich stets

$$\chi(X;\varphi) = \chi(X;\hat\varphi) \in \mathbf{R}[X]. \tag{9.6k}$$

Für den wichtigen Spezialfall selbstadjungierter Endomorphismen in euklidischen Räumen erhalten wir zusammenfassend (vgl. auch noch eine Verschärfung dieser Aussagen in §10, Satz 10.5):

Satz 9.10. *Ist $\varphi \in \mathrm{End}_\mathbf{R}(V)$ ein selbstadjungierter Endomorphismus eines n-dimensionalen euklidischen $\mathbf{R}$-Vektorraumes, so zerfällt $\chi(X;\varphi)$ in $\mathbf{R}[X]$ vollständig in Linearfaktoren, und bzgl. einer Orthonormalbasis e von V aus Eigenvektoren von φ ist A_e^φ eine Diagonalmatrix, und es gilt (9.5j) sinngemäß. – Jede symmetrische Matrix $A \in \mathbf{R}^{n,n}$ ist ähnlich zu einer Diagonalmatrix.*

Beweis. 1. Die Eigenwerte von φ sind die reellen Nullstellen von $\chi(X;\varphi) = \chi(X;\hat\varphi)$, das in $\mathbf{C}[X]$ sicher in Linearfaktoren zerfällt. Nach Satz 9.9 zerfällt $\chi(X;\varphi)$ schon in $\mathbf{R}[X]$ in Linearfaktoren, und nach Satz 9.6 gibt es nun eine Orthonormalbasis e aus lauter Eigenvektoren $e^\nu \in V$ von φ. Aus den Ausführungen zu Satz 9.7 folgt, daß $A_e^\varphi \in \mathbf{R}^{n,n}$ eine Diagonalmatrix ist und (9.5j) sinngemäß gilt.

2. Ist nun $A \in \mathbf{R}^{n,n}$ mit $A = A^T$, so wählen wir im n-dimensionalen euklidischen Vektorraum $V = \mathbf{R}^n$ eine Orthonormalbasis e' und betrachten den Endomorphismus $\varphi \in \mathrm{End}_\mathbf{R}(V)$ mit $A = A_{e'}^\varphi$. Nach Satz

9 5a ist φ selbstadjungiert und nach 1 gibt es eine eventuell andere Orthonormalbasis e mit $A_e^\varphi \approx A = A_e^\varphi$, fur die A_e^φ Diagonalmatrix ist ∎

$\boxed{5a}$ Sei $V = \mathbf{R}^3$ als euklidischer Vektorraum mit dem Standardskalarprodukt und $\tilde\varphi_A$ $\mathbf{R}^3 \to \mathbf{R}^3$ durch die symmetrische Matrix

$$A = \begin{pmatrix} 1 & 1 & 0 \\ 1 & 2 & 1 \\ 0 & 1 & 1 \end{pmatrix}$$

gegeben

Dann ist $\chi(X, A) = |A - X\,E| = (1 - X)\, X\, (X - 3)$, und als zugehorige Orthonormalbasis von Eigenvektoren von $\tilde\varphi_A$ erhalt man zu $\lambda_1 = 1, \lambda_2 = 0, \lambda_3 = 3$

$$f^1 = \frac{1}{\sqrt{2}}\,(1, 0, -1)^T, \quad f^2 = \frac{1}{\sqrt{3}}\,(1, -1, 1)^T, \quad f^3 = \frac{1}{\sqrt{6}}\,(1\;2\;1)^T$$

Ist nun $\tilde v = \sum_{v=1}^{3} y_v f^v \in V$, so ist $\tilde\varphi_A(\tilde v) = \sum_{v=1}^{3} \lambda_v y_v f^v$, d h zur Basis $\mathfrak{f}^T = (f^1, f^2, f^3)$ gehort die symmetrische Matrix
$A_f^\varphi = \operatorname{diag}(1, 0, 3)$
Analog geht man bei mehrfachen Eigenwerten vor (vgl auch Aufgabe 11)

Wir wollen nun allgemeiner nicht nur selbstadjungierte sondern beliebige normale Endomorphismen in euklidischen Raumen diskutieren Dazu sei

$$V\ n\text{-dimensionaler euklidischer Raum,}$$
$$\hat V \text{ die komplexe Erweiterung von } V \tag{9 7}$$

und

$$\varphi \text{ Endomorphismus von } V,$$
$$\hat\varphi \text{ die komplexe Erweiterung von } \varphi \text{ nach (9 6h)} \tag{9 7a}$$

Ist nun

$$\lambda = \alpha + i\beta \text{ mit } \beta \neq 0,\ \alpha, \beta \in \mathbf{R} \tag{9 7b}$$

ein nicht-reeller Eigenwert von $\hat\varphi$, d.h. mit einem normierten Eigenvektor $e\in\hat V$ gilt

$$\hat\varphi(e) = \hat\varphi(x + iy) = \lambda\cdot e = (\alpha + i\beta)\cdot(x + iy)$$
$$\text{für } e = x + iy\in\hat V,\ \|e\| = 1; \tag{9.7b$'$}$$

dann gilt

$$\varphi(x) = \alpha\cdot x - \beta\cdot y,\quad \varphi(y) = \alpha\cdot y + \beta\cdot x. \tag{9.7b$''$}$$

Für $\bar e := x - iy\in\hat V$ ist dann

$$\hat\varphi(\bar e) = \bar\lambda\cdot\bar e \text{ mit } \bar\lambda = \alpha - i\beta,\ \|\bar e\| = 1; \tag{9.7c}$$

d.h. $\bar e$ ist Eigenvektor von $\hat\varphi$ zum Eigenwert $\bar\lambda \neq \lambda$, also ist auch $e \neq \bar e$.

Falls φ normal ist, ist auch $\hat\varphi$ normaler Endomorphismus. Da $\bar e$ gleichzeitig Eigenvektor von $\hat\varphi^*$ zum Eigenwert $\bar{\bar\lambda} = \lambda$ ist, bestätigt man sofort

$$\langle e,\bar e\rangle = 0,\ \text{d.h. } e\perp\bar e \text{ in } \hat V. \tag{9.7d}$$

Bemerkung 10. Mit $\lambda = \alpha + i\beta$ ist auch $\bar\lambda \neq \lambda$ ein Eigenwert der komplexen Fortsetzung $\hat\varphi$ eines normalen Endomorphismus φ von V, und für die zugehörigen Eigenvektoren gilt (9.7c, d).

Wir formulieren nun

Satz 9.11. *Das charakteristische Polynom* $\chi(X;\varphi)$ *des Endomorphismus* φ *eines* n-*dimensionalen euklidischen* **R**-*Vektorraumes* V *habe die Faktorzerlegung*

$$\chi(X;\varphi) = \chi(X;\hat\varphi) = (-1)^n\cdot \prod_{\rho=1}^{r}(X - \lambda_\rho)\cdot\prod_{\mu=1}^{m} q_\mu(X)\ in\ \mathbf{R}[X]$$
$$mit\ q_\mu(X) = (X - \lambda_{r+\mu})\cdot(X - \overline{\lambda_{r+\mu}})\ in\ \mathbf{C}[X] \tag{9.7e}$$
$$und\ \lambda_{r+\mu}\in\mathbf{C}\backslash\mathbf{R}\quad (\mu = 1,\dots,m).$$

Dann ist φ *genau dann normaler Endomorphismus, wenn es eine Orthonormalbasis* e *von* V *gibt, so daß* φ *bzgl.* e *eine reelle Matrix der Form*

70

$$A = A_e^\varphi = \operatorname{diag}(\lambda_1, \ldots, \lambda_r, A_1, \ldots, A_m)$$

$$= \begin{pmatrix} \lambda_1 & & & & & \\ & \ddots & & & & 0 \\ & & \lambda_r & & & \\ & & & \boxed{A_1} & & \\ & 0 & & & \ddots & \\ & & & & & \boxed{A_m} \end{pmatrix} \qquad (9\ 7f)$$

zugeordnet ist Hierbei entsprechen die reellen Eigenwerte $\lambda_1 \ldots \lambda_r$ den Linearfaktoren von $\chi(X\ \varphi)$ in $\mathbf{R}[X]$ (einschließlich der Vielfachheit) und die Kastchenmatrizen A_μ haben die Form

$$A_\mu = \begin{pmatrix} \alpha_\mu & \beta_\mu \\ -\beta_\mu & \alpha_\mu \end{pmatrix} \in \mathbf{R}^{2\ 2} \qquad (9\ 7g)$$

fur $\lambda_{r+\mu} = \alpha_\mu + \imath\beta_\mu$ und $\overline{\lambda_{r+\mu}} = \alpha_\mu - \imath\beta_\mu\ \mu = 1 \ldots m$

d h sie entsprechen (einschließlich der Vielfachheit) den irreduziblen quadratischen Faktoren von $\chi(X\ \varphi)$ in $\mathbf{R}[X]$ Es ist $n = r + 2m$ und die Form (9 7f) von A ist bis auf die Reihenfolge der Diagonalkastchen eindeutig bestimmt

Beweis 1 Es sei dem Endomorphismus $\varphi \in \operatorname{End}_\mathbf{R}(V)$ bzgl einer Orthonormalbasis e von V die Matrix A gemaß (9 7f) zugeordnet Da die Kastchenmatrizen A_μ offensichtlich normal sind ist auch A eine normale Matrix Nach Satz 9 5 muß also φ ein normaler Endomorphismus sein, wobei die λ_ρ, A_μ die genannten Eigenschaften haben

2 Ist nun umgekehrt $\varphi \in \operatorname{End}_\mathbf{R}(V)$ normal, so ist auch die komplexe Fortsetzung $\hat\varphi \in \operatorname{End}_\mathbf{C}(\hat V)$ normaler Endomorphismus (nach Lemma 9 8a), und dabei gilt $\chi(X, \varphi) = \chi(X, \hat\varphi)$ nach Bemerkung 9 Sei $\chi(X, \varphi)$ gemaß (9 7e) jeweils in irreduzible Faktoren in $\mathbf{R}[X]$ bzw $\mathbf{C}[X]$ zerlegt Nach Satz 9 7 entspricht $\hat\varphi$ bzgl einer geeigneten Orthonormalbasis e von $\hat V$ aus lauter Eigenvektoren eine Diagonalmatrix aus den Eigenwerten, wobei wegen (9 7b, c, d, e) die Eigenwerte und Eigenvektoren so numeriert werden konnen, daß gilt

$$\lambda_\rho \in \mathbf{R} \text{ und } e^\rho \in V, \ \|e^\rho\| = 1 \ (\rho = 1, \ldots, r)$$

$$\lambda_{r+\mu}, \overline{\lambda_{r+\mu}} = \alpha_\mu \pm \imath\beta_\mu \in \mathbf{C}\setminus\mathbf{R}, \quad e^{r+\mu}, \overline{e^{r+\mu}} = v^\mu \pm \imath w^\mu \in \hat V, \qquad (9\ 7f\ )$$

$$\|e^{r+\mu}\| = \|\overline{e^{r+\mu}}\| = 1 \ (\mu = 1, \ldots, m)$$

Nun sind auch die Vektoren

$$f^\mu = \frac{1}{\sqrt{2}}(e^{r+\mu} + \overline{e^{r+\mu}}) = \sqrt{2}\; x^\mu \in V \text{ und}$$

$$f'^\mu = \frac{1}{i\sqrt{2}}(e^{r+\mu} - \overline{e^{r+\mu}}) = \sqrt{2}\; y^\mu \in V \;(\mu = 1, \quad, m) \tag{9 7h}$$

normiert, d h $\|f^\mu\| = \|f'^\mu\| = 1$, und zueinander orthogonal, sie sind auch zu den anderen Basisvektoren orthogonal Also ist

$$e^T = (e^1, \quad, e^r, f^1, f'^1, \quad, f^m, f'^m) \tag{9 7h'}$$

eine Orthonormalbasis von V (bzw von $\hat{V}$) Da nun

$$\varphi(f^\mu) = \alpha_\mu\, f^\mu - \beta_\mu\, f'^\mu, \quad \varphi(f'^\mu) = \beta_\mu\, f^\mu + \alpha_\mu\, f'^\mu \tag{9 7h'}$$

hat A_e^φ die Form (9 7f), die durch φ bis auf die Reihenfolge eindeutig bestimmt ist, woraus die Behauptung folgt ∎

$\boxed{6}$ Es sei $V = \mathbf{R}^3$ und somit $\hat{V} = \mathbf{C}^3$, wobei jeweils die Standard-basen zugrundegelegt seien Wir betrachten die Abbildung $\varphi = \tilde{\varphi}_A$ zur Matrix

$$A = \begin{pmatrix} 1 & 1 & -1 \\ -1 & 1 & \sqrt{2} \\ 1 & -\sqrt{2} & 1 \end{pmatrix} \in \mathbf{R}^{3\,3},$$

die normal ist, und bilden

$$\chi(X, A) = \chi(X, \hat{\varphi}) = (1 - X)(X^2 - 2X + 5)$$
$$= (1 - X)(X - 1 + 2i)(X - 1 - 2i) \text{ in } \mathbf{C}[X]$$

Zu den Eigenwerten $\lambda_1 = 1$, $\lambda_2 = \alpha_2 + i\beta_2 = 1 - 2i$, $\bar{\lambda}_2 = \alpha_2 - i\beta_2 = 1 + 2i$ berechnet man sofort das folgende Ortho-normalsystem von Eigenvektoren

$$\tilde{e}^{1T} = \tfrac{1}{2}(\sqrt{2}, 1, 1), \tilde{e}^{2T} = \frac{1}{\sqrt{24}}(\sqrt{2} - 2i, -3, 1 + 2\sqrt{2}i),$$

$$\overline{\tilde{e}^2}^T = \frac{1}{\sqrt{24}}(\sqrt{2} + 2i, -3, 1 - 2\sqrt{2}i)$$

Aus $\tilde{e}^2$ und $\overline{\tilde{e}^2}$ konstruiert man nun das reelle Orthonormalsystem

$$\tilde{f}^1 = \frac{1}{\sqrt{2}}(\tilde{e}^2 + \overline{\tilde{e}^2}) = \frac{1}{\sqrt{48}}(2\sqrt{2} - 6, 2) = \frac{1}{\sqrt{12}}(\sqrt{2}, -3, 1),$$

$$\tilde{\tilde{f}}^1 = \frac{1}{i\sqrt{2}}(\tilde{e}^2 - \overline{\tilde{e}^2}) = \frac{1}{\sqrt{48}}(-4, 0, 4\sqrt{2}) = \frac{1}{\sqrt{12}}(-2, 0, 2\sqrt{2})$$

Bezuglich der rellen Orthonormalbasis $\mathbf{e}^T = (\tilde{e}^1 \ \tilde{f}^1 \ \tilde{\tilde{f}}^1)$ gilt dann

$$A_{\mathbf{e}}^{\varphi} = \begin{pmatrix} 1 & 0 & 0 \\ 0 & 1 & -2 \\ 0 & 2 & 1 \end{pmatrix} \in \mathbf{R}^{3\,3}$$

Bemerkung 11 Vergleicht man Satz 9 11 mit den Ergebnissen aus LA 1, Erganzungen zu §7, insbesondere Satz 7 13a und (7 14g), so stellt man fest, daß dort in den Normalformen reeller quadratischer Matrizen ganz ahnliche Kastchen wie die A_μ aus (9 7g) auftreten, nur daß dort oberhalb der Hauptdiagonalen noch einige Elemente 1 stehen konnten, da die Matrizen komplex nicht diagonalisierbar zu sein brauchten

In dem bereits in Satz 9 5a erwahnten Fall der anti-selbstadjungierten und damit normalen Endomorphismen und dem der schiefhermiteschen bzw schiefsymmetrischen Matrizen erhalten wir

Satz 9.12. *Fur einen anti-selbstadjungierten Endomorphismus φ eines unitaren (bzw euklidischen) Raumes V, d h mit*

$$\varphi^* = -\varphi, \tag{9 8}$$

gilt

$$\mathrm{Re}(\langle \varphi(x), x \rangle) = 0 \ \textit{fur alle } x \in V \tag{9 8a}$$

daruber hinaus sind die Realteile aller eventuellen Eigenwerte in $\mathbf{C}$ *gleich Null – Ist V n-dimensional unitar so entspricht φ mit (9 8) bzgl einer Orthonormalbasis $\mathbf{e}$ aus Eigenvektoren eine Diagonalmatrix*

$$A_{\mathbf{e}}^{\varphi} = \mathrm{diag}(\lambda_1 \quad \lambda_n) \ \textit{mit } \mathrm{Re}\,(\lambda_v) = 0, \tag{9 8b}$$

und jede schiefhermitesche Matrix A ist ähnlich zu einer Matrix der Form (9.8b); bei n-dimensionalem euklidischem V ist bzgl. einer Orthonormalbasis $\mathfrak{e}$ aus Eigenvektoren

$$A = A_{\mathfrak{e}}^{\varphi} = \operatorname{diag}(\underbrace{0,\ldots,0}_{r\text{-mal}}; A_1,\ldots,A_m),\ wobei$$

$$A_\mu = \begin{pmatrix} 0 & \beta_\mu \\ -\beta_\mu & 0 \end{pmatrix} \in \mathbf{R}^{2,2} \quad (\mu = 1,\ldots,m), n = r + 2m \qquad (9.8\mathrm{c})$$

und $\lambda_0 = 0$ r-facher Eigenwert;

jede schiefsymmetrische Matrix ist ähnlich zu einer Matrix A der Form (9.8c).

Beweis. 1. Falls (9.8) erfüllt ist, folgt für jedes $x \in V$ $\langle \varphi(x), x \rangle = -\langle x, \varphi(x) \rangle = -\overline{\langle \varphi(x), x \rangle}$, d.h.

$$\mathrm{Re}(\langle \varphi(x), x \rangle) = \tfrac{1}{2}(\langle \varphi(x), x \rangle + \overline{\langle \varphi(x), x \rangle}) = 0,$$

und (9.8a) trifft zu.

2. Ist λ ein Eigenwert von φ und $x \neq \mathbf{0}_V$ ein zugehöriger Eigenvektor, so folgt

$$\mathrm{Re}(\lambda) \cdot \langle x, x \rangle = \mathrm{Re}(\langle \lambda \cdot x, x \rangle) = \mathrm{Re}(\langle \varphi(x), x \rangle) = 0,$$

d.h. $\mathrm{Re}(\lambda) = 0$.

3. Ist speziell V n-dimensional, so folgt nach Satz 9.7 und wegen $\mathrm{Re}(\lambda) = 0$ die Aussage für $A_{\mathfrak{e}}^{\varphi}$ im unitären Fall. Falls V euklidisch ist, folgt aus Satz 9.11 entsprechend die Aussage (9.8c) durch einfache Rechnung. Die Behauptungen für die Matrizen bestätigt man dann leicht. ∎

Die nachfolgenden Aussagen sollen die Bedeutung der speziellen Typen der selbstadjungierten bzw. anti-selbstadjungierten Endomorphismen illustrieren; bei beliebiger Dimension muß man dabei die Existenz von φ^* fordern, was im endlich-dimensionalen Fall von sich aus erfüllt ist. Satz 9.13 verschärft im Spezialfall noch die Aussage von Satz 9.9.

Satz 9.13. *Zum Endomorphismus φ des unitären (bzw. euklidischen) Raumes V existiere der adjungierte Endomorphismus φ^*. Dann sind*

$$\varphi \circ \varphi^* \quad und \quad \varphi^* \circ \varphi \tag{9.8d}$$

selbstadjungierte Endomorphismen von V, deren Eigenwerte sämtlich reell und nicht-negativ sind. Ist φ ein Automorphismus eines n-dimensionalen unitären (bzw. euklidischen) Raumes, so sind alle Eigenwerte von $\varphi \circ \varphi^*$ und $\varphi^* \circ \varphi$ positiv-reelle Zahlen, d.h. bzgl. einer geeigneten Orthonormalbasis gilt

$$A_{\mathfrak{e}}^{\varphi \circ \varphi^*} = \mathrm{diag}(\lambda_1, \ldots, \lambda_n)$$
$$mit \ \lambda_\nu \in \mathbf{R}, \ \lambda_\nu > 0 \quad (\nu = 1, \ldots, n). \tag{9.8e}$$

Beweis. Wir führen den Beweis für $\varphi \circ \varphi^*$ durch, der andere Fall verläuft analog.

1. Da $\varphi^{**} = \varphi$ (Lemma 9.3), gilt für beliebige $y, x \in V$

$$\langle (\varphi \circ \varphi^*)(y), x \rangle = \langle \varphi(\varphi^*(y)), x \rangle = \langle \varphi^*(y), \varphi^*(x) \rangle$$
$$= \langle y, \varphi(\varphi^*(x)) \rangle = \langle y, (\varphi \circ \varphi^*)(x) \rangle,$$

d.h. $\varphi \circ \varphi^*$ ist selbstadjungiert.

2. Ist λ ein Eigenwert von $\varphi \circ \varphi^*$ und x ein zugehöriger Eigenvektor, so ist zunächst $\lambda \in \mathbf{R}$ und $\|x\|^2 = \langle x, x \rangle > 0$; da

$$\lambda \cdot \langle x, x \rangle = \langle (\varphi \circ \varphi^*)(x), x \rangle = \langle \varphi^*(x), \varphi^*(x) \rangle = \|\varphi^*(x)\|^2 \geq 0,$$

folgt also $\lambda \geq 0$.

3. *Ist speziell V n-dimensional, so existiert sicher φ^* und $\chi(X; \varphi \circ \varphi^*)$ zerfällt in $\mathbf{R}[X]$ in Linearfaktoren und hat reelle nicht-negative Nullstellen. Da φ sogar Automorphismus ist, darf 0 kein Eigenwert von φ sein, woraus die restlichen Aussagen folgen.* ∎

Bemerkung 12. Zu jeder Matrix $A = \mathrm{diag}(\lambda_1, \ldots, \lambda_n) \in \mathbf{R}^{n,n}$ mit $\lambda_\nu \geq 0$ $(\nu = 1, \ldots, n)$ existiert stets eine Matrix $B \in \mathbf{R}^{n,n}$ mit

$$B^2 = A. \tag{9.8f}$$

Dies bestätigt man unmittelbar (vgl. Aufgabe 14a); ein weiterführendes Ergebnis wird in den Ergänzungen zu §10 (vgl. Satz 10.13) formuliert.

Weiter bestätigt man analog (vgl. Aufgabe 14b)

Satz 9.13a. *Ist φ ein Endomorphismus des unitären (bzw. euklidischen) Raumes V, zu dem der adjungierte Endomorphismus φ^* existiert, so hat φ eine eindeutige Summenzerlegung*

$$\varphi = \varphi_1 + \varphi_2 \text{ mit}$$
$$\varphi_1 = \frac{1}{2}(\varphi + \varphi^*) \in \text{End}(V),\ \varphi_2 = \frac{1}{2}(\varphi - \varphi^*) \in \text{End}(V) \tag{9.8g}$$

in einen selbstadjungierten Anteil φ_1 und einen anti-selbstadjungierten Anteil φ_2. Speziell besitzt jede Matrix $A \in \mathbf{C}^{n,n}$ (bzw. $\mathbf{R}^{n,n}$) eine eindeutige Zerlegung

$$A = B + C \text{ mit}$$
$$B = \frac{1}{2}(A + \bar{A}^T),\ C = \frac{1}{2}(A - \bar{A}^T) \tag{9.8h}$$

in eine hermitesche (bzw. symmetrische) Matrix B und eine schiefhermitesche (bzw. schiefsymmetrische) Matrix C; dabei ist A genau dann normal, wenn gilt

$$B \cdot C = C \cdot B. \tag{9.8i}$$

Bemerkung 13. Da nach Satz 9.9 das charakteristische Polynom $\chi(X; \varphi)$ jedes selbstadjungierten Endomorphismus φ eines unitären n-dimensionalen Raumes und somit auch das charakteristische Polynom $\chi(X; A)$ jeder hermiteschen Matrix nur reelle Nullstellen λ_v hat, die nach Satz 9.7 in der diagonalisierten Matrix A_e^φ gemäß (9.5i) auftreten, kann man mit Hilfe der Vorzeichenregel von Descartes (s. unten) sofort die Anzahl p der $\lambda_v > 0$, die Zahl s der $\lambda_v < 0$ und die Zahl $n - r$ der $\lambda_v = 0$ bestimmen (vgl. hierzu auch Satz 9.13 und Satz 10.5). Hiermit können zugleich die Trägheitsform (vgl. Satz 8.7a) bestimmt und Definitheitsfragen beantwortet werden (vgl. Aufgabe 15a, d).

Vorzeichenregel von Descartes. Ist

$$f(X) = a_r X^r + a_{r-1} X^{r-1} + \ldots + a_1 X + a_0 \in \mathbf{R}[X]$$
$$= a_r(X - x_1) \ldots (X - x_r) \tag{9.8j}$$
$$\text{mit } a_r \neq 0, a_0 \neq 0$$

ein Polynom aus $\mathbf{R}[X]$, das dort vollstandig in Linearfaktoren zerfallt (lauter reelle Nullstellen hat) und ist $A(f) = \{a_\rho|\, a_\rho \geq 0\}$ und $B(f) = \{a_\rho|\, a_\rho < 0\}$ und gibt $p = p(f)$ an, wie oft in der Reihe der Koeffizienten $a_0, a_1, \ldots, a_r$ ein Wechsel zwischen den disjunkten Mengen $A(f)$ und $B(f)$ auftritt, so hat f genau p positive Nullstellen und genau $s = r - p$ negative Nullstellen in $\mathbf{R}$ (Vielfachheit mitgezahlt)

Allgemeinere Versionen dieser Regel findet man in den klassischen Lehrbuchern der Algebra und Angewandten Mathematik

Ergänzungen zu §9

In den Erganzungen zu §8 haben wir K-Vektorraume mit allgemeinen symmetrischen Bilinearformen diskutiert, diese Ausfuhrungen lassen sich auf den folgenden Fall verallgemeinern, der mit den anti-selbstadjungierten Abbildungen dieses Paragraphen eng zusammenhangt Dazu sei stets

$$V \text{ ein } K\text{-Vektorraum, } n = \dim_K(V) < \infty \tag{9 9}$$

Definition 9E. Eine Bilinearform $B(y,x)$ auf V heißt eine *alternierende Form*, falls

$$B(x,x) = 0 \text{ fur alle } x \in V \tag{9 9a}$$

Unter Ausnutzung der Bilinearitat bestatigt man sofort

$$B(x,y) = -B(v,x) \text{ fur } x, y \in V, \tag{9 9b}$$

d h eine alternierende Form ist *schiefsymmetrisch* (vgl Definition 8F)

Bemerkung 14 Falls $\mathrm{Char}(K) \neq 2$, so ist umgekehrt eine schiefsymmetrische Bilinearform B sogar alternierend

Bei alternierenden Formen hat die bzgl einer Basis $\mathfrak{a}^T = (a^1, \ldots, a^n)$ von V gebildete Fundamentalmatrix

$$\begin{aligned} G = G_\mathfrak{a}^B &= (g_{\mu\nu}) \in K^{n\,n} \\ \text{mit } g_{\mu\nu} &= B(a^\mu, a^\nu) \end{aligned} \tag{9 9c}$$

die Eigenschaft (vgl Lemma 8 4)

$$\begin{aligned} g_{\mu\mu} &= 0, g_{\mu\nu} = -g_{\nu\mu} \quad (\mu, \nu = 1, \ldots, n), \\ \text{d h } G^T &= -G, \end{aligned} \tag{9 9c'}$$

eine solche Matrix nennen wir auch *alternierende Matrix*

$\boxed{7}$ Ist speziell $V = K^n$ und $\langle\, , \rangle$ das Standardskalarprodukt auf K^n, so existiert gemäß Bemerkung 18 der Ergänzungen zu §8 fur eine alternierende Form eine schiefsymmetrische Matrix A mit

$$B(\tilde{y}, \tilde{x}) = \langle A\tilde{y}, \tilde{x}\rangle \tag{9 9d}$$

Die nachstehend genannten Begriffe und Eigenschaften lassen sich vom symmetrischen Fall sofort auf den alternierenden ubertragen

(a) *nicht ausgeartete Formen, Rang* $r = \text{Rang } G_a^B$,

$$\text{Kern }(B) = V_0 = V^\perp = \{y \in V \mid B(y, x) = 0 \text{ fur alle } x \in V\} \tag{9 9e}$$

(b) *orthogonale Vektoren* $x \perp y$ und *orthogonale Summen* von Teilvektorraumen (bzgl B)

$$V = V_1 \perp V_2 \tag{9 9f}$$

(c) V hat bzgl B eine Zerlegung

$$V = V_0 \perp U, \quad B \text{ nicht ausgeartet auf } U \tag{9 9g}$$

(d) Die *Isometrie* von K-Vektorraumen V und V' mit alternierenden Formen wird formal wie in Definition 8L erklart

$$V \text{ isomet } V'$$

Analog zu Definition 8O erklaren wir

Definition 9F. Ein 2-dimensionaler K-Vektorraum H mit nicht ausgearteter alternierender Form heißt wieder eine (alternierende) *hyperbolische Ebene* Ein Raum V mit alternierender Form B, der orthogonale Summe von hyperbolischen Ebenen ist, wird auch ein *hyperbolischer Raum* genannt

Ist (H, B) eine hyperbolische Ebene, so gibt es zu jedem $u^1 \neq 0_H$, d h mit $B(u^1, u^1) = 0$, ein $w \in H$ mit $B(u^1, w) \neq 0$, hieraus erhalt man analog zu Lemma 8 11 die

Bemerkung 15 In einer (alternierenden) hyperbolischen Ebene gibt es stets eine Basis $u^T = (u, u')$ mit

$$\begin{aligned} B(u, u) &= B(u', u') = 0, \\ B(u, u') &= -B(u', u) = 1, \end{aligned} \tag{9 9h}$$

d h es ist

$$G_u^B = \begin{pmatrix} 0 & 1 \\ -1 & 0 \end{pmatrix} \tag{9 9h'}$$

Wir formulieren das Hauptergebnis zu diesem Gegenstand, das analog zu Satz 8 12 zu bestatigen ist (vgl Aufgabe 16c)

Satz 9.14. *Ein n-dimensionaler K-Vektorraum mit einer alternierenden Form B hat eine orthogonale Summenzerlegung*

$$V = V^\perp \perp U_0 \text{ mit } V^\perp = \text{Kern}(B), \tag{9 10}$$

wobei U_0 ein hyperbolischer Raum der Dimension

$$\dim_K(U_0) = 2r = \text{Rang } B \qquad (9\ 10a)$$

ist Speziell existiert eine K-Basis von V der Form

$$u^T = (u^1 \quad u^r\ u \quad u^r\ \iota^1 \quad v^s)\ mit$$
$$[v^1 \quad \iota^s] = V^\perp$$
$$[u^\rho\ u^\rho] = H_\rho\ hyperbolische\ Ebene \quad (\rho = 1 \quad r) \qquad (9\ 10b)$$
$$B(u^\rho\ u^\rho) = -B(u^\rho\ u^\rho) = 1$$
$$U_0 = H_1 \perp H_2 \perp \quad \perp H_r$$

und fur die zugehorige Fundamentalmatrix gilt

$$G_u^B = \text{diag}\underbrace{\left(\begin{pmatrix} 0 & 1 \\ -1 & 0 \end{pmatrix},\begin{pmatrix} 0 & 1 \\ -1 & 0 \end{pmatrix} \right.}_{r\text{-mal}}\ \underbrace{\left. 0 \quad 0 \right)}_{s\text{-mal}} \qquad (9\ 10c)$$

Bei nicht ausgeartetem B ist V ein hyperbolischer Raum von gerader Dimension 2r alle hyperbolischen Raume dieser Dimension sind isometrisch und es gibt dann (nach Umordnung) stets eine Basis $\mathfrak{w}$ von V mit

$$G_{\mathfrak{w}}^B = \begin{pmatrix} O_{r\ r} & E_{r\ r} \\ -E_{r\ r} & O_{r\ r} \end{pmatrix} \in K^{2r\ 2r} \qquad (9\ 10d)$$

Bezeichnung Eine nicht ausgeartete alternierende Form auf V wird auch *symplektisch* genannt und ein K-Vektorraum V (von notwendig gerader Dimension $2r$) mit nicht ausgearteter alternierender Form B heißt auch ein *symplektischer Raum* (V, B)

Bemerkung 16 Jede nicht ausgeartete alternierende Matrix A ist zu einer Matrix der Form $G_{\mathfrak{w}}^B$ aus (9 10d) kongruent Folglich ist fur jede solche alternierende Matrix A

$$\det(A) = \det(S)^2\ \det(G_{\mathfrak{w}}^B),$$
$$S\ \text{Transformationsmatrix (vgl (8 3g))} \qquad (9\ 10e)$$
$$\text{mit } \det(G_{\mathfrak{w}}^B) = 1$$

Daruber hinaus gibt es fur jedes n ein Polynom

$$Pf_n(\quad, T_{ij}, \quad) \qquad (9\ 10f)$$

in $\dfrac{n(n-1)}{2}$ Variablen $T_{ij}\ (1 \le i < j \le n)$, so daß bei beliebiger nicht ausgearteter alternierender Matrix $A = (a_{ij}) \in K^{n\ n}$ durch Einsetzen der a_{ij} fur die T_{ij} folgt (vgl Aufgabe 19b)

$$\det(A) = Pf_n(\quad, a_{ij}, \quad)^2 \tag{9 10g}$$

Man nennt $Pf_n(\quad T_{ij}\quad)$ das *Pfaffsche Aggregat* zum Index n

Wir erwahnen zum Schluß dieser Erganzungen noch einige wichtige Spezialfalle von Vektorraumendomorphismen und ihre Beziehungen zu den Untersuchungen dieses Paragraphens Dazu sei K ein Korper und V ein K-Vektorraum von endlicher Dimension $\dim_K V = n < \infty$ Wir betrachten *idempotente Endomorphismen*, d h

$$\varphi \in \mathrm{End}_K(V) \text{ mit } \varphi^2 = \varphi \quad \varphi = \varphi \tag{9 11}$$

Die identische Abbildung $\varphi = id_V$ und die Nullabbildung $\varphi = 0$ haben offensichtlich diese Eigenschaft Die zugehorigen Matrizen $A = A_a^\varphi \in K^{n\ n}$ bzgl Vektorraumbasen a sind wegen

$$A^2 = A \tag{9 11a}$$

ebenfalls idempotent (vgl LA 1, §7, Bemerkung 15)

Dann bestatigt man (vgl Aufgabe 20a)

Lemma 9.15. *Ist φ ein idempotenter Endomorphismus eines endlich dimensionalen K-Vektorraumes und bedeuten*

$$\begin{aligned} U &= \{x \in V \mid \varphi(x) = x\}, \\ U &= \{y \in V \mid \varphi(y) = \mathbf{0}_V\} \end{aligned} \tag{9 11b}$$

die Eigenvektorraume zu den Eigenwerten $\lambda = 1$ bzw $\lambda = 0$ so ist

$$V = U \oplus U \tag{9 11c}$$

und es gilt

$$\begin{aligned} \varphi(z) &= x \\ \textit{fur } z &= x + y \in V \textit{ mit } x \in U \ y \in U \end{aligned} \tag{9 11d}$$

umgekehrt ist jedes $\varphi \in \mathrm{End}_K(V)$ das bzgl einer direkten Summenzerlegung (9 11c) von V die Eigenschaft (9 11d) hat idempotent

Definition 9G. Ein Endomorphismus $\varphi \in \mathrm{End}_K(V)$ mit den in (9 11c, d) genannten Eigenschaften heißt die *Projektion von V auf U langs U* , in Zeichen $\varphi = pr_{U\ U}$ Ist speziell V ein endlich-dimensionaler unitarer (bzw euklidischer) Vektorraum und wird zu $U \leq V$ der Orthogonalraum $U^\perp = U$ gewahlt, so heißt $\varphi = pr_{U\ U^\perp}$ die *Orthogonalprojektion von V auf U*

Bemerkung 17 Orthogonalprojektionen sind selbstadjungierte und idempotente Endomorphismen unitarer (bzw euklidischer) Raume und umgekehrt, sie sind jedoch im allgemeinen nicht invertierbar (vgl auch Aufgabe 21) Dagegen sind Endomorphismen $\varphi \neq 0$ bzw Matrizen $A \neq 0$ mit

$$\varphi^s = 0 \text{ (Nullabbildung)}, \quad 4^s = 0 \quad (s \in \mathbb{N}), \tag{9 11e}$$

d h nilpotente Endomorphismen bzw Matrizen sicher nicht normal im Sinne von Definition 9B (vgl LA 1, §7, Bem 15 und Aufgabe 3)

Aufgaben zu §9

1. Es seien $V = W = V' = W = \mathbb{C}^3$ jeweils der arithmetische $\mathbb{C}$-Vektorraum mit der Standardbasis $e^T = (e^1, e^2, e^3)$ und die lineare Abbildung $\varphi \ W \to W'$ durch

$$A_e^\varphi = \begin{pmatrix} 2 & -\iota & 0 \\ 1+\iota & 1 & 0 \\ 0 & 0 & 5\iota \end{pmatrix}$$

gegeben Bestimme die zu φ bzgl (S, S') adjungierte Abbildung φ^* und untersuche φ, φ^* auf Injektivität, Surjektivität und Eindeutigkeit in den folgenden Fallen

a) σ = komplexe Konjugation von $\mathbb{C}$, $S(\tilde{y}, \tilde{x}) = \sum\limits_{\nu=1}^{3} y_\nu \overline{x_\nu} = S'(\tilde{y}, \tilde{x})$ (Standardskalarprodukt)

b) $\sigma = id_\mathbb{C}$ und $S(\tilde{y}, \tilde{x}) = S'(\tilde{y}, \tilde{x}) = \sum\limits_{\nu-1}^{3} y_\nu x_\nu$

c) σ = komplexe Konjugation, $S(\tilde{y}, \tilde{x}) = \tilde{y}^T \ G_1 \ \bar{\tilde{x}}$ und $S'(\tilde{y}, \tilde{x}) = \tilde{y}^T \ G_2 \ \bar{\tilde{x}}$, wobei G_1, G_2 gemäß §8, Aufgabe 9a) gewählt seien

2. a) Begrunde (9 3e) aus Satz 9 2
   b) Formuliere und begrunde Satz 9 2 im euklidischen Fall
   c) Bestatige die Rechenregeln (9 3g)

3. Es seien V und V jeweils unitare $\mathbb{C}$-Vektorraume Bestimme in den nachfolgenden Fallen $\varphi \ V \to V$ die adjungierte Abbildung φ^* sowie Kern φ, Kern φ^*, Rg φ und Rg φ^*

a) $V = \mathbb{C}^4$, $V = \mathbb{C}^3$, $\langle . \rangle$ = Standardskalarprodukt und

$$A_{e\,e}^\varphi = \begin{pmatrix} \iota & 0 & 0 & 1+\iota \\ 1+5\iota & -\iota & 0 & 0 \\ -\iota & 0 & 1 & -1+\iota \end{pmatrix}$$

b) $V = \{ h(X) = \sum\limits_{\nu=0}^{7} a_\nu X^\nu \in \mathbb{C}[X] \mid \mathrm{Grad}(h) \le 7 \}$,

$V' = \{ g(X) = \sum\limits_{\nu=0}^{6} b_\nu X^\nu \in \mathbb{C}[X] \mid \mathrm{Grad}(g) \le 6 \}$,

$\langle g(X), f(X) \rangle = \sum\limits_\nu a_\nu \overline{b_\nu}$ fur $g, f \in V$ bzw V',

$\varphi \ V \to V'$ mit $\varphi(g(X)) = g'(X)$ (Ableitung)

4. a) Beweise die verbleibenden Aussagen aus (9 3j, k, l) in Lemma 9 3

b) Beweise die Aussagen von Lemma 9 3 im Fall $\dim(V) < \infty$ und $\dim(V') < \infty$ durch direkte Rechnung

5. a) Fuhre den Beweis zu den Aussagen von Bemerkung 4 aus
   b) Ls sei $B = b\ E \in \mathbf{R}^{n\ n}$ eine Skalarmatrix und $C \in \mathbf{R}^{n\ n}$ eine symmetrische Matrix Zeige, daß dann $A = B + i\ C \in \mathbf{C}^{n\ n}$ eine normale Matrix ist, die im allgemeinen nicht hermitesch ist
   c) Es sei $J_n(\lambda) \in \mathbf{C}^{n\ n}$ eine Jordanmatrix im Sinne von LA 1, §7, Definition /D Wann ist $J_n(\lambda)$ eine normale Matrix?

6. Untersuche bei den nachfolgend genannten Matrizen $A_i \in \mathbf{C}^{3\ 3}$, ob sie normal bzw hermitesch bzw schiefhermitesch sind, bestimme ihre Eigenwerte und Eigenvektorraume und diagonalisiere sie gegebenenfalls

$$A_1 = \begin{pmatrix} 3 & 0 & i\sqrt{2} \\ 0 & 3+i & 0 \\ i\sqrt{2} & 0 & 3 \end{pmatrix}, \quad A_2 = \begin{pmatrix} 0 & 2 & 2 \\ 2 & 0 & 2 \\ 2 & 2 & 0 \end{pmatrix}, \quad A_3 = \begin{pmatrix} 2i & i & 0 \\ i & 2i & 1 \\ 0 & -1 & 2i \end{pmatrix}$$

7. a) Fuhre die Beweise zu den Aussagen der Bemerkung 6 aus
   b) Fs sei $\varphi \in \mathrm{End}_{\mathbf{C}}(V)$, $\dim_{\mathbf{C}}(V) = n < \infty$ und es gebe eine Orthonormalbasis e von V aus Eigenvektoren e^v von φ Zeige direkt (ohne Ruckgriff auf Satz 9 5), daß dann φ^* existiert und daß φ ein normaler Endomorphismus ist

8. a) Rechne die $\mathbf{C}$-Vektorraumeigenschaften von $\hat{V}$ nach, bestatige (9 6c') und verifiziere (9 6d)
   b) Bestatige, daß $H(\cdot, z)$ gemaß (9 6e) die Rechenregeln einer hermiteschen Form erfullt
   c) Bestatige, daß durch (9 6h) eine $\mathbf{C}$-lineare Abbildung von $\hat{V}$ in $\hat{V}'$ gegeben wird, die φ fortsetzt
   d) Folgere aus $\varphi\ \omega^* = \varphi^*\ \varphi$ (9 6j)
   e) Bestatige (9 6h') im anti-selbstadjungierten Fall

9. a) Fuhre den Isomorphienachweis fur $\hat{V} = \mathbf{R}^n \times \mathbf{R}^n \cong \mathbf{C}^n$ in $\boxed{5}$ aus und begrunde die restlichen Aussagen dieses Beispiels
   b) Interpretiere in der Situation von $\boxed{5}$ fur $n = 3$

$$\hat{V} = \mathbf{R}^3 \times \mathbf{R}^3 = \{\tilde{\zeta} \in \mathbf{R}^6 |\ \tilde{\zeta}^T = (\xi_1, \xi_2, \xi_3, \eta_1, \eta_2, \eta_3) = (\tilde{\xi}^T, \tilde{\eta}^T)\}$$

Wie sieht dann die Matrix $B \in \mathbf{R}^{6\ 6}$ aus, die die komplexe Fortsetzung $\hat{\varphi}$ von $\varphi = \varphi_A$ bei dieser Interpretation beschreibt, wobei

$$\hat{\varphi}(\tilde{\zeta}) = B\ \tilde{\zeta}, \quad \text{falls } \varphi(\tilde{\xi}) = A\ \tilde{\xi}?$$

   c) Sei $V = \mathbf{R}^4$ und $B(\tilde{\eta}, \tilde{\xi}) = 3\eta_1\xi_1 + \frac{1}{2}\eta_1\xi_2 + \frac{1}{2}\eta_2\xi_1 + \eta_2\xi_2 + 4\eta_3\xi_3 + 2\eta_3\xi_4 + 2\eta_4\xi_3 + 3\eta_4\xi_4$

   (i) Zeige, daß B eine positiv-definite symmetrische Bilinearform auf V ist und bestimme G_e^B
   (ii) In $\hat{V} = \mathbf{C}^4$ sei die Basis $\mathfrak{f}^T = ((1, i, 0, 0), (i, 1, 0, 0), (0, 0, 1+i, 0), (0, 0, 0, 1))$ gegeben und H die komplexe Fortsetzung von B Wie sieht $G_{\mathfrak{f}}^H$ aus?

(iii) Sei weiter $\psi = \tilde{\psi}_A$ durch $A - \begin{pmatrix} 5 & 1 & 3 & 0 \\ -1 & 0 & 2 & 1 \\ 0 & 1 & 8 & 0 \\ 0 & -1 & 8 & 1 \end{pmatrix} \subset \mathbf{R}^{4\,4}$

gegeben Bestimme fur $\hat{\varphi}$ und $\hat{v} = (0, 2, 1, -1) + \imath(3, 1, 0, 2)$ den Wert $\hat{\varphi}(\hat{v})$

10. a) Ist $\mathfrak{a}^T = (a^1, \ ,a^n)$ eine Basis des **C**-Vektorraumes V und $U = \left\{ \sum_{v=1}^{n} x_v a^v \,|\, x_v \in \mathbf{R} \right\}$, so hat U die Struktur eines **R**-Vektorraumes

Beschreibe, wie V als Komplexifizierung von U interpretiert werden kann

b) Es sei zusatzlich V bzgl der hermiteschen Form H ein unitarer Vektorraum Kann man dann eine Teilmenge U_1 von V finden, so daß (U_1, B_1) mit $B_1 = H|_{U_1}$ ein euklidischer **R**-Vektorraum ist und $(V. H)$ als unitare Erweiterung von (U_1, B_1) aufgefaßt werden kann?

c) *Es sei ψ ein selbstadjungierter Endomorphismus von (V, H)* Gibt es dann einen euklidischen Teilraum (U_2, B_2) und einen selbstadjungierten Endomorphismus φ von U_2, so daß (V, H) unitare Erweiterung von (U_2, B_2) und $\psi = \hat{\varphi}$ ist? Was bedeutet dies fur die zugehorigen Matrizen?

11. a) Sei in $V = \mathbf{R}^n$ mit Standardskalarprodukt $\tilde{\varphi}_A$ $\mathbf{R}^n \to \mathbf{R}^n$ durch die symmetrische Matrix

$$A = \begin{pmatrix} 7 & -2 & 1 \\ -2 & 10 & -2 \\ 1 & -2 & 7 \end{pmatrix} \in \mathbf{R}^{3\,3} \quad \text{bzw} \quad A = \begin{pmatrix} 2 & 2 & -1 & -3 \\ 2 & 1 & 0 & 2 \\ -1 & 0 & 4 & 1 \\ -3 & 2 & 1 & 2 \end{pmatrix} \in \mathbf{R}^{4\,4}$$

gegeben Bestimme die zugehorige Diagonalform und Orthonormalbasis e

b) In $\mathbf{R}^3$ mit Standardskalarprodukt ist $a^{1\,T} = (1, 2, 0)$, $a^{2\,T} = (0, 1, 1)$, $a^{3\,T} = (1, 0, 2)$ eine Basis φ $\mathbf{R}^3 \to \mathbf{R}^3$ sei durch die Angaben

$$\varphi(a^1) = -2a^2 + a^3, \varphi(a^2) = -\tfrac{3}{4}a^1 + \tfrac{1}{2}a^2 + \tfrac{3}{4}a^3, \varphi(a^3) = -\tfrac{1}{2}a^1 + a^2 + \tfrac{3}{2}a^3$$

gegeben Zeige, daß φ selbstadjungiert ist, und gebe die zugehorige Diagonalmatrix gemaß Satz 9 10 an

12. Bestatige bei den nachfolgend genannten Matrizen

$$A = \tfrac{1}{3}\begin{pmatrix} 6 & 1 & -1 & 1 \\ -1 & 6 & -2 & 1 \\ 1 & 2 & 6 & 1 \\ -1 & -1 & -1 & 6 \end{pmatrix} \in \mathbf{R}^{4\,4} \quad \text{und} \quad B = \begin{pmatrix} 1 & -\sqrt{3} & 0 \\ \sqrt{3} & 1 & -2 \\ 0 & 2 & 1 \end{pmatrix} \in \mathbf{R}^{3\,3}$$

daß sie normal sind, gebe ihre Normalform gemaß Satz 9 11 an, und bestimme die zugehorige Orthonormalbasis

13. a) Fuhre den letzten Beweisschritt von Satz 9 12 ausfuhrlich durch

b) Zeige, daß $A = \begin{pmatrix} \imath & -1+\imath & -2-3\imath \\ 1+\imath & 3\imath & 0 \\ 2-3\imath & 0 & 3\imath \end{pmatrix} \in \mathbf{C}^{3\,3}$ schiefhermitesch

ist, und diagonalisiere A gemaß Satz 9 12

c) Zeige, daß $B = \begin{pmatrix} 0 & -2 & -1 \\ 2 & 0 & 2 \\ 1 & -2 & 0 \end{pmatrix} \in \mathbf{R}^{3\,3}$ schiefsymmetrisch ist, und

bringe B auf die Normalform (9 8c)

14. a) Beweise Bemerkung 12
b) Fuhre den Beweis von Satz 9 13a aus
c) Zerlege die Matrizen

$$A_1 = \begin{pmatrix} 4 & 0 & -1 \\ -2 & 7 & 2 \\ 1 & 2 & 8 \end{pmatrix} \in \mathbf{R}^{3\,3} \text{ und } A_2 = \begin{pmatrix} 1 & 0 & \imath \\ 0 & \imath & 0 \\ 1 & 0 & 2+\imath \end{pmatrix} \in \mathbf{C}^{3\,3}$$

gemaß Satz 9 13a und untersuche, ob sie normal sind

15. a) Formuliere das in Bemerkung 13 erwahnte Kriterium ausfuhrlich, und begrunde es
b) Zeige Sind $a_0, a_1, \quad , a_r$ die Koeffizienten von $f(X) \in \mathbf{R}[X]$, so ist die Zahl s der negativen Nullstellen von f gleich der Zahl der Wechsel zwischen $A(f)$ und $B(f)$ in der Reihe der Zahlen $a_0, \; -a_1, \; a_2, \quad ,$ $(-1)^r a_r$
c) Drucke p und s durch die Funktion $\operatorname{sgn}(\operatorname{sgn}(a_\rho) + \tfrac{1}{2})$ aus
d) Bestimme mit Hilfe von Bemerkung 13 die Tragheitsform der folgenden quadratischen Formen, und untersuche, ob sie positiv-definit sind

$$Q_1(\tilde{x}) = 2x_1^2 - x_2^2 + 2x_1x_3 + 4x_1x_2,$$
$$Q_2(\tilde{x}) = x_1^2 + x_2^2 + x_3^2 + 8x_1x_3 + 2x_1x_4,$$
$$Q_3(\tilde{x}) = 4x_1^2 + 2x_1x_3 + 8x_1x_2$$

16. a) Begrunde Bemerkung 14
b) Fuhre den Beweis von Bemerkung 15 aus
c) Beweise Satz 9 14
d) Begrunde Bemerkung 16

17. a) Es sei $B(y,x) = 5y_1x_2 + y_1x_3 - 5y_2x_1 + 3y_2x_3 - y_3x_1 - 3y_3x_2$ eine Bilinearform auf $V = \mathbf{Q}^3$ Zeige, daß B alternierend ist, und bestimme die zugehorige Fundamentalmatrix bzgl der Basis $a^T = (a^1, a^2, a^3)$ mit $a^{1^T} = (0,1,2)$, $a^{2^T} = (2,1,0)$, $a^{3^T} = (0,1,1)$
b) Interpretiere B als Bilinearform uber $K = \mathbf{Z}/3\mathbf{Z}$ und diskutiere die gleichen Fragen

18. a) Über $V = \mathbf{R}^3$ sei $B(y,x) = -2y_1x_2 - 3y_1x_3 + 2y_2x_1 - 4y_2x_3 + 3y_3x_1 +$

$4y_3x_2$ gegeben Zeige, daß B alternierend ist, und finde eine Basis von V fur die Zerlegung gemaß Satz 9 14

b) Auf $V_1 = \mathbf{R}^5$ sei eine Bilinearform durch die Matrix

$$A_1 = \begin{pmatrix} 0 & -1 & 1 & 0 & 4 \\ 1 & 0 & -2 & -3 & -3 \\ -1 & 2 & 0 & -2 & 1 \\ 0 & 3 & 2 & 0 & 2 \\ 4 & 3 & -1 & -2 & 0 \end{pmatrix} \in \mathbf{R}^{5\,5}$$

gegeben Bestimme eine Basis fur die Zerlegung gemaß Satz 9 14, fur den nicht ausgearteten Teil bestimme eine Basis fur die Zerlegung gemaß (9 10d)

19. a) Berechne Pf_n fur $n = 2, 3, 4$

b) Bestatige (9 10g)

20. a) Beweise Lemma 9 15

b) Zeige, daß $A = \begin{pmatrix} -1 & 2 & 1 \\ -1 & 2 & \frac{1}{2} \\ 0 & 0 & 1 \end{pmatrix} \in \mathbf{R}^{3\,3}$ idempotent ist, und bestimme die

zugehorige Zerlegung von $V - \mathbf{R}^3$ gemaß Lemma 9 15

21. a) Begrunde Bemerkung 17

b) Sei $\tilde{\varphi}_A \ \mathbf{C}^2 \to \mathbf{C}^2$ durch $A - \begin{pmatrix} \dfrac{1}{3} & \dfrac{1-\iota}{3} \\ \dfrac{1+\iota}{3} & \dfrac{2}{3} \end{pmatrix} \in \mathbf{C}^{2\,2}$ gegeben Zeige, daß

$\tilde{\varphi}_A$ eine nicht invertierbare Orthogonalprojektion ist Bestimme U und U

c) Lose die gleiche Aufgabe fur

$$\tilde{\varphi}_A \ \mathbf{C}^3 \to \mathbf{C}^3 \ \text{mit} \ A = \begin{pmatrix} \dfrac{3}{4} & -\dfrac{1}{4}\iota & \dfrac{1}{4} - \dfrac{1}{4}\iota \\ \dfrac{1}{4}\iota & \dfrac{3}{4} & -\dfrac{1}{4} - \dfrac{1}{4}\iota \\ \dfrac{1}{4} + \dfrac{1}{4}\iota & -\dfrac{1}{4} + \dfrac{1}{4}\iota & \dfrac{1}{2} \end{pmatrix}$$

§10 Unitäre und orthogonale Abbildungen

Wir beschranken uns hier auf die Diskussion der folgenden beiden Falle Es seien

$$(V, \langle\,,\,\rangle) \text{ und } (V', \langle\,,\,\rangle) \text{ unitare C-Vektorraume} \tag{10 1}$$

oder

$$(V; \langle \, , \rangle) \text{ und } (V'; \langle \, , \rangle) \text{ euklidische } \mathbf{R}\text{-Vektorräume;} \qquad (10.1\mathrm{a})$$

dabei wird wie früher jeweils das Zeichen $\langle \, , \rangle$ für das zugehörige Skalarprodukt von V bzw. V' verwendet.

Wir wollen jetzt lineare Abbildungen

$$\varphi\colon V \to V', \quad \text{d.h. } \varphi \in \mathrm{Hom}\,(V, V') \qquad (10.1\mathrm{b})$$

betrachten, die mit der vorgegebenen unitären bzw. euklidischen Struktur verträglich sind. Nach §8 und §9 wird es für viele Fragen genügen, den unitären Fall zu diskutieren.

Definition 10A. Eine lineare Abbildung $\varphi\colon V \to V'$ der unitären C-Vektorräume V, V' mit der Eigenschaft

$$\langle \varphi(y), \varphi(x) \rangle = \langle y, x \rangle \quad \text{für alle } y, x \in V \qquad (10.1\mathrm{c})$$

heißt eine *unitäre Abbildung*; sind V, V' euklidische $\mathbf{R}$-Vektorräume, so heißt eine Abbildung (10.1b) mit (10.1c) eine *orthogonale Abbildung*.

Im unitären Fall benutzen wir die in (8.10j) genannten Formeln

$$\begin{aligned}
2 \cdot \mathrm{Re}(\langle x, y \rangle) &= \|x + y\|^2 - \|x\|^2 - \|y\|^2, \\
2 \cdot \mathrm{Im}(\langle x, y \rangle) &= \|x + iy\|^2 - \|x\|^2 - \|y\|^2;
\end{aligned} \qquad (10.1\mathrm{d})$$

im euklidischen Fall stimmt die erste dieser Formeln mit der Polarisierungsformel (8.6f) überein.

Wir vermerken zunächst

Lemma 10.1. *Für eine lineare Abbildung $\varphi \in \mathrm{Hom}\,(V, V')$ zwischen unitären (bzw. euklidischen) Vektorräumen sind die folgenden Aussagen gleichwertig:*

  (i) *$\varphi\colon V \to V'$ ist unitäre (bzw. orthogonale) Abbildung.*

  (ii) *Ist $x \in V$ mit $\|x\| = 1$, so folgt $\|\varphi(x)\| = 1$.*

  (iii) *$\|x\| = \|\varphi(x)\|$ für alle $x \in V$.*

  (iv) *Für jedes Orthonormalsystem $e^1, \ldots, e^m, \ldots$ von V ist $\varphi(e^1), \ldots, \varphi(e^m), \ldots$ ein Orthonormalsystem von V'.*

Beweis. Wir zeigen hierzu (i) $\Rightarrow$ (ii) $\Rightarrow$ (iii) $\Rightarrow$ (iv) $\Rightarrow$ (i).

1. (i)$\Rightarrow$(ii): Aus $\|x\| = 1$ folgt $\langle \varphi(x), \varphi(x) \rangle = \langle x, x \rangle = 1$ wegen (10.1c), d.h. $\|\varphi(x)\| = 1$.

2. (ii)$\Rightarrow$(iii): Sei o.B.d.A. $x \neq 0_V$, so bilde den Einheitsvektor $e := \left(\dfrac{1}{\|x\|} \right) \cdot x$ mit $x = \|x\| \cdot e$ und $\|e\| = 1$. Wegen (ii) ist dann $\|\varphi(x)\| = \|x\| \cdot \|\varphi(e)\| = \|x\|$, d.h. es gilt auch (iii).

3. (iii)$\Rightarrow$(iv): Es ist zu zeigen, daß bei Abbildungen mit (iii) auch die Orthogonalität von Vektoren erhalten bleibt. Es sei also für $v \neq \mu$, d.h. $e^v \neq e^\mu$, $\langle e^v, e^\mu \rangle = 0$; dann folgt nach (10.1d) zunächst

$$2 \cdot \mathrm{Re}(\langle \varphi(e^v), \varphi(e^\mu) \rangle) = \|\varphi(e^v + e^\mu)\|^2 - \|\varphi(e^v)\|^2 - \|\varphi(e^\mu)\|^2$$
$$= \|e^v + e^\mu\|^2 - \|e^v\|^2 - \|e^\mu\|^2 = 2 \cdot \mathrm{Re}(\langle e^v, e^\mu \rangle) = 0.$$

Analog sieht man

$$2 \cdot \mathrm{Im}(\langle \varphi(e^v), \varphi(e^\mu) \rangle) = 2 \cdot \mathrm{Im}(\langle e^v, e^\mu \rangle) = 0.$$

Zusammen ergibt dies $\langle \varphi(e^v), \varphi(e^\mu) \rangle = 0$. Da auch $\|e^v\| = 1 = \|\varphi(e^v)\|$ ist, wird ein Orthonormalsystem von V durch φ stets auf ein Orthonormalsystem von V' abgebildet, d.h. es folgt (iv).

4. (iv)$\Rightarrow$(i): Unter der Annahme von (iv) müssen wir zeigen, daß (10.1c) für beliebiges $x, y \in V$ erfüllt ist. Falls x oder y der Nullvektor ist, wird die Aussage trivial, und somit genügt die Untersuchung folgender Fälle:

a) Sei $y \neq 0_V$, $e' := \left(\dfrac{1}{\|y\|} \right) \cdot y$ und $x = \eta \cdot e'$ mit $\eta \in \mathbf{C}$ (bzw. $\mathbf{R}$). Dann ist

$$\langle y, x \rangle = \|y\| \cdot \bar{\eta} \cdot \langle e', e' \rangle = \|y\| \cdot \bar{\eta}, \text{ also auch}$$
$$\langle \varphi(y), \varphi(x) \rangle = \|y\| \cdot \bar{\eta} \cdot \langle \varphi(e'), \varphi(e') \rangle = \|y\| \cdot \bar{\eta}, \text{ da } \|\varphi(e')\| = 1.$$

Hieraus folgt $\langle \varphi(y), \varphi(x) \rangle = \langle y, x \rangle$ in diesem Fall.

b) Sind jedoch x und y linear unabhängig, so ist $U := [x, y]$ ein zweidimensionaler Unterraum, der eine Orthonormalbasis e^1, e^2 besitzt. Für $x = x_1 \cdot e^1 + x_2 \cdot e^2$, $y = y_1 \cdot e^1 + y_2 \cdot e^2$ ist wegen der Orthonormalität

$$\langle y, x \rangle = y_1 \cdot \bar{x}_1 + y_2 \cdot \bar{x}_2.$$

Da auch $\varphi(e^1), \varphi(e^2)$ orthonormal in $\varphi(U)$ sind, folgt

$$\langle \varphi(y), \varphi(x) \rangle = y_1\,\bar{x}_1 + y_2\,x_2 = \langle v, x \rangle$$

und damit die Behauptung ∎

Bemerkung 1 Fur eine unitare (bzw orthogonale) Abbildung φ $V \to V$ gilt offensichtlich

$$v \perp x \Leftrightarrow \varphi(y) \perp \varphi(x), \tag{10 1e}$$

d h die Orthogonalitat von Vektoren bleibt bei Anwendung von φ erhalten Diese Eigenschaft ist jedoch schwacher als die Forderung (iii) in Lemma 10 1, die gelegentlich auch die Isometrie von φ genannt wird (Dieser Isometrie-Begriff ist jedoch von dem in §8 verschieden)

Ist φ zusatzlich eine bijektive Abbildung, so werden wegen (iv) Orthonormalbasen von V auf Orthonormalbasen von V abgebildet (zum obigen Beweis von (iv) $\Rightarrow$ (i) vgl auch ahnliche Rechnungen in EA, §7, $\boxed{6a}$)

Man verfiziert leicht (vgl auch §9, Lemma 9 8a, Aufgabe 3a)

Lemma 10.1a. *Die komplexe Fortsetzung $\hat{\varphi}$ einer orthogonalen Abbildung φ auf die Komplexifizierungen $\hat{V}$ und $\hat{V}$ ist offensichtlich unitar*

$\boxed{1}$ Ist V ein unitarer **C**-Vektorraum, so ist ein Endomorphismus

$$\varphi = \rho\ id_V \quad V \to V \text{ mit } x \mapsto \varphi(x) = \rho\ x \quad (\rho \neq 0, \in \mathbf{C})$$

genau dann unitar, wenn $|\rho| = 1$ ist (die entsprechende Aussage gilt auch fur euklidische **R**-Vektorraume) Ist jedoch $|\rho| \neq 1$, so bleibt bei Anwendung von φ zumindest die Orthogonalitat erhalten

$\boxed{1a}$ Sind V und V' unitare **C**-Vektorraume mit Orthonormalbasen $\mathfrak{e}^T = \{\ ,e^i,\ \}$ und $\mathfrak{f}^T = \{\ ,f^i,\ \}$ von gleicher Lange, so erhalt man durch

$$\varphi(e^i) = f^i \quad (\text{fur alle } i)$$

und lineare Fortsetzung sofort eine surjektive unitare Abbildung (dies gilt auch im Falle abzahlbar unendlicher Dimension)

$\boxed{1b}$ Sei V der **C**-Vektorraum der Folgen

$$V = \{(\xi_v)_{v \in \mathbb{N}} = x \mid \sum_{v-1}^{x} |\xi_i|^2 < \infty, \quad \xi_i \in \mathbf{C}\}$$

bei gliedweiser Addition und Multiplikation mit Skalaren. Durch das Skalarprodukt

$$\langle x, y \rangle = \sum_{\nu=1}^{\infty} \xi_\nu \, \bar{\eta}_\nu \text{ und } \| x \| = \sqrt{\sum_{\nu=1}^{\infty} |\xi_\nu|^2}$$

wird V ein unitarer Raum Die Zuordnung

$$\varphi \quad V \to V \quad \text{mit } x \mapsto \varphi(x) = x'$$

mit $x' = (\xi'_\nu)_{\nu\in\mathbb{N}}$, wobei $\xi'_1 = 0, \xi'_\nu = \xi_{\nu-1}$ fur $\nu > 1$ und $x = (\xi_\nu)_{\nu\in\mathbb{N}}$

liefert dann offensichtlich eine unitare Abbildung von V in sich (vgl Aufgabe 1c))

Wir vermerken nun einige weitere allgemeine Eigenschaften solcher Abbildungen

Satz 10.2. *Eine unitäre (bzw. orthogonale) Abbildung $\varphi\colon V \to V'$ ist stets injektiv. Ist φ eine surjektive unitäre (bzw. orthogonale) Abbildung, d.h. ein Vektorraumisomorphismus, so ist auch die Umkehrabbildung φ^{-1} unitar (bzw orthogonal), und es existiert die adjungierte Abbildung φ^* zu φ mit der Eigenschaft*

$$\varphi^{-1} = \varphi^* \quad V \to V, \tag{10 1f}$$

ist umgekehrt $\varphi \quad V \to V'$ ein Vektorraumisomorphismus fur den φ^* existiert und $\varphi^{-1} = \varphi^*$ gilt, so ist φ unitar (bzw orthogonal)

Beweis 1 Fur $x \in V$ mit $\varphi(x) = \mathbf{0}_{V'}$ folgt $\| x \| = \| \varphi(x) \| = 0$, d h $x = \mathbf{0}_V$ Somit ist Kern$(\varphi) = \{\mathbf{0}_V\}$, d h φ ist eine injektive Abbildung 2 Ist $\varphi \quad V \to V'$ zugleich eine surjektive, d h bijektive Abbildung, so existiert die inverse Abbildung φ^{-1} Zu $x', y' \in V'$ existieren dann eindeutig bestimmte $x, y \in V$ mit

$$\varphi(x) = x', \quad \varphi(y) = y' \tag{10 1g}$$

Dann ist

$$\langle \varphi^{-1}(y'), \varphi^{-1}(x') \rangle = \langle (\varphi^{-1} \varphi)(y), (\varphi^{-1} \varphi)(x) \rangle = \langle y, x \rangle$$
$$= \langle \varphi(y), \varphi(x) \rangle = \langle y', x' \rangle,$$

da x, y' beliebig waren, ist somit die Umkehrabbildung φ^{-1} unitar (bzw orthogonal) Weiter ist

$$\langle \varphi(y), x' \rangle = \langle \varphi(y), \varphi(x) \rangle = \langle y, x \rangle = \langle y, \varphi^{-1}(x') \rangle,$$

d h $\varphi^{-1} = \varphi^*$ ist die zu φ adjungierte Abbildung

3 Ist umgekehrt φ $V \to V'$ ein Vektorraumisomorphismus, zu dem eine adjungierte Abbildung φ^* mit $\varphi^* = \varphi^{-1}$ existiert, dann folgt

$$\langle \varphi(y), \varphi(x) \rangle = \langle y, (\varphi^* \circ \varphi)(x) \rangle = \langle y, x \rangle,$$

d h φ ist eine unitare (bzw orthogonale) Abbildung ∎

Korollar 10.2a. *Falls speziell V und V' endlich-dimensionale Vektor-raume sind mit*

$$\dim (V) = \dim (V) < \infty \tag{10 1h}$$

(Dimension uber $\mathbf{C}$ bzw $\mathbf{R}$), so ist jede unitare (bzw orthogonale) Abbildung φ $V \to V'$ sogar ein Vektorraumisomorphismus

Beweis Da φ injektiv ist, d h dim (Kern (φ)) = 0, muß gelten $\dim (\varphi(V)) = \dim (V) = \dim (V) < \infty$, d h $\varphi(V) = V'$, woraus die Behauptung folgt ∎

Die voranstehenden Aussagen treffen naturlich auch dann zu, wenn $V = V$, d h wenn φ ein Endomorphismus des unitaren (bzw euklidischen) Raumes ist Hier gilt weiter der

Satz 10.3. *Jeder surjektive und unitare (bzw orthogonale) Endomorphismus φ eines unitaren (bzw euklidischen) Vektorraumes V ist normal, und alle Eigenwerte λ von φ haben den Betrag $|\lambda| = 1$ Ist speziell V endlich-dimensional mit dim $V = n < \infty$ und $\mathbf{a}^T = (a^1, \ , a^n)$ eine beliebige Basis von V, so ist jedes unitare (bzw orthogonale) φ ein Vektorraumautomorphismus, d h bijektiv, und fur die zugeordnete Matrix $A = A_{\mathbf{a}}^{\varphi}$ gilt*

$$|\det (A)| = 1 \tag{10 1i}$$

Beweis 1 Ist φ surjektiv und unitar, also auch bijektiv, so existiert nach Satz 10 2 φ^*, und es ist $\varphi^* = \varphi^{-1}$ Da nun $\varphi^{-1} \circ \varphi = \varphi \circ \varphi^{-1} = \mathrm{id}_V$, ist φ ein normaler Endomorphismus

Ist λ ein Eigenwert von φ mit dem Eigenvektor $x \neq \mathbf{0}_V$, so folgt $\|x\| = \|\varphi(x)\| = |\lambda| \|x\|$, d h $|\lambda| = 1$

90

2. Nach Korollar 10.2a ist im Fall dim $V = n < \infty$ φ bijektiv, d.h. φ ist ein Vektorraumautomorphismus, und somit ist det $(A_a^\varphi) \neq 0$. Bezeichnet

$$G = (\langle a^\mu, a^\nu \rangle) \in \mathbf{C}^{n,n} \quad (\text{bzw. } \mathbf{R}^{n,n})$$

die zugehörige Fundamentalmatrix von $\langle , \rangle$, so ist nach (9.2g)

$$G^{-1} \cdot A^T \cdot G = \bar{C} \text{ für } C = A_a^{\varphi*} = A^{-1}, \tag{10.1j}$$

da $\varphi^* = \varphi^{-1}$ ist. Nach dem Determinantenmultiplikationssatz (vgl. LA 1, §1, (1.6h), EA, §8, Satz 8.7) ist also

$$\det (A^T) = \det (A) = \overline{\det (A^{-1})} \text{ und } \det (A) \cdot \det (A^{-1}) = 1,$$

woraus (10.1i) folgt ((10.1i) ließe sich auch aus dem nachfolgenden Satz 10.4 folgern, vgl. Aufgabe 3b). ■

$\boxed{1c}$ Ist ein unitärer (bzw. orthogonaler) surjektiver Endomorphismus φ von V (unitär bzw. euklidisch) zusätzlich noch selbstadjungiert, d.h.

$$\varphi = \varphi^* = \varphi^{-1},$$

so folgt

$$\varphi \circ \varphi = \varphi^2 = id_V, \tag{10.1k}$$

und man nennt derartige Abbildungen auch *Spiegelungen in V* (vgl. dazu $\boxed{5}$, Definition 10F und die Ergänzungen zu §10).

Wir erinnern noch an die folgende (vgl. auch EA, §7)

Definition 10B. Eine Matrix $A \in \mathbf{R}^{n,n}$ ($n \in \mathbf{N}$) heißt eine *orthogonale Matrix*, falls

$$A^{-1} = A^T, \text{ d.h. } A \cdot A^T = E_{n,n} = E; \tag{10.2}$$

eine Matrix $A \in \mathbf{C}^{n,n}$ heißt eine *unitäre Matrix*, falls

$$A^{-1} = \bar{A}^T, \quad \text{d.h. } A \cdot \bar{A}^T = E. \tag{10.2a}$$

Bemerkung 2. Für eine unitäre (bzw. orthogonale) Matrix $A = (\alpha_{\mu\nu}) \in \mathbf{C}^{n,n}$ (bzw. $\mathbf{R}^{n,n}$) gelten natürlich die Regeln:

(i) Die Zeilen von A bilden ein Orthonormalsystem bzgl. des Standardskalarproduktes von $\mathbf{C}^n$ (bzw. $\mathbf{R}^n$), d.h.

$$\sum_{\rho=1}^{n} \alpha_{\mu\rho} \cdot \bar{\alpha}_{\nu\rho} = \delta_{\mu\nu} \quad (\mu, \nu = 1, \ldots, n). \tag{10.2b}$$

(ii) Die Spalten von A bilden ein Orthonormalsystem, d.h.

$$\sum_{\rho=1}^{n} \alpha_{\rho\mu} \cdot \bar{\alpha}_{\rho\nu} = \delta_{\mu\nu} \quad (\mu, \nu = 1, \ldots, n); \tag{10.2c}$$

umgekehrt folgt aus der Gültigkeit von (i) bzw. (ii), daß A unitär (bzw. orthogonal) ist.

Wir behaupten nun im Spezialfall

Satz 10.4. *Es bezeichne speziell* e *eine Orthonormalbasis eines n-dimensionalen unitären (bzw. euklidischen) Raumes V. Dann ist ein Endomorphismus $\varphi \in \mathrm{End}\,(V)$ genau dann unitär (bzw. orthogonal), wenn*

$$A = A_{\mathfrak{e}}^{\varphi} \tag{10.2d}$$

eine unitäre (bzw. orthogonale) Matrix ist. Ist $\mathfrak{f}$ *eine zweite Basisspalte von V und*

$$\mathfrak{f} = U^T \cdot \mathfrak{e} \ \textit{mit} \ U = S_{\mathfrak{e}}^{\mathfrak{f}} \in \mathbf{C}^{n,n} \ (\textit{bzw.} \ \mathbf{R}^{n,n})$$
$$(S_{\mathfrak{e}}^{\mathfrak{f}} \ \textit{gem. LA 1, (3.8g') definiert}), \tag{10.2e}$$

so gilt

$$\mathfrak{f} \ \textit{ist Orthonormalbasis von } V$$
$$\Leftrightarrow U \ \textit{ist unitär (bzw. orthogonal).} \tag{10.2f}$$

Beweis. 1. Es sei $\mathfrak{e}^T = (e^1, e^2, \ldots, e^n)$ eine Orthonormalbasis von V und $A = A_{\mathfrak{e}}^{\varphi}$ die einem unitären (bzw. orthogonalen) $\varphi \in \mathrm{End}\,(V)$ zugeordnete Matrix; dann ist nach Satz 9.2 φ^* bzgl. $\mathfrak{e}$ die Matrix

$$C = A_{\mathfrak{e}}^{\varphi *} = \bar{A}^T = A^* \tag{10.2g}$$

zugeordnet. Wegen $\varphi^* = \varphi^{-1}$ muß $A^* = A^{-1}$ sein, d.h. A ist unitäre (bzw. orthogonale) Matrix. Falls $A = A_{\mathfrak{e}}^{\varphi}$ eine unitäre (bzw. orthogonale) Matrix ist, d.h. $A^{-1} = A^*$, folgt für φ: $\varphi^{-1} = \varphi^*$, d.h. wegen Satz 10.2 ist φ unitär (bzw. orthogonal).

2. Wir betrachten den Endomorphismus φ von V mit

$$\varphi(\mathfrak{e}) = \mathfrak{f} = U^T \cdot \mathfrak{e};$$

hierfur gilt

$$y = \tilde{y}^T \; e \mapsto \varphi(y) = \tilde{y}'^T \; e \quad \text{mit } \tilde{y}' = U \; \tilde{y}$$

Nach dem 1 Teil ist φ genau dann unitar (bzw orthogonal), wenn U eine unitare (bzw orthogonale) Matrix ist Nach Lemma 10 1 (iv) werden aber Orthonormalbasen auf ebensolche abgebildet (Man kann diese 2 Aussage auch direkt beweisen unter Benutzung von Lemma 10 1 und Bemerkung 2) ∎

Bemerkung 3 Satz 10 4 gibt u a die Moglichkeit, die Existenz von unitaren (bzw orthogonalen) Abbildungen durch Angabe von Beispielen nachzuweisen

$\boxed{2}$ Sei $V = \mathbf{R}^2$ ein euklidischer Raum mit dem Standardskalarprodukt und $e^T = (c^1, c^2)$ die Standardbasis von $\mathbf{R}^2$, die Endomorphismen $\varphi \; \mathbf{R}^2 \to \mathbf{R}^2$ seien in der Form $\varphi = \tilde{\varphi}_A$ mit $A = A_e^{\varphi} \in \mathbf{R}^{2 \, 2}$ gegeben Dann liefert z B

$$A = \begin{pmatrix} \cos \alpha & \sin \alpha \\ -\sin \alpha & \cos \alpha \end{pmatrix} \in \mathbf{R}^{2 \, 2}, \quad \alpha \in \mathbf{R}$$

eine orthogonale Abbildung $\tilde{\varphi}_A$ (da $A^{-1} = A^T$) Ferner ist fur

$$B = \begin{pmatrix} 1 & 0 \\ 0 & -1 \end{pmatrix} \text{ mit } B^{-1} = B = B^T$$

$\tilde{\varphi}_B$ ebenfalls orthogonal und sogar eine Spiegelung (vgl $\boxed{1c}$ sowie EA, §7)

$\boxed{2a}$ Sei jetzt $V = \mathbf{C}^2$ ein unitarer Raum mit Standardskalarprodukt, $e^T = (e^1, e^2)$ und $\varphi = \tilde{\varphi}_A$ analog zu $\boxed{2}$ Dann ist $\tilde{\varphi}_A$ genau dann unitar, wenn $A \in \mathbf{C}^{2 \, 2}$ eine unitare Matrix ist, wie z B

$$A = \frac{1}{\sqrt{2}} \begin{pmatrix} 1 & i \\ i & 1 \end{pmatrix} \in \mathbf{C}^{2 \, 2},$$

andererseits ist $B = \text{diag} (2,3)$ nicht unitar, also auch $\tilde{\varphi}_B$ keine unitare Abbildung

$\boxed{2b}$ Seien $V = \mathbf{R}^2$ und $V' = \mathbf{R}^3$ Zeilenvektorraume, die bzgl ihrer Standardskalarprodukte euklidisch sind Dann liefert $\varphi \; \mathbf{R}^2 \to \mathbf{R}^3$ mit $x = (x_1, x_2) \mapsto \varphi(x) = (x_1, x_2, 0) \in \mathbf{R}^3$ eine lineare Abbildung mit $\langle y, x \rangle = \sum_{\nu=1}^{2} y_\nu x_\nu = \langle \varphi(y), \varphi(x) \rangle = \sum_{\nu=1}^{2} y_\nu x_\nu$, d h φ

ist eine orthogonale Abbildung, die somit injektiv, aber in diesem Fall nicht surjektiv ist; ein ähnliches Beispiel erhielte man mit $\mathbf{C}^2$ und $\mathbf{C}^3$.

Wir vermerken weiter

Satz 10.4a. *Es seien V und V' zwei unitäre (bzw. euklidische) n-dimensionale Vektorräume mit Orthonormalbasisspalten $\mathbf{e}$ bzw. $\mathbf{e}'$ (der Länge n). Dann ist ein Homomorphismus*

$$\varphi\colon V \to V' \tag{10.2h}$$

genau dann unitär (bzw. orthogonal), wenn die zugehörige Matrix $A = A^\varphi_{\mathbf{e},\mathbf{e}'}$ eine unitäre (bzw. orthogonale) Matrix ist.

Beweis. Einfache Rechnung nach obigem Muster (vgl. Aufgabe 7b). ∎

Bemerkung 4. Nach der zweiten Aussage des Satzes 10.4 kann man aus einer Orthonormalbasis $\mathbf{e}$ eines n-dimensionalen Vektorraumes V mit Hilfe aller unitären (bzw. orthogonalen) Matrizen alle anderen Orthonormalbasen von V bestimmen. Bei der Zuordnung

$$\varphi \longleftrightarrow U = A^\varphi_{\mathbf{e}} \in \mathbf{C}^{n,n} \quad (\text{bzw. } \mathbf{R}^{n,n}) \tag{10.2i}$$

entsprechen die unitären (bzw. orthogonalen) Endomorphismen von V umkehrbar eindeutig den unitären (bzw. orthogonalen) Matrizen aus $\mathbf{C}^{n,n}$ (bzw. $\mathbf{R}^{n,n}$).

Von jetzt ab beschränken wir uns auf die Untersuchung eines festen n-dimensionalen unitären (bzw. euklidischen) Vektorraumes, d.h. es sei

$$
\begin{aligned}
(V;H) &= (V_n;\langle\,,\,\rangle) \text{ unitär mit } \dim_{\mathbf{C}}(V_n) = n \text{ bzw.}\\
(V;B) &= (V_n;\langle\,,\,\rangle) \text{ euklidisch mit } \dim_{\mathbf{R}}(V_n) = n.
\end{aligned}
\tag{10.3}
$$

Wir führen die folgenden Rechnungen wieder im unitären Fall durch.

Ein unitärer Endomorphismus $\varphi \in \operatorname{End}_{\mathbf{C}}(V)$ ist zugleich ein $\mathbf{C}$-Automorphismus von V, und aus Lemma 10.1 folgt, daß für unitäre $\varphi_1, \varphi_2 \in \operatorname{End}_{\mathbf{C}}(V)$ die Hintereinanderausführung

$$\varphi_1 \circ \varphi_2 \quad (\varphi_1, \varphi_2 \in \operatorname{End}_{\mathbf{C}}(V),\ \text{unitär}) \tag{10.3a}$$

wieder ein unitarer Endomorphismus von V ist Da auch id_V und mit φ auch φ^{-1} unitar sind, folgt

Bemerkung 5 Die Gesamtheit der unitaren Endomorphismen von V bildet bei der Verknupfung (10 3a) eine Gruppe, die zugleich Untergruppe der Automorphismengruppe $(Gl_n(V),\ )$ von V (vgl I A 1, §3, Definition 3F) ist Ganz analog sieht man, daß die Gesamtheit der unitaren Matrizen bzgl der Multiplikation eine Gruppe bildet die Untergruppe von $(Gl_n(\mathbf{C}),\ )$ ist (vgl LA 1, (3 9b)) Entsprechendes gilt im euklidischen Fall fur orthogonale Endomorphismen bzw fur orthogonale Matrizen

Definition 10C. Ist gemaß (10 3) $V = V_n$ n-dimensional unitar, so nennt man $(U(V_n),\circ)$ mit

$$U(V_n) = \{\varphi \in \mathrm{End}_C (V)\,|\,\varphi \text{ unitar}\} \tag{10 3b}$$

die *unitare Gruppe von* V_n (der Dimension n), ist $V = V_n$ n-dimensional euklidisch, so heißt $(O(V_n),\circ)$ mit

$$O(V_n) = \{\varphi \in \mathrm{End}_R (V)\,|\,\varphi \text{ orthogonal}\} \tag{10 3c}$$

die *orthogonale Gruppe von* V_n (der Dimension n), insbesondere schreibt man

$$\begin{aligned}
&(U(\mathbf{C}^n),\ ) \cong (U_n(\mathbf{C}),\ ),\\
&U_n(\mathbf{C}) = \{A \in \mathbf{C}^{n\,n}\,|\,A \text{ unitare Matrix}\}
\end{aligned} \tag{10 3b}$$

fur die *Gruppe der n-reihigen unitaren Matrizen* oder *n-dimensionale unitare Gruppe* und

$$\begin{aligned}
&(O(\mathbf{R}^n),\circ) \cong (O_n(\mathbf{R}),\ ),\\
&O_n(\mathbf{R}) = \{A \in \mathbf{R}^{n\,n}\,|\,A \text{ orthogonale Matrix}\}
\end{aligned} \tag{10 3c}$$

fur die *Gruppe der n-reihigen orthogonalen Matrizen* oder *n-dimensionale orthogonale Gruppe*

Da nun die Zuordnung (10 2i) von Endomorphismen und Matrizen jeweils bijektiv ist und da nach LA 1, §3, insbesondere (3 7d'), Satz 3 11 und (3 7f) der Hintereinanderausfuhrung von Endomorphismen

das Matrizenprodukt in der gleichen Reihenfolge entspricht, werden
in der Literatur Endomorphismen- und Matrizengruppe oft identifiziert Wir erhalten somit

Satz 10.4b. *Ist* e *eine Orthonormalbasis des n-dimensionalen unitaren
(bzw euklidischen) Vektorraumes* $V = V_n$, *so liefert die Zuordnung (vgl
(10 21))*

$$\varphi \longleftrightarrow A = A_e^\varphi \qquad\qquad (10\ 3\text{d})$$

einen Gruppenisomorphismus

$$U(V_n) \cong U_n(\mathbf{C})\ (bzw\ \ O(V_n) \cong O_n(\mathbf{R})) \qquad\qquad (10\ 3\text{e})$$

Beim Übergang zu einer anderen festen Orthonormalbasis $\mathfrak{f}$ *von* V_n *wird
gemäß*

$$A_e^\varphi \longleftrightarrow A_{\mathfrak{f}}^\varphi = U^{\ 1}\ A_e^\varphi\ U$$
$$mit\ U = U_e^{\mathfrak{f}} \in U_n(\mathbf{C})\ (bzw\ \ O_n(\mathbf{R})),\ d\ h\ \mathfrak{f} = U^{\Gamma}\ e \qquad (10\ 3\text{f})$$

A durch eine Matrix $A_{\mathfrak{f}}^\varphi$, *die durch Anwendung eines inneren Automorphismus in* $U_n(\mathbf{C})$ *(bzw* $O_n(\mathbf{R})$*) geliefert wird, ersetzt*

Beweis Die ersten Aussagen sind bereits gezeigt Der Rest folgt aus
LA 1. Satz 5 3 in §5 unter Berucksichtigung von Satz 10 4 und Bemerkung 4, man beachte, daß hierbei U wieder unitar (bzw orthogonal)
sein muß (vgl Aufgabe 7c) ∎

Ist V ein n-dimensionaler Vektorraum, so kann man, wie in LA 1,
Definition 5K in den Erganzungen zu §5 angegeben, die Determinante
eines Endomorphismus durch

$$\det (\varphi)\ = \det (A_a^\varphi) = |A_a^\varphi|,$$
$$A_a^\varphi\ \text{ist die}\ \varphi\ \text{bzgl der Basis}\ \mathfrak{a}\ \text{zugeordnete Matrix,} \qquad (10\ 3\text{g})$$

definieren, und dieser Wert ist unabhangig von der Auswahl der Basis
$\mathfrak{a}$ von V Fur eine allgemeinere Diskussion des Determinantenbegriffes
vgl §12

Dies ermoglicht wegen Satz 10 3 (10 11) die folgende

Definition 10D Ist V_n bzw $\mathbf{C}^n$ ein n-dimensionaler unitarer Vektorraum, so nennt man die Gruppe

$$SU(V_n) = \{\varphi \in U(V_n)|\ \det(\varphi) = 1\}\ \text{bzw}$$
$$SU_n(\mathbf{C}) = \{A \in U_n(\mathbf{C})|\ |A| = 1\}$$

(10 3h)

die *spezielle* oder *eigentliche unitare Gruppe von* V_n bzw die *spezielle unitare Gruppe in* $\mathbf{C}^{n\,n}$, ist V_n bzw $\mathbf{R}^n$ ein n-dimensionaler euklidischer Vektorraum, so nennt man die Gruppe

$$SO(V_n) = \{\varphi \in O(V_n)|\ \det(\varphi) = 1\}\ \text{bzw}$$
$$SO_n(\mathbf{R}) = \{A \in O_n(\mathbf{R})|\ |A| = 1\}$$

(10 3h')

die *spezielle* oder *eigentliche orthogonale Gruppe von* V_n bzw die *spezielle orthogonale Gruppe in* $\mathbf{R}^{n\,n}$

Bemerkung 6 Die Untergruppeneigenschaft der speziellen unitaren bzw orthogonalen Gruppen ist unmittelbar klar, da diese Untergruppen zugleich die Kerne der Determinantenabbildung, also Normalteiler, sind, folgt daruber hinaus

$$SU(V_n) \trianglelefteq U(V_n), \quad SU_n(\mathbf{C}) \trianglelefteq U_n(\mathbf{C}),$$
$$SO(V_n) \triangleleft O(V_n), \quad SO_n(\mathbf{R}) \triangleleft O_n(\mathbf{R})$$

(10 3i)

In Weiterfuhrung und Spezialisierung von Definition 8E erklaren wir (vgl auch EA. §11, Definition 11B) nun

Definition 10E. Zwei Matrizen G', $G \in \mathbf{C}^{n\,n}$ heißen *unitar-kongruent*, falls

$$G' = U^T\,G\,\bar{U}\ \text{mit einer unitaren Matrix } U \in \mathbf{C}^{n\,n},$$
$$\text{in Zeichen}\ G' \underset{u}{\equiv} G,$$

(10 4)

zwei Matrizen $G', G \in \mathbf{R}^{n\,n}$ heißen *orthogonal-kongruent*, falls

$$G' = U^T\,G\,U\ \text{mit einer orthogonalen Matrix } U \in \mathbf{R}^{n\,n},$$
$$\text{in Zeichen}\ G' \underset{o}{\equiv} G$$

(10 4a)

Bemerkung 7 Diese Definition bedeutet, daß σ-Kongruenz im Sinne von Definition 8E bzgl der Konjugiertenbildung $\sigma(\alpha) = \bar{\alpha}$ vorliegt, wobei aber nur unitare (bzw orthogonale) Matrizen als Transformationen zur Kongruenz zugelassen sind, (10 4) bzw (10 4a) liefert eine Äquivalenzrelation in $\mathbf{C}^{n\,n}$ (bzw $\mathbf{R}^{n\,n}$) Da unitare Matrizen die Eigenschaft $\bar{U}^{-1} = U^T$ haben (bzw fur orthogonale Matrizen $U^{-1} = U^T$

gilt), sind unitär-kongruente (bzw. orthogonal-kongruente) Matrizen zugleich ähnlich zueinander (vgl. auch EA, §11 sowie LA 1, §5, Definition 5).

Mit diesen Begriffsbildungen können wir die folgende Aussage formulieren:

Satz 10.5. *(Satz über die Hauptachsentransformation). Jede hermitesche Matrix $A \in \mathbf{C}^{n,n}$ (bzw. reell-symmetrische Matrix $A \in \mathbf{R}^{n,n}$) ist gemäß*

$$\bar{U}^T \cdot A \cdot U = \begin{pmatrix} \lambda_1 & & & \\ & \lambda_2 & & 0 \\ & & \ddots & \\ 0 & & & \lambda_n \end{pmatrix} = \operatorname{diag}(\lambda_1, \lambda_2, \ldots, \lambda_n) = D,$$

$$(10.4b)$$

unitär-kongruent (bzw. orthogonal-kongruent) und damit ähnlich zu einer Diagonalmatrix D, wobei $\lambda_1, \lambda_2, \ldots, \lambda_n$ die (reellen) Eigenwerte von A, gemäß ihrer Vielfachheit gezählt, sind; die transformierende unitäre (bzw. orthogonale) Matrix

$$U = \begin{pmatrix} u_{11} & \ldots & u_{1n} \\ \vdots & & \vdots \\ u_{n1} & \ldots & u_{nn} \end{pmatrix} \in \mathbf{C}^{n,n} \ (bzw. \ \mathbf{R}^{n,n}) \qquad (10.4c)$$

erhält man aus einer Orthonormalbasis von $\mathbf{C}^n$ (bzw. $\mathbf{R}^n$), die aus Lösungen von

$$(A - \lambda_v \cdot E) \cdot \tilde{u}^v = \mathbf{0}$$
$$mit \ \tilde{u}^{v^T} = (u_{1v}, \ldots, u_{nv}) \quad (v = 1, \ldots, n) \qquad (10.4d)$$

gemäß der Vielfachheit der λ_v gebildet ist, wobei soviele Eigenvektoren zu λ_v heranzuziehen sind, wie die Vielfachheit von λ_v angibt. Ist eine quadratische Form auf einem n-dimensionalen euklidischen Vektorraum V bzgl. der Orthonormalbasis e durch

$$Q^B(x) = B(x,x) = \tilde{x}^T \cdot A \cdot \tilde{x} = \sum_{\mu=1}^{n} \sum_{v=1}^{n} \alpha_{\mu v} x_\mu \cdot x_v$$
$$mit \ A = A^T = G_e^B = (B(e^\mu, e^v)) \in \mathbf{R}^{n,n}, \quad x = \tilde{x}^T \cdot e \in V \qquad (10.4e)$$

gegeben, so gibt es eine andere durch Q^B bestimmte Orthonormalbasis

98

$$\mathfrak{f} = U^T \cdot e \quad \textit{mit } U^T = U^{-1},$$

so daß

$$
\boxed{
\begin{aligned}
& Q^B(x) = \tilde{x}'^T \cdot D \cdot \tilde{x}' = \sum_{\nu=1}^{n} \lambda_\nu x_\nu'^2 \\
& \textit{für } x = \tilde{x}'^T \cdot \mathfrak{f} = \tilde{x}^T \cdot e \;\textit{ und} \\
& U^T \cdot A \cdot U = \mathrm{diag}\,(\lambda_1, \ldots, \lambda_n) = D
\end{aligned}
}
\tag{10.4f}
$$

die sogenannte Hauptachsenform hat.

Bezeichnung. Man nennt im Hinblick auf geometrische Anwendungen die f^ν die *Hauptachsenrichtungen* von Q^B und die λ_ν die *Hauptachsenabschnitte* von V.

Bemerkung 8. Ähnliche Aussagen würden auch für

$$Q^H(x) = \tilde{x}^T \cdot A \cdot \bar{\tilde{x}}, \; A - \bar{A}^T \in \mathbf{C}^{n,n} \tag{10.4g}$$

und ihre «Hauptachsenform» gelten (vgl. Aufgabe 9b).

Beweis von Satz 10.5. 1. Der zu A gehörige Endomorphismus $\tilde{\varphi}_A$ von $\mathbf{C}^n$ (bzw. $\mathbf{R}^n$) bzgl. der Standardbasis e von $\mathbf{C}^n$ (bzw. $\mathbf{R}^n$) ist gemäß Satz 9.5a selbstadjungiert, d.h. nach Satz 9.9 ist $\chi(X;\tilde{\varphi}_A) = \chi(X;A)$ ein Polynom aus $\mathbf{R}[X]$, das in diesem Ring vollständig in Linearfaktoren zerfällt. Nach Satz 9.7 (bzw. Satz 9.10) gibt es somit eine Orthonormalbasis $\mathfrak{f}$ von $\mathbf{C}^n$ (bzw. $\mathbf{R}^n$) aus Eigenvektoren, so daß $A_\mathfrak{f}^{\tilde{\varphi}_A} = D$ gemäß (10.4b) eine Diagonalmatrix ist; nach Satz 10.4 gibt es eine unitäre (bzw. orthogonale) Matrix U mit (10.4b).

2. Zur Berechnung von U beachten wir, daß gemäß (10.4d) Eigenvektoren von A in $\mathbf{C}^n$ (bzw. $\mathbf{R}^n$) berechnet werden können, die wir uns zu einer Orthonormalbasis in der Form (10.4c) aufgeschrieben denken können. Aus (10.4d) folgt sofort $A \cdot U = U \cdot D$, d.h. $\bar{U}^T \cdot A \cdot U = D$.

3. Die Aussage für quadratische Formen folgt direkt durch Einsetzen und Berücksichtigung der Ergebnisse aus §8 und §9. ∎

Wir illustrieren das Rechenverfahren zu dieser wichtigen Aussage zunächst an einigen Beispielen (vgl. auch §8, §9, $\boxed{5a}$ und EA, §11, $\boxed{1}$–$\boxed{3a}$):

$\boxed{3}$ Ist $V = \mathbf{C}^3$ der unitäre Vektorraum mit dem Standardskalar-

produkt und $A = \begin{pmatrix} 0 & i & 1 \\ -i & 0 & -i \\ 1 & i & 0 \end{pmatrix} \in \mathbf{C}^{3,3}$ eine hermitesche Matrix,

so folgt

$$\chi(X;A) = -X^3 + 3X + 2 = -(X+1)^2(X-2),$$

d.h. $\lambda_{1,2} = -1$ ist doppelter Eigenwert und $\lambda_3 = 2$ ein weiterer Eigenwert. Zu $\lambda_{1,2} = -1$ findet man sofort die linear unabhängigen Eigenvektoren $\tilde{x}^{1T} = (1, +i, 0)$, $\tilde{x}^{2T} = (1, 0, -1)$ und hieraus durch Orthonormalisierung $\tilde{u}^{1T} = \left(\dfrac{1}{\sqrt{2}}\right)(1, i, 0)$ und $\tilde{u}^{2T} =$

$\left(\dfrac{1}{\sqrt{6}}\right)(-1, i, 2).$

Zu $\lambda_3 = 2$ gehört der weitere normierte Eigenvektor $\tilde{u}^{3T} = \left(\dfrac{1}{\sqrt{3}}\right)(1, -i, 1)$, der natürlich zu $\tilde{u}^{1T}$, $\tilde{u}^{2T}$ orthogonal ist.

Somit folgt als Transformationsmatrix

$$U = \frac{1}{\sqrt{6}}\begin{pmatrix} \sqrt{3} & -1 & \sqrt{2} \\ i\sqrt{3} & i & -i\sqrt{2} \\ 0 & 2 & \sqrt{2} \end{pmatrix} \in \mathbf{C}^{3,3} \text{ mit } \bar{U}^T = U^{-1}.$$

Hierfür bestätigt man sofort

$$A \cdot U = U \cdot D \text{ mit } D = \mathrm{diag}\,(-1, -1, 2).$$

Die Hauptachsenform zu $Q^H(x) = \tilde{x}^T \cdot A \cdot \bar{\tilde{x}}$ ist somit für $x = \tilde{x}'^T \cdot u$
$-1 \cdot \xi_1' \cdot \overline{\xi_1'} - 1 \cdot \xi_2' \cdot \overline{\xi_2'} + 2 \cdot \xi_3' \cdot \overline{\xi_3'}$ mit $u^T = (\tilde{u}^1, \tilde{u}^2, \tilde{u}^3)$ und $\tilde{x}'^T = (\xi_1', \xi_2', \xi_3').$

$\boxed{3a}$ Zum Fall symmetrischer Matrizen aus $\mathbf{R}^{n,n}$ vgl. das Beispiel $\boxed{5a}$ in §9.

$\boxed{3b}$ Ganz analog erhält man für $A = \bar{A}^T = \begin{pmatrix} 1 & 1 & 0 \\ 1 & 2 & i \\ 0 & -i & 1 \end{pmatrix} \in \mathbf{C}^{3,3}$

$$\chi(X;A) = (1-X) \cdot X \cdot (X-3);$$ zu den drei verschiedenen Eigen-

werten $\lambda_1 = 1$, $\lambda_2 = 0$, $\lambda_3 = 3$ erhält man das Orthonormalsystem von Eigenvektoren $\tilde{u}^{1^T} = (1/\sqrt{2})(-i, 0, 1)$, $\tilde{u}^{2^T} = (1/\sqrt{3})(1, -1, -i)$, $\tilde{u}^{3^T} = (1/\sqrt{6})(1, 2, -i)$ und die unitäre Matrix

$$U = \frac{1}{\sqrt{6}}\begin{pmatrix} -i\sqrt{3} & \sqrt{2} & 1 \\ 0 & -\sqrt{2} & 2 \\ \sqrt{3} & -i\sqrt{2} & -i \end{pmatrix} \in \mathbf{C}^{3,3}, \text{ sowie } D = \operatorname{diag}(1, 0, 3).$$

In diesem Zusammenhang können wir auch das nachfolgende Hauptergebnis über normale Matrizen aus $\mathbf{C}^{n,n}$ formulieren, das aus den vorangehenden Ansätzen und den Ergebnissen aus §9 unmittelbar folgt (vgl. Aufgabe 9c).

Satz 10.5a. *Eine Matrix $A \in \mathbf{C}^{n,n}$ ist genau dann normal, wenn sie unitär-kongruent zu einer Diagonalmatrix D ist. Ist A eine normale Matrix so ist auch jede zu A unitär-kongruente Matrix B normal.*

Einige weitere ergänzende Bemerkungen über normale Matrizen und zugehörige Probleme vermerken wir in den Ergänzungen zu §10.

Wir geben nun an, was die Ergebnisse über die Diagonalisierbarkeit mittels einer unitären bzw. orthogonalen Kongruenz für unitäre und orthogonale Matrizen liefern. Dazu behaupten wir zunächst

Satz 10.6. *Jede unitäre Matrix $A \in \mathbf{C}^{n,n}$ ist unitär-kongruent und damit ähnlich zu einer Diagonalmatrix D*

$$A \approx D = \bar{U}^T \cdot A \cdot U = \operatorname{diag}(\lambda_1, \ldots, \lambda_n)$$
$$\textit{mit } \bar{U}^T = U^{-1} \in \mathbf{C}^{n,n} \textit{ und } \lambda_v = e^{i\alpha_v}, \ \alpha_v \in \mathbf{R} \tag{10.5}$$
$$(v = 1, \ldots, n),$$

wobei auf der Hauptdiagonalen von D die Eigenwerte, d.h. komplexe Zahlen $\lambda_v = e^{i\alpha_v}$ ($\alpha_v \in \mathbf{R}$) vom Betrag 1 stehen. Andererseits gibt es bei beliebiger Vorgabe von (gleichen oder verschiedenen) $\lambda_v \in \mathbf{C}$ mit $|\lambda_v| = 1$ stets eine unitäre Matrix, die genau diese Zahlen als Eigenwerte (einschließlich der vorgegebenen Vielfachheit) besitzt, nämlich $D = \operatorname{diag}(\lambda_1, \ldots, \lambda_n)$ gemäß (10.5).

Beweis. 1. Für eine unitäre Matrix $A \in \mathbf{C}^{n,n}$ ist $\tilde{\varphi}_A: \mathbf{C}^n \to \mathbf{C}^n$ gemäß Satz 10.4 ein unitärer Endomorphismus; nach Satz 10.3 ist $\tilde{\varphi}_A$ normal und alle seine Eigenwerte haben den Betrag 1, d.h. sind von der Form $\lambda_v = e^{i\alpha_v}$ ($\alpha_v \in \mathbf{R}$). Nach Satz 9.7 ist $\tilde{\varphi}_A$ bzgl. einer eventuell anderen Orthonormalbasis von $\mathbb{C}^n$ die Matrix D aus (10.5) zugeordnet, woraus der erste Teil folgt.

2. Eine Matrix der Form $D = \text{diag}\,(\lambda_1, \ldots, \lambda_n)$ mit $|\lambda_\nu| = 1$ ist offensichtlich unitär mit den vorgegebenen Eigenwerten, woraus die restliche Aussage folgt (vgl. Aufgabe 12a). ∎

Mit ähnlichen Argumenten kann man die folgende Aussage beweisen, die eine teilweise Umkehrung von Satz 10.3 enthält (vgl. Aufgabe 12b).

Satz 10.6a. *Ist V n-dimensionaler unitärer Raum, ist $\varphi \in \text{End}_{\mathbb{C}}(V)$ normal, und sind alle Eigenwerte von φ vom Betrag 1, so ist φ ein unitärer Endomorphismus.*

Bemerkung 9. Die Determinantenbedingung (10.1i) würde für die Unitarität von φ nicht ausreichen.

Wir illustrieren diese Situation wieder an einigen Beispielen:

$\boxed{4}$ Seien gemäß Satz 10.6 und (10.5) Zahlen $\lambda_\nu \in \mathbb{C}$, $\nu = 1, \ldots, n$, gegeben, wie z.B. für $n = 3$, $\lambda_1 = 1$, $\lambda_2 = i$, $\lambda_3 = (1 + i)/\sqrt{2}$, so folgt $D = \text{diag}\,(1, i, (1 + i)/\sqrt{2})$ mit $\bar{D}^T = D^{-1} = \text{diag}(1, -i, (1 - i)/\sqrt{2})$ ist eine unitäre Matrix. Durch Transformation mit unitären Matrizen U gemäß (10.5) erhält man weitere unitär-kongruente Matrizen $A = U^T \cdot D \cdot \bar{U}$.

$\boxed{4a}$ Sei wie in $\boxed{2a}$ die unitäre Matrix $A = \dfrac{1}{\sqrt{2}}\begin{pmatrix} 1 & i \\ i & 1 \end{pmatrix} \in \mathbb{C}^{2,2}$

mit $\quad \bar{A}^T = \dfrac{1}{\sqrt{2}}\begin{pmatrix} 1 & -i \\ -i & 1 \end{pmatrix} = A^{-1}\quad$ gegeben. Dann ist

$$\chi(X; A) = X^2 - \frac{2}{\sqrt{2}} X + 1 \text{ und liefert die Eigenwerte}$$

$$\lambda_{1,2} = \frac{1}{\sqrt{2}} \pm \frac{i}{\sqrt{2}}, \text{ d.h.}$$

$$A \approx D = \text{diag}\left(\frac{1}{\sqrt{2}} + \frac{i}{\sqrt{2}}, \frac{1}{\sqrt{2}} - \frac{i}{\sqrt{2}}\right) \text{ ist die zugehörige Dia-}$$

gonalform. Gemäß Satz 10.5 (10.4d) erhält man die Eigenvektoren:

$$\tilde{u}^1 = \frac{1}{\sqrt{2}}\begin{pmatrix} 1 \\ 1 \end{pmatrix} \text{ mit } (A - \lambda_1 \cdot E)\cdot \tilde{u}^1 = \mathbf{0} \text{ zu } \lambda_1,$$

$$\tilde{u}^2 = \frac{1}{\sqrt{2}}\begin{pmatrix} 1 \\ -1 \end{pmatrix} \text{ mit } (A - \iota_2\, E)\, \tilde{u}^2 = 0 \text{ zu } \iota_2$$

Mit der transformierenden unitaren Matrix $U = \dfrac{1}{\sqrt{2}}\begin{pmatrix} 1 & 1 \\ 1 & -1 \end{pmatrix}$

ist dann $A\, U = U\, D$, d h $\bar{U}^T\, A\, U = D$

[4b] Die anschließend diskutierten orthogonalen Matrizen $A \in \mathbf{R}^{n\,n}$ (bzw die in EA, §7 und §10) konnen zugleich als unitare Matrizen aus $\mathbf{C}^{n\,n}$ aufgefaßt werden, vgl auch die Beispiele [3] und [3b]

Wahrend die unitaren Matrizen relativ einfach zu bestimmende Normalformen haben, treten bei den orthogonalen Matrizen A, die wir anschließend genauer diskutieren wollen, die schon in §9 vermerkten Probleme auf Die Aussagen fur orthogonale Abbildungen werden durch die fur orthogonale Matrizen miterfaßt

Zunachst eine einfache Vorbemerkung Die Zahlen ± 1 sind die einzigen moglichen Eigenwerte von A bzw φ in $\mathbf{R}$, da dies die einzigen reellen Zahlen vom Betrag 1 sind Dazu behaupten wir

Satz 10.7. *Fur die Eigenwerte einer orthogonalen Matrix $A \in O_n(\mathbf{R})$ (bzw einer orthogonalen Abbildung $\varphi \in O(V_n)$) gelten die Regeln*

(i) *Ist n gerade und $|A| < 0$ (bzw $\det(\varphi) < 0$), so ist $\iota = 1$ Eigenwert von A (bzw φ)*

(ii) *Ist n ungerade und $|A| > 0$ (bzw $\det(\varphi) > 0$), so ist $\iota = 1$ Eigenwert von A (bzw φ)*

(iii) *Ist $|A| < 0$ (bzw $\det(\varphi) < 0$) so ist $\iota = -1$ ein Eigenwert von A (bzw φ)*

Beweis Wir fuhren diesen fur den Fall einer Matrix A durch
1 Da $A^T = A^{-1}$, $|A^T| = |A|$, $A^{-1}(A - E) = E - A^{-1} = -(A^T - E)$ und $|A^T - E| = |A - E|$ ist, so folgt

$$|A|\,|A - E| = (-1)^n\,|A - E| \tag{10 5a}$$

Falls nun $|A| \neq (-1)^n$ ist, so muß $|A - E| = 0$ sein, woraus die Aussagen (i) und (ii) folgen
2 Durch analoge Uberlegungen sieht man (vgl Aufgabe 12c)

$$|A + E| = |A|\,|A + E|, \tag{10 5b}$$

falls nun $|A| < 0$, so muß $|A + E| = 0$ und somit $\lambda = -1$ ein Eigenwert sein. – Der Rest ist klar. ■

Wir bezeichnen nun mit

$$U = EV(A, 1) := \{\tilde{x} \in \mathbf{R}^n \mid A \cdot \tilde{x} = \tilde{x}\} \subseteq \mathbf{R}^n \tag{10.5c}$$

den Eigenvektorraum von $A \in O_n(\mathbf{R})$ zu $\lambda = 1$ und mit

$$U^\perp = \{\tilde{x} \in \mathbf{R}^n \mid \langle \tilde{y}, \tilde{x} \rangle = 0 \text{ für alle } \tilde{y} \in U\} \tag{10.5d}$$

den zugehörigen Orthogonalraum von U in $\mathbf{R}^n$. Dann ist

$$\mathbf{R}^n = U \oplus U^\perp, \text{ d.h.}$$
$$\mathbf{R}^n \ni \tilde{x} = \tilde{x}' + \tilde{x}'' \quad \text{mit } \tilde{x}' \in U, \, \tilde{x}'' \in U^\perp \tag{10.5e}$$

die zugehörige eindeutige Komponentenzerlegung der $\tilde{x} \in \mathbf{R}^n$. Da $\langle \tilde{x}', \tilde{\varphi}_A(\tilde{x}'') \rangle = \langle \tilde{\varphi}_A(\tilde{x}'), \tilde{\varphi}_A(\tilde{x}'') \rangle = \langle \tilde{x}', \tilde{x}'' \rangle = 0$ für $\tilde{x}' \in U$, $\tilde{x}'' \in U^\perp$ ist, folgt $\tilde{\varphi}_A(\tilde{x}'') \in U^\perp$; also ist die Einschränkung

$$\tilde{\varphi}_{A_{|U^\perp}} \colon U^\perp \to U^\perp \quad \text{mit } \tilde{x}'' \mapsto \tilde{\varphi}_A(\tilde{x}'') \tag{10.5f}$$

eine orthogonale Abbildung von $U^\perp$ auf sich, die 1 nach Konstruktion nicht mehr als Eigenwert haben kann. Setzt man nun eine Orthonormalbasis $\mathfrak{f}'$ von U und eine Orthonormalbasis $\mathfrak{f}''$ von $U^\perp$ zu einer Orthonormalbasis $\mathfrak{f}^T = (\mathfrak{f}'^T, \mathfrak{f}''^T)$ von $\mathbf{R}^n$ zusammen, so ist $\tilde{\varphi}_A$ bzgl. $\mathfrak{f}$ eine Matrix der Form

$$B = \operatorname{diag}(\underbrace{1, \dots, 1}_{r\text{-mal}}; A'') \text{ mit } A'' \in O_{n-r}(\mathbf{R}),$$
$$\text{wobei } r = \dim_{\mathbf{R}}(EV(A, 1)) \text{ ist,} \tag{10.5g}$$

zugeordnet; dabei ist offensichtlich $A'' \in \mathbf{R}^{n-r,n-r}$ die $\tilde{\varphi}_{A_{|U^\perp}}$ bzgl. $\mathfrak{f}''$ zugeordnete Matrix und

$$|A| = \det(\tilde{\varphi}_A) = |B| = |A''|. \tag{10.5g'}$$

Wenden wir nun Satz 10.7 (i) und (ii) auf die $(n - r)$-reihige Matrix A'' an, so darf keiner der Fälle

104

«$|A''| > 0$ und $n - r$ ist ungerade» bzw

«$|A''| < 0$ und $n - r$ ist gerade»

vorliegen, da 1 kein Eigenwert von A'' ist

Zusammen folgt also

Satz 10.7a. *Ist $A \in O_n(\mathbf{R})$ (bzw $\varphi \in O(V_n)$), so gilt*

$$n - \dim_{\mathbf{R}}(EV(A, 1)) = \begin{cases} gerade, & falls \ |A| > 0 \\ ungerade, & falls \ |A| < 0 \end{cases} \qquad (10\ 5h)$$

(bzw

$$n - \dim_{\mathbf{R}}(EV(\varphi, 1)) = \begin{cases} gerade, & falls \ \det(\psi) > 0 \\ ungerade, & falls \ \det(\varphi) < 0 \end{cases}) \qquad (10\ 5h')$$

Wir illustrieren die hier auftretenden Moglichkeiten zunachst an einigen Beispielen

$\boxed{5}$ Es sei $V = V_n$ mit $n \geq 2$ ein n-dimensionaler euklidischer $\mathbf{R}$-Vektorraum und $e' = (e^1, \ldots, e^n)$ eine Orthonormalbasis von V Betrachte die orthogonale Abbildung $\varphi \ V \to V$ mit

$$A_e^\varphi = \mathrm{diag}\,(\underbrace{1, \ldots, 1}_{r\text{-mal}}, \underbrace{-1, \ldots, -1}_{(n-r)\text{-mal}}) \text{ mit } 0 \leq r \leq n, \qquad (10\ 6)$$

dies ist eine *Spiegelung* im Sinne von $\boxed{1c}$, wobei

$$U = U'(\varphi) = EV(\varphi, 1) = \{x \in V| \ \varphi(x) = x\} = [e^1, \ldots, e^r],$$

$$(10\ 6a)$$

der zugehorige Fixraum von φ und

$$U^\perp = EV(\varphi, -1) = [e^{r+1}, \ldots, e^n] \qquad (10\ 6a')$$

der Orthogonalraum ist Hierbei ist $0 \leq r \leq n$ und jeder dieser Werte kann auftreten (z B fur $r = n \Rightarrow A_e^\varphi = E$ und $\varphi = \mathrm{id}_V$), dabei gilt

$$\det(\varphi) = |A_e^\varphi| = (-1)^{n-r} \qquad (10\ 6b)$$

105

(die Aussagen von Satz 10 7, Satz 10 7a sind sofort zu verifizieren)

Sei $V = V_n$ $(n \geq 1)$ wie eben gegeben und $U \leq V$ ein $(n-1)$-dimensionaler linearer Teilraum, $e^1, \ldots, e^{n-1}$ eine Orthonormalbasis von U, $U^\perp$ der 1-dimensionale Orthogonalraum von U, in dem ein normierter Basisvektor e^n gegeben sei Dann ist $V = U \oplus U^\perp$ und

$$\varphi = \varphi_U \ V \to V \text{ mit}$$

$$V \ni x = x' + x'' \mapsto \varphi(x) = x' - x'' \in V \tag{10 6c}$$

$$\text{fur } x' \in U, \ x'' \in U^\perp$$

ist eine lineare Abbildung, der bzgl der Basis $e^T = (e^1, \ldots, e^{n-1}, e^n)$ die Matrix

$$A = A_e^\varphi = \operatorname{diag}(1, \ldots, 1, -1) \text{ mit}$$

$$\tilde{x} \mapsto A \ \tilde{x} = \begin{pmatrix} x_1 \\ \\ x_{n-1} \\ -x_n \end{pmatrix}, \tag{10 6d}$$

$$\tilde{x} \in \mathbf{R}^n, \quad \det(A) = -1,$$

zugeordnet ist, φ ist orthogonal mit dem $(n-1)$-fachen Eigenwert 1 und dem 1-fachen Eigenwert -1, d h eine *Spiegelung* in V mit $U^+(\varphi) = U$ gemaß (10 6a)

Definition 10F. Ist V ein euklidischer (bzw unitarer) Raum, so heißt eine orthogonale (bzw unitare) Abbildung

$$\varphi \ V \longrightarrow V \quad \text{mit } \varphi^2 = \varphi \ \varphi = \operatorname{id}_V \tag{10 6e}$$

eine *Spiegelung von V*, genauer *eine Spiegelung am Fixraum* $U = U^+(\varphi) = EV(\varphi, 1)$

Ist $V = V_n$ speziell ein n-dimensionaler euklidischer Raum und U ein $(n-1)$-dimensionaler Unterraum von V $(n \geq 1)$, so heißt der gemaß (10 6c, d) gegebene Endomorphismus φ die *Spiegelung* $\varphi = \varphi_U$ am *Unterraum U der Dimension* $n-1$

$\boxed{5a}$ Ist speziell $n = 1$, $V_1 = [e^1]$ also ein 1-dimensionaler euklidischer Raum, so ist $U = \{0_{V_1}\}$ der einzige $(n-1)$-dimensionale Unterraum und

$$\varphi \quad x \mapsto -x$$

die einzige derartige Spiegelung in V_1

Speziell fur die Spiegelung $\varphi = \varphi_L$ gilt der

Satz 10.8. *Jede Spiegelung φ_U an einem $(n-1)$-dimensionalen Unterraum U eines n-dimensionalen euklidischen Raumes $V = V_n$ ist uneigentlich orthogonal, d h $\varphi_U \notin SO(V_n)$ Ist φ_U die Spiegelung an einem festen $(n-1)$-dimensionalen Unterraum, so erhalt man in der Form*

$$\varphi_U \circ \varphi, \quad \varphi \in SO(V_n) \tag{10 6f}$$

alle uneigentlichen orthogonalen Automorphismen von V_n

Beweis 1 Nach (10 6d) ist $\det(\varphi_L) = \det(A) = -1$, d h $\varphi_U \notin SO(V_n)$
2 Wegen der Multiplikativitat der Determinanten ist

$$\det(\varphi_L \circ \varphi) = \det(\varphi_U) \det(\varphi) \tag{10 6f'}$$

Sei nun φ_U, d h U fest gewahlt Falls $\varphi \in SO(V_n)$, so ist $\varphi_U \quad \varphi \notin SO(V_n)$, ist jedoch $\psi \notin SO(V_n)$, so folgt $\varphi_U \quad \psi \in SO(V_n)$ Weiter ist $\varphi_U \circ (\varphi_U \quad \psi) = \psi$, woraus die zweite Aussage folgt ∎

Einige weitere Bemerkungen, die die Bedeutung dieser Spiegelungen φ_U illustrieren sind in den Erganzungen dieses Paragraphens enthalten

Dieses Ergebnis besagt gruppentheoretisch, daß die spezielle orthogonale Gruppe $SO(V_n)$ eine Untergruppe (sogar ein Normalteiler) von $O(V_n)$ vom Index 2 ist Andererseits werden nach Bemerkung 1 und insbesondere Satz 10 4 durch orthogonale Abbildungen Orthonormalbasen von V_n auf Orthonormalbasen abgebildet und umgekehrt Dies ermoglicht uns

Definition 10G. Zwei Orthonormalbasen e und e eines n-dimensionalen euklidischen Raumes V_n heißen *gleich-orientiert*, wenn sie durch eine eigentlich orthogonale Abbildung φ auseinander hervorgehen

$$e \underset{g\,o}{\sim} e \Leftrightarrow e = \varphi(e), \quad \varphi \in SO(V_n) \tag{10 6g}$$

Ist in V_n eine feste Orthonormalbasis ausgezeichnet, so nennt man alle hierzu gleich-orientieren e' *positiv-orientiert* und V_n mit dieser Angabe einen *orientierten euklidischen Raum*

Bemerkung 10 (10 6g) liefert offensichtlich eine Aquivalenzrelation in der Gesamtheit der Orthonormalbasen von V_n Es gibt hierbei genau zwei Orientierungsklassen – Der Orientierungsbegriff laßt sich auch in beliebigen n-dimensionalen **R**-Vektorraumen einfuhren (vgl hierzu §12, Definition 12F, Satz 12 9 und Bemerkung 12)

Wir wollen als Anwendung der vorangehenden Uberlegungen die orthogonalen Abbildungen von $\mathbf{R}^2$ untersuchen Dazu betrachten wir

$\boxed{6}$ $V = \mathbf{R}^2, \varphi \in O(\mathbf{R}^2)$ mit det $(\varphi) = -1$ (die entsprechenden Uberlegungen kann man auch mit orthogonalen Matrizen A mit $|A| = -1$ durchfuhren) Nach Satz 10 7 erhalten wir

$\lambda = \pm 1$ sind Eigenwerte von φ Ist nun

e^1 normierter Eigenvektor zu $\lambda_1 = +1,$

e^2 normierter Eigenvektor zu $\lambda_2 = -1,$
$$(10\,7)$$

so folgt $e^1 \perp e^2$, und $\mathbf{e}^T = (e^1, e^2)$ ist Orthonormalbasis Also wird

$$A^\varphi_\mathbf{e} = \text{diag}\,(1, -1), \quad \text{d h} \quad \begin{pmatrix} x_1 \\ x_2 \end{pmatrix} \mapsto \begin{pmatrix} x_1 \\ -x_2 \end{pmatrix}, \tag{10\,7}$$

und $\varphi = \varphi_L$ ist die Spiegelung an dem 1-dimensionalen Unterraum $U = [e^1]$

$\boxed{6a}$ $V = \mathbf{R}^2, \varphi \in O(\mathbf{R}^2)$ mit det $(\varphi) = 1$ (entsprechendes gilt wiederum fur orthogonale Matrizen A mit $|A| = 1$) Dann gibt es fur die Eigenwerte bzw das charakteristische Polynom die folgenden Moglichkeiten ($\mathbf{e}$ feste Orthonormalbasis aus Eigenvektoren)

$$\text{(i)} \quad \chi(X\ \varphi) = (X - 1)^2 \Rightarrow A^\varphi_\mathbf{e} = \begin{pmatrix} 1 & 0 \\ 0 & 1 \end{pmatrix} = E,$$

$$\text{(ii)} \quad \chi(X, \varphi) = (X + 1)^2 \Rightarrow A^\varphi_\mathbf{e} = \begin{pmatrix} -1 & 0 \\ 0 & -1 \end{pmatrix} = -E \tag{10\,7a}$$

(iii) $\chi(X, \varphi)$ irreduzibel in $\mathbf{R}[X]$

Im Fall (iii) hat $\chi(X, \varphi)$ in $\mathbf{C}$ zwei konjugiert-komplexe Nullstellen vom Betrag 1, d h in $\mathbf{C}[X]$ gilt

$$\chi(X, \varphi) = (X - e^{i\alpha})(X - e^{-i\alpha}) \quad \text{mit } 0 < \alpha < \pi \tag{10\,7b}$$

Wie man Satz 9 11 entnimmt bzw durch direkte Rechnung feststellt, haben genau die folgenden orthogonalen Matrizen

$$A = \begin{pmatrix} \cos\alpha & -\sin\alpha \\ \sin\alpha & \cos\alpha \end{pmatrix} \text{ und } A^T = A^{-1} = \begin{pmatrix} \cos\alpha & \sin\alpha \\ -\sin\alpha & \cos\alpha \end{pmatrix}$$

$$(10\,7c)$$

mit $0 < \alpha < \pi$

das charakteristische Polynom (10 7b) Umgekehrt kann zu einer orthogonalen Matrix $A \in \mathbf{R}^{2\,2}$ mit $|A| = 1$ stets ein α mit $-\pi < \alpha \leq \pi$ so bestimmt werden, daß A eine der Matrizen aus (10 7c) ist Interpretiert man $V = \mathbf{R}^2$ als orientierte Ebene mit orthogonalem Koordinatensystem (durch (e^1, e^2) gegeben) und α als «orientierten» Winkel (mit Vorzeichenangabe, d h $-\pi < \alpha \leq \pi$), so wird durch

$$x = x_1 e^1 + x_2 e^2 \mapsto x' = \varphi(x) = x_1' e^1 + x_2' e^2 \text{ mit}$$

$$\begin{pmatrix} x_1 \\ x_2 \end{pmatrix} \mapsto \begin{pmatrix} \cos\alpha & -\sin\alpha \\ \sin\alpha & \cos\alpha \end{pmatrix} \begin{pmatrix} x_1 \\ x_2 \end{pmatrix} = \begin{pmatrix} x_1' \\ x_2' \end{pmatrix} \qquad (10\,7d)$$

eine Drehung dieser Ebene (um den Nullpunkt = Nullvektor) im mathematisch positiven Sinne um den Winkel α beschrieben (vgl auch EA, §3 und §7), wobei für $0 < \alpha < \pi$ die e^1-Richtung auf die e^2-Richtung zu gedreht wird (vgl Figur 1)

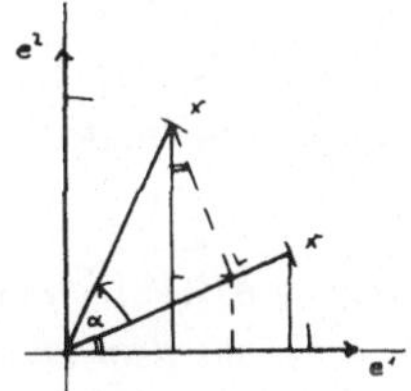

Drehung der Ebene um α

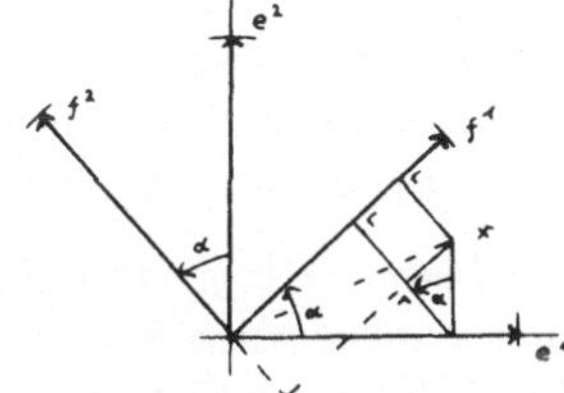

Drehung des Koordinatensystems um α

Figur 1

Definition 10G Ist V ein 2-dimensionaler orientierter euklidischer Vektorraum mit positiv-orientierter Orthonormalbasis $e^T = (e^1 \ e^2)$, so heißt eine eigentliche orthogonale Abbildung φ mit $A = A_e^\varphi$ gemäß (10 7c, d) eine *Drehung von V um den orientierten Winkel* α mit $-\pi < \alpha \leq \pi$

Bemerkung 11. Gibt man jedoch im orientierten euklidischen Raum V mit $\dim_{\mathbf{R}} V = 2$ eine zweite gleichorientierte Orthonormalbasis (f^1, f^2) an durch

$$\mathfrak{f} = \begin{pmatrix} f^1 \\ f^2 \end{pmatrix} = \varphi(\mathfrak{e}) = A^T \cdot \begin{pmatrix} e^1 \\ e^2 \end{pmatrix} = \begin{pmatrix} \cos \alpha & \sin \alpha \\ -\sin \alpha & \cos \alpha \end{pmatrix} \begin{pmatrix} e^1 \\ e^2 \end{pmatrix}, \quad (10.7e)$$

d.h. $\mathfrak{f}$ entsteht aus $\mathfrak{e}$ durch Drehung um α (hierbei ist $A = S_{\mathfrak{f}}^{\mathfrak{e}}$ im Sinne von LA 1, §3, (3.8j)), so wird der zugehörige *Koordinatenwechsel* durch die Formel

$$x = x_1 e^1 + x_2 e^2 = y_1 f^1 + y_2 f^2 \text{ mit}$$
$$\begin{pmatrix} y_1 \\ y_2 \end{pmatrix} = \begin{pmatrix} \cos \alpha & \sin \alpha \\ -\sin \alpha & \cos \alpha \end{pmatrix} \cdot \begin{pmatrix} x_1 \\ x_2 \end{pmatrix} = A^T \cdot \begin{pmatrix} x_1 \\ x_2 \end{pmatrix} \quad (10.7f)$$

mit der Matrix A^T beschrieben, der bei der Abbildung eine Drehung um $-\alpha$ entspricht (vgl. Figur 1; zum Begriff des orientierten Winkels vgl. auch §13, (13.16e)).

Wir geben zusammenfassend an, welche ausgezeichneten Matrizen orthogonalen **R**-Automorphismen zugeordnet sind bzw. wie man die Klassen orthogonaler Kongruenz von orthogonalen Matrizen beschreiben kann.

Dazu beachten wir: Einem $\varphi \in O(V_n)$ ist bzgl. einer Orthonormalbasis $\mathfrak{e}$ eine orthogonale Matrix zugeordnet (Satz 10.4), und φ ist ein normaler **R**-Automorphismus mit Eigenwerten vom Betrag 1 (Satz 10.3). Beachten wir nun zusätzlich noch Satz 9.11 über normale Endomorphismen euklidischer Vektorräume, folgt somit

Satz 10.9. *Einem orthogonalen Automorphismus $\varphi \in O(V_n)$ eines n-dimensionalen euklidischen* **R**-*Vektorraumes $V = V_n$ mit dem charakteristischen Polynom (in* **C**$[X]$*)*

$$\chi(X; \varphi) = (-1)^n \cdot (X - 1)^r \cdot (X + 1)^s \cdot \prod_{\mu=1}^{m} (X - e^{i\alpha_\mu}) \cdot (X - e^{-i\alpha_\mu}),$$

$$r + s + 2m = n, \quad (10.8)$$

entspricht bzgl. einer Orthonormalbasis $\mathfrak{e}$, die aus r Eigenvektoren zum Eigenwert $+1$, aus s Eigenvektoren zum Eigenwert -1 und aus m Paaren geeigneter Vektoren zu den Eigenwerten vom $\hat{\varphi}$ in **C** *zusammengesetzt ist, die Matrix*

110

$$A_e^\varphi = \mathrm{diag}\,(1,\ \ldots,1,-1,\ \ldots,-1,A_1,\ \ldots,A_m), \qquad (10\,8a)$$

$$\underbrace{}_{r\text{-mal}}\ \underbrace{}_{s\text{-mal}}$$

wobei jeweils

$$A_\mu = \begin{pmatrix} \cos\alpha_\mu & -\sin\alpha_\mu \\ \sin\alpha_\mu & \cos\alpha_\mu \end{pmatrix} \in \mathbf{R}^{2\,2},$$
$$0 < \alpha_\mu < \pi \quad (\mu = 1,\ \ldots,m) \qquad (10\,8b)$$

ist falls s in (10 8a) gerade ist, so ist φ eine eigentlich orthogonale Abbildung Jede orthogonale Matrix A ist ahnlich und sogar orthogonalkongruent zu einer Matrix der Form (10 8a)

Beweis 1 Nach Satz 9 11 und, da ± 1 die einzigen reellen Eigenwerte von φ sind, gibt es eine Orthonormalbasis e bzgl der φ eine Orthogonalmatrix A_e^φ der Form (10 8a) zugeordnet ist, analog zu den Rechnungen in $\boxed{6a}$ haben die Matrizen A_μ dabei die Form (10 8b) wobei hier die α_μ nicht orientiert und also im angegebenen Intervall gewahlt sind Die Aussage fur eigentlich orthogonale Abbildungen ist klar
2 Fur eine orthogonale Matrix A erhalt man durch Diskussion von $\tilde\varphi_A$ die restlichen Aussagen des Satzes $\blacksquare$

Bemerkung 12 Auch die Kastchen A_μ konnen jeweils mehrfach in (10 8a) auftreten, entsprechend der Vielfachheit der zugehorigen Eigenwerte von $\hat\varphi$

Definition 10H. Ein eigentlich orthogonaler Automorphismus φ eines n-dimensionalen euklidischen Raumes V wird auch eine *Drehung von V* genannt Ist hierbei speziell $n > 2$ und

$$W = EV(\varphi, 1) \text{ mit } \dim_{\mathbf{R}}(W) = n - 2,$$
$$U = W^\perp \text{ und } \varphi_{|U} \text{ eigentlich orthogonal}, \qquad (10\,8c)$$

so heißt φ eine *ebene Drehung in V* mit dem *Fixraum* oder der *Dreh achse W* und der «*Drehebene*» $U = W^\perp$

Ist eine geeignete Orthonormalbasis e von V gewahlt, bei der

$$[e^\iota, e^{\iota+1}] = U,$$
$$[e^1,\ \ldots,e^{\iota-1},e^{\iota+2},\ \ldots,e^n] = W \qquad (10\,8d)$$

gilt, so hat die zugehörige Matrix die Form

$$A_e^\varphi = \text{diag} (1, \underbrace{\ldots, 1}_{(\iota - 1)\text{-mal}}, A, \underbrace{1, \ldots, 1}_{(n - \iota - 1)\text{-mal}})$$

$$\text{mit } A = \begin{pmatrix} \cos\alpha & -\sin\alpha \\ \sin\alpha & \cos\alpha \end{pmatrix} \text{ und } 0 < \alpha \leq \pi, \qquad (10\,8e)$$

der (nichtorientierte) Winkel α wird wieder der *Drehwinkel* der ebenen Drehung φ genannt Indem man gegebenenfalls in (10 8d) e^ι durch $-e^\iota$ ersetzt, kann stets erreicht werden, daß α im angegebenen Intervall liegt Man bestätigt dann leicht (vgl Aufgabe 16c)

Korollar 10.9a. *Jede Drehung φ eines n-dimensionalen euklidischen Raumes V läßt sich durch Hintereinanderausführung von höchstens $n/2$ (miteinander vertauschbaren) ebenen Drehungen darstellen*

Bemerkung 13 Die Bezeichnungen Drehachse und Drehebene sowie Drehwinkel werden insbesondere im Fall $n = 3$ verwendet Vgl auch die nachfolgenden Beispiele

$\boxed{7}$ Sei $A \in \mathbf{R}^{3\,3}$ eine orthogonale Matrix mit $|A| = 1$, d h $\varphi = \tilde\varphi_1$ ist aus $SO(\mathbf{R}^3)$ Dann ist nach Satz 10 7 $\lambda_1 = 1$ ein Eigenwert von φ, und es gibt einen zugehörigen normierten Eigenvektor e^1 mit $\varphi(e^1) = e^1$, der von e^1 erzeugte Unterraum W ist die *Fixgerade* oder auch *Drehachse* von φ Ergänzt man e^1 durch geeignete e^2, e^3 zu einer Orthonormalbasis von $\mathbf{R}^3$, und ist $U = [e^2, e^3] = [e^1]^\perp = W^\perp$, so ist U die Drehebene, d h $\varphi(U) = U$ und $\det(\varphi_{|U}) = 1$

Wegen $\boxed{6a}$ folgt dann bzgl $e^I = (e^1, e^2\ e^3)$

$$A = A_e^\varphi = D(1,\alpha) = \begin{pmatrix} 1 & 0 & 0 \\ 0 & \cos\alpha & -\sin\alpha \\ 0 & \sin\alpha & \cos\alpha \end{pmatrix} \text{ mit } 0 \leq \alpha \leq \pi \quad (10\,8f)$$

Dies bedeutet φ bewirkt eine Drehung um die e^1-Achse mit dem *Drehwinkel* α, wobei

$$\cos\alpha = \frac{1}{2}(\text{Sp}(A) - 1) = \frac{1}{2}\left(\sum_{\iota\,1}^{3} a_{\iota\iota} - 1\right) \qquad (10\,8g)$$

mit der Spur der Matrix im Sinne LA 1, §4

$\boxed{7a}$ Sei $A \in \mathbf{R}^{3\,3}$ eine orthogonale Matrix mit $|A| = -1$, d h $\varphi_1 =$

$\tilde{\varphi}_A$ ist eine uneigentlich orthogonale Abbildung Dann ist nach Satz 10 7 $\lambda_1 = -1$ ein Eigenwert von φ_1 und mit einem normierten Eigenvektor e^1 gilt $\varphi_1(e^1) = -e^1$ Ist e^2, e^3 geeignete Orthonormalbasis des Orthogonalraums $U = [e^1]^\perp$, so ist φ_1 bzgl $e^? = (e^1, e^2, e^3)$ die Matrix

$$A_e^{\varphi_1} = \begin{pmatrix} -1 & 0 & 0 \\ 0 & \cos\alpha & -\sin\alpha \\ 0 & \sin\alpha & \cos\alpha \end{pmatrix} = \begin{pmatrix} -1 & 0 & 0 \\ 0 & 1 & 0 \\ 0 & 0 & 1 \end{pmatrix} \begin{pmatrix} 1 & 0 & 0 \\ 0 & \cos\alpha & -\sin\alpha \\ 0 & \sin\alpha & \cos\alpha \end{pmatrix}$$

mit $0 \le \alpha \le \pi$ \hfill (10 8h)

zugeordnet Somit entsteht φ_1 durch Hintereinanderausfuhrung einer ebenen Drehung um die «Fixgerade» $[e^1]$ und einer Spiegelung an $[e^2, e^3] = [e^1]^\perp$

Bezeichnung In der Situation von $\boxed{7a}$ nennt man φ_1 eine *Drehspiegelung* mit der *Drehachse* $[e^1]$ und dem *Drehwinkel* α sowie der *Spiegelebene* $U = [e^2, e^3]$

Bemerkung 14 Fur $\alpha = 0$ bzw π treten spezielle Drehungen bzw Drehspiegelungen auf Jede Richtung des Raumes ist als Drehachse denkbar Zur Illustration vgl die nachstehende Figur 2 weitere Bemerkungen hierzu sind in den Erganzungen enthalten

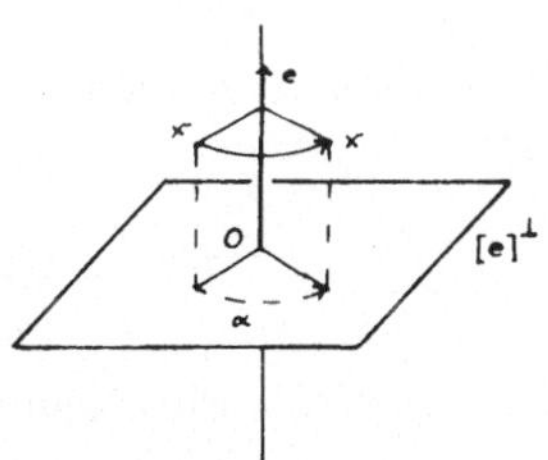

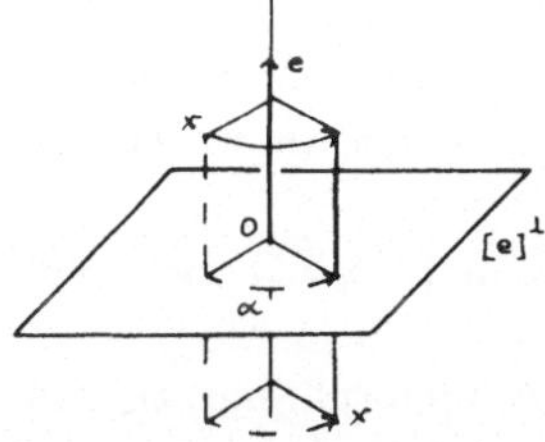

Drehung um e mit α Drehspiegelung mit Drehachse e Drehwinkel α und Spiegelebene $[e]^\perp$

Figur 2

Uber die Rolle der orthogonalen (bzw unitaren) Abbildungen innerhalb der vollen Automorphismengruppe eines n dimensionalen euklidischen (unitaren) Raumes gibt der folgende Satz Auskunft

Satz 10.10. *Jeder Automorphismus* $\varphi \in Gl(V_n)$ *eines n-dimensionalen euklidischen (bzw unitaren) Vektorraumes* $V = V_n$ *hat eine eindeutige Zerlegung der Form*

$$\varphi = \varphi_1 \; \varphi_2 \tag{10 9}$$

wobei $\varphi_1 \in O(V_n)$ *(bzw* $U(V_n)$*) und* φ_2 *selbstadjungiert mit lauter positiven Eigenwerten ist Somit liefern diese* φ_2 *ein vollstandiges Reprasentantensystem der Nebenklassen von* $Gl(V_n)$ *nach der Untergruppe* $O(V_n)$ *(bzw* $U(V_n)$*)*

Entsprechend besitzt jede invertierbare Matrix $A \in \mathbf{R}^{n\,n}$ *(bzw* $\mathbf{C}^{n\,n}$*) eine Produktzerlegung der Form*

$$A = L \; D \; U \tag{10 9a}$$

wobei $D = \mathrm{diag}\,(\lambda_1, \quad , \lambda_n)$, $\lambda_i > 0$ $(i = 1 \quad , n)$ *und* $U, U \in O_n(\mathbf{R})$ *(bzw* $U_n(\mathbf{C})$*) sind*

Beweis 1 Ist $\varphi \in Gl(V_n)$ ein beliebiger Automorphismus eines n-dimensionalen unitaren (bzw euklidischen) Vektorraumes $V = V_n$, so existiert $\varphi^* \in Gl(V_n)$ und gemäß Satz 9 13 ist $\varphi^* \; \varphi$ ein selbstadjungierter Automorphismus mit positiv-reellen Eigenwerten $\lambda_i > 0$ $(v = 1, \quad n)$ Dann gibt es eine Orthonormalbasis $\mathbf{e}^T = (e^1, \quad , e^n)$ von V mit

$$(\varphi^* \; \varphi)(e^v) = \lambda_i \; e^i \quad \lambda_i > 0 \quad (i = 1, \quad , n) \tag{10 9b}$$

Bedeutet jeweils $\sqrt{\lambda_i} > 0$ die positive Quadratwurzel aus λ_v, so erhalt man durch den Ansatz (vgl auch §9, Bem 12)

$$\varphi_2(e^i) = \sqrt{\lambda_i} \; e^i, \; \sqrt{\lambda_i} > 0 \; (i = 1, \quad , n) \tag{10 9c}$$

einen Automorphismus φ_2 von V, der offensichtlich selbstadjungiert ist mit

$$\varphi_2 \; \varphi_2 = \varphi^* \; \varphi \tag{10 9d}$$

Da φ_2^{-1} existiert konnen wir den folgenden weiteren Automorphismus φ_1 durch

$$\varphi_1 = \varphi \; \varphi_2^{-1} \tag{10 9e}$$

114

definieren Dann existiert φ_1^{-1}, und es ist

$$\varphi_1^{-1} = (\varphi \circ \varphi_2^{-1})^{-1} = \varphi_2 \circ \varphi^{-1} = \varphi_2^{-1} \circ \varphi_2 \circ \varphi_2 \circ \varphi^{-1}$$
$$= \varphi_2^{-1} \circ \varphi^* \circ \varphi \circ \varphi^{-1} = \varphi_2^{-1} \circ \varphi^* = (\varphi_2^{-1})^* \circ \varphi^*$$
$$= (\varphi \circ \varphi_2^{-1})^* = \varphi_1^*,$$

also ist φ_1 eine unitare Abbildung und die Existenz einer Zerlegung (10 9) ist gezeigt

2 Die Eindeutigkeit der Zerlegung (10 9) und die Übertragung auf Matrizen rechnet man analog nach (vgl Aufgabe 17a) ∎

Erganzungen zu §10

In Korollar 10 9a formulierten wir bereits eine Aussage daruber, wie man (eigentlich) orthogonale Abbildungen durch Hintereinanderausfuhrung einfacherer derartiger Abbildungen beschreiben kann Zu diesem Problemkreis vermerken wir einige weitere Ergebnisse

Satz 10.11. *Jeder Automorphismus $\varphi \in O(V_n)$ eines n-dimensionalen euklidischen Vektorraumes V_n laßt sich durch Hintereinanderausfuhrung von hochstens n Spiegelungen φ_v an geeigneten $(n-1)$-dimensionalen Unterraumen U_v von V_n darstellen*

$$\varphi = \varphi_r \qquad \varphi_2 \ \varphi_1 \quad (r \leq n),$$
$$\varphi_v = \varphi_{U_v} \ \textit{gemaß Definition 10F,} \tag{10 10}$$

ist hierbei $\varphi \in SO(V_n)$ so ist die Anzahl r der Spiegelungen gerade

Beweis 1 Ist $\varphi \in O(V_n)$ ein beliebiger orthogonaler Automorphismus und $(e^1, \ , e^n)$ eine Orthonormalbasis von V_n, so erhalten wir in der Form

$$\varphi(e^v) = f^v \quad (v = 1, \ , n) \tag{10 10a}$$

eine neue Orthonormalbasis $(f^1, \ , f^n)$ von V_n Wir machen nun die folgende *Induktionsannahme*

Fur $1 \leq m \leq n$ gibt es einen orthogonalen Automorphismus

$$\psi_{m-1} \ V_n \to V_n \tag{10 10b}$$

mit

(i) ψ_{m-1} entsteht durch Hintereinanderausfuhrung von hochstens $m-1$ Spiegelungen φ_v an geeigneten $(n-1)$-dimensionalen Unterraumen U_v
(ii) Es gilt hierbei

$$\psi_{m-1}(e^\mu) = f^\mu \quad (\mu < m) \tag{10 10c}$$

Fur $m = 1$ ist diese Aussage mit $\psi_0 = \mathrm{id}_{V_n}$ (0 Spiegelungen) richtig
2 Konstruktion von ψ_m Sei dazu

$$e^{'m} = \psi_{m-1}(e^m), \tag{10 10d}$$

dann gilt sicher $e^{'m} \perp f^\mu \ (\mu < m)$

1 Fall $e'^m = f^m = \psi_{m-1}(e^m) = \varphi(e^m)$, dann setzen wir $\psi_{m-1} = \psi_m$ und haben damit ψ_m konstruiert

2 Fall Sei $e'^m \neq f^m$, d h $e'^m - f^m \neq 0_{V_n}$ Dann bilden wir den $(n-1)$-dimensionalen Unterraum (vgl Figur 3)

$$U_m = \{x \in V_n | \langle x, e'^m - f^m \rangle = 0\} = [e'^m - f^m]^\perp \text{ und} \tag{10 10e}$$

die Spiegelung $\varphi_m = \varphi_{L_m}$

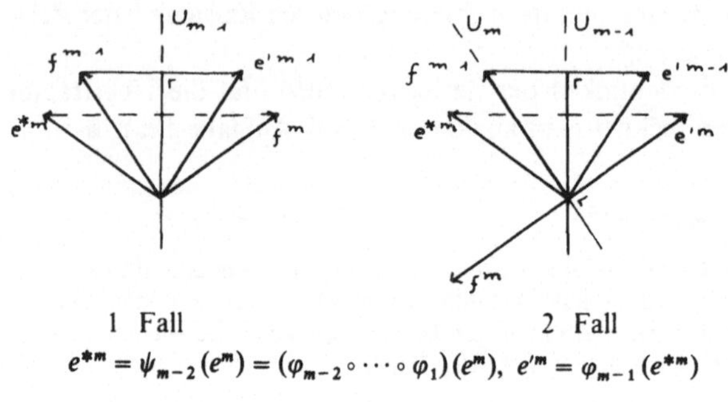

$$e*^m = \psi_{m-2}(e^m) = (\varphi_{m-2} \circ \cdots \circ \varphi_1)(e^m), \quad e'^m = \varphi_{m-1}(e*^m)$$

Figur 3

Dann ist $\varphi_m(x') = x$ fur $x' \in U_m$

Fur $\mu < m$ ist nach Definition $f^\mu \perp f^m$ und wegen der Eigenschaften von ψ_{m-1} ist

$$\varphi_m(\psi_{m-1}(e^\mu)) = \varphi_m(f^\mu) = f^\mu \quad (\mu < m) \tag{10 10f}$$

Wegen $(f^m + e'^m) \perp (f^m - e'^m)$ haben wir somit

$$\varphi_m(f^m + e'^m) = f^m + e'^m,$$
$$\varphi_m(f^m - e'^m) = e'^m - f^m \tag{10 10g}$$

Folglich ist

$$\varphi_m(e'^m) = \tfrac{1}{2}\varphi_m(f^m + e'^m) - \tfrac{1}{2}\varphi_m(f^m - e'^m)$$
$$= \tfrac{1}{2}(f^m + e'^m) - \tfrac{1}{2}(e'^m - f^m) = f^m \tag{10 10h}$$

Wir setzen nun

$$\psi_m = \varphi_m \circ \psi_{m-1}, \tag{10 10i}$$

dann entsteht ψ_m durch Hintereinanderausfuhrung von hochstens m Spiegelungen und $\psi_m(e^\mu) = f^\mu$ ($\mu \leq m$), und dies beweist die Behauptung des Satzes 3 Die Aussage fur $\varphi \in SO(V_n)$ ist klar ∎

Bemerkung 15 Dieser Satz ist eine reine Existenzaussage Man beachte, daß Spiegelungen Gruppenelemente aus $O(V_n)$ der Ordnung 2 sind, wahrend

116

$O(V_n)$ 1 a sehr viele Elemente unendlicher Ordnung enthält (z B Drehungen), also sind die Spiegelungen in (10 10) in der Regel nicht miteinander vertauschbar (vgl Aufgabe 18c) Man kann natürlich in Spezialfällen mit weniger als n Spiegelungen auskommen

Bereits in $\boxed{7}$ wurde gezeigt, daß jede Drehung φ eines 3-dimensionalen euklidischen Raumes eine ebene Drehung ist und daß ihr bzgl einer geeigneten Orthonormalbasis eine Matrix der Form (10 8f) entspricht Wir nennen nun noch eine weitere Beschreibungsmöglichkeit von eigentlich orthogonalen Matrizen durch solche der (10 8f) entsprechenden Form

$$D(1,\alpha) = \begin{pmatrix} 1 & 0 & 0 \\ 0 & \cos\alpha & -\sin\alpha \\ 0 & \sin\alpha & \cos\alpha \end{pmatrix} \quad \text{bzw} \quad D(3,\beta) = \begin{pmatrix} \cos\beta & -\sin\beta & 0 \\ \sin\beta & \cos\beta & 0 \\ 0 & 0 & 1 \end{pmatrix}$$

$$\text{(10 8f)}$$

$$\text{bzw} \quad D(2,\gamma) = \begin{pmatrix} \cos\gamma & 0 & -\sin\gamma \\ 0 & 1 & 0 \\ \sin\gamma & 0 & \cos\gamma \end{pmatrix} \in \mathbf{R}^{3\,3},$$

dabei weist die Zahl darauf hin, an welcher Stelle der Diagonalen die «1» steht und die Winkelangabe weist auf den Drehanteil der in der Matrix steht hin

Satz 10.12. *Jede eigentlich orthogonale Matrix $A = (a_{\mu\nu}) \in \mathbf{R}^{3\,3}$ besitzt (bzgl der orientierten Standardbasis $e^\tau = (e^1, e^2, e^3)$ von $\mathbf{R}^3$) eine Produktzerlegung der Form*

$$A = D(3\ \alpha_3)\ D(1\ \alpha_2)\ D(3,\alpha_1)$$

$$\text{(10 11)}$$

$$= \begin{pmatrix} \cos\alpha_3 & -\sin\alpha_3 & 0 \\ \sin\alpha_3 & \cos\alpha_3 & 0 \\ 0 & 0 & 1 \end{pmatrix} \begin{pmatrix} 1 & 0 & 0 \\ 0 & \cos\alpha_2 & -\sin\alpha_2 \\ 0 & \sin\alpha_2 & \cos\alpha_2 \end{pmatrix} \begin{pmatrix} \cos\alpha_1 & -\sin\alpha_1 & 0 \\ \sin\alpha_1 & \cos\alpha_1 & 0 \\ 0 & 0 & 1 \end{pmatrix},$$

hierbei ist α_2 gemäß (10 11b) und α_3 bzw α_1, falls $\sin\alpha_2 \neq 0$, gemäß (10 11c) bzw (10 11d) bestimmt

Beweis 1 Hat man drei Matrizen wie auf der rechten Seite von (10 11), so erhält man durch formales Ausmultiplizieren

$$\begin{pmatrix} a_{11} & a_{12} & a_{13} \\ a_{21} & a_{22} & a_{23} \\ a_{31} & a_{32} & a_{33} \end{pmatrix} = D(3,\alpha_3) \begin{pmatrix} \cos\alpha_1 & -\sin\alpha_1 & 0 \\ \sin\alpha_1\cos\alpha_2 & \cos\alpha_1\cos\alpha_2 & -\sin\alpha_2 \\ \sin\alpha_1\sin\alpha_2 & \cos\alpha_1\sin\alpha_2 & \cos\alpha_2 \end{pmatrix} \quad \text{(10 11a)}$$

$$= \begin{pmatrix} \cos\alpha_3\cos\alpha_1 - \sin\alpha_3\cos\alpha_2\sin\alpha_1 & -\cos\alpha_3\sin\alpha_1 - \sin\alpha_3\cos\alpha_2\cos\alpha_1 & \sin\alpha_3\sin\alpha_2 \\ \sin\alpha_3\cos\alpha_1 + \cos\alpha_3\cos\alpha_2\sin\alpha_1 & -\sin\alpha_3\sin\alpha_1 + \cos\alpha_3\cos\alpha_2\cos\alpha_1 & -\cos\alpha_3\sin\alpha_2 \\ \sin\alpha_2\sin\alpha_1 & \sin\alpha_2\cos\alpha_1 & \cos\alpha_2 \end{pmatrix}$$

Wir müssen zeigen, daß eine eigentlich orthogonale Matrix A in dieser Form darstellbar ist

2 Falls (10 11a) für A zutrifft, so muß wegen $|a_{33}| \leq 1$ gelten

$$\cos\alpha_2 = a_{33} \quad \text{mit} \quad 0 \leq \alpha_2 \leq \pi, \qquad \text{(10 11b)}$$

wodurch der Winkel α_2 im angegebenen Intervall eindeutig festgelegt ist Wir diskutieren weiter den Fall $a_{33} \neq \pm 1$, d h $\alpha_2 \in \,]0,\pi[$ und somit $\sin\alpha_2 \neq 0$

Wegen $a_{13}^2 + a_{23}^2 = 1 - \cos^2\alpha_2 = \sin^2\alpha_2 \neq 0$ gibt es dann einen eindeutig bestimmten Winkel α_3 mit

$$a_{13} = \sin\alpha_3 \sin\alpha_2, \quad a_{23} = -\cos\alpha_3 \sin\alpha_2$$
$$\text{mit } 0 \leq \alpha_3 < 2\pi \tag{10 11c}$$

Dabei gilt

$$a_{13} \cos\alpha_3 + a_{23} \sin\alpha_3 = 0 \tag{10 11c'}$$

Analog gibt es wegen $a_{31}^2 + a_{32}^2 = \sin^2\alpha_2 \neq 0$ einen eindeutig bestimmten Winkel α_1 mit

$$a_{31} = \sin\alpha_2 \sin\alpha_1, \quad a_{32} = \sin\alpha_2 \cos\alpha_1, \quad 0 \leq \alpha_1 < 2\pi, \tag{10 11d}$$

wobei gilt

$$a_{31} \cos\alpha_1 - a_{32} \sin\alpha_1 = 0 \tag{10 11d}$$

3 Sind die Winkel $\alpha_1, \alpha_2, \alpha_3$ gemäß (10 11b, c, d) bestimmt und $\sin\alpha_2 \neq 0$, so rechnet man leicht nach, daß durch den Ausdruck (10 11a) gerade die vorgegebene eigentlich orthogonale Matrix A geliefert wird, mit ähnlichen Überlegungen kann man auch den Sonderfall $\sin\alpha_2 = 0$ diskutieren, aus den Rechnungen ergibt sich auch, wie weit die Winkel α_i durch A eindeutig bestimmt sind (vgl Aufgabe 20a) ∎

Jede eigentlich orthogonale Matrix A liefert eine Drehung im 3-dimensionalen euklidischen $\mathbf{R}$-Vektorraum $\mathbf{R}^3$ mit Standardbasis $e^T = (e^1, e^2, e^3)$ und Standardskalarprodukt gemäß

$$\mathbf{R}^3 \ni \tilde{x} = \begin{pmatrix} x_1 \\ x_2 \\ x_3 \end{pmatrix} \mapsto \tilde{\varphi}_A(\tilde{x}) = A\,\tilde{x} \in \mathbf{R}^3, \tag{10 11e}$$

hierbei liefert $D(v,\alpha)$ die Drehung um die e^v-Achse mit dem Winkel α Unter der Voraussetzung (10 11) für A ist

$$\tilde{\varphi}_A(\tilde{x}) = A\,\tilde{x} = D(3,\alpha_3)\,D(1,\alpha_2)\,D(3,\alpha_1) \begin{pmatrix} x_1 \\ x_2 \\ x_3 \end{pmatrix}, \tag{10 11f}$$

d h $\tilde{\varphi}_A$ entsteht durch *Hintereinanderausführung der Drehungen* φ_1 um die e^3-Achse mit α_1, dann φ_2 um die e^1-Achse mit dem Winkel α_2 und anschließend φ_3 um die e^3-Achse mit dem Winkel α_3

Definition 10I. Wir nennen (10 11f) die (e^3, e^1, e^3)-*Zerlegung* der Drehung $\tilde{\varphi}_A$ von $\mathbf{R}^3$ und $\alpha_1, \alpha_2, \alpha_3$ die zugehörigen *Eulerschen Winkel* der Drehung $\tilde{\varphi}_A$

Bemerkung 16 Die obigen Überlegungen kann man auch in einem beliebigen 3-dimensionalen euklidischen Raum V mit orientierter Orthonormalbasis e^T durchführen – Analog kann man andere Zusammenstellungen der Drehachse berücksichtigen, wie z B (e^1, e^3, e^1)-Zerlegungen oder (e^1, e^2, e^1)-Zerlegungen usw

Wir zitieren noch einige Regeln, die den Zusammenhang zu anderen Interpretationen von (10 11) aufzeigen Hierzu vergleiche auch LA 1, §3, insbesondere (3 7e') und Satz 3 11 Ist $e^T = (e^1, e^2, e^3)$ eine orientierte Ortho-

118

normalbasis des 3-dimensionalen euklidischen Raumes V_3 und eine ebene Drehung φ gegeben durch

$$V_3 \ni x = \tilde{x}^T\, e \mapsto \varphi(x) = \tilde{\varphi}_A(\tilde{x})^T\, e \text{ mit}$$

$$\tilde{\varphi}_A(\tilde{x}) = A\,\tilde{x}, \quad A \in SO_3(\mathbf{R}) \text{ gemäß } (10\,11) \text{ zerlegt} \tag{10 11g}$$

$$\text{und } \varphi = \varphi_3\, \varphi_2\, \varphi_1,$$

wobei

$$\varphi_i \quad x = \tilde{x}^T\, e \mapsto \varphi_i(\tilde{x}) = \tilde{\varphi}_{A_i}(\tilde{x})^T\, e \quad (i = 1, 2, 3) \text{ mit}$$
$$A_1 = D(3, \alpha_1), \ A_2 = D(1, \alpha_2), \ A_3 = D(3, \alpha_3) \tag{10 11h}$$

Die Bilder von e^1, e^2, e^3 bei $\varphi_1, \varphi_2\ \varphi_1$ und φ kann man jeweils an den Spalten der entsprechenden Matrizen in (10 11). (10 11a) ablesen Andererseits kann man für die Basisspalte e bei diesen Drehungen schreiben

$$\varphi_i(e) = A_i^T\, e \quad (i = 1, 2, 3) \text{ und}$$
$$\varphi(e) = A^T\, e = (A_1^T\ A_2^T\ A_3^T)\, e = (\varphi_3\ \varphi_2\ \varphi_1)(e), \tag{10 11i}$$

wobei hier die transponierten Matrizen A_i^T in umgekehrter Reihenfolge stehen

Bemerkung 17 Gelegentlich werden die Formeln

$$\psi_1(e) = A_3^T \cdot e, \ \psi_2(\psi_1(e)) = A_2^T \cdot \psi_1(e)$$
$$\psi_3(\psi_2(\psi_1(e))) = A_1^T \cdot \psi_2(\psi_1(e)) \text{ mit} \tag{10 11j}$$
$$\varphi(e) = \psi_3(\psi_2(\psi_1(e))) = (\psi_3 \circ \psi_2 \circ \psi_1)(e)$$

zu einer abweichenden geometrischen Interpretation herangezogen (vgl $\boxed{8}$ und Aufgabe 21c)

$\boxed{8}$ Sei $V = \mathbf{R}^3$, $\tilde{\varphi}_A = \varphi$ und φ_i $(i = 1, 2, 3)$ gegeben durch die drei Matrizen gemäß (10 11h, i)

$$A_1 = \begin{pmatrix} 0 & -1 & 0 \\ 1 & 0 & 0 \\ 0 & 0 & 1 \end{pmatrix}, \ A_2 = \begin{pmatrix} 1 & 0 & 0 \\ 0 & \tfrac{1}{2}\sqrt{2} & -\tfrac{1}{2}\sqrt{2} \\ 0 & \tfrac{1}{2}\sqrt{2} & \tfrac{1}{2}\sqrt{2} \end{pmatrix},$$

$$A_3 = \begin{pmatrix} \tfrac{1}{2}\sqrt{3} & -\tfrac{1}{2} & 0 \\ \tfrac{1}{2} & \tfrac{1}{2}\sqrt{3} & 0 \\ 0 & 0 & 1 \end{pmatrix}$$

Dann ist $\tilde{\varphi}_A = \varphi = \varphi_3\ \varphi_2\ \varphi_1$, und es gilt z B (einfache Rechnung)

$$\varphi_1(e^1) = e^2, \varphi_1(e^2) = -e^1, \varphi_1(e^3) = e^3,$$

$$(\varphi_2\ \varphi_1)(e^1) = \tfrac{1}{2}\sqrt{2}(e^2 + e^3), (\varphi_2\ \varphi_1)(e^2) = -e^1,$$

$$(\varphi_2\ \varphi_1)(e^3) = \tfrac{1}{2}\sqrt{2}(-e^2 + e^3) \text{ und}$$

$$\varphi(e^1) = \tfrac{1}{4}\sqrt{2}(-e^1 + \sqrt{3}e^2 + 2e^3), \varphi(e^2) = \tfrac{1}{2}(\sqrt{3}e^1 + e^2),$$

$$\varphi(e^3) = \tfrac{1}{4}\sqrt{2}(e^1 - \sqrt{3}e^2 + 2e^3)$$

Benutzt man jedoch die Zerlegung $\varphi = \psi_3\ \psi_2\ \psi_1$ gemäß (10 11j) so ist z B $\psi_1(e^1) = \tfrac{1}{2}\sqrt{3}e^1 + \tfrac{1}{2}e^2 = (\psi_2\ \psi_1)(e^1)$, $(\psi_2\ \psi_1)(e^2) = \tfrac{1}{4}\sqrt{2}(-e^1 + \sqrt{3}e^2 + 2e^3) = \varphi(e^1)$, $(\psi_2\ \psi_1)(e^3) = \varphi(e^3)$ (vgl auch Figur 4)

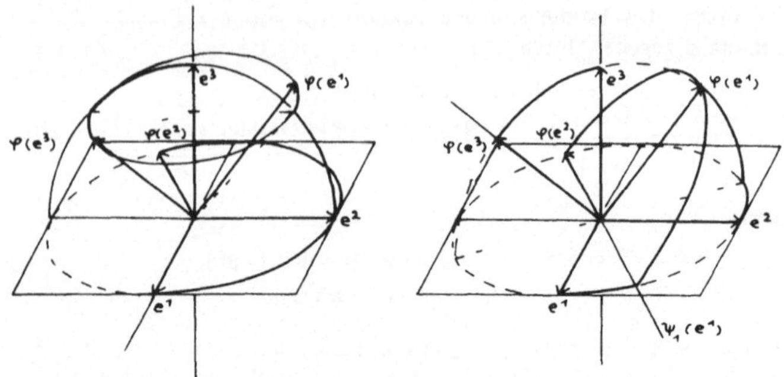

Figur 4

Drehungen 3-dimensionaler euklidischer Raume V_3 mit orientierter Orthonormalbasis $e^I = (e^1, e^2, e^3)$ lassen sich auch leicht mit Hilfe von *Quaternionen* (vgl LA 1, Erganzungen zu §1, insbesondere Lemma 1 3 und Lemma 1 4) beschreiben

$$\mathbf{H} = \{X = a_0 E + a_1 I + a_2 J + a_3 K \mid a_i \in \mathbf{R} \ (i = 0, 1 \ 2, 3)\}$$

(Verknupfung wie in LA 1)

$$V_3 \ni x = \tilde{x}^T \, e = \sum_{i=1}^{3} x_i e^i \longleftrightarrow X = x_1 I + x_2 J + x_3 K \in \mathbf{L} \subseteq \mathbf{H}, \qquad (10\ 12)$$

wobei $\mathbf{L}$ durch $\mathbf{H} = \mathbf{R} \, E \oplus \mathbf{L}$ (als $\mathbf{R}$-Vektorraum) definiert wird

Ist eine Drehung

$\varphi \ \ V_3 \to V_3$ mit $x \mapsto \varphi(x) = x'$ durch

$$\text{Drehachse } e = \sum_{v=1}^{3} \varepsilon_v e^v \text{ mit } \sum_{i=1}^{3} \varepsilon_i^2 = 1 \text{ und} \qquad (10\ 12\mathrm{a})$$

Drehwinkel $\alpha \in [0, 2\pi]$

gegeben, so bilden wir

$$V_3 \ni e \longleftrightarrow E = \varepsilon_1 I + \varepsilon_2 J + \varepsilon_3 K \in \mathbf{L}$$

$$\varphi \longleftrightarrow B_\varphi = \cos\frac{\alpha}{2} E + \sin\frac{\alpha}{2} E \in \mathbf{H} \text{ mit } N(B_\varphi) = 1 \qquad (10\ 12\mathrm{b})$$

$$\text{und } B_\varphi^{-1} = \cos\left(-\frac{\alpha}{2}\right) E + \sin\left(-\frac{\alpha}{2}\right) E \in \mathbf{H}$$

Dann gilt (unter Beachtung von (10 12))

$$V_3 \ni \varphi(x) = x' \longleftrightarrow X' = B_\varphi \, X \, B_\varphi^{-1} \in \mathbf{L}, \qquad (10\ 12\mathrm{c})$$

wie man durch einfache Rechnung bestatigt Die Hintereinanderausfuhrung von Drehungen in V_3 wird dann durch

120

$$\varphi \longleftrightarrow B_\varphi \in \mathbf{H}, \quad \psi \longleftrightarrow B_\psi \in \mathbf{H},$$
$$\psi \,\varphi \longleftrightarrow B_\psi\, B_\varphi \in \mathbf{H}, \; \mathrm{d\,h} \qquad\qquad (10\ 12\mathrm{d})$$
$$(\psi\,\varphi)(\mathfrak{x}) = \mathfrak{x}' \longleftrightarrow X' = (B_\psi\, B_\varphi)\, X\, (B_\varphi^{-1} B_\psi^{-1})$$

beschrieben, wie man durch einfache Rechnung bestätigt, auch Aussagen über die Eulerschen Winkel lassen sich hiermit leicht umschreiben (vgl das nachfolgende Beispiel und Aufgabe 22b)

$\boxed{8\mathrm{a}}$ $V_3 = \mathbf{R}^3,\ e^T = (e^1, e^2, e^3)$ Standardorthonormalbasis

$$\varphi(\tilde{\mathfrak{x}}) = \tilde{\varphi}_A(\tilde{\mathfrak{x}}) \ \mathrm{mit}\ A = D(3\ \alpha)$$

Dann ist $e' = e^3,\ E' = 1\ \ K$ **und**

$$B_\varphi = \cos \frac{\alpha}{2}\, E + \sin \frac{\alpha}{2}\, K, \ \mathrm{d\,h}$$

$$X' = B_\varphi\, X\, B_\varphi^{-1}$$

$$= \left(\cos \frac{\alpha}{2}\, E + \sin \frac{\alpha}{2}\, K\right)(\mathfrak{x}_1 I + \mathfrak{x}_2 J + \mathfrak{x}_3 K)\left(\cos \frac{\alpha}{2}\, E - \sin \frac{\alpha}{2}\, K\right)$$

(vgl Aufgabe 22b)

Man beachte, daß die Interpretationen der Eulerschen Winkel in der Literatur sehr voneinander abweichen

Wir vermerken nun noch einige ergänzende Formeln zu den gemäß Definition 10C 10D erklärten Gruppen

$$U_n(\mathbf{C}) \trianglerighteq SU_n(\mathbf{C}) \ \mathrm{bzw}\ O_n(\mathbf{R}) \trianglerighteq SO_n(\mathbf{R}) \qquad\qquad (10\ 13)$$

Dann gilt für die Faktorgruppen

$$U_n(\mathbf{C})/SU_n(\mathbf{C}) \cong \mathbf{R}/\mathbf{Z} \ (\text{Additivgruppe}),$$
$$O_n(\mathbf{R})/SO_n(\mathbf{R}) \cong \mathbf{Z}/2\ \mathbf{Z}, \qquad\qquad (10\ 13\mathrm{a})$$

weiter ist bei der üblichen Einbettung von $\mathbf{R}^{n\ n}$ in $\mathbf{C}^{n\ n}$

$$O_n(\mathbf{R}) \le U_n(\mathbf{C})$$
$$SO_n(\mathbf{R}) = SU_n(\mathbf{C}) \cap O_n(\mathbf{R}) \qquad\qquad (10\ 13\mathrm{b})$$

Ist $m \in \mathbf{N}$ und $m < n$, so ist bei der Diagonaleinbettung

$$\mathbf{C}^{m\ m} \ni A \longmapsto B = \mathrm{diag}\,(A, 1, \quad 1) \in \mathbf{C}^{n\ n},$$
$$\underbrace{\qquad\qquad}_{(n-m)\text{-mal}}$$
$$U_m(\mathbf{C}) \le U_n(\mathbf{C}),\ SU_m(\mathbf{C}) \le SU_n(\mathbf{C}) \ \mathrm{usw} \qquad (10\ 13\mathrm{c})$$

Man kann darüber hinaus zeigen, daß für das Zentrum $Z_n(\mathbf{C})$ von $U_n(\mathbf{C})$ gilt

$$Z_n(\mathbf{C}) = \{\lambda\ E_{n\ n} \mid \lambda \in \mathbf{C}\ \mathrm{mit}\ |\lambda| = 1\} \trianglelefteq U_n(\mathbf{C}) \qquad (10\ 13\mathrm{d})$$

und nennt dann die Faktorgruppe

$$PU_n(\mathbf{C}) = U_n(\mathbf{C})/Z_n(\mathbf{C}) \cong SU_n(\mathbf{C})/(SU_n(\mathbf{C}) \cap Z_n(\mathbf{C})) \qquad (10\ 13\mathrm{e})$$

die *projektive unitare Gruppe* $PU_n(\mathbf{C})$

Mit Hilfe von unitaren Abbildungen kann man eine Reihe weiterer nutzlicher Satze z B uber die simultane Diagonalisierbarkeit von Matrizen (vgl Aufgabe 23c) herleiten wie auch die nachfolgende Verallgemeinerung von Bemerkung 12 aus §9

Satz 10.13 (*Quadratwurzelsatz*) *Zu jedem selbstadjungierten Endomorphismus φ eines n-dimensionalen unitaren (bzw euklidischen) Raumes V_n mit lauter nicht-negativen reellen Eigenwerten existiert ein selbstadjungierter Endomorphismus ψ von V_n mit nichtnegativen Eigenwerten so daß*

$$\psi^2 = \psi \ \psi = \varphi \tag{10 13f}$$

entsprechendes gilt für die zugehorigen hermiteschen (bzw symmetrischen) Matrizen

Wir erwahnen noch einige Weiterfuhrungen dieser Begriffe In Definition 8M erklarten wir bereits isometrische Abbildungen zwischen allgemeinen Raumen mit Skalarprodukt Man sieht sofort (vgl Aufg 25a))

Bemerkung 18 Ist $(V \ B)$ ein n-dimensionaler K-Vektorraum (Char$(K) \neq 2$) mit Skalarprodukt, so bilden die B-isometrischen Abbildungen φ von V auf sich eine Gruppe bei der Hintereinanderausfuhrung als Verknupfung

$$\text{Aut}_n(V \ B) = \{\varphi \in \text{End}_K(V)| \varphi \ B\text{-Isometrie}\} \tag{10 14}$$

die *Automorphismengruppe von* $(V \ B)$

Dieser Definitionsformalismus kann auch im Fall eines *symplektischen Raumes* $(V \ B)$ im Sinne von §9 Erganzungen d h mit nicht ausgearteter alternierender Form angewendet werden (dann muß $n = 2r$ geradzahlig sein) Man nennt dann

$$Sp_{2r}(K) = \text{Aut}_{2r}(V \ B) \tag{10 14a}$$

auch die *symplektische Gruppe der Dimension* $2r$ uber dem Korper K Ist hierbei eine Basis $\mathfrak{w}$ von V gegeben so daß die Fundamentalmatrix von B die Form $G^B_{\mathfrak{w}}$ aus (9 10d) hat, so besteht $Sp_{2r}(K)$ gerade aus den *symplektischen Matrizen* $P \in K^{2r \ 2r}$ mit

$$P \ G^B_{\mathfrak{w}} \ P^T = G^B_{\mathfrak{w}} \tag{10 14b}$$

Alle diese Matrizen P haben die Determinante

$$\det(P) = 1 \tag{10 14c}$$

Fur einige weitere Eigenschaften vgl auch Aufgabe 25

Aufgaben zu §10

1. a) Fuhre die Rechnungen zu $\boxed{1}$ aus
   b) Sei $\tilde{\varphi}_A \ \mathbb{C}^n \to \mathbb{C}^n$ eine Abbildung mit $A = \text{diag}(\lambda_1, \quad, \lambda_n)$, $|\lambda_\nu| = 1$ $(\nu = 1, \quad, n)$ bzgl der Standardbasis Zeige daß $\tilde{\varphi}_A$ unitar ist
   c) Begrunde die Aussagen von $\boxed{1b}$

2. Sei V der von den auf $\mathbb{R}$ definierten Funktionen $\{1, \cos(\nu x), \sin(\nu x) \ (\nu \in \mathbb{N})\}$ erzeugte $\mathbb{R}$-Vektorraum
   a) Zeige, daß $\langle f, g \rangle = \int_{-\pi}^{\pi} f \ g \ dx$ auf V ein Skalarprodukt definiert und orthonormalisiere das obige Erzeugendensystem von V

122

b) Zeige, daß $\varphi \ V \to V$ mit $f(x) \mapsto f(x + \pi)$ eine unitare Abbildung auf V liefert Ist φ surjektiv?

3. a) Begrunde Lemma 10 1a
   b) Begrunde (10 1i) mit Hilfe von Satz 10 4
   c) Bestatige (10 2c) aus Bemerkung 2

4. a) Sei $V = \mathbf{R}^3$ mit dem Standardskalarprodukt versehen, a^T

$$= ((\tfrac{4}{3}, 0, -\tfrac{3}{5}), (\tfrac{4}{5}, 1, -\tfrac{3}{5}), (\tfrac{7}{3}, 0, \tfrac{1}{5})) \text{ eine Basis von } V \text{ und } \varphi \in \text{End}_\mathbf{R}(V) \text{ durch}$$

$$A^\varphi_a = \begin{pmatrix} \tfrac{1}{3} - \tfrac{2}{3}\sqrt{2} & 1 - \sqrt{2} & 1 \\ 0 & \tfrac{1}{2}\sqrt{2} & -\tfrac{1}{2}\sqrt{2} \\ \tfrac{2}{3}\sqrt{2} & \tfrac{1}{2}\sqrt{2} & \tfrac{1}{2}\sqrt{2} \end{pmatrix}$$

gegeben Zeige, daß ψ orthogonal ist, und bestimme A^φ_e sowie $A^{\varphi*}_a$
   b) Konstruiere eine orthogonale Matrix $A \in \mathbf{R}^{3\,3}$ mit der 1 Zeile $(\tfrac{1}{5}\sqrt{5}, \tfrac{2}{5}\sqrt{5}, 0)$
   c) Fur welche $a, b \in \mathbf{C}$ $(a \neq 0)$ ist die folgende Matrix

$$\begin{pmatrix} \dfrac{\sqrt{2}}{2a}(i - 1) & 0 & -\dfrac{b}{2} \\[2ex] -\dfrac{\sqrt{2}}{2a}(i + 1) & \dfrac{bi}{2} & \dfrac{bi}{2} \\[2ex] 0 & -\dfrac{1}{2}\sqrt{2} & \dfrac{i}{2}\sqrt{2} \end{pmatrix} \in \mathbf{C}^{3\,3}$$

unitar?

5. Es sei $V = \mathbf{R}^2$ mit dem Standardskalarprodukt und $a^{1^T} = (1, -1)$, $a^{2^T} = (\tfrac{1}{2}, 2)$, $b^{1^T} = \tfrac{1}{5}(3, 4)$, $b^{2^T} = \tfrac{1}{5}(-4, 3)$
   a) Zeige, daß $\varphi \ \mathbf{R}^2 \to \mathbf{R}^2$ gegeben durch

$$\varphi(a^1) = \tfrac{1}{5}(2\sqrt{3} + 1)b^1 + \tfrac{1}{5}(-2 + \sqrt{3})b^2,$$

$$\varphi(a^2) = \tfrac{1}{5}(1 - \tfrac{1}{2}\sqrt{3})b^1 + \tfrac{1}{5}(\tfrac{1}{2} + \sqrt{3})b^2$$

eine orthogonale Abbildung ist
   b) Bestimme A^φ_b fur $b^1 = (b^1, b^2)$ Bestimme die bei φ invarianten Unterraume von V
   c) Sei $U = [b^1] \leq V$ Diskutiere die Wirkung von φ auf U

6. a) Es sei V_n ein n-dimensionaler unitarer $\mathbf{C}$-Vektorraum und φ ein unitarer Endomorphismus von V_n Es sei $U \leq V_n$ Zeige, daß $\varphi_{|U}$ eine unitare Abbildung auf U ist Wann ist $\varphi_{|U}$ ein Endomorphismus auf U?
   b) Es sei $A = \text{diag}(A_1, A_2, \ldots, A_r)$ mit $A_\rho \in \mathbf{C}^{n_\rho\,n_\rho}(\rho = 1, \ldots, r)$ Zeige, daß A genau dann unitar ist, wenn alle A_ρ unitar sind

c) Zeige, daß $U(V_n)$ eine Untergruppe von $Gl_n(V_n)$ ist

7. a) Beweise die 2 Aussage von Satz 10 4 mit Hilfe von Lemma 10 1
   b) Fuhre den Beweis von Satz 10 4a aus
   c) Fuhre den Beweis von Satz 10 4b aus

8. Es seien die Matrizen

$$A = \frac{1}{30}\begin{pmatrix} -5 & 6\sqrt{30}\imath & -7\sqrt{5} \\ -6\sqrt{30}\imath & 42 & -6\sqrt{6}\imath \\ -7\sqrt{5} & 6\sqrt{6}\imath & 23 \end{pmatrix} \in \mathbf{C}^{3\ 3} \text{ bzw}$$

$$B = \frac{1}{5}\begin{pmatrix} -7 & 0 & 6 \\ 0 & 5 & 0 \\ 6 & 0 & 2 \end{pmatrix} \in \mathbf{R}^{3\ 3}$$

gegeben Fuhre die Hauptachsentransformation gemaß Satz 10 5 durch und bestimme die zugehorige unitare (bzw orthogonale) transformierende Matrix U

9. a) Fuhre den Beweis der Aussage fur quadratische Formen in Satz 10 5 aus
   b) Formuliere die Aussage fur hermitesche Formen gemaß Bemerkung 8 ausfuhrlich und beweise sie
   c) Beweise Satz 10 5a

10. Bei den nachfolgend genannten arithmetischen Vektorraumen sei jeweils das Standardskalarprodukt $\langle,\rangle$ und die Standardorthonormalbasis $e^T = (e^1, \ldots, e^n)$ zugrundegelegt Bestimme jeweils die Hauptachsenform, die transformierende Matrix U und die Orthonormalbasis f fur

   a) $Q^B(x) = 2x_1^2 + \frac{3}{2}x_2^2 + \frac{3}{2}x_3^2 + x_2x_3$ mit $x = \tilde{x}^T$ e in $V = \mathbf{R}^3$
   b) $Q^H(x) = \frac{11}{6}|x_1|^2 + \frac{4}{3}|x_2|^2 + \frac{11}{6}|x_3^2| - \frac{1}{3}x_1\overline{x_2} - \frac{1}{3}x_2\overline{x_1}$
   $$\qquad - \tfrac{1}{6}\imath x_1\overline{x_3} + \tfrac{1}{6}\imath x_3\overline{x_1} - \tfrac{1}{3}\imath x_2\overline{x_3} + \tfrac{1}{3}\imath x_3\overline{x_2}$$

   mit $x = \tilde{x}^T$ e (hermitesche Form) in $V = \mathbf{C}^3$

   c) $Q^B(x) = \frac{11}{4}x_1^2 + (7 - \frac{3}{2}\sqrt{3})x_2^2 + \frac{1}{2}(3\sqrt{3} - 11)x_1x_2$

   mit $x = \tilde{x}^T$ a, wobei $a^T = (a^1, a^2)$ und $a^{1^T} = \left(\frac{4}{5}, \frac{3}{5}\right)$, $a^{2^T} = \left(\frac{1}{5}, \frac{7}{5}\right)$ in $V = \mathbf{R}^2$ ist

11. a) Zeige, daß $A = \frac{1}{2}\begin{pmatrix} 5 - \imath & -\sqrt{3}(1 + 3\imath) \\ -\sqrt{3}(1 + 3\imath) & 3 + 5\imath \end{pmatrix} \in \mathbf{C}^{2\ 2}$ eine normale Matrix ist, finde eine unitare Matrix $U \in \mathbf{C}^{2\ 2}$, so daß $U^TA\,\bar{U}$ Diagonalmatrix wird
   b) Es sei $(e^1, e^2, e^3) = e^T$ eine Orthonormalbasis eines 3-dimensionalen Raumes V und $\varphi \in \mathrm{End}_\mathbf{C}(V)$ durch $\varphi(e^1) = \frac{1}{\sqrt{3}}(e^1 + \imath e^2 + e^3)$, $\varphi(e^2) = \frac{1}{\sqrt{2}}(\imath e^1 + e^2)$, $\varphi(e^3) = \frac{1}{\sqrt{6}}(e^1 + \imath e^2 - 2e^3)$ gegeben Begrunde, daß φ normal ist und fur alle seine Eigenwerte $|\lambda_\nu| = 1$ gilt

c) Es sei (e^1, e^2) eine Orthonormalbasis des 2-dimensionalen unitaren Raumes V und $\varphi \in \mathrm{End}_{\mathbb{C}}(V)$ durch $\varphi(e^1) = \imath e^2$, $\varphi(e^2) = e^1 + (1 + \imath)e^2$ gegeben Zeige φ ist normal mit $|\det \varphi| = 1$ Ist φ unitar?

12. a) Fuhre den Beweis der zweiten Aussage von Satz 10 6 aus
   b) Beweise Satz 10 6a
   c) Begrunde (10 5b)

13. Es sei V ein n-dimensionaler unitarer (euklidischer) Raum
   a) Zeige $\varphi \in \mathrm{End}(V)$ ist genau dann eine Spiegelung von V, wenn φ selbstadjungiert und unitar (orthogonal) ist
   b) Zeige Die Zuordnung $\varphi \mapsto EV(\varphi, 1)$ liefert eine Bijektion von der Menge der Spiegelungen von V auf die Menge der Unterraume von V
   c) Zeige Jede Spiegelung φ von V ist unitar-kongruent zu einer Matrix der Form (10 6)

14. a) Zeige Eine Matrix der Form $A = \begin{pmatrix} \cos\alpha & \sin\alpha \\ \sin\alpha & -\cos\alpha \end{pmatrix} \in \mathbb{R}^{2\,2}$ liefert stets eine Spiegelung Bestimme eine Orthonormalbasis mit (10 7, 7)
   b) Beweise Bemerkung 10
   c) In $V = \mathbb{R}^3$ sei das Standardskalarprodukt und die Standardorthonormalbasis e gegeben Untersuche, welche der folgenden Basen zu e bzw zueinander gleichorientiert sind

$$\mathfrak{a}^T = \left(\frac{1}{\sqrt{6}}(1, -1, 2), \frac{1}{\sqrt{5}}(0, 2, 1), \frac{1}{\sqrt{30}}(-5, -1, 2) \right),$$

$$\mathfrak{b}^T = \left(\frac{1}{\sqrt{6}}(1, 1, 2), \frac{1}{\sqrt{5}}(0, -2, 1), \frac{1}{\sqrt{30}}(-5, 1, 2) \right),$$

$$\mathfrak{c}^T = \left(\frac{1}{5\sqrt{6}}(1, -7, 10), \frac{1}{5\sqrt{5}}(6, 8, 5), \frac{1}{5\sqrt{30}}(-23, 11, 10) \right)$$

15. a) Zerlege bei den nachfolgend genannten orthogonalen Matrizen B_ν das charakteristische Polynom in $\mathbb{C}[X]$ und bestimme eine Orthonormalbasis, so daß B_ν die Normalform gemäß (10 8a) hat Wie sieht die Normalform von B_ν gemäß Satz 10 6 in $\mathbb{C}^{n\,n}$ aus? Welche dieser Matrizen liefert eine Spiegelung?

$$B_1 = \frac{1}{9} \begin{pmatrix} 1 & 6\sqrt{2} & 0 & -2\sqrt{2} \\ 6\sqrt{2} & 0 & 0 & 3 \\ 0 & 0 & -9 & 0 \\ -2\sqrt{2} & 3 & 0 & 8 \end{pmatrix}, \quad B_2 = \frac{1}{2} \begin{pmatrix} 1 & \sqrt{2} & 0 & -1 \\ 0 & 1 & 1 & \sqrt{2} \\ \sqrt{2} & -1 & 1 & 0 \\ 1 & 0 & -\sqrt{2} & 1 \end{pmatrix},$$

$$B_3 = \frac{1}{12} \begin{pmatrix} 6\sqrt{3} & -\sqrt{6} & 3\sqrt{2} & -2\sqrt{3} \\ \sqrt{6} & 6\sqrt{3} & -2\sqrt{3} & -3\sqrt{2} \\ -3\sqrt{2} & 2\sqrt{3} & 6\sqrt{3} & -\sqrt{6} \\ 2\sqrt{3} & 3\sqrt{2} & \sqrt{6} & 6\sqrt{3} \end{pmatrix}$$

b) Welche der Matrizen B_ν liefern Drehungen? Zerlege sie in ein Produkt ebener Drehungen

c) In $V = \mathbf{R}^2$ sei die Orthonormalbasis $a^T = (a^1, a^2)$, $a^{1^T} = \dfrac{1}{\sqrt 5}(1, -2)$,

$$a^{2^T} = \frac{1}{\sqrt 5}(2,\ 1),\ \text{die Matrix}\ A = \frac{\sqrt 2}{4}\begin{pmatrix} \sqrt 3 - 1 & -\sqrt 3 - 1 \\ \sqrt 3 + 1 & \sqrt 3 - 1 \end{pmatrix}\ \text{und}\ \tilde x^I =$$

$(3\sqrt 5, -\sqrt 5)$ vorgegeben

Zeige, daß A eine Drehung um $75°$ bewirkt, berechne $\mathfrak{f} = A^T\, a$, das Bild $\tilde x' = \tilde\varphi_A(\tilde x)$ sowie die Koordinaten von $x = \tilde x^T\, a$ bzgl a bzw bzgl $\mathfrak{f}$

16. a) Untersuche bei den nachfolgend genannten Matrizen $M_\nu \in \mathbf{R}^{3\,3}$, ob sie Drehungen oder Drehspiegelungen sind, und bestimme gegebenenfalls Drehachse, Drehwinkel bzw Spiegelebene

$$M_1 = \frac{1}{18}\begin{pmatrix} 2 + 8\sqrt 2 & 12 & 4\sqrt 2 - 4 \\ -12 & 9\sqrt 2 & 3\sqrt 2 \\ 4\sqrt 2 - 4 & -3\sqrt 2 & \sqrt 2 + 16 \end{pmatrix},$$

$$M_2 = \frac{1}{4}\begin{pmatrix} 2\sqrt 3 & -2 & 0 \\ \sqrt 2 & \sqrt 6 & -2\sqrt 2 \\ \sqrt 2 & \sqrt 6 & 2\sqrt 2 \end{pmatrix},$$

$$M_3 = \frac{1}{4}\begin{pmatrix} -2\sqrt 3 & \sqrt 2 & \sqrt 2 \\ \sqrt 2 & \sqrt 3 + 2 & \sqrt 3 - 2 \\ \sqrt 2 & \sqrt 3 - 2 & \sqrt 3 + 2 \end{pmatrix}$$

b) Sei im euklidischen Raum $\mathbf{R}^3$ der Vektor $e^T = \dfrac{1}{\sqrt 3}(1,1,1)$ gegeben

Bestimme die Matrix A, die der Drehung um e um $60°$ bzgl der Standardbasis (e^1, e^2, e^3) zugeordnet ist

c) Beweise Korollar 10 9a

17. a) Beweise die Eindeutigkeitsaussage von Satz 10 10 und fuhre die Übertragung auf Matrizen aus

b) Zeige bei den nachfolgend genannten Matrizen, daß sie invertierbar sind, und bestimme ihre Produktzerlegung gemäß (10 9a)

$$A = \begin{pmatrix} 1 & \frac{1}{3}\sqrt 6 & \sqrt 3 \\ 0 & 1 & -\sqrt 3 \\ \sqrt 2 & -\frac{1}{3}\sqrt 3 & -1 \end{pmatrix} \in \mathbf{R}^{3\,3},\quad B = \begin{pmatrix} 1 & \frac{1}{2}\sqrt{2i} \\ \sqrt{2i} & -1 \end{pmatrix} \in \mathbf{C}^{2\,2}$$

18. a) Stelle die nachfolgend genannten Matrizen aus $\mathbf{R}^n$ (aufgefaßt als Abbildungsmatrizen des euklidischen Raumes $\mathbf{R}^n$) als Hintereinanderausführung von Spiegelungen (gemäß Satz 10.11 und seines Beweises) dar

$$A_1 = \frac{1}{\sqrt{2}}\begin{pmatrix} 1 & -1 \\ 1 & 1 \end{pmatrix}, \qquad A_2 = \begin{pmatrix} -1 & 0 \\ 0 & -1 \end{pmatrix}$$

$$A_3 = \begin{pmatrix} 0 & 1 & 0 \\ \dfrac{1}{2} & 0 & \dfrac{1}{2}\sqrt{3} \\ \dfrac{1}{2}\sqrt{3} & 0 & -\dfrac{1}{2} \end{pmatrix}, \qquad A_4 = -\frac{1}{3\sqrt{2}}\begin{pmatrix} -4 & -1 & 0 \\ 1 & 2 & 3 \\ 1 & 2 & 3 \end{pmatrix}$$

b) Löse die gleiche Aufgabe für B_1, B_2 aus **15.** a)

c) Sind diese Darstellungen eindeutig?

d) Begründe, daß Spiegelungen im allgemeinen nicht vertauschbar sind

19. a) Zeige, daß die Matrix

$$A = \frac{1}{4}\begin{pmatrix} -\sqrt{2}\left(1+\frac{1}{2}\sqrt{3}\right) & \sqrt{2}\left(1-\frac{1}{2}\sqrt{3}\right) & 3 \\ \sqrt{2}\left(\sqrt{3}-\frac{1}{2}\right) & -\sqrt{2}\left(\sqrt{3}+\frac{1}{2}\right) & \sqrt{3} \\ \sqrt{6} & \sqrt{6} & 2 \end{pmatrix} \in \mathbf{R}^{3,3}$$

eigentlich orthogonal ist. Bestimme die $(e^3\ e^1\ e^3)$-Zerlegung der Drehung $\tilde{\varphi}_A$ von $\mathbf{R}^3$ sowie die zugehörigen Eulerschen Winkel $\alpha_1\ \alpha_2\ \alpha_3$. Wie weit sind diese eindeutig bestimmt?

b) Bestimme die Eulerschen Winkel der Matrizen

$$B = \begin{pmatrix} -\frac{1}{2}\sqrt{3} & -\frac{1}{2} & 0 \\ \frac{1}{2} & -\frac{1}{2}\sqrt{3} & 0 \\ 0 & 0 & 1 \end{pmatrix}, \quad C = \begin{pmatrix} -\frac{1}{2}\sqrt{3} & \frac{1}{2} & 0 \\ \frac{1}{2} & \frac{1}{2}\sqrt{3} & 0 \\ 0 & 0 & -1 \end{pmatrix},$$

zeige, daß diese nicht eindeutig bestimmt sind

c) Bestimme die (e^1,e^3,e^1)-Zerlegung und die $(e^1,e^2\ e^1)$-Zerlegung der Matrizen A, B, C

20. a) Begründe den Beweisschritt 3 von Satz 10.12 ausführlich

b) Diskutiere den Sonderfall $\sin\alpha_2 = 0$ im Beweis von Satz 10.12

c) Zeige, daß die Eulerschen Winkel genau dann eindeutig bestimmt sind $(\alpha_2\in[0,\pi[$, wenn $\tilde{\varphi}_A(e^3) \neq \pm e^3$ ist

21. Es seien in $\mathbf{R}^{3,3}$ die Matrizen $A_1 = D\left(3,\frac{3\pi}{2}\right)$, $A_2 = D\left(1\ \frac{3\pi}{4}\right)$ und $A_3 = D\left(3,\frac{5\pi}{12}\right)$ gegeben und $\varphi_i = \tilde{\varphi}_{A_i}$, $(i=1,2,3)$ wie in $\boxed{8}$ bzw. ψ_i $(i=1,2,3)$ gemäß (10.11) gegeben

a) Schreibe die Matrizen A_i explizit auf

b) Berechne $\varphi_1(e^j)$, $(\varphi_2\,\varphi_1)(e^j)$, $(\varphi_3\,\varphi_2\,\varphi_1)(e^j)$ sowie $\psi_1(e^j)$, $(\psi_2\,\psi_1)(e^j)$, $(\psi_3\,\psi_2\,\psi_1)(e^j)$ für Einheitsvektoren e^j $(j = 1, 2, 3)$

c) Welche geometrische Bedeutung haben diese verschiedenen Darstellungen?

22. a) Führe die Rechnungen zu den Formeln (10 12b), (10 12c) und (10 12d) aus

b) Führe die in $\boxed{8a}$ genannten Rechnungen vollständig aus, diskutiere die Fälle $e = e^1$ bzw $e = e^2$ und vergleiche das Ergebnis mit (10 11f)

c) Schreibe die Matrix A aus **19.** a) als Hintereinanderausführung von Drehungen in der Quaternionenschreibweise (10 12d) und vergleiche dies mit **19.** a)

d) Sei durch

$$A = \frac{1}{4}\begin{pmatrix} 3 & -\sqrt{6} & 1 \\ \sqrt{6} & 2 & -\sqrt{6} \\ 1 & \sqrt{6} & 3 \end{pmatrix} \in \mathbf{R}^{3\,3}$$

eine Drehung von $\mathbf{R}^3$ gegeben Zeige, daß der Drehwinkel $\alpha = \dfrac{\pi}{3}$ ist, bestimme mit Quaternionendarstellung die Drehachse e

23. a) Begründe die Formeln (10 13) sowie (10 13a, b, c, d, e)

b) Man begründe, daß $[U_2(\mathbf{C})\,O_2(\mathbf{R})] = \infty$ ist, man konstruiere sich unendlich viele paarweise inäquivalente (bzgl $O_2(\mathbf{R})$) Elemente von $U_2(\mathbf{C})$

c) Es seien A und $B \in \mathbf{C}^{n\,n}$ hermitesche Matrizen Zeige Genau dann, wenn $A\,B = B\,A$ ist, gibt es eine invertierbare Matrix P, so daß PAP^{-1} und PBP^{-1} gleichzeitig Diagonalmatrizen sind

24. a) Beweise Satz 10 13

b) Es sei

$$A = \begin{pmatrix} 7 & -2 & 0 \\ -2 & 6 & -2 \\ 0 & -2 & 5 \end{pmatrix} \in \mathbf{R}^{3\,3} \text{ und } \varphi = \tilde{\varphi}_A$$

Zeige, daß die Voraussetzungen von Satz 10 13 erfüllt sind und bestimme ψ

c) Löse die entsprechende Aufgabe für

$$B = \begin{pmatrix} 1 & i & 0 \\ -i & 2 & 1-i \\ 0 & 1+i & 2 \end{pmatrix} \in \mathbf{C}^{3\,3}$$

25. a) Begründe Bemerkung 18

b) Bestätige für symplektische Matrizen die Aussagen (10 14b, c)

c) Zeige, daß $Sp_2(K) \cong \{P \in K^{2\,2} \mid \det(P) = 1\}$

d) Sei K ein endlicher Körper mit $|K| = q$ Elementen und $r \geq 1$ Zeige

$$|Sp_{2r}(K)| = q^{r^2} \prod_{\rho=1}^{r} (q^{2\rho} - 1)$$

Kapitel IV
Grundtatsachen aus der multilinearen Algebra

In diesem Kapitel IV sollen einige Begriffe der multilinearen Algebra hergeleitet werden und zwar in der Allgemeinheit, wie sie bei den Anwendungen in der Analysis und Geometrie und in der Physik zunachst benotigt werden Viele der hier einzufuhrenden Gegenstande ließen sich auch unter sehr viel allgemeineren Voraussetzungen behandeln und werden unter diesen, insbesondere in der Algebra, verwendet, der Weg zu diesen Verallgemeinerungen soll zumindest angedeutet werden

Der grundlegende Begriff dieser Theorie, der der multilinearen Abbildungen, schließt an folgende fruher (LA 1) diskutierten Bildungen an und verallgemeinert diese K-Vektorraume, K-lineare Abbildungen, lineare Funktionen und Dualraume, bilineare Funktionen und Skalarprodukte auf $V^* \times V$ sowie Determinanten Einige der eben erwahnten Gegenstande lassen sich auch fur R-Moduln einfuhren, wie wir bereits in LA 1 sahen, entsprechendes wird fur einige Gegenstande dieses Kapitels gelten Wir werden deshalb dort, wo es keinen zusatzlichen rechnerischen Aufwand erfordert, die Ansatze sogar fur R-Moduln formulieren und jeweils einige zusatzliche Bemerkungen in den Erganzungen zu den beiden Paragraphen des Kapitels formulieren Unser Hauptaugenmerk gilt jedoch dem Fall der K-Vektorraume, insbesondere denen von endlicher Dimension

Wir beginnen deshalb den §11 mit der Diskussion n-fach linearer Abbildungen von K-Vektorraumen (bzw R-Moduln) und einigen wichtigen Eigenschaften und Beispielen hierzu Dann wird das Tensorprodukt von n K-Vektorraumen (bzw R-Moduln) $V_1, \quad, V_n$ begrifflich als allgemeines Objekt (K-Vektorraum bzw R-Modul) charakterisiert, uber das sich alle n-fach linearen Abbildungen von $V_1 \times \quad \times V_n$ durch Faktorisierung gewinnen lassen Wir weisen fur endlich-dimensionale K-Vektorraume die Existenz und Eindeutigkeit dieser Bildung durch eine direkte Konstruktion nach, ein mehr begrifflicher Existenzbeweis auch fur R-Moduln wird skizziert (Ausfuhrung in den Erganzungen) Einige Isomorphieregeln fur Tensorprodukte sowie Beispiele schließen sich an, insbesondere wird kurz auf Grundringerweiterungen eingegangen Der Begriff des Tensorprodukts von K-Vektorraumhomomorphismen (R-Modulhomomorphismen, gemaß Definition 11D und Satz 11 5) gestattet es, im Fall endlich-dimensionaler K-Vektorraume V_i, n-fache Multilinearformen auf $V_1 \times \ \times V_n$ als Elemente aus dem Tensorprodukt $V_1^* \otimes \ \otimes V_n^*$ der Dualraume zu charakterisieren Dies fuhrt zu Tensorraumen V_p^q und ihren Elementen, den p-fach kontravarianten und q-fach kovarianten Tensoren, und ihren ersten Eigenschaften Auf die Interpretation und Besonderheiten der hier verwendeten Indexschreibweise wird hinge-wiesen   In den Erganzungen werden zunachst die Beweisideen zu einigen zentralen Satzen der Tensorproduktbildung bei R-Moduln genauer ausgefuhrt sowie auf Weiterfuhrungen und Beispiele hinge-wiesen Einige Bemerkungen uber R-Algebren und ihre Tensor-produkte, und Beispiele hierzu, sowie uber Koordinaten von Tensoren und ihre Transformationsregeln beschließen diese Erganzungen – Zu den verschiedenen Gegenstanden sind wieder rechnerische und theoretische Aufgaben verschiedener Schwierigkeitsgrade angefugt

In Spezialisierung von Ansatzen aus §11 fuhren wir im §12 zunachst alternierende r-fach lineare Abbildungen von V^r in W und dann alternierende Linearformen und Determinantenfunktionen ein und untersuchen sie In Analogie zur Tensorproduktbildung werden r-fach alternierende Produkte $\wedge^r V$ von Vektorraumen V definiert und ihre Existenz und Eindeutigkeit nachgewiesen, außere Produkte von r-Vektoren und s-Vektoren diskutieren wir anschließend Die Unter-suchung von nichttrivialen Determinantenfunktionen fuhrt zu einem neuen Zugang zum Begriff von Determinanten von Matrizen und Endomorphismen und der Herleitung weiterer Rechenregeln fur diese Bildungen und zu weiteren Anwendungen Hierzu gehoren Orientie-rungen von Vektorraumbasen uber geordneten Korpern sowie Vektor-produkt und Spatprodukt in dreidimensionalen $\mathbf{R}$-Vektorraumen Antisymmetrische Abbildungen sowie andere Zugange zu alternie-renden Produkten und Verallgemeinerungen werden in den Ergan-zungen behandelt Die Definition der außeren Algebra sowie der wich-tige Anwendungsfall der alternierenden Differentialformen runden diesen Gegenstand ab Schließlich geben wir noch einige Regeln uber mehrfache Vektorprodukte dreidimensionaler Raume an, die in der spharischen Trigonometrie angewendet werden konnen Fur die Auf-gaben zu §12 gilt sinngemaß das fruher Gesagte

§11 Tensorprodukte, Tensoren

Der nachfolgend diskutierte Gegenstand der Vektorraumtheorie laßt sich weitgehend auch auf R-Moduln ubertragen Fur die erste Lekture

130

und insbesondere für den hauptsächlich an praktischen Anwendungen Interessierten genügt es jedoch, zunächst nur an K-Vektorräume zu denken. Es sei also

$$K \text{ ein (kommutativer) Körper}$$
$$(\text{bzw. } R \text{ ein kommutativer Ring mit Einselement 1});\qquad (11.1)$$

weiter bedeuten

$$V_1, \ldots, V_n, W \quad K\text{-Vektorräume (bzw. } R\text{-Moduln).} \qquad (11.1a)$$

Bemerkung 1. Einige der nachfolgenden Ergebnisse gelten in abgeschwächter und modifizierter Form auch bei nichtkommutativem Ring R (vgl. hierzu auch die Ergänzungen zu §11). – Im vorliegenden Fall (R kommutativ) gehen wir von R-Linksmoduln aus; doch lassen sich diese wegen der Kommutativität von R gemäß LA 1, §2, Bemerkung 7 auch als R-Rechtsmoduln interpretieren.

Wir beginnen nun mit

Definition 11A. Für K-Vektorräume (bzw. R-Moduln) $V_1, \ldots, V_n$, W gemäß (11.1), (11.1a) heißt eine Abbildung

$$\varphi_n\colon V_1 \times V_2 \times \ldots \times V_n \to W, \text{ d.h.}$$
$$V_1 \times \ldots \times V_n \ni (x^1, \ldots, x^n) \mapsto \varphi_n(x^1, \ldots, x^n) \in W, \qquad (11.1b)$$

die für jedes Argument $x, \nu \in \{1, 2, \ldots, n\}$ K-linear (bzw. R-linear) ist, d.h.

$$\varphi_n(x^1, \ldots, x^{\nu-1}, \rho \cdot x^\nu + \mu \cdot y^\nu, x^{\nu+1}, \ldots, x^n)$$
$$= \rho \cdot \varphi_n(x^1, \ldots, x^{\nu-1}, x^\nu, x^{\nu+1}, \ldots, x^n)$$
$$+ \mu \cdot \varphi_n(x^1, \ldots, x^{\nu-1}, y^\nu, x^{\nu+1}, \ldots, x^n) \qquad (11.1c)$$
$$(\rho, \mu \in K \text{ (bzw. } \in R); \; x^\nu, y^\nu \in V_\nu, \nu = 1, \ldots, n),$$

eine *multilineare* oder genauer *n-fach lineare Abbildung*; ist hierbei speziell $W = K$ (bzw. $W = R$), so nennen wir φ_n gemäß (11.1b, c) eine *multilineare* oder *n-fach lineare Funktion* oder *Form*. Weiter bezeichne

$$L^n(V_1, \ldots, V_n; W) := \{\varphi_n \mid \varphi_n\colon V_1 \times \ldots \times V_n \to W,$$
$$\varphi_n \; n\text{-fach linear}\} \qquad (11.1d)$$

die Gesamtheit der n-fach linearen Abbildungen dieser Vektorräume (bzw. R-Moduln).

Wir zitieren zunächst einige Beispiele für derartige Bildungen.

$\boxed{1}$ Für $n = 1$ ist

$$\operatorname{Hom}_K(V_1, W) = L^1(V_1; W), \tag{11.1e}$$

d.h. wir haben die Gesamtheit der K-Homomorphismen von V_1 in W.

$\boxed{1a}$ Die K-linearen Funktionen auf $V = V_1$, d.h. $n = 1$ und $W = K$, bilden den dualen Vektorraum (vgl. LA 1, §4)

$$V^* = \operatorname{Hom}(V, K) = L^1(V; K). \tag{11.1f}$$

$\boxed{1b}$ Für $n = 2$ und $W = K$ ist jedes $B(x^1, x^2) \in L^2(V_1, V_2; K)$ eine bilineare Funktion (vgl. §8), wie z.B. $B(x^*, x) = \langle x^*, x \rangle \in L^2(V^*, V; K)$.

$\boxed{1c}$ Für einen n-dimensionalen freien arithmetischen R-Modul $V = R^n$ liefert die Determinante (vgl. LA 1, §1)

$$D\colon V \times \ldots \times V \longrightarrow R$$
$$(x^1, \ldots, x^n) \mapsto D(x^1, \ldots, x^n)$$

eine n-fach lineare Funktion, d.h. $D \in L^n(V, \ldots, V; R)$.

Wenden wir die Linearität in jedem Argument gemäß (11.1c) mehrfach an, so erhält man nach dem Muster von Lemma 8.1 bzw. LA 1, §4, (4.5d) im Spezialfall sofort

Bemerkung 2. Sind $V_1, \ldots, V_n$ endlich-dimensionale K-Vektorräume, ist jeweils

$$\mathfrak{a}_v^T = (a^{v,1}, \ldots, a^{v,d_v}) \quad K\text{-Basis von } V_v,$$
$$\dim_K(V_v) = d_v \quad (v = 1, \ldots, n), \tag{11.1g}$$

und ist $\varphi_n \in L^n(V_1, \ldots, V_n; W)$ eine n-fach lineare Abbildung, dann folgt

$$\varphi_n(x^1, \ldots, x^n)$$
$$= \sum_{i_1=1}^{d_1} \cdots \sum_{i_n=1}^{d_n} \xi_{1,i_1} \cdot \xi_{2,i_2} \cdots \xi_{n,i_n} \cdot \varphi_n(a^{1,i_1}, \ldots, a^{n,i_n})$$
$$\text{für } x^v = \sum_{i_v=1}^{d_v} \xi_{v,i_v} \cdot a^{v,i_v} \in V_v \quad (v = 1, \ldots, n), \tag{11.1h}$$

wobei

$$\varphi_n(a^{1 \cdot i_1}, \ldots, a^{n \cdot i_n}) \in W \ (K\text{-Vektorraum})$$
$$(i_v = 1, \ldots, d_v; v = 1, \ldots, n); \tag{11.1i}$$

umgekehrt sind so erklärte Ausdrücke offensichtlich Abbildungen aus $L^n(V_1, \ldots, V_n; W)$.

Wir behaupten nun

Satz 11.1. *Für K-Vektorräume (bzw. R-Moduln) $V_1, \ldots, V_n$, W ist auch die Abbildungsmenge $L^n(V_1, \ldots, V_n; W)$ bei den Verknüpfungen*

$$(\varphi_n + \psi_n)(x^1, \ldots, x^n) := \varphi_n(x^1, \ldots, x^n) + \psi_n(x^1, \ldots, x^n),$$
$$(\lambda \cdot \varphi_n)(x^1, \ldots, x^n) := \lambda \cdot \psi_n(x^1, \ldots, x^n) \tag{11.2}$$
$$\text{für } \varphi_n, \psi_n \in L^n(V_1, \ldots, V_n; W), \quad \lambda \in K \ (bzw. \ \lambda \in R)$$

ein K-Vektorraum (bzw. R-Modul). Ist $n > 1$, so gilt die K-Vektorraum-(bzw. R-Modul-) Isomorphie

$$L^1(V_1; L^{n-1}) = \mathrm{Hom}(V_1, L^{n-1}) \cong L^n(V_1, \ldots, V_n; W) =: L^n,$$
$$\text{wobei } L^{n-1} := L^{n-1}(V_2, \ldots, V_n; W) \tag{11.2a}$$

bei der Zuordnung α

$$L^1(V_1; L^{n-1}) \ni \varphi_1 \mapsto \alpha(\varphi_1) \in L^n \text{ mit}$$
$$(\alpha(\varphi_1))(x^1, \ldots, x^n) = \varphi_1(x^1)(x^2, \ldots, x^n) \in W, \tag{11.2b}$$
$$\text{wobei } V_1 \ni x^1 \mapsto \varphi_1(x^1) \in L^{n-1}(V_2, \ldots, V_n; W).$$

Beweis. 1. Wie im Falle der linearen Abbildungen (vgl. LA 1, §2, Lemma 2.8) verifiziert man zunächst, daß $\varphi_n + \psi_n$ bzw. $\lambda \cdot \varphi_n$ gemäß (11.2) wieder aus $L^n(V_1, \ldots, V_n; W)$, d.h. n-fach lineare Abbildungen sind. Anschließend rechnet man nach (vgl. auch LA 1, §2), daß $L^n(V_1, \ldots, V_n; W)$ bzgl. der Verknüpfungen $\varphi_n + \psi_n$ und $\lambda \cdot \varphi_n$ gemäß (11.2) alle Rechenregeln eines K-Vektorraumes (bzw. R-Moduls) erfüllt; also ist $L^n(V_1, \ldots, V_n; W)$ ein K-Vektorraum (bzw. R-Modul) mit der n-fach linearen Nullabbildung als Nullelement, d.h.

$$\mathbf{0}_{L^n}: \ (x^1, \ldots, x^n) \mapsto \mathbf{0}_W$$
$$\text{für alle } (x^1, \ldots, x^n) \in V_1 \times \ldots \times V_n. \tag{11.2c}$$

2. Zum Nachweis der K-Vektorraum- (bzw. R-Modul-) Isomorphie gemäß (11.2a) diskutieren wir zunächst die Zuordnung α: $\varphi_1 \mapsto \alpha(\varphi_1)$ gemäß (11.2b). $\varphi_1(x^1) \in L^{n-1} = L^{n-1}(V_2, \ldots, V_n; W)$ ist somit linear in den Argumenten $x^2, \ldots, x^n$, also ist auch $(\alpha(\varphi_1))(x^1, \ldots, x^n)$ linear in den Argumenten $x^2, \ldots, x^n$. Da $\varphi_1(\lambda \cdot x^1 + \mu \cdot y^1) = \lambda \cdot \varphi_1(x^1) + \mu \cdot \varphi_1(y^1)$ für $\lambda, \mu \in K$ (bzw. $\in R$) und $x^1, y^1 \in V_1$ und L^{n-1} nach 1. ein K-Vektorraum (bzw. R-Modul) ist, folgt die Linearität von $\alpha(\varphi_1)$ auch im 1. Argument. Also ist $\alpha(\varphi_1) \in L^n$. Weiter verifiziert man sofort, daß α: $L^1(V_1; L^{n-1}) \to L^n$ ein K-Vektorraum- (bzw. R-Modul-) Homomorphismus ist. Wir betrachten jetzt die Zuordnung β mit

$$L^n \ni \varphi_n \mapsto \beta(\varphi_n) \in L^1(V_1; L^{n-1}) \text{ mit}$$
$$\beta(\varphi_n)(x^1)\colon V_2 \times \ldots \times V_n \to W, \text{ wobei}$$
$$\beta(\varphi_n)(x^1)(x^2, \ldots, x^n) := \varphi_n(x^1, \ldots, x^n) \tag{11.2d}$$
$$\text{für } x^\nu \in V_\nu \quad (\nu = 1, \ldots, n).$$

Mit dieser Festsetzung folgt, daß $\beta(\varphi_n)(x^1)$ in den Argumenten $x^2, \ldots, x^n$ linear ist und daß $\beta(\varphi_n)$ eine lineare Abbildung von V_1 nach L^{n-1} liefert; also ist tatsächlich $\beta(\varphi_n) \in L^1(V_1; L^{n-1})$. Schließlich rechnet man noch nach, daß β gemäß (11.2d) eine K-lineare (bzw. R-lineare) Abbildung ist.

3. Unter Benutzung der Festsetzungen (11.2b, d) gilt

$$(\alpha \circ \beta)(\varphi_n)(x^1, \ldots, x^n) = \alpha(\beta(\varphi_n))(x^1, \ldots, x^n)$$
$$= \beta(\varphi_n)(x^1)(x^2, \ldots, x^n)$$
$$= \varphi_n(x^1, \ldots, x^n) \quad \text{für alle } x^\nu \in V_\nu \ (\nu = 1, \ldots, n),$$

also ist

$$\alpha \circ \beta = id_{L^n}. \tag{11.2e}$$

Analog bestätigt man

$$\beta \circ \alpha = id_{L^1(V_1; L^{n-1})}, \tag{11.2e'}$$

woraus folgt, daß α ein Isomorphismus ist. ∎

$\boxed{1\text{d}}$ Sei $n > 2$ und $V_1 = V_2 = \ldots = V_n = W = K$, d.h. eindimensionale K-Vektorräume. Betrachte

$$\varphi_n: (x^1, x^2, \ldots, x^n) \mapsto \varphi_n(x^1, \ldots, x^n) := x^1 \cdot x^2 \cdots \cdots x^n$$
$$(x^\nu \in K, \nu = 1, \ldots, n);$$

dies ist eine n-fach lineare Abbildung, d.h. $\varphi_n \in L^n$. Dann ist

$$\beta(\varphi_n) = :\varphi_1: V_1 \longrightarrow L^{n-1} \text{ mit } x^1 \mapsto \beta(\varphi_n)(x^1) = \varphi_1(x^1) \text{ und}$$
$$\alpha(\varphi_1)(x^1, \ldots, x^n) = \varphi_1(x^1)(x^2, \ldots, x^n) = \varphi_n(x^1, \ldots, x^n)$$
$$= x^1 \cdots \cdots x^n.$$

Bemerkung 3. Da eine Permutation π der Argumente $x^1, \ldots, x^n$ in $\varphi_n(x^1, \ldots, x^n)$ einen K- (bw. R-) Isomorphismus γ

$$L^n(V_1, \ldots, V_n; W) \cong L^n(V_{\pi(1)}, \ldots, V_{\pi(n)}; W) \text{ mit} \tag{11.2f}$$
$$(\gamma(\varphi_n) = :\varphi_n')(x^{\pi(1)}, \ldots, x^{\pi(n)}) := \varphi_n(x^1, \ldots, x^n)$$

liefert, hätte man die Schachtelung in (11.2a) anstelle von V_1 auch mit einem der anderen Räume V_ν durchführen können, d.h.

$$L^1(V_\nu; L^{n-1}(V_1, \ldots, V_{\nu-1}, V_{\nu+1}, \ldots, V_n; W)) \tag{11.2f'}$$
$$\cong L^n(V_1, \ldots, V_n; W).$$

Da im Fall $W = K$ stets $V_\nu^* = L^1(V_\nu; K)$ ist, folgt speziell

Bemerkung 4. Für K-Vektorräume V_1, V_2 ist

$$L^2(V_1, V_2; K) \cong L^1(V_1; V_2^*) \cong L^1(V_2; V_1^*). \tag{11.2g}$$

Für endlich-dimensionale K-Vektorräume V_1 und W ist nach LA 1, §3, Satz 3.9

$$\dim_K(L^1(V_1; W)) = \dim_K(\mathrm{Hom}_K(V_1, W))$$
$$= \dim_K(V_1) \cdot \dim_K(W),$$

und somit erhalten wir aus (11.2a) sofort durch einen einfachen Induktionsschluß nach der Zahl der Vektorräume:

Satz 11.1a. *Sind $V_1, \ldots, V_n, W$ endlich-dimensionale K-Vektorräume, so ist auch $L^n(V_1, \ldots, V_n; W)$ endlich-dimensional über K mit*

$$\dim_K(L^n(V_1, \ldots, V_n; W))$$
$$= \dim_K(V_1) \cdot \ldots \cdot \dim_K(V_n) \cdot \dim_K(W). \tag{11.2h}$$

Bemerkung 5. Man könnte die Aussage (11.2h) bei Benutzung von Bemerkung 2 auch leicht direkt beweisen (vgl. Aufgabe 1c)).

Der nachfolgend diskutierte wichtige Begriff des Tensorproduktes kann entweder durch eine direkte algebraische Konstruktion oder durch eine inhaltliche Charakterisierung eingeführt werden. Wir wählen die letzte Variante und formulieren die

Definition 11B. Sind $V_1, V_2, \ldots, V_n$ $(n \geq 2)$ K-Vektorräume (bzw. R-Moduln) gemäß (11.1), (11.1a), so heißt ein K-Vektorraum (bzw. R-Modul) T *Tensorprodukt von* $V_1, \ldots, V_n$ *über* K (bzw. R), in Zeichen:

$$T = V_1 \otimes V_2 \otimes \cdots \otimes V_n, \quad \text{genauer:}$$

$$T = V_1 \otimes_K V_2 \otimes_K \cdots \otimes_K V_n \tag{11.3}$$

$$(\text{bzw. } T = V_1 \otimes_R V_2 \otimes_R \cdots \otimes_R V_n),$$

falls es eine n-fach lineare Abbildung

$$\psi_T \colon V_1 \times V_2 \times \ldots \times V_n \to T, \text{ d.h.}$$
$$\psi_T \in L^n(V_1, V_2, \ldots, V_n; T) \tag{11.3a}$$

gibt, die *zugehörige kanonische Abbildung*, so daß gilt:

(TP_1): $T = [\psi_T(x^1, x^2, \ldots, x^n)| \ x^\nu \in V_\nu \ (\nu = 1, \ldots, n)]$,

      d.h. T wird erzeugt von den Elementen $\psi_T(x^1, \ldots, x^n)$.

(TP_2): Für jeden K-Vektorraum (bzw. R-Modul) W und jede n-fach lineare Abbildung $\varphi_n \in L^n(V_1, \ldots, V_n; W)$ existiert eine eindeutig bestimmte lineare Abbildung $\theta \in \mathrm{Hom}(T, W) = L^1(T; W)$ mit

$$\varphi_n = \theta \circ \psi_T. \tag{11.3b}$$

Bemerkung 6. Die letzte Bedingung bedeutet, daß das folgende Diagramm kommutativ wird:

$$V_1 \times V_2 \times \ldots \times V_n \xrightarrow{\ \psi_T\ } T$$

$$\varphi_n \searrow \qquad \swarrow \theta \qquad \text{, d.h} \tag{11.3b$'$}$$

$$W$$

$$\varphi_n(x^1, \ldots, x^n) = \theta(\psi_T(x^1, \ldots, x^n)) \text{ für alle } x^\nu \in V_\nu \ (\nu = 1, \ldots, n);$$

136

man sagt dann auch, jedes n-fach lineare φ_n *ist über* ψ_T *faktorisierbar.* Hierbei ist θ durch φ_n, T und ψ_T eindeutig festgelegt. Man kann die Anforderungen an das Tensorprodukt, so wie sie in (TP_1) und (TP_2) formuliert wurden, noch geringfügig modifizieren, vgl. Aufgabe 14.

Besonders wichtig ist diese Konstruktion für den Fall $n = 2$ und K-Vektorräume V_1, V_2 (vgl. $\boxed{2b}$ und Aufgabe 5a)).

Zur Frage, ob solche Tensorprodukte stets existieren und wie weit sie eindeutig bestimmt sind, formulieren wir zunächst den folgenden

Satz 11.2. *Unter den Voraussetzungen und Bezeichnungen von Definition 11B existiert stets ein Tensorprodukt von* $V_1, \ldots, V_n$, *d.h. ein K-Vektorraum (bzw. R-Modul) T mit zugehöriger kanonischer Abbildung* ψ_T, *und dieses Tensorprodukt ist als K-Vektorraum (bzw. R-Modul) bis auf Isomorphie eindeutig bestimmt.*

Wir begründen Satz 11.2 in folgenden Teilschritten: Zuerst beweisen wir die Eindeutigkeitsaussage, dann die Existenzaussage für endlich-dimensionale K-Vektorräume (bzw. endlich-dimensionale freie R-Moduln); schließlich skizzieren wir den Ansatz für den Existenzbeweis im allgemeinen Fall (für die Ausführung vgl. auch die Ergänzungen zu diesem Paragraphen).

Beweis der Eindeutigkeitsaussage. Neben T sei T' ein zweiter K-Vektorraum (bzw. R-Modul) mit der zugehörigen kanonischen Abbildung $\psi_{T'}$ und den Eigenschaften $(TP_{1,2})$. Wegen (TP_2) existieren dann lineare Abbildungen

$$\begin{aligned}
\theta \in \mathrm{Hom}(T, T') \text{ mit } \psi_{T'} &= \theta \circ \psi_T, \\
\theta' \in \mathrm{Hom}(T', T) \text{ mit } \psi_T &= \theta' \circ \psi_{T'}.
\end{aligned} \qquad (11.3c)$$

Da (TP_1) für T und T' zutrifft, folgt

$$\theta' \circ \theta = id_T \text{ und } \theta \circ \theta' = id_{T'}, \qquad (11.3c')$$

d.h. T und T' sind isomorphe K-Vektorräume (bzw. R-Moduln), wie behauptet wurde.

Existenzbeweis für endlich-dimensionale K-Vektorräume. Es sei K ein Körper und wie in Bemerkung 2 seien $V_1, \ldots, V_n$ endlich-dimensional mit

$$\begin{aligned}
\mathfrak{a}_v^T &= (a^{v,1}, \ldots, a^{v,d_v})\ K\text{-Basis von } V_v, \\
\dim_K(V_v) &= d_v \ (v = 1, 2, \ldots, n).
\end{aligned} \qquad (11.3d)$$

Wir betrachten nun die $d_1 \cdot d_2 \cdot \cdots \cdot d_n$ Symbole

$$b^{(i_1, \ldots, i_n)} \quad (1 \leq i_v \leq d_v; v = 1, \ldots, n) \tag{11.3e}$$

und bilden mit ihnen als Basiselementen den $(d_1 \cdots \cdots d_n)$-dimensionalen K-Vektorraum

$$T := \left\{ \sum_{i_1, \ldots, i_n} \lambda_{i_1, \ldots, i_n} \cdot b^{(i_1, \ldots, i_n)} \,\middle|\, \lambda_{i_1, \ldots, i_n} \in K; \right.$$
$$\left. 1 \leq i_v \leq d_v, v = 1, \ldots, n \right\} \cong K^{d_1 \cdots d_n}; \tag{11.3e'}$$

die Existenz von T und die zugehörigen Rechenregeln sind klar. Dann wird durch

$$\psi_T(x^1, \ldots, x^n) = \sum_{i_1, \ldots, i_n} \xi_{1, i_1} \cdot \cdots \xi_{n, i_n} \cdot b^{(i_1, \ldots, i_n)}$$
$$\text{für } x^v = \sum_{i_v = 1}^{d_v} \xi_{v, i_v} \cdot a^{v, i_v} \quad (v = 1, \ldots, n) \tag{11.3f}$$

eine n-fach lineare Abbildung von $V_1 \times \ldots \times V_n$ in T definiert, bei der gilt:

$$\psi_T(a^{1, i_1}, \ldots, a^{n, i_n}) = b^{(i_1, \ldots, i_n)}$$
$$(1 \leq i_v \leq d_v, v = 1, \ldots, n); \tag{11.3f'}$$

offensichtlich ist hierbei (TP_1) erfüllt.

Ist nun W ein beliebiger K-Vektorraum und $\varphi_n \in L^n(V_1, \ldots, V_n; W)$ eine beliebige n-fach lineare Abbildung, so ist φ_n gemäß Bemerkung 2, (11.1h) durch die Bilder $\varphi_n(a^{1, i_1}, \ldots, a^{n, i_n})$ $(1 \leq i_v \leq d_v, v = 1, \ldots, n)$ vollständig und eindeutig bestimmt. Setzen wir nun

$$\theta: T \longrightarrow W \text{ mit}$$
$$\theta(b^{(i_1, \ldots, i_n)}) = \varphi_n(a^{1, i_1}, \ldots, a^{n, i_n}) \in W$$
$$\text{für } b^{(i_1, \ldots, i_n)} \in T \ (1 \leq i_v \leq d_v, v = 1, \ldots, n), \tag{11.3g}$$

so erhalten wir durch K-lineare Fortsetzung einen K-Homomorphismus

138

$$\theta\colon T \to W \text{ mit } \varphi_n = \theta \circ \psi_T, \tag{11.3h}$$

d.h. (TP_2) ist erfüllt und somit die Existenz von T und ψ_T in diesem Fall bewiesen. (Der Beweis läßt sich analog auch für endlich-dimensionale freie R-Moduln durchführen.) ∎

Bemerkung 7. Im Fall endlich-dimensionaler K-Vektorräume könnte man die obige Konstruktion, d.h. (11.3e', f), als Definition des Tensorproduktes T und von ψ_T verwenden (die Unabhängigkeit von der Auswahl der Basen folgt aus dem Eindeutigkeitsbeweis). Eine andere Definitionsmöglichkeit bietet die nachfolgend skizzierte Konstruktion, die für beliebige R-Moduln V_ν möglich ist: Bilde den freien R-Modul

$$F - R[P] - \left\{ y = \sum_\mu \rho_\mu \cdot p^\mu \,\middle|\, \rho_\mu \in R, \text{ fast alle } = 0, p^\mu \in P \right\},$$

$$P = V_1 \times \ldots \times V_n \tag{11.3i}$$

$$= \{ p^\mu = (x^1, \ldots, x^n) \mid x^\nu \in V_\nu \ (\nu = 1, \ldots, n) \},$$

der von den formalen Symbolen $p^\mu = (x^1, \ldots, x^n)$ (n-tupel von Vektoren) erzeugt wird, und den R-Teilmodul $U \leq F$, der von den Elementen

$$
\begin{aligned}
&(x^1, \ldots, x^\nu + y^\nu, \ldots, x^n) - (x^1, \ldots, x^\nu, \ldots, x^n) \\
&\quad - (x^1, \ldots, y^\nu, \ldots, x^n), \\
&(x^1, \ldots, \rho \cdot x^\nu, \ldots, x^n) - \rho(x^1, \ldots, x^\nu, \ldots, x^n) \\
&(\rho \in R) \quad (\nu = 1, \ldots, n)
\end{aligned}
\tag{11.3j}
$$

erzeugt wird. Dann liefert der Faktormodul

$$
\begin{aligned}
&F/U = : T = V_1 \otimes_R \cdots \otimes_R V_n \text{ mit} \\
&\psi_T\colon V_1 \times \ldots \times V_n \to T \\
&\psi_T(x^1, \ldots, x^n) = \text{Klasse von } (x^1, \ldots, x^n) \bmod U
\end{aligned}
\tag{11.3k}
$$

das Tensorprodukt T mit zugehörigem kanonischem Homomorphismus ψ_T (zum Beweis vgl. die Ergänzungen zu §11, (11.9), …). Eine weitere Definitionsmöglichkeit erwähnen wir später (vgl. Aufgabe 14).

Aus dem Existenzbeweis für endlich-dimensionale K-Vektorräume folgt weiter

Satz 11.2a. *Für endlich-dimensionale K-Vektorräume V_v ($v = 1, \ldots, n$)* *gemäß* (11.3d) *ist*

$$\dim_K(V_1 \otimes_K V_2 \otimes_K \ldots \otimes_K V_n) = \prod_{v=1}^{n} \dim_K(V_v) = \prod_{v=1}^{n} d_v. \quad (11.3l)$$

Wir illustrieren den Begriff des Tensorproduktes von K-Vektorräumen (bzw. R-Moduln) zunächst an einigen Beispielen.

$\boxed{2}$ Ist K ein Körper (bzw. R ein kommutativer Ring mit 1) und $V_1 = \ldots = V_n = K$ (bzw. R), so ist, wie man sofort sieht,

$$\underbrace{K \otimes \ldots \otimes K}_{n\text{-mal}} \cong K \quad (bzw. \ \underbrace{R \otimes \ldots \otimes R}_{n\text{-mal}} \cong R) \quad\quad (11.3m)$$

als K-Vektorraum (bzw. R-Modul).

$\boxed{2a}$ Ist V_1 beliebig und $V_2 = K$ (bzw. $= R$) als K-Vektorraum (bzw. R-Modul), so folgt analog

$$V_1 \otimes_K K \cong V_1 \ (bzw. \ V_1 \otimes_R R \cong V_1). \quad\quad (11.3m')$$

$\boxed{2b}$ Sind V_1 und V_2 K-Vektorräume endlicher Dimension, so kann man sich $T = V_1 \otimes V_2$ und ψ_T durch Basen von V_1, V_2 gemäß (11.3e', f) gegeben denken. Wird weiter $W = K$ gewählt, so besteht $L^2(V_1, V_2; K)$ aus allen Bilinearfunktionen $\varphi_2(x^1, x^2)$ auf $V_1 \times V_2$. Gemäß (TP_2) erhält man jedes φ_2 aus der kanonischen Abbildung ψ_T durch Faktorisierung mit einer eindeutig bestimmten K-linearen Funktion $\theta \in \operatorname{Hom}_K(V_1 \otimes V_2, K)$ gemäß

$$\theta(b^{(i_1, i_2)}) = \varphi_2(a^{1, i_1}, a^{2, i_2}) \in K$$
$$(1 \leq i_1 \leq d_1; 1 \leq i_2 \leq d_2) \text{ mit}$$
$$\varphi_2(x^1, x^2) = \sum_{i_1=1}^{d_1} \sum_{i_2=1}^{d_2} \xi_{1, i_1} \xi_{2, i_2} \cdot \theta(b^{(i_1, i_2)}), \quad\quad (11.3n)$$
$$\varphi_2 = \theta \circ \psi_T.$$

Die Bilinearformen φ_2 auf $V_1 \times V_2$ entsprechen somit umkehrbar eindeutig den Linearformen auf $V_1 \otimes V_2$ und somit auch den Elementen aus $V_1 \otimes V_2$ (vgl. LA 1, §4, Bemerkung 3); allerdings tritt nicht jedes Element aus $V_1 \otimes V_2$ als Bild bei ψ_T auf, wie eine einfache Rechnung zeigt.

Bemerkung 8. Auch im allgemeinen Fall von K-Vektorräumen (bzw. R-Moduln) entsprechen die Multilinearformen auf $V_1 \times \ldots \times V_n$ umkehrbar eindeutig den linearen Funktionen $\theta \in \mathrm{Hom}(V_1 \otimes \ldots \otimes V_n, K$ (bzw. R)). Ist $T = V_1 \otimes \ldots \otimes V_n$ ein Tensorprodukt mit der zugehörigen kanonischen Abbildung ψ_T, so schreiben wir

$$
\begin{aligned}
&\psi_T(x^1, x^2, \ldots, x^n) = : x^1 \otimes x^2 \otimes \ldots \otimes x^n \in T \\
&\text{bei } (x^1, x^2, \ldots, x^n) \in V_1 \times V_2 \times \ldots \times V_n
\end{aligned}
\tag{11.4}
$$

für das Bild eines solchen n-tupels; allerdings ist nicht jedes Element aus $V_1 \otimes \ldots \otimes V_n$ so als Bild darstellbar (ψ_T ist im allgemeinen nicht surjektiv).

Bei der Schreibweise (11.4) für das Bildelement eines n-tupels bei ψ_T bedeutet die n-fache Linearität gerade

$$
\begin{aligned}
&x^1 \otimes \ldots \otimes x^{\nu-1} \otimes (x^\nu + y^\nu) \otimes x^{\nu+1} \otimes \ldots \otimes x^n \\
&= (x^1 \otimes \ldots \otimes x^{\nu-1} \otimes x^\nu \otimes x^{\nu+1} \otimes \ldots \otimes x^n) + \\
&\quad (x^1 \otimes \ldots \otimes x^{\nu-1} \otimes y^\nu \otimes x^{\nu+1} \otimes \ldots \otimes x^n) \\
&\qquad (\nu = 1, \ldots, n)
\end{aligned}
\tag{11.4a}
$$

bzw.

$$
\begin{aligned}
&x^1 \otimes \ldots \otimes x^{\nu-1} \otimes (\rho \cdot x^\nu) \otimes x^{\nu+1} \otimes \ldots \otimes x^n \\
&= \rho \cdot (x^1 \otimes \ldots \otimes x^{\nu-1} \otimes x^\nu \otimes x^{\nu+1} \otimes \ldots \otimes x^n), \\
&\rho \in K \quad (\text{bzw.} \in R), \quad (\nu = 1, \ldots, n).
\end{aligned}
\tag{11.4a$'$}
$$

Wir zitieren nun einige weitere Eigenschaften von Tensorprodukten.

Satz 11.3. *Sind V_1, V_2, V_3 K-Vektorräume (bzw. R-Moduln), so gibt es einen eindeutig bestimmten K-Vektorraum- (bzw. R-Modul-) Isomorphismus*

$$
\begin{aligned}
&(V_1 \otimes V_2) \otimes V_3 \longrightarrow V_1 \otimes (V_2 \otimes V_3) \quad \textit{mit} \\
&(x^1 \otimes x^2) \otimes x^3 \mapsto x^1 \otimes (x^2 \otimes x^3) \\
&\textit{für alle } x^1 \in V_1, \ x^2 \in V_2, \ x^3 \in V_3;
\end{aligned}
\tag{11.4b}
$$

analog existiert ein eindeutig bestimmter Isomorphismus

$$V_1 \otimes V_2 \longrightarrow V_2 \otimes V_1 \quad \textit{mit}$$
$$x^1 \otimes x^2 \mapsto x^2 \otimes x^1 \qquad \textit{für alle } x^1 \in V_1 \textit{ und } x^2 \in V_2. \tag{11.4c}$$

Beweis. 1. Falls V_1, V_2, V_3 endlich-dimensionale K-Vektorräume (bzw. endlich-dimensionale freie R-Moduln) sind, so wähle man gemäß (11.3d) K- (bzw. R-) Basen aus und setze die Zuordnung

$$(a^{1,i_1} \otimes a^{2,i_2}) \otimes a^{3,i_3} \mapsto a^{1,i_1} \otimes (a^{2,i_2} \otimes a^{3,i_3})$$

linear fort (wie oben); aus Dimensionsgründen folgt sofort die Behauptung. Der zweite Teil (11.4c) wird bei endlicher Dimension analog begründet (vgl. Aufgabe 7a)).
2. Für den allgemeinen Fall vgl. wieder die Ergänzungen zu §11. ∎

Überträgt man die in LA 1, §2, Bemerkung 4 eingeführte Definition der (äußeren) direkten Summe von K-Vektorräumen (bzw. R-Moduln) sinngemäß auf den Fall beliebig vieler Vektorräume (bzw. Moduln), d.h. erklärt man analog zu früher

$$V = \bigoplus_{i \in I} V_i \quad (I \text{ beliebige Indexmenge}) \tag{11.4d}$$

(für eine genauere Diskussion vgl. die Ergänzungen zu §11, (11.10e), ...), so bestätigt man leicht (für den Spezialfall von endlich vielen endlich-dimensionalen K-Vektorräumen ist dies eine einfache Aufgabe 7b)) den folgenden

Satz 11.3a. *Sind $V_i (i \in I)$ und $W_j (j \in J)$ K-Vektorräume (bzw. R-Moduln) und ist*

$$V = \bigoplus_{i \in I} V_i \textit{ und } W = \bigoplus_{j \in J} W_j, \tag{11.4d'}$$

so folgt

$$V \otimes W \cong \bigoplus_{i \in I, j \in J} (V_i \otimes W_j). \tag{11.4e}$$

Wir erwähnen weiter folgendes Beispiel

$\boxed{\text{2c}}$ Es sei R ein kommutativer Ring mit 1 und es seien $A \in R^{m,n}$ und $B \in R^{r,s}$ beliebige rechteckige Matrizen über R. Dann haben wir die R-Modul-Isomorphie

$$R^{m \cdot r, n \cdot s} \cong R^{m,n} \otimes R^{r,s}, \quad \text{wobei}$$

$$A \otimes B := (a_{\mu\nu} \cdot B) = \begin{pmatrix} a_{11} \cdot B & \cdots & a_{1n} \cdot B \\ \vdots & & \vdots \\ a_{m1} \cdot B & \cdots & a_{mn} \cdot B \end{pmatrix} \text{ als Kästchenmatrix}$$

$$\text{für } A = (a_{\mu\nu}) \in R^{m,n}, \quad B \in R^{r,s}; \tag{11.4f}$$

man nennt diese Bildung auch das *Kronecker-Produkt* der Matrizen.

Bemerkung 9. Sind in $\boxed{2c}$ jeweils $m = n$ und $r = s$, so kann man Matrizen aus $R^{m,m}$ bzw. aus $R^{r,r}$ multiplizieren, und hier gilt die Regel

$$(A_1 \otimes B_1) \cdot (A_2 \otimes B_2) = (A_1 \cdot A_2) \otimes (B_1 \cdot B_2)$$
$$\text{für } A_1, A_2 \in R^{m,m}, \quad B_1, B_2 \in R^{r,r}, \tag{11.4g}$$

d.h. das Tensorprodukt ist sogar mit der Multiplikation verträglich. Der allgemeine zugehörige algebraische Begriff ist der des Tensorproduktes von R-Algebren (vgl. auch die Ergänzungen zu §11, Satz 11.8).

Wir betrachten nun eine nützliche Anwendung der Tensorproduktbildung, die einige frühere spezielle Ansätze verallgemeinert. Dazu sei

$$R \text{ ein kommutativer Ring mit } 1, \, M \text{ ein } R\text{-Modul.} \tag{11.5}$$

Weiter sei

$$R' \supseteq R \text{ ein kommutativer Erweiterungsring von } R$$
$$\text{mit dem gleichen Einselement.} \tag{11.5a}$$

Bemerkung 10. Die nachfolgenden Überlegungen lassen sich insbesondere dann anwenden, falls $R = K$ ein Körper, M ein K-Vektorraum und $R' = K'$ ein Erweiterungskörper ist.

Da auch ein Erweiterungsring R' zugleich ein R-Modul ist, kann man folgendes Tensorprodukt von R-Moduln bilden

$$R' \otimes_R M =: M^{R'}, \tag{11.5b}$$

das wieder ein R-Modul ist. Bei Festsetzung einer äußeren Verknüpfung gemäß

$$R' \times (R' \otimes_R M) = R' \times M^{R'} \longrightarrow R' \otimes_R M = M^{R'} \quad \text{mit}$$

$$(\rho, \sum_v \lambda_v \otimes m_v) \mapsto \sum_v (\rho \cdot \lambda_v) \otimes m_v \quad \text{für } \rho, \lambda_v \in R', m_v \in M \qquad (11.5c)$$

(jeweils endliche Summen)

erhält man auf $M^{R'} = R' \otimes_R M$ sofort die Struktur eines R'-Moduls (die R'-Modul-Regeln $(U, A^\times, D_1, D_2)$ bestätigt man durch einfache Rechnung, siehe Aufgabe 7c)).

Dies ermöglicht uns

Definition 11C. Unter den Voraussetzungen (11.5, 11.5a) nennt man $M^{R'}$ aus (11.5b) mit der äußeren Verknüpfung (11.5c) die *Grundringerweiterung von M auf R'*.

Durch Anwendung von Satz 11.3a oder durch einfache Rechnung nach obigem Muster folgt

Satz 11.4. *Ist M ein freier R-Modul mit der Basis*

$$\{a^j\} \ (j \in J, \ \textit{Indexmenge}), \qquad (11.5d)$$

R' gemäß (11.5a) ein Erweiterungsring von R, so ist auch die Grundringerweiterung $M^{R'} = R' \otimes_R M$ ein freier R'-Modul mit der Basis

$$\{a'^j := 1 \otimes a^j\} \ (j \in J). \qquad (11.5e)$$

Zur Illustration vergleichen wir dies mit der in §9, (9.6) ff. und insbesondere Definition 9D eingeführten komplexen Erweiterung eines **R**-Vektorraumes V.

$\boxed{3}$ Es sei $\{a^j\}$, $j \in J$ (Indexmenge), eine Basis des **R**-Vektorraumes V und $R' = \mathbf{C}$ sei der komplexe Zahlkörper, der ja ein **R**-Vektorraum der Dimension 2 mit der Basis $(1, i)$ ist. Dann können wir

$$\mathbf{C} \otimes_\mathbf{R} V = V^\mathbf{C} = \left\{ \sum_j (\gamma_j + \delta_j i) \otimes a^j \mid \gamma_j + \delta_j i \in \mathbf{C} \right\}$$

$$\text{bzw. } \hat{V} = \left\{ \sum_j (\gamma_j + \delta_j i) a^j \mid \gamma_j + \delta_j i \in \mathbf{C} \right\} \qquad (11.5f)$$

bilden. Vermöge der Zuordnung

$$(\gamma + 0i) \otimes x + (0 + \delta i) \otimes y \leftrightarrow (\gamma x, \delta y) \in \hat{V}$$
$$(\gamma, \delta \in \mathbf{R}, \quad x, y \in V) \tag{11.5f'}$$

sind dies isomorphe $\mathbf{R}$-Vektorräume. Bei der Identifizierung von $V^{\mathbf{C}}$ und $\hat{V}$ und der Festsetzung gemäß (11.5c) (vgl. (9.6b))

$$(\alpha + \beta i) \cdot ((1 + 0i) \otimes x + (0 + 1i) \otimes y) = \alpha x - \beta y + i(\alpha y + \beta x) \tag{11.5g}$$

wird $V^{\mathbf{C}}$ zugleich ein $\mathbf{C}$-Vektorraum; dabei ist im Fall endlicher Dimension $\dim_{\mathbf{R}}(V) = \dim_{\mathbf{C}}(V^{\mathbf{C}})$, und wir können die komplexe Erweiterung vermöge (11.5f, f') als Tensorprodukt interpretieren.

$\boxed{3a}$ Ist K' ein Erweiterungskörper des Körpers K (wie z.B. $K' = \mathbf{R}$ und $K = \mathbf{Q}$) und ist V ein K-Vektorraum, so wird $V^{K'} = K' \otimes_K V$ ein K'-Vektorraum; dies ist z.B. für $V = K^{n,n}$ und $V^{K'} \cong K'^{n,n}$ oder $V = K[X]$ und $V^{K'} \cong K'[X]$ (Polynommenge) anwendbar.

$\boxed{3b}$ Ist M ein freier $\mathbf{Z}$-Modul und $R' = \mathbf{Q}$ (als Quotientenkörper) gewählt, so kann man $M^{\mathbf{Q}} = \mathbf{Q} \otimes_{\mathbf{Z}} M$ bilden, wie z.B.

$$\mathbf{Q} \otimes_{\mathbf{Z}} \mathbf{Z}[X] \cong \mathbf{Q}[X] \text{ oder } \mathbf{Q} \otimes_{\mathbf{Z}} \mathbf{Z}^{n,n} \cong \mathbf{Q}^{n,n}.$$

Wir betrachten nun die folgende Situation: Es seien

$$V_1, V_2, \ldots, V_n \text{ bzw. } W_1, W_2, \ldots, W_n$$
$$K\text{-Vektorräume (bzw. } R\text{-Moduln)}, \tag{11.6}$$

und es bedeuten jeweils

$$\varphi^{(\nu)}: V_\nu \longrightarrow W_\nu \quad \text{mit } V_\nu \ni x^\nu \mapsto \varphi^{(\nu)}(x^\nu) \in W_\nu$$

lineare Abbildungen, d.h. $\varphi^{(\nu)} \in H_\nu := \mathrm{Hom}(V_\nu, W_\nu)$ (11.6a)

$(\nu = 1, 2, \ldots, n)$.

Da die H_ν jeweils K-Vektorräume (bzw. R-Moduln) sind, kann man somit auch

$$\varphi^{(1)} \otimes \varphi^{(2)} \otimes \ldots \otimes \varphi^{(n)} \in H_1 \otimes \ldots \otimes H_n \tag{11.6b}$$

bilden. Andererseits erhält man durch

$$\varphi_n: V_1 \times \ldots \times V_n \longrightarrow W_1 \otimes \ldots \otimes W_n \quad \text{mit}$$
$$(x^1, \ldots, x^n) \mapsto \varphi^{(1)}(x^1) \otimes \ldots \otimes \varphi^{(n)}(x^n) \tag{11.6c}$$

eine n-fach lineare Abbildung; diese kann gemäß (TP_2) eindeutig über die kanonische Abbildung

$$\psi_T: V_1 \times \ldots \times V_n \longrightarrow V_1 \otimes \ldots \otimes V_n \tag{11.6d}$$

faktorisiert werden, d.h. es ist

$$\varphi_n = \theta \circ \psi_T \text{ mit}$$
$$\theta: V_1 \otimes \ldots \otimes V_n \longrightarrow W_1 \otimes \ldots \otimes W_n \quad \text{und} \tag{11.6e}$$
$$\theta =: T(\varphi^{(1)}, \ldots, \varphi^{(n)}) \in H := \operatorname{Hom}(V_1 \otimes \ldots \otimes V_n, W_1 \otimes \ldots \otimes W_n).$$

Als Diagramm bedeutet dies:

$$
\begin{array}{ccc}
V_1 \times \ldots \times V_n & \xrightarrow{\ \psi_T\ } & V_1 \otimes \ldots \otimes V_n \\
& \searrow{\scriptstyle \varphi_n} \quad \swarrow{\scriptstyle \theta = T(\varphi^{(1)}, \ldots, \varphi^{(n)})} & \\
& W_1 \otimes \ldots \otimes W_n &
\end{array}
$$

mit

$$
\begin{array}{ccc}
(x^1, \ldots, x^n) & \xmapsto{\ \psi_T\ } & x^1 \otimes \ldots \otimes x^n \\
& \searrow{\scriptstyle \varphi_n} \quad \swarrow{\scriptstyle \theta} & \\
\end{array}
$$
$$\varphi^{(1)}(x^1) \otimes \ldots \otimes \varphi^{(n)}(x^n) = \theta(x^1 \otimes \ldots \otimes x^n).$$

Definition 11D. Unter den Voraussetzungen und Bezeichnungen (11.6), (11.6a, c, d, e) nennt man

$$\theta =: T(\varphi^{(1)}, \ldots, \varphi^{(n)}): V_1 \otimes \ldots \otimes V_n \to W_1 \otimes \ldots \otimes W_n \text{ mit}$$
$$\theta(x^1 \otimes \ldots \otimes x^n) = \varphi^{(1)}(x^1) \otimes \ldots \otimes \varphi^{(n)}(x^n) \tag{11.6f}$$

das *Tensorprodukt der Abbildungen* $\varphi^{(1)}, \ldots, \varphi^{(n)}$.

146

(11.6b) und (11.6f) sind voneinander zu unterscheiden. In der Literatur ist die Schreibweise für diese beiden Bildungen nicht einheitlich. Allerdings gilt

Satz 11.5. *Sind K-Vektorräume (bzw. R-Moduln) gemäß* (11.6) *gegeben, so gibt es genau eine lineare Abbildung*

$$t: \mathrm{Hom}(V_1, W_1) \otimes \ldots \otimes \mathrm{Hom}(V_n, W_n) = H_1 \otimes \ldots \otimes H_n$$
$$\longrightarrow \mathrm{Hom}(V_1 \otimes \ldots \otimes V_n, W_1 \otimes \ldots \otimes W_n) = H \tag{11.6g}$$

mit

$$t(\varphi^{(1)} \otimes \ldots \otimes \varphi^{(n)}) = T(\varphi^{(1)}, \ldots, \varphi^{(n)}); \tag{11.6g'}$$

für endlich-dimensionale K-Vektorräume (bzw. freie R-Moduln) V_ν, W_ν ($\nu = 1, \ldots, n$) ist t sogar ein K Isomorphismus (R-Isomorphismus) zwischen $H_1 \otimes \ldots \otimes H_n$ und H. Sind die V_ν und W_ν alle K-Vektorräume beliebiger Dimension, so ist t zumindest injektiv.

Beweis. 1. Bei obiger Bedeutung von H_ν und H ist wegen
$$T(\varphi^{(1)}, \ldots, \lambda\varphi_1^{(\nu)} + \mu\varphi_2^{(\nu)}, \ldots, \varphi^{(n)}) = \lambda \cdot T(\varphi^{(1)}, \ldots, \varphi_1^{(\nu)}, \ldots, \varphi^{(n)})$$
$$+ \mu \cdot T(\varphi^{(1)}, \ldots, \varphi_2^{(\nu)}, \ldots, \varphi^{(n)})$$
die Zuordnung

$$\varphi: H_1 \times \ldots \times H_n \to H$$
$$\mathrm{mit}\ (\varphi^{(1)}, \ldots, \varphi^{(n)}) \mapsto T(\varphi^{(1)}, \ldots, \varphi^{(n)}) \tag{11.6h}$$

offensichtlich n-fach linear. Also läßt sie sich nach (TP_2) gemäß

$$H_1 \times \ldots \times H_n \xrightarrow{\psi_T} H_1 \otimes \ldots \otimes H_n \tag{11.6h'}$$

mit den Abbildungen φ und t nach H

durch ein eindeutig bestimmtes t faktorisieren, das offensichtlich die Eigenschaft (11.6g') hat.

2. *Fall endlich-dimensionaler K-Vektorräume (bzw. freier R-Moduln):* Sind jeweils a^{ν, i_ν} ($i_\nu = 1, \ldots, d_\nu;$ $\nu = 1, \ldots, n$) Basen von V_ν und b^{ν, j_ν} ($j_\nu = 1, \ldots, d'_\nu,$ $\nu = 1, \ldots, n$) Basen der W_ν, so bilden die $d_\nu \cdot d'_\nu$ linearen Abbildungen

$$\varphi_{i_\nu, j_\nu}: V_\nu \to W_\nu$$

$$\text{mit } \varphi_{i_\nu, j_\nu}(a^{\nu, i_\nu'}) = \begin{cases} b^{\nu, j_\nu} & \text{für } i_\nu = i_\nu' \\ 0 & \text{sonst} \end{cases} \tag{11.6i}$$

eine Basis von H_ν $(\nu = 1, \ldots, n)$; ihre Tensorprodukte bilden somit eine Basis von $H_1 \otimes \ldots \otimes H_n$. Andererseits liefern die $T(\varphi_{i_1, j_1}, \ldots, \varphi_{i_n, j_n})$ wegen

$$\begin{aligned} &T(\varphi_{i_1, j_1}, \ldots, \varphi_{i_n, j_n})(a^{1, i_1} \otimes \ldots \otimes a^{n, i_n}) \\ &= \begin{cases} b^{1, j_1} \otimes \ldots \otimes b^{n, j_n} & \text{für } (i_1, \ldots, i_n) = (i_1', \ldots, i_n') \\ 0 & \text{sonst} \end{cases} \end{aligned} \tag{11.6i'}$$

eine Basis von H, woraus die Injektivität und Surjektivität von t folgt. Zum verbleibenden Injektivitätsbeweis vgl. Aufgabe 10b) (für weitere Fälle beachte Bemerkung 17 in den Ergänzungen). ∎

$\boxed{4}$ Es seien V und W **R**-Vektorräume und $\varphi^{(2)} = \varphi: V \to W$ eine **R**-lineare Abbildung; weiter sei $\varphi^{(1)} = id_C: \mathbf{C} \to \mathbf{C}$ die identische Abbildung des **R**-Vektorraums **C**, die sicher eine **R**-lineare Abbildung von **C** ist. Dann ist

$$\hat{\varphi} = \theta = T(id_C, \varphi), \text{ d.h.}$$

$$\hat{V} = \mathbf{C} \otimes_{\mathbf{R}} V \xrightarrow{\;\theta\;} \mathbf{C} \otimes_{\mathbf{R}} W = \hat{W} \text{ mit} \tag{11.6j}$$

$$(\alpha + \beta i) \otimes x \xmapsto{\;\theta\;} (\alpha + \beta i) \otimes \varphi(x)$$

eine **R**-lineare Abbildung, die sogar **C**-linear ist; $\theta = \hat{\varphi}$ ist die komplexe Fortsetzung von φ gemäß Lemma 9.8a.

Wir wenden diese Ergebnisse nun bei einem Spezialfall der in Definition 11A eingeführten multilinearen Abbildungen an. Dazu formulieren wir zunächst die

Definition 11E. Sind wie in (11.1a) $V_1, \ldots, V_n$ K-Vektorräume über dem Körper K, so nennt man eine multilineare Abbildung

$$\begin{aligned} &\varphi: V_1 \times V_2 \times \ldots \times V_n \longrightarrow K, \\ &(x^1, x^2, \ldots, x^n) \mapsto \varphi(x^1, x^2, \ldots, x^n) \in K, \end{aligned} \tag{11.7}$$

d.h. eine n-fach lineare Funktion eine *Multilinearform* (oder: *n-Form*)

148

auf $V_1 \times \ldots \times V_n$ bzw. einen *Tensor n-ter Stufe.*

Mit

$$L^n(V_1, \ldots, V_n; K) = \{\varphi \mid \varphi: V_1 \times \ldots \times V_n \to K, \, n\text{-Form}\} \quad (11.7a)$$

bezeichnen wir wieder die Gesamtheit der Multilinearformen auf $V_1 \times \ldots \times V_n$.

Für jedes $\varphi \in L^n(V_1, \ldots, V_n; K)$ ist wegen (TP_2) (vgl. (11.3b))

$$
\begin{aligned}
&\varphi = \theta \circ \psi_T \text{ mit} \\
&\psi_T(x^1, \ldots, x^n) = x^1 \otimes \ldots \otimes x^n \text{ und} \\
&\theta(x^1 \otimes \ldots \otimes x^n) = \varphi(x^1, \ldots, x^n) \quad \text{für } x^v \in V_v \\
&(v = 1, \ldots, n).
\end{aligned}
\qquad (11.7b)
$$

Dabei ist

$$
\begin{aligned}
&\theta \in (V_1 \otimes \ldots \otimes V_n)^* = \mathrm{Hom}_K(V_1 \otimes \ldots \otimes V_n, K) \text{ mit} \\
&\langle \theta, x^1 \otimes \ldots \otimes x^n \rangle := \theta(x^1 \otimes \ldots \otimes x^n)
\end{aligned}
\qquad (11.7c)
$$

durch φ und ψ_T eindeutig bestimmt und $\langle , \rangle$ bedeutet die übliche Wirkung einer linearen Funktion.

Es seien nun zusätzlich

$$
\begin{aligned}
&W_1 = W_2 = \ldots = W_n = K = \text{Körper,} \\
&V_v \text{ endlich-dimensionaler } K\text{-Vektorraum } (v = 1, \ldots, n).
\end{aligned}
\qquad (11.7d)
$$

Weiter seien

$$
\begin{aligned}
&\mathrm{Hom}(V_v, K) = V_v^* \quad (v = 1, \ldots, n) \\
&\mathrm{Hom}(V_1 \otimes \ldots \otimes V_n, K) = (V_1 \otimes \ldots \otimes V_n)^*
\end{aligned}
\qquad (11.7d')
$$

die dualen Vektorräume. Dann ist wegen Satz 11.5 und wegen $K \otimes K \otimes \ldots \otimes K \cong K$ (vgl. $\boxed{2}$)

$$
\begin{aligned}
&V_1^* \otimes \cdots \otimes V_n^* \cong (V_1 \otimes \ldots \otimes V_n)^*, \text{ wobei} \\
&\langle t(\varphi_1^* \otimes \ldots \otimes \varphi_n^*), x^1 \otimes \ldots \otimes x^n \rangle = \langle \varphi_1^*, x^1 \rangle \cdots \langle \varphi_n^*, x^n \rangle \\
&\text{für beliebige } \varphi_v^* \in V_v^*, x^v \in V_v \quad (v = 1, \ldots, n).
\end{aligned}
\qquad (11.7e)
$$

Folglich haben wir

Satz 11.6. *Sind* $V_1, \ldots, V_n$ *endlich-dimensionale* K-*Vektorräume, so gibt es zu jedem Tensor* n-*ter Stufe* $\varphi \in L^n(V_1, \ldots, V_n; K)$ *ein durch* $V_1 \otimes \ldots \otimes V_n$ *eindeutig bestimmtes Element*

$$\varphi^* = \sum_{\substack{\lambda \\ \textit{(endl. Summe)}}} (\varphi^*_{1,\lambda} \otimes \ldots \otimes \varphi^*_{n,\lambda}) \in V_1^* \otimes \ldots \otimes V_n^* \textit{ mit}$$

$$\varphi(x^1, \ldots, x^n) = \langle t(\varphi^*), x^1 \otimes \ldots \otimes x^n \rangle \tag{11.7f}$$

$$= \sum_{\lambda} \langle t(\varphi^*_{1,\lambda} \otimes \ldots \otimes \varphi^*_{n,\lambda}), x^1 \otimes \ldots \otimes x^n \rangle$$

$$= \sum_{\lambda} (\langle \varphi^*_{1,\lambda}, x^1 \rangle \cdots \cdots \langle \varphi^*_{n,\lambda}, x^n \rangle)$$

für alle $\varphi^*_{\nu,\lambda} \in V_\nu^*, x^\nu \in V_\nu$ $(\nu = 1, \ldots, n),$

d.h. es gilt

$$L^n(V_1, \ldots, V_n; K) \cong V_1^* \otimes \ldots \otimes V_n^*. \tag{11.7g}$$

Bemerkung 11. Nach diesem Satz 11.6 ist im Fall endlich-dimensionaler K-Vektorräume V_ν jede n-fach lineare Form φ, d.h. jeder Tensor n-ter Stufe auf $V_1 \times \ldots \times V_n$, gleichwertig als Element $\varphi^* = \sum_{\lambda}(\varphi^*_{1,\lambda} \otimes \ldots \otimes \varphi^*_{n,\lambda})$ aus dem Tensorprodukt der Dualräume V_ν^* interpretierbar. Man kann also hier den einen Begriff gleichwertig durch den anderen erklären und somit, wie dies einige Autoren tun, das Tensorprodukt $V_1 \otimes \ldots \otimes V_n$ als die Gesamtheit der Multilinearformen auf $V_1^* \times \ldots \times V_n^*$ einführen.

Wir illustrieren diese Interpretationsmöglichkeit von Multilinearformen auf $V_1 \times \ldots \times V_n$ als Elemente des Tensorproduktes $V_1^* \otimes \ldots \otimes V_n^*$ an einigen Beispielen:

[4a]   Für $n = 1$ ist $L^1(V_1; K) = V_1^*$ mit $\varphi(x) = \langle \varphi^*, x \rangle$ für alle $x \in V_1$ und $\varphi \in L^1$.

[4b] $W = V_1$ und $V = V_2$ seien endlich-dimensionale K-Vektorräume mit Basen $b^T = (b^1, \ldots, b^m)$ von W und $a^T = (a^1, \ldots, a^n)$ von V. Eine Bilinearform $B: W \times V \to K$ (vgl. §8 bzw. LA 1, §4) besitzt dann eine Darstellung (vgl. auch Bemerkung 2 bzw. [2b])

$$B(y, x) = \sum_{\mu=1}^{m} \sum_{\nu=1}^{n} \alpha_{\mu\nu} \cdot y_\mu \cdot x_\nu \textit{ für}$$

$$y = \sum_{\mu=1}^{m} y_\mu \cdot b^\mu \in W, \quad x = \sum_{\nu=1}^{n} x_\nu \cdot a^\nu \in V, \tag{11.7h}$$

wobei $B(b^\mu, a^\nu) = \alpha_{\mu\nu}$ $(\mu = 1, \ldots, m; \nu = 1, \ldots, n).$

150

Es bezeichne jeweils $(b_1^*, \ldots, b_m^*)$ die duale Basis von W^* zu b^T, d.h. $\langle b_\mu^*, b^\lambda \rangle = \delta_{\mu,\lambda}$, und $(a_1^*, \ldots, a_n^*)$ die duale Basis von V^* zu a^T, d.h. $\langle a_v^*, a^\rho \rangle = \delta_{v,\rho}$. Dann hat das mit den gleichen $\alpha_{\mu,v} \in K$ gebildete Element

$$\varphi^* = \sum_{\mu=1}^{m} \sum_{v=1}^{n} \alpha_{\mu v}(b_\mu^* \otimes a_v^*) \in W^* \otimes V^* \tag{11.7i}$$

wegen $\langle t(b_\mu^* \otimes a_v^*), b^\lambda \otimes a^\rho \rangle = \langle b_\mu^*, b^\lambda \rangle \cdot \langle a_v^*, a^\rho \rangle = \delta_{\mu,\lambda} \cdot \delta_{v,\rho}$ die Eigenschaft

$$\langle t(\varphi^*), y \otimes x \rangle$$
$$= \sum_{\mu=1}^{m} \sum_{v=1}^{n} \alpha_{\mu v} \langle b_\mu^*, y = \sum_{\lambda=1}^{m} y_\lambda \cdot b^\lambda \rangle \cdot \langle a_v^*, x = \sum_{\rho=1}^{n} x_\rho \cdot a^\rho \rangle \tag{11.7j}$$
$$= \sum_{\mu=1}^{m} \sum_{v=1}^{n} \alpha_{\mu v} \cdot y_\mu \cdot x_v = B(y, x),$$

was die Gleichwertigkeit bestätigt.

Besonders wichtig ist der Spezialfall der Tensoren, wenn in (11.7) nur ein K-Vektorraum V und sein Dualraum V^* auftreten (eventuell mehrmals).

Definition 11F. Ist V ein Vektorraum über dem Körper K, V^* sein Dualraum und sind $p \geq 0$ und $q \geq 0$ ganze Zahlen, so bedeute

$$\bigotimes_p^q V = V_p^q := \underbrace{V \otimes \ldots \otimes V}_{p\text{-mal}} \otimes \underbrace{V^* \otimes \ldots \otimes V^*}_{q\text{-mal}} \tag{11.8}$$

und die Elemente φ_p^q aus V_p^q heißen *p-fach kontravariante und q-fach kovariante Tensoren* bzw. *Tensoren der Stufe* (p, q) (oder auch der «Stufe $p + q$») über V. V_p^q heißt der zugehörige *Tensorraum*.

Die Formel (11.8) bedeutet ausführlich hingeschrieben

$$\bigotimes_p^q V = V_1 \otimes \ldots \otimes V_p \otimes V_{p+1} \otimes \ldots \otimes V_{p+q}, \text{ wobei}$$
$$V_1 = \ldots = V_p = V \text{ und } V_{p+1} = \ldots = V_{p+q} = V^*. \tag{11.8a}$$

Bemerkung 12. Im Hinblick auf Satz 11.3 (Kommutativität und

Assoziativität des Tensorproduktes) können wir die p Exemplare von V an erster Stelle und die q Exemplare von V^* an letzter Stelle schreiben; dies bedeutet keine Einschränkung, denn eine beliebige Permutation dieser $p + q$ Tensorproduktfaktoren wäre stets zur ursprünglichen Bildung (11.8a) isomorph.

Sprechweisen. Sind $p > 0$ und $q > 0$, so nennt man die Elemente $\varphi_p^q \in V_p^q$ gemäß (11.8) *gemischte Tensoren*, im anderen Fall spricht man von *reinen Tensoren*; speziell heißen:

$$\text{Elemente aus } V_p^0 = \underbrace{V \otimes \ldots \otimes V}_{p\text{-mal}} : \textit{p-fach kontravariante Tensoren}$$

$$\text{Elemente aus } V_0^q = \underbrace{V^* \otimes \ldots \otimes V^*}_{q\text{-mal}} : \textit{q-fach kovariante Tensoren.}$$

Beispiele hierfür sind:

$\boxed{5}$ Seien K, V, V^* wie oben definiert, so sind
Vektoren aus V: einfach kontravariante Tensoren
            (also Linearformen auf V^*),
Elemente aus V^*: einfach kovariante Tensoren
            (also Linearformen auf V),
Elemente aus K: Tensoren 0-ter Stufe.
$\langle x^*, y \rangle$ mit $x^* \in V^*$, $y \in V$, also das natürliche Skalarprodukt: einfach gemischter Tensor 2-ter Stufe (aus $V \otimes V^*$).
Bilinearformen $B(y, x)$ auf $V \times V$ bilden die Gesamtheit $V^* \otimes V^*$ der zweifach kovarianten Tensoren über V (vgl. auch $\boxed{4b}$).

Wir betrachten nun den endlich dimensionalen Spezialfall:

Sei also

$\mathfrak{a}^T = (a^1, \ldots, a^n)$ eine Basis des n-dimensionalen K-Vektorraumes V, V^* der n-dimensionale Dualraum von V und

$$\mathfrak{a}^{*T} = (a_1^*, \ldots, a_n^*) \text{ mit} \tag{11.8b}$$

$\langle a_\mu^*, a^\nu \rangle = \delta_{\mu, \nu}$ $(\mu, \nu = 1, \ldots, n)$ die duale Basis.

152

Dann bilden die Ausdrücke

$$a^{\nu_1} \otimes \ldots \otimes a^{\nu_p} \otimes a^*_{\mu_1} \otimes \ldots \otimes a^*_{\mu_q} \ \text{mit}$$

$$(\nu_1, \ldots, \nu_p = 1, \ldots, n; \mu_1, \ldots, \mu_q = 1, \ldots, n) \tag{11.8c}$$

eine K-Basis von V^q_p, und man erhält die Elemente von V^q_p in der Form

$$\varphi^q_p = \sum_{\substack{\nu_1, \ldots, \nu_p = 1 \\ \mu_1, \ldots, \mu_q = 1}}^{n} \alpha^{*\mu_1, \ldots, \mu_q}_{\nu_1, \ldots, \nu_p} \, (a^{\nu_1} \otimes \ldots \otimes a^{\nu_p} \otimes a^*_{\mu_1} \otimes \ldots \otimes a^*_{\mu_q})$$

$$\text{mit } \alpha^{*\mu_1, \ldots, \mu_q}_{\nu_1, \ldots, \nu_p} \in K. \tag{11.8d}$$

Definition 11G. Die Elemente $\alpha^{*\mu_1, \ldots, \mu_q}_{\nu_1, \ldots, \nu_p} \in K$ nennt man die *Koordinaten des Tensors* $\varphi^q_p \in V^q_p$ bzgl. der Basis aus (11.8c).

Bemerkung 13. Die Schreibweise der Koordinaten von φ^q_p mit oberen und unteren Indizes μ_λ bzw. ν_ρ ermöglicht die folgende *Summationskonvention:*

$$\varphi^q_p = \alpha^{*\mu_1, \ldots, \mu_q}_{\nu_1, \ldots, \nu_p} (a^{\nu_1} \otimes \ldots \otimes a^{\nu_p} \otimes a^*_{\mu_1} \otimes \ldots \otimes a^*_{\mu_q}). \tag{11.8d'}$$

Über Indizes, die zugleich oben und unten auftreten, ist jeweils zu summieren (d.h. das Summenzeichen in (11.8d) wird weggelassen).

Bemerkung 14. In vielen Literaturvorlagen (insbesondere zur Differentialgeometrie) werden in den obigen Formeln alle oberen und unteren Indizes miteinander vertauscht; unsere hier verwendete Terminologie basiert auf der früheren Schreibweise für Vektoren in LA 1, §1 und §4; die Indizes, die zu dualen Vektoren gehören, d.h. die *kovarianten Indizes*, werden hier durch das vorangestellte Zeichen * hervorgehoben.

Weiter bestätigt man sofort (vgl. Aufgabe 12c)) den

Satz 11.7. *Wird der Tensor* $\varphi^q_p \in V^q_p$, *der gemäß* (11.8d) *bzgl.* a *und* a^* *gegeben sei, nach Satz 11.6 als* $(p + q)$-*fache Multilinearform aufgefaßt, d.h.*

$$\varphi^q_p \colon \underbrace{V^* \times \ldots \times V^*}_{p\text{-}mal} \times \underbrace{V \times \ldots \times V}_{q\text{-}mal} \to K, \tag{11.8e}$$

153

so ist jeweils

$$\varphi_p^q(a_{v_1}^*,\ldots,a_{v_p}^*,a^{\mu_1},\ldots,a^{\mu_q}) = \alpha_{v_1,\ \ldots,\ v_p}^{*\mu_1,\ \ldots,\ \mu_q} \tag{11.8f}$$
$$(v_1,\ldots,v_p = 1,\ldots,n;\ \mu_1,\ldots,\mu_q = 1,\ldots,n).$$

Mit

$$x_j^* = \sum_{v_j=1}^{n} \xi_j^{v_j}\, a_{v_j}^* \in V^* \quad (j = 1,\ldots,p),$$
$$y^\iota = \sum_{\mu_\iota=1}^{n} \eta_{\iota\,\mu_\iota}\cdot a^{\mu_\iota} \in V \quad (\iota = 1,\ldots,q), \tag{11.8g}$$

folgt

$$\varphi_p^q(x_1^*,\ldots,x_p^*,y^1,\ldots,y^q) =$$
$$\sum_{\substack{v_1,\ \ldots,v_p=1 \\ \mu_1 \quad\ \mu_q=1}}^{n} \alpha_{v_1,\ \ldots,\ v_p}^{*\mu_1,\ \ldots,\mu_q}\cdot\xi_1^{v_1}\cdots\xi_p^{v_p}\cdot\eta_{1,\mu_1}\cdots\eta_{q,\mu_q}. \tag{11.8h}$$

Bemerkung 15 Auf das Verhalten der Koordinaten eines Tensors bei einem Basiswechsel in V (und damit auch in V^*) und auf die Bedeutung der Worte *kovariant* und *kontravariant*, sowie auf weitere Rechenregeln für Tensoren kommen wir in den Ergänzungen zu sprechen. –

Einige Spezialfälle und Anwendungen des Formalismus werden in §12 behandelt werden

Ergänzungen zu §11

Wir wollen zunächst schildern, wie einige noch ausstehende Beweise für die Bildung von Tensorprodukten für R-Moduln bzw K-Vektorraume beliebiger Dimension erbracht werden können Wir beginnen mit dem

Existenzbeweis zu Satz 11 2 *(allgemeiner Fall)* Es sei also R ein kommutativer Ring mit 1 und es seien V_ν $(\nu = 1,\ \ldots,n)$ R-Moduln Wie in (11 3ι, ȷ, k) bilden wir

$$P = V_1 \times V_2 \times \ \ldots \times V_n = \{p^\mu = (x^1,\ \ldots, x^n)\mid x^\nu \in V_\nu (\nu = 1,\ \ldots,n)\}, \tag{11 9}$$

d h die Gesamtheit dieser n-tupel $p^\mu = (x^1,\ \ldots, x^n)$ aus R-Modulelementen, diese p^μ als formale Symbole aufgefaßt betrachten wir als Basiselemente eines freien R-Moduls

$$F = R[P] = \{y = \sum_\mu \rho_\mu\, p^\mu\mid \rho_\mu \in R,\ \text{fast alle } \rho_\mu = 0, p^\mu \in P\} \tag{11 9a}$$

Die gemaß (11 3j) gegebenen Elemente

$$(x^1, \dots, x^\nu + y^\nu, \dots, x^n) - (x^1, \dots, x^\nu, \dots, x^n) - (x^1, \dots, y^\nu, \dots, x^n),$$
$$(x^1, \dots, \rho\, x^\nu, \dots, x^n) - \rho\,(x^1, \dots, x^\nu, \dots, x^n) \qquad (11\,9\text{b})$$
$$(\rho \in R, x^\nu, y^\nu \in V_\nu, \nu = 1, \dots, n)$$

bilden eine Teilmenge M von F, und somit ist

$$U = R[M] \le F \qquad (11\,9\text{b}')$$

ein R-Teilmodul von F, der die Elemente (11 9b) als Erzeugenden-system besitzt Somit existiert auch (vgl LA 1, §2) der Faktormodul

$$F/U = T = V_1 \otimes_R \dots \otimes_R V_n \qquad (11\,9\text{c})$$

mit dem zugehorigen surjektiven kanonischen R-Homomorphismus

$$\varphi_U\ F \to T \text{ mit Kern } \varphi_U = U, \text{ wobei}$$
$$\varphi_U(p^\mu) = \varphi_U((x^1, \dots, x^n)) = x^1 \otimes_R \dots \otimes_R x^n \in T \qquad (11\,9\text{c}\ )$$

Wir nehmen die letztere Zeile als Definition des Symbols $x^1 \otimes_R \dots \otimes_R x^n$, durch φ_U werden die Erzeugenden von U aus (11 9b) auf 0_T abgebildet und somit gelten die Relationen (11 4a, a') Aus der naturlichen Inklusionsabbildung

$$in\ V_1 \times \dots \times V_n \to F = R[P] \text{ mit}$$
$$in(x^1, \dots, x^n) = (x^1, \dots, x^n) \in F \qquad (11\,9\text{d})$$

erhalt man dann die iterierte Abbildung

$$\psi_T = \varphi_U \circ in\ V_1 \times \dots \times V_n \to T \text{ mit}$$
$$\psi_T(x^1, \dots, x^n) = \varphi_U((x^1, \dots, x^n)) = x^1 \otimes_R \dots \otimes_R x^n \in T \qquad (11\,9\text{d}')$$

Da alle Basiselemente von F als Bilder bei in auftreten und da φ_U surjektiv ist, liefern die Elemente $\psi_T(x^1, \dots, x^n)$ ein Erzeugendensystem von T Fur jedes $1 \le \iota \le n$ und $x^\nu, y^\nu \in V_\nu$ sowie $\lambda, \rho \in R$ ist aber

$$\psi_T(x^1, \dots, \rho x^\nu + \lambda y^\nu, \dots, x^n) = \varphi_U((x^1, \dots, \rho x^\nu + \lambda y^\nu, \dots, x^n))$$
$$= x^1 \otimes_R \dots \otimes_R (\rho x^\nu + \lambda y^\nu) \otimes_R \dots \otimes_R x^n$$
$$= \rho(x^1 \otimes \dots \otimes x^\nu \otimes \dots \otimes x^n) + \lambda(x^1 \otimes \dots \otimes y^\nu \otimes \dots \otimes x^n)$$
$$= \rho\,\psi_T(x^1, \dots, x^\nu, \dots, x^n) + \lambda\,\psi_T(x^1, \dots, y^\nu, \dots, x^n),$$

d h ψ_T ist n-fach linear und (TP_1) ist erfullt Zum Nachweis von (TP_2) sei W ein R-Modul und

$$\varphi\ V_1 \times \dots \times V_n \to W \text{ mit } (x^1, \dots, x^n) \mapsto \varphi(x^1, \dots, x^n) \in W \qquad (11\,9\text{e})$$

eine n-fach lineare Abbildung Durch die Festsetzung fur die Basiselemente gemaß

155

$$\theta'((x^1,\ldots,x^n)):=\varphi(x^1,\ldots,x^n) \tag{11.9f}$$

und lineare Fortsetzung wird eine eindeutig bestimmte lineare Abbildung

$$\theta':F\to W \tag{11.9f'}$$

geliefert mit der Eigenschaft

$$\varphi=\theta'\circ in:\ V_1\times\ldots\times V_n\to W. \tag{11.9f''}$$

Dabei werden wegen der n-fachen Linearität von φ die Elemente der Form (11.9b) auf 0_W abgebildet, d.h. es gilt

$$U\le\operatorname{Kern}\theta'=:U'. \tag{11.9g}$$

Nach dem Homomorphiesatz für R-Moduln (vgl. LA 1, §2, Satz 2.7) gibt es einen eindeutig bestimmten R-Homomorphismus

$$\begin{aligned}&\theta^*:F/U'\to W\quad\text{mit }\theta'=\theta^*\circ\varphi_{U'}\\&\varphi_{U'}:F\to F/U'\ \text{kanonischer Homomorphismus.}\end{aligned} \tag{11.9g'}$$

Ferner existiert nach dem 2. Isomorphiesatz (vgl. LA 1, §2, Satz 2.10a) eine eindeutige Zerlegung

$$\begin{aligned}&\varphi_{U'}=\varphi_{U'/U}\circ\varphi_U,\ \text{wobei}\\&\varphi_U:F\to F/U\ \text{kanonischer Homomorphismus,}\\&\varphi_{U'/U}:F/U\longrightarrow(F/U)/(U'/U)\cong F/U'.\end{aligned} \tag{11.9g''}$$

Setzen wir nun

$$\theta^*\circ\varphi_{U'/U}=\theta:\ T=F/U\longrightarrow W, \tag{11.9h}$$

so folgt sofort wegen (11.9g', g'') und (11.9f'')

$$\varphi=\theta\circ\psi_T\ \text{mit }\psi_T=\varphi_U\circ in \tag{11.9h'}$$

(die Existenz dieser Zerlegung hätte man auch direkt nachrechnen können; vgl. Aufgabe 15b)). Da hierbei nach Konstruktion

$$\theta(x^1\otimes\ldots\otimes x^n)=\varphi(x^1,\ldots,x^n)=\theta(\psi_T(x^1,\ldots,x^n)) \tag{11.9h''}$$

und da die Elemente der Form $x^1\otimes\ldots\otimes x^n$ ein Erzeugendensystem von T bilden, ist θ offensichtlich auch eindeutig bestimmt. ∎

Bemerkung 16. Die obige Konstruktion des Tensorprodukts wäre weitgehend auch in folgendem Fall durchführbar gewesen: R ein nichtkommutativer Ring mit 1, $n=2$ und V_1 ein R-Rechtsmodul, sowie V_2 ein R-Linksmodul. Dann hätte $V_1\otimes_R V_2$ allerdings i.a. nur die Struktur eines $\mathbf{Z}$-Moduls (vgl. auch Bemerkung 1).

156

Zur Illustration des im obigen Existenzbeweis benutzten Verfahrens schildern wir die folgenden Beispiele

$\boxed{6}$ Sei $R = \mathbf{Z}, n = 2$ und $V_1 = V_2 = \mathbf{Z}/2\mathbf{Z} = \{\bar{0}, \bar{1}\}$ der Ring von 2 Elementen (als $\mathbf{Z}$-Modul, d h additive abelsche Gruppe) Dann besteht $V_1 \times V_2$ aus den 4 Elementen

$$(\bar{0}, \bar{0}),\ (\bar{0}, \bar{1}),\ (\bar{1}, \bar{0}),\ (\bar{1}, \bar{1}), \tag{11 9i}$$

und somit ist F gemaß (11 9, 11 9a) ein 4-dimensionaler freier $\mathbf{Z}$-Modul mit den Elementen aus (11 9i) als Basis Da $2\ \bar{x} = \bar{0}$ fur alle $\bar{x} \in \mathbf{Z}/2\mathbf{Z}$, folgt aus (11 9b)

$$(\bar{0}, \bar{0}) - 0 \cdot (\bar{0}, \bar{0}) = (\bar{0}, \bar{0}) \in U, \quad (\bar{0}, \bar{1}) - 0 \cdot (\bar{0}, \bar{1}) = (\bar{0}, \bar{1}) - (\bar{0}, \bar{0}) = (\bar{0}, \bar{1}) \in U,$$
$$(\bar{1}, \bar{0}) - (\bar{0}, \bar{0}) = (\bar{1}, \bar{0}) \in U,$$
$$2 \cdot (\bar{x}, \bar{y}) = (\bar{0}, \bar{0}) \in U \quad \text{für alle } (\bar{x}, \bar{y}) \in F,$$

wahrend $(\bar{1}, \bar{1}) \notin U$ ist, wie man sofort nachrechnet Somit ist $T = V_1 \otimes_R V_2 \cong \mathbf{Z}/2\mathbf{Z}$ als $\mathbf{Z}$-Modul, d h besteht aus 2 Elementen

$\boxed{6a}$ Sei wieder $R = \mathbf{Z}, n = 2, V_1 = \mathbf{Z}/2\mathbf{Z} = \{\bar{0}, \bar{1}\}$ und $V_2 = \mathbf{Z}/3\mathbf{Z} = \{0', 1', 2'\}$ Dann besteht $V_1 \times V_2$ aus 6 Paaren $(\bar{x}, y')$, und F ist ein 6-dimensionaler freier $\mathbf{Z}$-Modul Wieder folgt aus (11 9b) sofort, daß

$$(\bar{0}, 0'),\ (\bar{0}, 1'),\ (\bar{0}, 2') \text{ und } (\bar{1}, 0') \in U, \tag{11 9j}$$

Weiter sieht man nach (11 9b)

$$2\ (\bar{1}, 1') = (2\ \bar{1}, 1') = (\bar{0}, 1') \in U,\ 3\ (\bar{1}, 1') = (\bar{1}, 0') \in U,$$
$$2\ (\bar{1}, 2') \in U,\ 3\ (\bar{1}, 2') \in U,$$

also ist $(\bar{1}, 1') \in U$ und $(\bar{1}, 2') \in U$, d h $F = U$, und folglich ist $T = V_1 \otimes_{\mathbf{Z}} V_2 \cong (\bar{0})$ (Nullmodul)

Nach ahnlichem Muster kann man andere Falle direkt ausrechnen –

Zum allgemeinen Beweis der Isomorphie-Satze 11 3 *und* 11 3a 1 Diese Aussagen lassen sich unter Benutzung von $(TP_{1\ 2})$ allgemein bestatigen nach dem folgenden Schema Seien V_1, V_2 R-Moduln, so sind auch $T_1 = V_1 \otimes_R V_2$ und $T_2 = V_2 \otimes_R V_1$ R-Moduln Dann laßt sich die bilineare Abbildung

$$\varphi\quad V_1 \times V_2 \to V_2 \otimes V_1 \text{ mit } \varphi(x^1, x^2) = x^2 \otimes x^1 \tag{11 10}$$

eindeutig zerlegen in

$$\varphi = \theta_1 \circ \psi_{T_1}$$
$$\text{mit } \psi_{T_1}\quad V_1 \times V_2 \to V_1 \otimes V_2$$
$$\text{und } \theta_1\quad T_1 \to T_2 \text{ (eindeutig und linear),} \tag{11 10a}$$
$$\text{wobei } \theta_1(x^1 \otimes x^2) = x^2 \otimes x^1,$$

analog gibt es zu bilinearem

$$\varphi' \quad V_2 \times V_1 \to V_1 \otimes V_2 \quad \text{mit } \varphi'(x^2, x^1) = x^1 \otimes x^2 \tag{11 10b}$$

ein eindeutig bestimmtes

$$\theta_2 \quad T_2 \to T_1 \quad \text{mit } \theta_2(x^2 \otimes x^1) = x^1 \otimes x^2$$
$$\text{und } \varphi' = \theta_2 \circ \psi_{T_2}, \ \psi_{T_2} \quad V_2 \times V_1 \to V_2 \otimes V_1 \tag{11 10c}$$

Dann verifiziert man sofort

$$\theta_2 \circ \theta_1 = \mathrm{id}_{V_1 \otimes V_2}, \ \theta_1 \circ \theta_2 = \mathrm{id}_{V_2 \otimes V_1}, \tag{11 10d}$$

woraus sofort (11 4c) folgt – Analog laßt sich die Assoziativitat (11 4b) verifizieren (vgl Aufgabe 17a), b))

2 Ist $I \neq \varnothing$ eine Indexmenge, sind $V_\iota \ (\iota \in I)$ R-Moduln, so ist die in (11 4d)
erwahnte (außere) *direkte Summe*

$$V = \bigoplus_{\iota \in I} V_\iota = \{(x^\iota)_{\iota \in I} \mid x^\iota \in V_\iota \text{ und } x^\iota = \mathbf{0}_{V_\iota} \text{ fur fast alle } \iota\}$$

(d h ihre Elemente lassen sich als Abbildungen auf I mit
Werten in V_ι fur $\iota \in I$ interpretieren) $\tag{11 10e}$

mit den Verknupfungen

$$" + " \quad (x^\iota)_{\iota \in I} + (y^\iota)_{\iota \in I} = (x^\iota + y^\iota)_{\iota \in I} \text{ bzw}$$
$$" \ " \quad \alpha \ (x^\iota)_{\iota \in I} = (\alpha x^\iota)_{\iota \in I}, \ (\alpha \in R) \tag{11 10f}$$

wieder ein R-Modul (die Verknupfungen rechts sind dabei jeweils in den V_ι
durchzufuhren) Man hat hier noch die beiden naturlichen Abbildungen
$(\iota' \in I, \text{fest})$

$$\mathrm{in}_\iota \quad V_\iota \to V = \bigoplus_{\iota \in I} V_\iota \quad \text{mit } x^\iota \mapsto (x^\iota)_{\iota \in I},$$
$$\text{wobei } x^\iota = \begin{cases} x^\iota & \iota = \iota' \\ \mathbf{0}_{V_\iota} & \text{sonst} \end{cases} \quad \text{(Injektion)} \tag{11 10g}$$

und

$$\mathrm{pr}_\iota \quad V = \bigoplus_{\iota \in I} V_\iota \to V_\iota \quad \text{mit } (x^\iota)_{\iota \in I} \mapsto x^\iota$$
$$(\iota'\text{-te Komponenten-Projektion}) \tag{11 10g'}$$

(Vgl hierzu auch Aufgabe 17c))

Sind die entsprechenden Bildungen zu $W = \bigoplus_{j \in J} W_j$ eingefuhrt (vgl Satz 11 3a),
so kann man einerseits $V \otimes_R W$ und andererseits zur Indexmenge $I \times J$ bilden

$$\bigoplus_{(\iota \ j) \in I \times J} (V_\iota \otimes_R W_j) \ (R\text{-Modul}) \tag{11 10h}$$

158

Dann liefert

$$\varphi \colon V \times W \to \bigoplus_{(i,j)} (V_i \otimes_R W_j) \text{ mit} \tag{11 10h}$$

$$(x,y) = ((x^i)_{i \in I}, (y^j)_{j \in J}) \mapsto (in_{(i,j)}(pr_i(x) \otimes_R pr_j(y)))_{(i,j) \in I \times J}$$

eine bilineare Abbildung Durch Faktorisierung uber $V \otimes_R W$ kann man dann (11 4e) nachweisen (vgl Aufgabe 17d)) ∎

Bemerkung 17 In Erganzung zu Satz 11 5 kann man mit der Formel

$$\mathrm{Hom}_R(R^n, M) \cong (\mathrm{Hom}_R(R, M))^n \cong M^n, \tag{11 10i}$$
$$M \text{ beliebiger } R\text{-Modul, } R \text{ kommutativer Ring mit } 1$$

zeigen Sind $V_1, \ldots, V_n$ freie R-Moduln endlichen Ranges und $W_1, \ldots, W_n$ beliebige R-Moduln, so ist die Abbildung t ein R-Isomorphismus

Definition 11H. Es sei R ein kommutativer Ring mit 1 Dann heißt ein Ring A eine (assoziative) R-*Algebra*, falls gilt

(A_1) A ist ein R-Modul
(A_2) Es ist (Assoziativ-Regel) $\tag{11 11}$
$$\rho(a\,b) = (\rho a)\,b = a\,(\rho b) \text{ fur } \rho \in R, \ a, b \in A$$

Bemerkung 18 Besonders wichtig ist hierbei wieder der Fall $R = K$ (Korper), d h der der K-Algebra A, dann ist A zugleich ein K-Vektorraum Oft ist dabei R bzw K eine Teilmenge von A Gelegentlich werden auch allgemeinere Algebren A betrachtet, bei denen die Multiplikation nicht notwendig assoziativ ist

Fur diese Situation hatten wir schon zahlreiche Beispiele kennengelernt, wie z B die folgenden R-Algebren A (bei fruheren Verknupfungen)

$\boxed{7}$ $R = K$ ein Korper, $A = L \supseteq K$ ein Erweiterungskorper von K, wie z B $K = \mathbf{R}$ und $L = \mathbf{C}$ (vgl EA, §3, Definition 3E)

$\boxed{7a}$ $R = \mathbf{R}$ reeller Zahlkorper, $A = \mathbf{H}$ Hamiltonsche Quaternionen (vgl LA 1, Erganzungen zu §1, Lemma 1 4)

$\boxed{7b}$ $R = $ kommutativer Ring mit 1 (oder Korper), $A = R[X]$ Polynomring im Symbol X uber R (vgl EA, §9, Satz 9 5), analog der Polynomring $A = R[X_1, X_2, \ldots, X_n]$, der Potenzreihenring $A = R\{X\}$ bzw der Gruppenring $A = R[G]$

$\boxed{7c}$ $R = $ Integritatsring und $A = Q(R)$ sein Quotientenkorper (vgl EA, §10, Definition 10D)

$\boxed{7d}$ $R = $ kommutativer Ring mit 1, $a \neq R$ (zweiseitiges) Ideal in R und $A = R/a$ der Restklassenring modulo a (vgl EA, Erganzungen zu §10 sowie LA 1, §1, §6)

$\boxed{7e}$ $R = $ kommutativer Ring mit 1, $n \in \mathbf{N}$ und $A = R^{n\,n}$ der volle n-reihige Matrizenring uber R (vgl z B LA 1, §1, Bemerkung 7)

$\boxed{7\mathrm{f}}$ $R = K$ ein Korper, V ein fester K-Vektorraum $A = \mathrm{End}_K(V)$ der Ring der K-Endomorphismen von V

Ist R kommutativer Ring mit 1 und sind zwei R-Algebren

$$A, B \text{ gemaß Definition } 11\mathrm{H} \tag{11 11a}$$

gegeben, so sind sie zugleich R-Moduln, und somit existiert das Tensorprodukt

$$A \otimes_R B \tag{11 11b}$$

und ist sicher ein R-Modul Daruber hinaus verifiziert man sofort (vgl Aufgabe 20a)) den

Satz 11.8. *Das Tensorprodukt $A \otimes_R B$ zweier R-Algebren uber einem kommutativen Ring ist bei der Festsetzung der Multiplikation gemaß*

$$(A \otimes_R B) \times (A \otimes_R B) \longrightarrow (A \otimes_R B) \text{ mit}$$
$$\left(\sum_i a_i \otimes b_i\right)\left(\sum_j a_j \otimes b_j\right) = \sum_{i\,j} (a_i a_j) \otimes (b_i b_j) \tag{11 11c}$$
$$a_i\ a_j \in A\ \ b_i\ b_j \in B$$
($i\ j$ jeweils aus endlichen Indexmengen)

wieder eine R-Algebra ist hierbei speziell $A = S \supseteq R$ ein kommutativer Erweiterungsring mit dem gleichen Einselement 1 so ist $B^S = S \otimes_R B$ mit der Skalarmultiplikation

$$s \sum_i (s_i \otimes b_i) = \sum_i (ss_i \otimes b_i)$$
$$\textit{fur } s \in S,\ \sum_i (s_i \otimes b_i) \in S \otimes_R B \tag{11 11d}$$

eine S-Algebra, die Grundringerweiterung von B mit S

Bemerkung 19 Auch in anderen Fallen kann $S \otimes_R B$ die Struktur einer S-Algebra haben, falls in (11 11c) beide R-Algebren A und B zugleich frei von jeweils endlichem Rang sind (insbesondere falls $R = K$ ein Korper ist), so kann man die Multiplikation gut uber die Basiselemente beschreiben (vgl Aufgabe 20b))

Wir zitieren folgende Beispiele

$\boxed{8}$ Sind in Spezialisierung von $\boxed{2\mathrm{c}}$ $R^{m\ m}$ und $R^{s\ s}$ beides volle Matrizenringe uber R, so ist

$$A \otimes_R B = R^{m\ m} \otimes_R R^{s\ s} \cong R^{ms\ ms}$$

auch als R-Algebra-Isomorphismus

$\boxed{8\mathrm{a}}$ Analog zu $\boxed{3\mathrm{a}}$ bzw $\boxed{3\mathrm{b}}$ ordnen sich die Grundkorper-bzw Grundringerweiterungen

$$\mathbf{C}[X] \cong \mathbf{C} \otimes_R \mathbf{R}[X] \text{ und } \mathbf{C} \otimes_R (\mathbf{R}^{n\ n}) \cong \mathbf{C}^{n\ n}$$

160

sowie

$$Q \otimes_{\mathbb{Z}} \mathbb{Z}[X] \cong Q[X] \quad \text{und} \quad Q \otimes_{\mathbb{Z}} \mathbb{Z}^{n\,n} \simeq Q^{n\,n}$$

dem genannten Schema unter

Wir wollen noch die angekündigten Bemerkungen zum Begriff des Tensors φ_p^q und seiner Koordinaten gemäß Definition 11F und 11G im Fall eines n-dimensionalen K-Vektorraumes V machen. Sei also eine Basis von V

$$\mathfrak{a}^T = (a^1, \ldots, a^n), \quad x = \tilde{x}^T \, \mathfrak{a} \in V, \tilde{x} \in K^n \tag{11 12}$$

und die zugehörige duale Basis von V^*

$$\mathfrak{a}^{*\,T} = (a_1^*, \ldots, a_n^*) \text{ mit}$$
$$\langle a_\nu^*, a^\mu \rangle = \delta_{\nu\mu} \text{ und } y^* = \tilde{y}^T \, \mathfrak{a}^* \text{ für } y^* \in V^* \tag{11 12a}$$

gegeben. Dann gilt bei einem Basiswechsel in V (vgl. z. B. LA 1, Ergänzungen zu §4)

$$V \ni x = \tilde{x}^T \, \mathfrak{a} = \tilde{x}'^T \, \mathfrak{a}' \text{ mit } \mathfrak{a}'^T = (a'^1, \ldots, a'^n)$$
$$\tilde{x} = S \, \tilde{x}', \mathfrak{a}' = S^T \, \mathfrak{a}, \ S = (s_{ij}) \in K^{n\,n}, |S| \neq 0 \tag{11 12b}$$

für die zu $\mathfrak{a}'^T$ duale Basis $\mathfrak{a}'^{*\,T} = (a_1'^*, \ldots, a_n'^*)$ von V^* mit $\langle a_\nu'^*, a^\mu \rangle = \delta_{\nu\mu}$ die kontragrediente Transformationsregel

$$V^* \ni y^* = \tilde{y}^T \, \mathfrak{a}^* = \tilde{y}'^T \, \mathfrak{a}'^* \text{ mit}$$
$$\mathfrak{a}'^* = S^{-1} \, \mathfrak{a}^*, \tilde{y} = S^{-1\,T} \, \tilde{y}', S^{-1} = (s'_{ij}) \in K^{n\,n} \tag{11 12c}$$

Ist ein Tensor φ_p^q gemäß Definition 11F und (11 8d, d', f) gegeben in der Form bzgl. $\mathfrak{a}$ und $\mathfrak{a}^*$

$$\varphi_p^q = \alpha_{\nu_1 \ldots \nu_p}^{*\mu_1 \ldots \mu_q}(a^{\nu_1} \otimes \ldots \otimes a^{\nu_p} \otimes a_{\mu_1}^* \otimes \ldots \otimes a_{\mu_q}^*)$$
$$\text{mit } \alpha_{\nu_1 \ldots \nu_p}^{*\mu_1 \ldots \mu_q} = \varphi_p^q(a_{\nu_1}^*, \ldots, a_{\nu_p}^*, a^{\mu_1}, \ldots, a^{\mu_q}) \tag{11 12d}$$

bzw. bzgl. $\mathfrak{a}'$ und $\mathfrak{a}'^*$

$$\varphi_p^q = \alpha_{\rho_1 \ldots \rho_p}'^{*\lambda_1 \ldots \lambda_q}(a'^{\rho_1} \otimes \ldots \otimes a'^{\rho_p} \otimes a_{\lambda_1}'^* \otimes \ldots \otimes a_{\lambda_q}'^*)$$
$$\text{mit } \alpha_{\rho_1 \ldots \rho_p}'^{*\lambda_1 \ldots \lambda_q} = \varphi_p^q(a_{\rho_1}'^*, \ldots, a_{\rho_p}'^*, a'^{\lambda_1}, \ldots, a'^{\lambda_q}), \tag{11 12e}$$

so gelten die Umrechnungsformeln (vgl. Aufgabe 21a))

$$\alpha_{\rho_1 \ldots \rho_p}'^{*\lambda_1 \ldots \lambda_q} = \sum_{\substack{\nu_1 \ldots \nu_p = 1 \\ \mu_1 \ldots \mu_q = 1}}^{n} s'_{\rho_1\nu_1} \ldots s'_{\rho_p\nu_p} s_{\mu_1\lambda_1} \ldots s_{\mu_q\lambda_q} \, \alpha_{\nu_1 \ldots \nu_p}^{*\mu_1 \ldots \mu_q} \tag{11 12f}$$

bzw.

$$\alpha_{\nu_1 \ldots \nu_p}^{*\mu_1 \ldots \mu_q} = \sum_{\substack{\rho_1 \ldots \rho_p = 1 \\ \lambda_1 \ldots \lambda_q = 1}}^{n} s_{\nu_1\rho_1} \ldots s_{\nu_p\rho_p} s'_{\lambda_1\mu_1} \ldots s'_{\lambda_q\mu_q} \, \alpha_{\rho_1 \ldots \rho_p}'^{*\lambda_1 \ldots \lambda_q} \tag{11 12g}$$

Bemerkung 20 Bei einem Basiswechsel in V und V^* transformieren sich die Koordinaten eines Tensors wie folgt Bei den Indizes v_i zu den *kontravarianten Anteilen* wird durch S wie bei den Koordinaten eines *Vektors*, bei den Indizes μ_k zu den *kovarianten Anteilen* wird durch $(S^{-1})^T$ wie bei den Koordinaten eines *dualen Vektors* transformiert

Sei weiterhin V endlich-dimensional mit der Basis $a^T = (a^1, \ldots, a^n)$ und ein Tensor $\varphi_p^q \in V_p^q$ der Stufe (p, q), wobei $p > 0$ und $q > 0$ sein soll, gegeben und in der Form (11 12d) beschrieben, sind

$$v_i \text{ mit } 1 \leq v_i \leq p \text{ ein fester kontravarianter Index,}$$
$$\mu_k \text{ mit } 1 \leq \mu_k \leq q \text{ ein fester kovarianter Index,} \qquad (11\ 12\mathrm{h})$$

so kann man wie folgt φ_p^q einen Tensor φ_{p-1}^{q-1} der Stufe $(p-1, q-1)$ zuordnen

$$\varphi_p^q \mapsto \varphi_{p-1}^{q-1} \text{ mit}$$
$$\varphi_{p-1}^{q-1} = \alpha_{v_1 \ldots v_p}^{*\mu_1 \ldots \mu_q} \langle a_{\mu_k}^*, a^{v_i} \rangle (a^{v_1} \otimes \ldots \otimes a^{v_{i-1}} \otimes a^{v_{i+1}} \otimes$$
$$\otimes a^{v_p} \otimes a_{\mu_1}^* \otimes \ldots \otimes a_{\mu_{k-1}}^* \otimes a_{\mu_{k+1}}^* \otimes \ldots \otimes a_{\mu_q}^*)$$
$$= \alpha_{v_1 \ldots v_{i-1} \lambda v_{i+1} \ldots v_p}^{*\mu_1 \ldots \mu_{k-1} \lambda \mu_{k+1} \ldots \mu_q} (a^{v_1} \otimes \ldots \otimes a^{v_{i-1}} \otimes a^{v_{i+1}} \otimes$$
$$\otimes a_{\mu_{k-1}}^* \otimes a_{\mu_{k+1}}^* \otimes \ldots \otimes a_{\mu_q}^*), \qquad (11\ 12\mathrm{i})$$

hierbei wird in der letzten Formel $\mu_k = v_i = \lambda$ gesetzt und uber den doppelt auftretenden Index λ zusatzlich summiert

Bemerkung 21 Man nennt φ_{p-1}^{q-1} die *Verjungung* des Tensors φ_p^q bzgl des v_i-ten kontravarianten und μ_k-ten kovarianten Indexes von φ_p^q, man verifiziert sofort, daß diese Bildung unabhangig von der Auszeichnung der Vektorraumbasis a^T ist (vgl Aufgabe 21b))

$\boxed{9}$ Sei speziell $q = p = 1$ und der gemischte Tensor

$$\varphi_1^1 = \alpha_v^{*\mu} (a^v \otimes a_\mu^*)$$

gegeben Dann ist die Verjungung uber diese Indizes der Skalar

$$\varphi_0^0 = \sum_{\lambda-1}^n \alpha_\lambda^{*\lambda} = \mathrm{Spur}(\alpha_v^{*\mu}),$$

d h die Spur der zugehorigen Koordinatenmatrix

Aufgaben zu §11

1. a) Fuhre den Beweis von Bemerkung 2 vollstandig durch
   b) Es sei $n = 2$, $V_1 = V_2 = \mathbf{R}^2$ sowie $W = \mathbf{R}^3$ Bestimme alle 2-fach linearen Abbildungen aus $L^2(V_1, V_2, W)$
   c) Leite Satz 11 1a und insbesondere (11 2b) direkt aus Bemerkung 2 her

2. a) Fuhre alle Rechnungen zum Beweis von Satz 11 1 aus
   (i) $L^n(V_1, \ldots, V_n, W)$ ist K-Vektorraum (R-Modul)

(ıı) Eigenschaften von α gemäß (11 2b) und gemäß (11 2d)

(ııı) Nachweis von (11 2e′)

b) Beweise Satz 11 1a durch Induktion nach n

3. Begründe, daß die folgenden Abbildungen bzw Funktionen bilinear bzw multilinear sind

a) Es seien K ein Körper und $V_1 = K[X]$, $V_2 = K[Y]$, $V_3 = K[Z]$, $W = K[X, Y]$ die entsprechenden Polynomringe, betrachte

$\varphi_2\ V_1 \times V_2 \to W$ mit

$$\left(\sum_{\nu=0}^{n} a_\nu X^\nu,\ \sum_{\mu=0}^{m} b_\mu Y^\mu\right) \mapsto \sum_{\nu=0}^{n}\sum_{\mu=0}^{m} \nu\mu a_\nu b_\mu X^{\nu-1} Y^{\mu-1}\quad (n, m \in \mathbf{N}),$$

$\varphi_3\ V_1 \times V_2 \times V_3 \to W$ mit

$$\left(\sum_{\nu=0}^{n} a_\nu X^\nu,\ \sum_{\mu=0}^{m} b_\mu Y^\mu,\ \sum_{\rho=0}^{r} c_\rho Z^\rho\right) \mapsto \sum_{\nu\,\mu\,\rho} (3 a_\nu b_\mu c_\rho X^\nu - \mu a_\nu b_\mu c_\rho Y^{\mu-1})$$

b) Sei $V_1 = \mathbf{R}[X]$, $V_2 = \mathbf{R}[Y]$ und $W = \mathbf{R}^{2\,2}$ und $d_1, d_2 \in \mathbf{R}$ fest, bilde

$\varphi\ V_1 \times V_2 \to W$ mit

$$\left(\sum_{\nu=0}^{n} a_\nu X^\nu,\ \sum_{\mu=0}^{m} b_\mu Y^\mu\right) \mapsto \sum_{\nu=0}^{n}\sum_{\mu=0}^{m} a_\nu b_\mu \begin{pmatrix} \cos(\nu d_1 + \mu d_2) & -\sin(\nu d_1 + \mu d_2) \\ \sin(\nu d_1 + \mu d_2) & \cos(\nu d_1 + \mu d_2) \end{pmatrix}$$

c) Es seien $V_1 = V_2 = W$ der $\mathbf{R}$-Vektorraum der auf $\mathbf{R}$ stetigen Funktionen, bilde für $f, g \in W$

$$(f, g) \mapsto (f \circ g)(x) = \sum_{\nu=1}^{n} f(\nu)\ g(x - \nu)$$

d) Es sei $I = [a, b]$ ein abgeschlossenes Intervall, $V_1 = C(I)$ und V_2 die Gesamtheit der auf I monotonen Funktionen und $W = \mathbf{R}$ Bilde $\varphi\ V_1 \times V_2 \to W$ mit

$$\varphi(f, g) = \int_a^b f\,dg \quad \text{(Riemann-Stieltjes-Integral)}$$

4. a) Führe die Beweise zu Bemerkung 3 aus

b) Gebe die K-Isomorphismen zu (11 2g) in Bemerkung 4 an und illustriere dies am Spezialfall $V_1 = \mathbf{R}^n$, $V_2 = \mathbf{R}^m$, $K = \mathbf{R}$

5. a) Führe die Konstruktion des Tensorproduktes $V_1 \otimes V_2$ im Fall endlicher K-Vektorräume V_1, V_2 explizit durch und verifiziere die Ergebnisse aus $\boxed{\text{2b}}$ Zeige, daß nicht jedes Element von $V_1 \otimes V_2$ als Bild bei ψ_T auftritt

b) Bestätige die Vektorraumeigenschaft von T gemäß (11 3e′)

c) Führe den Beweis von Satz 11 2 für endlich-dimensionale freie R-Moduln durch

d) Verifiziere (11 3m) und (11 3m′)

6. a) Die Faktorgruppen $\mathbf{Z}/3\mathbf{Z}$ und $\mathbf{Z}/5\mathbf{Z}$ seien als $\mathbf{Z}$-Moduln aufgefaßt Bestimme $(\mathbf{Z}/3\mathbf{Z}) \otimes_{\mathbf{Z}} (\mathbf{Z}/5\mathbf{Z})$

b) Berechne analog: $\mathbf{Z}^{2,2} \otimes_{\mathbf{Z}} (\mathbf{Z}/2\mathbf{Z})$.

c) Es sei K ein Körper und $K[X]$, $K[Y]$ die Polynomringe in den unabhängigen Unbestimmten X, Y. Zeige, daß als K-Vektorräume gilt:

$$K[X] \otimes_K K[Y] \cong K[X, Y].$$

d) Es sei $V_1 = \mathbf{R}^{3,3}$, $V_2 = \mathbf{R}^{3,2}$ und $V_3 = \mathbf{R}^{2,2}$ sowie

$$A_1 = \begin{pmatrix} 5 & 3 & 0 \\ 1 & 2 & -1 \\ 0 & 3 & -2 \end{pmatrix}, A_2 = \begin{pmatrix} 1 & 1 & 1 \\ 0 & 1 & 0 \\ 1 & 0 & 0 \end{pmatrix} \in V_1; A_3 = \begin{pmatrix} 1 & 3 \\ -1 & 1 \\ 0 & 2 \end{pmatrix} \in V_2;$$

$$B_1 = \begin{pmatrix} 1 & 0 \\ 1 & 1 \end{pmatrix}, B_2 = \begin{pmatrix} 0 & 2 \\ 1 & 0 \end{pmatrix} \in V_3.$$

Berechne $A_i \otimes_K B_j, B_j \otimes_K A_i$ $(i = 1, 2, 3; j = 1, 2)$ und $(A_1 \otimes B_1) \cdot (A_2 \otimes B_2)$.

e) Zeige (11.4g) aus Bemerkung 9.

7. a) Führe den Beweis von Satz 11.3 für endlich-dimensionale K-Vektorräume vollständig aus.

b) Beweise Satz 11.3a für je endlich viele endlich-dimensionale K-Vektorräume.

c) Begründe (11.5c) und Satz 11.4.

8. a) Führe die Rechnungen zu $\boxed{3}$ aus. Wie sieht in dieser Schreibweise die Einbettung $j: V \longrightarrow \widehat{V}$ gemäß (9.6d) aus?

b) Bestätige die in $\boxed{3a}$ und $\boxed{3b}$ genannten Vektorraum- bzw. R-Modul-Isomorphien. Wie sieht jeweils die Einbettung von V bzw. M aus?

c) Es seien V und W endlich-dimensionale K-Vektorräume und L ein Erweiterungskörper von K. Zeige

$$L \otimes_K \mathrm{Hom}_K(V, W) \cong \mathrm{Hom}_L(V^L, W^L).$$

d) Es sei V ein $\mathbf{Q}$-Vektorraum. Bestätige

$$\mathbf{C} \otimes_{\mathbf{R}} (\mathbf{R} \otimes_{\mathbf{Q}} V) \cong \mathbf{C} \otimes_{\mathbf{Q}} V.$$

9. a) Führe die Rechnungen zu $\boxed{4}$ aus.

b) Es seien $V_1 = V_2 = \mathbf{R}^4$, $W_1 = \mathbf{R}^3$ und $W_2 = \mathbf{R}^2$, und bzgl. der Standardbasen seien $\varphi^{(1)} = \varphi_{A_1}$, $\varphi^{(2)} = \varphi_{A_2}$ durch

$$A_1 = \begin{pmatrix} 1 & 0 & 0 & 1 \\ 2 & 1 & 2 & 0 \\ 0 & 0 & 1 & 2 \end{pmatrix}, A_2 = \begin{pmatrix} 1 & 3 & 4 & 0 \\ 0 & 2 & 4 & 5 \end{pmatrix}$$

gegeben. Bestimme die zu $T(\varphi^{(1)}, \varphi^{(2)})$ gehörige Matrix sowie Kern und Bild dieser Abbildung.

c) Es seien $V_1 = W_1 = K^n$ und $V_2 = W_2 = K^m$ jeweils endlich-dimensionale arithmetische Vektorräume:

$$\varphi_i^{(1)} \in \mathrm{End}_K(K^n) \text{ und } \varphi_i^{(2)} \in \mathrm{End}_K(K^m) \quad (i = 1, 2).$$

Begrunde $\operatorname{End}_K(K^n) \otimes_K \operatorname{End}_K(K^m) \cong \operatorname{End}_K(K^n \otimes_K K^m)$, beschreibe die $T(\varphi_i^{(1)}, \varphi_i^{(2)}) = \psi_i$ zugeordnete Matrix, berechne Kern ψ_i und die Matrix zu $\psi_1 \circ \psi_2$

10. Es seien V_i, W_i $(i = 1, 2)$ K-Vektorraume von nicht notwendig endlicher Dimension

   a) Zeige, daß jedes Element $\psi \neq 0, \psi \in \operatorname{Hom}_K(V_1, W_1) \otimes_K \operatorname{Hom}_K(V_2, W_2)$ eine Darstellung der Form

$$\psi = \varphi_1^{(1)} \otimes \varphi_1^{(2)} + \quad + \varphi_r^{(1)} \otimes \varphi_r^{(2)}$$

   mit uber K linear unabhangigen $\varphi_\rho^{(1)} \in \operatorname{Hom}_K(V_1, W_1)$ $(\rho = 1, \quad, r)$ und $\varphi_1^{(2)} \neq 0, \varphi_1^{(2)} \in \operatorname{Hom}_K(V_2, W_2)$ besitzt

   b) Begrunde, daß dann $t(\psi) \in \operatorname{Hom}_K(V_1 \otimes V_2, W_1 \otimes W_2)$ nicht die Nullabbildung sein kann, d h daß t injektiv ist

11. a) Es sei K ein Korper und $V_1 = K^{2\,2}$ bzw $V_2 = K^{3\,3}$ Zeige, daß fur Matrizen $A = (a_{\nu\mu}) \in K^{2\,2}$ und $B = (b_{\lambda\rho}) \in K^{3\,3}$ durch

$$\varphi(A, B) = \sum_{\nu=1}^{2} \sum_{\lambda=1}^{3} a_{\nu\nu} b_{\lambda\lambda}$$

   eine Bilinearform aus $L^2(V_1, V_2, K)$ geliefert wird Interpretiere φ als Element von $(K^{2\,2})^* \otimes (K^{3\,3})^*$ bzw $(K^{2\,2} \otimes K^{3\,3})^*$

   b) Fur $i = 1, 2, 3$ sei V_i der **R**-Vektorraum der Polynomfunktionen vom

   Grade $\leq i$ Zeige, daß fur $\varphi(f_1, f_2, f_3) = \int_0^1 (f_1 f_2 f_3)dx$ $\varphi \in L^3(V_1, V_2, V_3, \mathbf{R})$

   ist und interpretiere φ als Element von $V_1^* \otimes V_2^* \otimes V_3^*$ bzw $(V_1 \otimes V_2 \otimes V_3)^*$ und berechne $\varphi(f_1, f_2, f_3)$, fur $f_i(x) = x^i + 1$ $(i = 1, 2, 3)$

12. a) Begrunde (11 7g) und Bemerkung 11 ausfuhrlich
   b) Begrunde Bemerkung 12 mit Satz 11 3 ausfuhrlich
   c) Fuhre den Beweis von Satz 11 7 aus

13. a) Es sei $V = \mathbf{R}^3$ mit der Standardbasis $e^T = (e^1, e^2, e^3)$ und in V^* sei die zugehorige Dualbasis e^{*T} gegeben Wie sehen die Elemente aus V_3, V_2^1 bzw aus V_1^2 aus? Es seien $\tilde{a}^{1T} = (1, 1, 0), \tilde{a}^{2T} = (0, 1, 2)$ und $\tilde{a}^{3T} = (1, 0, 1)$ aus V gegeben Stelle die Tensoren $\tilde{a}^1 \otimes \tilde{a}^2 \otimes \tilde{a}^3$ bzw $\tilde{a}^1 \otimes \tilde{a}^{2*} \otimes \tilde{a}^3$, $\tilde{a}^1 \otimes \tilde{a}^{2*} \otimes \tilde{a}^{3*}$ bzgl der Standardbasen dar und gebe ihre Koordinaten an sowie ihre Interpretation als Multilinearform

   b) Es sei V ein beliebiger endlich-dimensionaler K-Vektorraum mit dem Dualraum V^* und dem Skalarprodukt $\langle x^*, x \rangle$ Zeige Durch

$$\langle x^1 \otimes \quad \otimes x^p \otimes y_1^* \otimes \quad \otimes y_q^*, z_1^* \otimes \quad \otimes z_p^* \otimes w^1 \otimes \quad \otimes w^q \rangle$$

$$= \prod_{i=1}^{p} \langle z_i^*, x^i \rangle \prod_{j=1}^{q} \langle y_j^*, w^j \rangle \text{ und multilineare Fortsetzung}$$

   wird eine bilineare Funktion auf $V_q^p \times V_p^q$ erklart, die wohldefiniert ist Interpretiere dieses Element aus $L^2(V_q^p, V_p^q, K)$ in $V_p^q \otimes V_q^p$, begrunde, daß V_p^q als Dualraum zu V_q^p aufgefaßt werden kann

165

14. Zur Definition 11 B zeige

a) Aus der Eigenschaft (TP_2) folgt (TP_1) und

(TP'_2) Für jeden R-Modul W und jede n-fach lineare Abbildung
$$\varphi_n \in L^n(V_1, \quad , V_n, W) \text{ existiert ein } \theta \in \mathrm{Hom}_R(T, W) = L^1(T, W)$$
mit (11 3b)

b) Aus (TP_1) und (TP'_2) folgt (TP_2)

15. a) Zum Beweis von Satz 11 2 im allgemeinen Fall fuhre die Rechnungen zu (11 9g′) und (11 9g′) vollstandig aus

b) Zeige durch direkte Rechnung, daß es eine R-lineare Abbildung $\theta \ F/U \to W$ mit $\theta' = \theta \circ \varphi_U$ und (11 9h′) gibt

c) Es sei R ein nichtkommutativer Ring mit 1, V_1 ein R-Rechtsmodul und V_2 ein R-Linksmodul, es sei $F = \mathbf{Z}[P]$ gemaß (11 9a) und $U = \mathbf{Z}[M]$ der von

$$(x^1 + y^1, x^2) - (x^1, x^2) - (y^1, x^2),$$
$$(x^1, x^2 + y^2) - (x^1, x^2) - (x^1, y^2) \text{ und}$$
$$(x^1 \ \rho, x^2) - (x^1, \rho \ x^2) \ (\rho \in R)$$

erzeugte $\mathbf{Z}$-Untermodul Zeige, daß $F/U = T = V_1 \otimes_R V_2$ existiert und untersuche welche Eigenschaften des Tensorproduktes hier erfullt sind

16. a) Fuhre die Beweise zu $\boxed{6}$ und $\boxed{6a}$ aus

b) Bestatige $\mathbf{Z}/3\mathbf{Z} \otimes_{\mathbf{Z}} \mathbf{Z}/3\mathbf{Z} \otimes_{\mathbf{Z}} \mathbf{Z}/3\mathbf{Z} \cong \mathbf{Z}/3\mathbf{Z}$

c) Es sei $R \subseteq \mathbf{R}^{2 \ 2}$ der Ring der oberen Dreiecksmatrizen der Form $\begin{pmatrix} a & b \\ 0 & c \end{pmatrix}$

Zeige, daß $V_1 = \mathbf{R}^{2 \ 2}$ ein R-Rechtsmodul und $V_2 = \mathbf{R}^{2 \ 2}$ ein R-Linksmodul ist Verifiziere in $V_1 \otimes_R V_2$

$$\begin{pmatrix} 1 & 0 \\ 0 & 0 \end{pmatrix} \otimes_R \begin{pmatrix} 0 & 0 \\ 2 & 1 \end{pmatrix} = \begin{pmatrix} 0 & 0 \\ 0 & 0 \end{pmatrix}, \ \begin{pmatrix} 5 & 1 \\ 7 & 3 \end{pmatrix} \otimes_R \begin{pmatrix} 4 & 3 \\ 0 & 0 \end{pmatrix} = \begin{pmatrix} 5 & 5 \\ 7 & 7 \end{pmatrix} \otimes_R \begin{pmatrix} 1 & -1 \\ 3 & 4 \end{pmatrix}$$

Zeige $V_1 \otimes_R R \cong V_1$

17. a) Fur beliebige R-Moduln V_1, V_2 begrunde mit den Isomorphiesatzen die Formel (11 10d) und folgere hieraus die Existenz des eindeutig bestimmten R-Isomorphismus (11 4c)

b) Beweise analog die Assoziativitatsaussage (11 4b) fur R-Moduln V_ι $(\iota = 1, 2, 3)$

c) Bestatige die R-Moduleigenschaft von V gemaß (11 10e, f) und untersuche die Eigenschaften der Abbildungen in_ι, und pr_ι, gemaß (11 10g, g′)

d) Beweise (11 4e) im allgemeinen Fall durch Faktorisierung uber $V \otimes_R W$

18. a) Beweise die Formel (11 10i) und gebe jeweils die zugehorigen R-Isomorphien an

b) Beweise die Behauptung von Bemerkung 17 mit Hilfe von (11 10i)

c) Es sei $K = \mathbf{R} = W_1 = W_2$, $V_1 = \mathbf{R}[X]$, $V_2 = \mathbf{R}[Y]$ und $V_1 \otimes_\mathbf{R} V_2$
$\cong \mathbf{R}[X, Y]$ Fur $\theta \in t(V_1^* \otimes V_2^*)$ gemaß (11 6g) diskutiere
$U_\theta = \{x_1 \in V_1 \mid \theta(x_1 \otimes x_2) = 0$ fur alle $x_2 \in V_2\}$ Zeige hiermit, daß
$\vartheta \in (V_1 \otimes V_2)^*$ mit

$$\vartheta\left(\sum_{\nu, \mu \geq 0} a_{\nu\mu} X^\nu Y^\mu\right) = \sum_{\lambda \geq 0} a_{\lambda, \lambda}$$

nicht in $t(V_1^* \otimes V_2^*)$ liegt, d h daß t nicht surjektiv ist

19. a) Es sei $I = [0, 1] \subseteq \mathbf{R}$ und A die Menge der reellwertigen stetigen Funktionen f auf I mit $f(0) = f(1)$ Zeige, daß A eine $\mathbf{R}$-Algebra ist

   b) Es sei $\mathbf{R}$ ein kommutativer Ring mit 1 und A der Ring der oberen Dreiecksmatrizen in $R^{n,n}$, B die Gesamtheit der Diagonalmatrizen aus $R^{n,n}$ und C die Gesamtheit der Skalarmatrizen Zeige, daß A, B, C jeweils R-Algebren sind

   c) A sei K-Algebra und zugleich endlich-dimensionaler K-Vektorraum mit der Basis $a^T = (a^1, \dots, a^n)$ Durch

$$a^i\, a^j = \sum_{k=1}^n s_{ij\,k}\, a^k \quad (s_{ij\,k} \in K, i, j = 1, \dots, n)$$

werden die «Strukturkonstanten» $s_{ij\,k}$ von A uber K bzgl a^T definiert Wie sieht man ihnen die Kommutativitat bzw Assoziativitat von A an? Wie verhalten sie sich bei einem Basiswechsel in A?

   d) Bestimme die Strukturkonstanten in folgenden Fallen
$A = K^{n,n}$ bzgl der Standardbasis der E_{ij},
$B = \mathbf{H}$ uber $\mathbf{R}$ bzgl (E, I, J, K),
$C = K[X]/(f(X))$ bzgl $(1, \bar{X}, \dots, \bar{X}^{d(f)-1})$,
      $d(f) = $ Grad des Polynoms f

20. a) Beweise Satz 11 8

   b) Es seien A und B K-Algebren mit endlichen Basen a^T bzw b^T und zugehorigen Strukturkonstanten Wie sieht dann die Multiplikationstafel von $A \otimes_K B$ bzgl der Basis $(\dots, a^i \otimes b^j, \dots)$ aus?

   c) Fuhre die Rechnungen zu $\boxed{8}$ und $\boxed{8a}$ aus und gebe, soweit moglich, die Strukturkonstanten an

   d) Bestatige die folgenden Algebra-Isomorphien
$$\mathbf{H} \otimes_\mathbf{R} \mathbf{C} \cong \mathbf{C}^{2,2}, \quad \mathbf{Z}/4\mathbf{Z} \otimes_\mathbf{Z} \mathbf{Z}/6\mathbf{Z} \cong \mathbf{Z}/2\mathbf{Z},$$
$$K[X] \otimes_K K[Y] \cong K[X, Y]$$

21. a) Leite die Formeln (11 12f, g) auf zwei Wegen her (ausgehend von der 1 bzw 2 Zeile aus (11 12d, e))

   b) Beweise Bemerkung 21

   c) Es sei $V = \mathbf{R}^3$ und die Großen aus Aufgabe 13a) zugrundegelegt Durch
$$\tilde{x}' = (S_{e'}^e)^{-1}\, \tilde{x} = A_i\, \tilde{x} \quad (i = 1, 2) \text{ mit}$$

$$A_1 = \begin{pmatrix} 1 & 0 & 2 \\ 0 & -1 & 1 \\ 5 & 3 & 6 \end{pmatrix} \text{ bzw } A_2 = \begin{pmatrix} 4 & 0 & 0 \\ 0 & 2 & -5 \\ 1 & 1 & 1 \end{pmatrix}$$

seien neue Basen $\mathfrak{f}_i$ $(i = 1, 2)$ von $\mathbf{R}^3$ gegeben (vgl. LA 1, Satz 3.12). Stelle die Tensoren aus 13a) bzgl. dieser neuen Basen $\mathfrak{f}_1$ bzw. $\mathfrak{f}_2$ (und ihren Dualbasen) dar. Wie sieht $\tilde{b}^1 \otimes \tilde{b}^2 \otimes \tilde{b}^*_3$ mit $\tilde{b}^1 = (5, 2, 1)$, $\tilde{b}^2 = (3, 1, 0)$, $\tilde{b}^3 = (0, 2, 0)$ bzgl. e bzw. $\mathfrak{f}_1, \mathfrak{f}_2$ aus?

§12 Alternierende Produkte, Determinanten

In diesem Paragraphen sollen einige wichtige Spezialfälle der in §11 eingeführten Bildungen der multilinearen Algebra genauer untersucht und zugehörige Anwendungen aufgezeigt werden. Dazu seien hier stets:

$$K \text{ ein Körper (also kommuntativ)},$$
$$V \text{ und } W \quad K\text{-Vektorräume}, \qquad\qquad (12.1)$$
$$r \in \mathbf{N} \text{ eine natürliche Zahl}.$$

Wir betrachten r-fach lineare Abbildungen im Sinne der Definition 11A, d.h.

$$\varphi\colon \underbrace{V \times \ldots \times V}_{r\text{-fach}} = V^r \longrightarrow W \text{ mit} \qquad\qquad (12.1a)$$
$$V^r \ni (x^1, \ldots, x^r) \mapsto \varphi(x^1, \ldots, x^r) \in W;$$

hierin ist der Fall $W = K$ (eindimensionaler K-Vektorraum), d.h. der Fall der Multilinearformen, enthalten.

Definition 12A. Eine r-fach lineare Abbildung φ von V^r in W gemäß (12.1a) mit der zusätzlichen Eigenschaft

$$\varphi(x^1, \ldots, x^r) = 0_W, \qquad\qquad (12.1b)$$
$$\text{falls } x^\nu = x^\mu \text{ für } 1 \leq \nu < \mu \leq r$$

heißt eine *alternierende r-fach lineare Abbildung*; speziell heißt eine alternierende r-fach lineare Abbildung φ von V^r in $W = K$ eine *alternierende r-fache Linearform* oder *alternierende Multilinearform*.

Bemerkung 1. Für $r = 1$ werden wir im folgenden 1-fach lineare Abbildungen oft auch alternierend 1-fach linear nennen.

Die Forderung (12.1b) besagt also, daß der Wert von φ der Nullvektor ist, wenn in zwei verschiedenen Argumentstellen von φ der gleiche Vektor aus V steht. Zur Illustration erinnern wir zunächst an folgendes Beispiel:

$\boxed{1}$ Es sei K ein Korper, $n \in \mathbf{N}$ und $V = K^n$ der n-dimensionale arithmetische K-Vektorraum, dann wird eine n-fach lineare Abbildung (Funktion)

$$D\ \underbrace{K^n \times \quad \times K^n}_{n\text{-mal}} \to K \quad \text{mit}$$

$$(x^1, \quad, x^n) \mapsto D(x^1, \quad, x^n) \in K \tag{12 1c}$$

mit der Eigenschaft

$(\mathrm{Det}_1)\quad D(x^1, \quad, x^n) = 0,$

$\qquad$ falls $x^1, \quad, x^n$ linear abhangig uber K, $\tag{12 1c'}$

eine *Determinantenfunktion auf* K^n genannt (vgl §11, $\boxed{1c}$ sowie EA, §8, LA 1, §1), D ist offensichtlich eine alternierende n-fache Linearform auf K^n

$\boxed{1a}$ Ist V ein K-Vektorraum, so ist eine alternierende Bilinearform auf V gemaß Definition 9E, d h mit

$$B(x, x) = 0 \quad \text{fur alle } x \in V,$$

auch alternierend im Sinne von Definition 12A (vgl auch Definition 8F)

Wir leiten nun einige Rechenregeln her, die solchen der Determinanten-theorie weitgehend entsprechen

Lemma 12.1. *Eine alternierende r-fach lineare Abbildung φ von V^r in W hat die Eigenschaft*

$$\varphi(x^1, \quad, x^r) = \mathbf{0}_W,\ \text{falls } x^1, \quad, x^r \in V$$
$$\text{linear abhangig uber } K, \tag{12 1d}$$

ist $r > 1$ und sind $1 \leq i < j \leq r$ zwei verschiedene Indizes, so gilt bei Vertauschung des i-ten und j-ten Argumentes in φ stets

$$\varphi(\quad, x^i, \quad, x^j, \quad) = -\varphi(\quad, x^j, \quad, x^i, \quad)$$
$$\qquad\qquad i\text{-te}\quad j\text{-te Stelle} \tag{12 1e}$$

Beweis 1 Sind $x^1, \quad, x^r \in V$ linear abhangige Vektoren, so ist

$$\lambda_1 x^1 + \quad + \lambda_r x^r = \mathbf{0}_V \text{ mit o E } \lambda_1 \neq 0, \tag{12 1f}$$

169

dann folgt aus der Multilinearität

$$\mathbf{0}_W = \varphi(\mathbf{0}_V, x^2, \ldots, x^r) = \varphi\left(\sum_{\rho=1}^{r} \lambda_\rho x^\rho, x^2, \ldots, x^r\right)$$

$$= \sum_{\rho=1}^{r} \lambda_\rho \, \varphi(x^\rho, x^2, \ldots, x^r) = \lambda_1 \, \varphi(x^1, x^2, \ldots, x^r),$$

da bei allen anderen Summanden zwei Argumente gleich sind. Wegen $\lambda_1 \neq 0$ folgt somit (12 1d)

2. Sei nun $1 \leq \iota < \jmath \leq r$ und setzen wir in den beiden zugehörigen Argumentstellen jeweils $y = x^\iota + x^\jmath$ ein, so ist nach (12 1b)

$$\mathbf{0}_W = \varphi(\ldots, y, \ldots, y, \ldots) = \varphi(\ldots, x^\iota, \ldots, x^\iota, \ldots) + \varphi(\ldots, x^\jmath, \ldots, x^\iota, \ldots)$$

$$+ \varphi(\ldots, x^\iota, \ldots, x^\jmath, \ldots) + \varphi(\ldots, x^\jmath, \ldots, x^\jmath, \ldots),$$

wegen $\varphi(\ldots, x^\iota, \ldots, x^\iota, \ldots) = \varphi(\ldots, x^\jmath, \ldots, x^\jmath, \ldots) = \mathbf{0}_W$, folgt somit die Behauptung (12 1e)   ∎

Wir erklären nun

Definition 12B. Ist V ein n-dimensionaler K-Vektorraum, so heißt eine alternierende n-fache Linearform

$$D \quad V^n = \underbrace{V \times \ldots \times V}_{n\text{-mal}} \longrightarrow K \quad \text{mit}$$

$$V^n \ni (x^1, \ldots, x^n) \mapsto D(x^1, \ldots, x^n) \in K$$

(12 2)

eine *Determinantenfunktion* (Determinantenform) *auf* V, gibt es ein n-tupel von Vektoren $(x^1, \ldots, x^n)$ mit

$$D(x^1, \ldots, x^n) \neq 0,$$

(12 2a)

so heißt D eine *nichttriviale Determinantenfunktion auf* V

Bemerkung 2 Im Spezialfall $V = K^n$ stimmt diese Definition mit dem in ⬜1 geschilderten Fall überein –

Bei der Herleitung weiterer Rechenregeln für alternierende r-fach lineare Abbildungen bzw Determinantenfunktionen benötigen wir einige einfache Begriffe und Ergebnisse aus der Kombinatorik, die wir anschließend zusammenstellen (für eine Herleitung vgl auch EA, §1 und §2)

170

Dazu seien zwei natürliche Zahlen n, $r \in \mathbf{N}$ gegeben mit

$$1 \leq r \leq n \text{ und}$$
$$\mathbf{N}_n = \{1, 2, \ldots, n\} \supseteq \mathbf{N}_r = \{1, 2, \ldots, r\}. \qquad (12.2\text{b})$$

Weiter bezeichnen wir mit

$$f: \mathbf{N}_r \to \mathbf{N}_n \qquad (12.2\text{c})$$

eine *r-Permutation von* $\mathbf{N}_n$, d.h. eine injektive Abbildung von $\mathbf{N}_r$ in $\mathbf{N}_n$ mit

$$\text{Bild}(f) = \{f(1), f(2), \ldots, f(r)\} =: N \subseteq \mathbf{N}_n; \qquad (12.2\text{d})$$

die Angabe einer solchen r-elementigen Teilmenge N von $\mathbf{N}_n$ nennt man eine *r-Kombination von* $\mathbf{N}_n$ (vgl. hierzu auch EA, §1), und es gibt genau $\binom{n}{r}$ verschiedene r-Kombinationen von $\mathbf{N}_n$.

Numeriert man die Ziffern aus $N = \text{Bild}(f)$ der Größe nach, d.h. bildet man

$$\text{Bild}(f) = N = \{k_1, k_2, \ldots, k_r\}$$
$$\text{mit } 1 \leq k_1 < k_2 < \ldots < k_r \leq n, \qquad (12.2\text{e})$$

so liefert jede injektive Abbildung

$$f_i: \mathbf{N}_r \to N = \text{Bild}(f) \qquad (12.2\text{f})$$

gemäß

$$g_i = \begin{pmatrix} k_1 & k_2 \ldots\ldots & k_r \\ f_i(1) & f_i(2) & \ldots f_i(r) \end{pmatrix},$$
$$\text{d.h. } g_i: N \to N \text{ mit } k_\rho \mapsto g_i(k_\rho) = f_i(\rho) \qquad (12.2\text{g})$$
$$(\rho = 1, \ldots, r),$$

eine Permutation der Menge N; die Gesamtheit

$$\mathfrak{S}_r(N) = \{g_i \mid g_i \ r\text{-Permutation von } N = \text{Bild}(f)\} \qquad (12.2\text{h})$$

ist die Permutationsgruppe von N der Ordnung $r!$ und mit

$$\varepsilon_N(f_i) := \varepsilon(g_i) = \operatorname{sign}(g_i) = (-1)^{o(g_i)} \tag{12.2i}$$

bezeichnen wir jeweils das Signum von f_i bzw. g_i (g_i läßt sich somit als Produkt von $o(g_i)$ Transpositionen darstellen; vgl. EA, Lemma 2.10). Falls speziell $r = n$ ist, erhalten wir

$$
\begin{aligned}
&\mathbf{N}_r = \{1,\ldots,r\},\\
&\mathfrak{S}_r := \{f \mid f = \text{Permutation von } \mathbf{N}_r\},\\
&(\mathfrak{S}_r;\circ) = \text{Gruppe dieser Permutationen; } |\mathfrak{S}_r| = r!,\\
&\varepsilon(f) = \operatorname{sign}(f) = (-1)^{o(f)} \ (\text{Signum von } f).
\end{aligned}
\tag{12.2j}
$$

Wir behaupten nun

Lemma 12.2. *Es seien V und W K-Vektorräume, $r \in \mathbf{N}$ (fest) und φ gemäß*

$$
\begin{aligned}
\varphi:\ &V^r = V \times \ldots \times V \longrightarrow W \text{ mit}\\
&V^r \ni (x^1,\ldots,x^r) \mapsto \varphi(x^1,\ldots,x^r) \in W
\end{aligned}
\tag{12.3}
$$

eine alternierende r-fach lineare Abbildung. Dann gilt die Rechenregel

$$f \in \mathfrak{S}_r \Rightarrow \varphi(x^{f(1)},\ldots,x^{f(r)}) = \operatorname{sign}(f) \cdot \varphi(x^1,\ldots,x^r). \tag{12.3a}$$

Sind darüber hinaus r-tupel $\mathfrak{x}, \mathfrak{y}$ von Vektoren aus V gegeben mit

$$
\begin{aligned}
&\mathfrak{y} = A \cdot \mathfrak{x} \text{ mit } A = (a_{\nu\rho}) \in K^{r,r}, \text{ wobei}\\
&\mathfrak{y}^T = (y^1,\ldots,y^r),\ \mathfrak{x}^T = (x^1,\ldots,x^r) \in V^r,
\end{aligned}
\tag{12.3b}
$$

so folgt

$$\varphi(y^1,\ldots,y^r) = \det(A) \cdot \varphi(x^1,\ldots,x^r); \tag{12.3c}$$

hierbei ist $\det(A) = |A| \in K$ die übliche Determinante der (r,r)-Matrix A.

Beweis. 1. Wegen (12.1e) und (12.2i, j) und den nachfolgenden Bemerkungen folgt sofort (12.3a).

2. Wegen der Multilinearität von φ ist zunächst

$$
\varphi(y^1,\ldots,y^r) = \varphi\left(\sum_{\rho=1}^{r} a_{1\rho}x^\rho,\ldots,\sum_{\rho=1}^{r} a_{r\rho}x^\rho\right)
$$

$$
= \sum_g a_{1g(1)} \cdots a_{rg(r)} \cdot \varphi(x^{g(1)},\ldots,x^{g(r)}),
\tag{12.3d}
$$

wobei g alle r^r Elemente aus Abb $(\mathbf{N}_r, \mathbf{N}_r)$ durchläuft. Falls nun g keine Permutation von $\mathbf{N}_r$ ist, so folgt wegen (12.1d)

$$g \notin \mathfrak{S}_r \Rightarrow \varphi(x^{g(1)}, \ldots, x^{g(r)}) = \mathbf{0}_W. \tag{12.3e}$$

Folglich erhalten wir unter Verwendung von (12.3a)

$$\varphi(y^1, \ldots, y^r) = \sum_{f \in \mathfrak{S}_r} a_{1f(1)} \ldots a_{rf(r)} \cdot \varphi(x^{f(1)}, \ldots, x^{f(r)})$$

$$= \left(\sum_{f \in \mathfrak{S}_r} a_{1f(1)} \ldots a_{rf(r)} \cdot \operatorname{sign}(f) \right) \cdot \varphi(x^1, \ldots, x^r)$$

$$= \det(A) \cdot \varphi(x^1, \ldots, x^r),$$

wie behauptet wurde (vgl. auch LA 1, §1, (1.6b)). ∎

Hieraus folgt im Spezialfall

Lemma 12.2a. *Ist D eine Determinantenfunktion auf dem n-dimensionalen K-Vektorraum V und ist $\mathfrak{a}^T = (a^1, \ldots, a^n)$ eine Basis von V, so gilt für das Vektor-n-tupel $\mathfrak{x}^T = (x^1, \ldots, x^n) \in V^n$ mit*

$$\mathfrak{x} = A \cdot \mathfrak{a} \quad \text{mit } A \in K^{n,n} \tag{12.3f}$$

die Regel

$$D(x^1, \ldots, x^n) = \det(A) \cdot D(a^1, \ldots, a^n). \tag{12.3g}$$

Ist nun etwas allgemeiner eine rechteckige Matrix

$$A = (a_{\rho\nu}) \in K^{r,n} \quad \text{mit } 1 \leq r < n \tag{12.3h}$$

gegeben, d.h. eine Matrix von r Zeilen und n Spalten, und ist $N = \{k_1, \ldots, k_r\}$ mit (12.2e) eine r-Kombination von $\mathbf{N}_n$, d.h. $1 \leq k_1 < k_2 < \ldots < k_r \leq n$, so bedeute

$$A_N := \begin{pmatrix} a_{1k_1}, \ldots, a_{1k_r} \\ \vdots \quad\quad \vdots \\ a_{rk_1}, \ldots, a_{rk_r} \end{pmatrix} \in K^{r,r} \tag{12.3i}$$

die durch Streichung von $n - r$ Spalten entstehende quadratische r-reihige Teilmatrix. Wir bezeichnen mit

$$\det_N (A) := \det (A_N) =: A^{1,\dots,r}_{k_1,\dots,k_r}$$

$$= \sum_{g \in \mathfrak{S}_r(N)} \varepsilon(g) a_{1g(k_1)} \cdots a_{rg(k_r)} \tag{12.3i'}$$

die zugehörige Unterdeterminante von A (vgl. LA 1, (6.5g)). Dann erhalten wir die folgende weitere Rechenregel:

Lemma 12.3. *Ist* $\varphi\colon V^r \to W$ *eine alternierende r-fach lineare Abbildung, ist* $\mathfrak{x}^T = (x^1, \dots, x^n)$ *ein n-tupel von Vektoren aus V und gilt für* $\mathfrak{y}^T = (y^1, \dots, y^r) \in V^r$

$$\mathfrak{y} = A \cdot \mathfrak{x}$$
$$\text{mit } A \in K^{r,n} \text{ gemäß (12.3h),} \tag{12.3j}$$

so folgt

$$\varphi(y^1, \dots, y^r) = \sum_{N = \{k_1, \dots, k_r\}} \det (A_N) \cdot \varphi(x^{k_1}, \dots, x^{k_r}), \tag{12.3k}$$

wobei die Summe über alle gemäß (12.2e) aufgeschriebenen r-Kombinationen N von $\mathbf{N}_n$ läuft.

Beweis. Zunächst ist wegen der r-fachen Linearität von φ

$$\varphi(y^1, \dots, y^r) = \sum_f a_{1f(1)} \dots a_{rf(r)} \cdot \varphi(x^{f(1)}, \dots, x^{f(r)}), \tag{12.3k'}$$

wobei die Summe zunächst über alle r-Variationen f von $\mathbf{N}_n$ gebildet wird (d.h. $f \in \mathrm{Abb}(\mathbf{N}_r, \mathbf{N}_n)$, vgl. z.B. EA, §1). Da φ alternierend ist, haben alle Glieder, in denen f keine r-Permutation ist, den Wert 0_W, d.h. wir können annehmen, daß f in (12.3k') alle r-Permutationen durchläuft.

Da man nun (vgl. EA, §1, insbesondere (I.1.10b, c)) jede r-Permutation f von $\mathbf{N}_n$ durch die Angabe der r-Kombinationen $N = \mathrm{Bild}(f)$ und einer r-Permutation g aus $\mathfrak{S}_r(N)$ mit $\mathrm{Bild}(g) = N$ beschreiben kann, erhalten wir sofort die Summationsaufspaltung

$$\varphi(y^1, \dots, y^r)$$
$$= \sum_{N = \{k_1, \dots, k_r\}} \sum_{g \in \mathfrak{S}_r(N)} a_{1g(k_1)} \cdots a_{rg(k_r)} \cdot \varphi(x^{g(k_1)}, \dots, x^{g(k_r)})$$
$$= \sum_N \left(\sum_{g \in \mathfrak{S}_r(N)} \varepsilon(g) \cdot a_{1g(k_1)} \cdots a_{rg(k_r)} \right) \cdot \varphi(x^{k_1}, \dots, x^{k_r}). \tag{12.3l}$$

Hierbei ergibt die innere Summe jeweils det (A_N) nach (12.3i′), und hieraus folgt (12.3k). ∎

Bemerkung 3 Die alternierenden r-fach linearen Abbildungen von V^r in W bilden einen Teilvektorraum von $L^r(V, \ldots, V, W)$

Ähnlich wie in §11, Definition 11B bei der Einführung der Tensorprodukte wollen wir auch hier die allgemeinen Objekte dieser Theorie studieren

Definition 12C. Ist V ein n-dimensionaler K-Vektorraum mit einer Basis $\mathfrak{a}^T = (a^1, \ldots, a^n)$ und $1 \leq r \leq n$, so heißt ein endlichdimensionaler K-Vektorraum

$$X = \wedge^r V = \underbrace{V \wedge V \wedge \ldots \wedge V}_{r\text{-mal}} \tag{12.4}$$

r-fach alternierendes Produkt von V, falls eine alternierende r-fach lineare Abbildung

$$\begin{aligned}
&\varphi_\wedge \; V^r \to X = \wedge^r V \text{ mit}\\
&(x^1, \ldots x^r) \mapsto \varphi_\wedge(x^1, \ldots, x^r) = x^1 \wedge x^2 \wedge \ldots \wedge x^r
\end{aligned} \tag{12.4a}$$

existiert, so daß gilt

(AP_1) Die Elemente

$$a^{k_1} \wedge a^{k_2} \wedge \ldots \wedge a^{k_r} \quad (1 \leq k_1 < \ldots < k_r \leq n) \tag{12.4b}$$

bilden eine Basis von $\wedge^r V$

(AP_2) Ist W ein K-Vektorraum und ψ eine alternierende r-fach lineare Abbildung $\psi \; V^r \to W$, so gibt es eine eindeutig bestimmte lineare Abbildung $\theta \in \mathrm{Hom}\,(\wedge^r V, W) = L^1(X, W)$ mit

$$\psi = \theta \circ \varphi_\wedge \tag{12.4c}$$

Bemerkung 4 (AP_1) liefert unter anderem $\dim_K(X) = \binom{n}{r}$

(AP_2) besagt wieder, daß das folgende Diagramm kommutativ ist

$$V \times \ldots \times V \xrightarrow{\;\varphi_\wedge\;} \wedge^r V$$

with maps ψ and θ to W.

(12.4d)

d.h. $\psi(y^1, \ldots, y^r) = \theta(y^1 \wedge \ldots \wedge y^r)$

für alle $y^1, \ldots, y^r \in V$.

Man sagt wieder: *Jedes alternierende r-fach lineare ψ ist über $\varphi_\wedge$ faktorisierbar.*

Definition 12C wird für $r = 0$ ergänzt durch die Festsetzung

$$\wedge^0 V := K.$$

(12.4′)

Bei $r = 1$ identifiziert man $\wedge^1 V$ und V.

Im Falle $r > n = \dim_K (V)$ setzt man (vgl. Aufgabe 4b))

$$\wedge^r V := (0) \text{ (Nullraum)}.$$

(12.4″)

Bemerkung 5. Zum Nachweis der Existenz und Eindeutigkeit eines solchen alternierenden Produktes, d.h. eines Modells für $\wedge^r V$, gibt es die folgenden verschiedenen Möglichkeiten: a) Konstruktion als Faktorraum des Tensorraumes $\bigotimes_r V = V_r^0 = \underbrace{V \otimes \ldots \otimes V}_{r\text{-mal}}$ (dies geht auch bei K-Vektorräumen unendlicher Dimension; vgl. die Ergänzungen zu §12, Satz 12.10). b) Beschreibung als alternierende r-fache Linearformen auf $\underbrace{V^* \times \ldots \times V^*}_{r\text{-mal}}$ (analog zu Satz 11.7; vgl. Aufgabe 17a)). c) Direkte Konstruktion eines Modells im endlich-dimensionalen Fall (analog zu §11, Satz 11.2). – Hierzu vergleiche die nachfolgenden Rechnungen.

Sei wie oben $\mathfrak{a}^T = (a^1, \ldots, a^n)$ eine Basis des n-dimensionalen K-Vektorraumes V und $r \in \mathbf{N}$ mit $1 \leq r \leq n$. Wir schreiben die $\binom{n}{r}$ r-Kombinationen von $\mathbf{N}_n$ jeweils in der Form

$$N = (k) := \{k_1, \ldots, k_r\} \text{ mit } 1 \leq k_1 < \ldots < k_r \leq n$$

(12.4e)

176

und bilden den $\binom{n}{r}$-dimensionalen K-Vektorraum X als freien K-Modul mit der Basis

$$\mathfrak{w}^T = (\ldots, w^{(k)}, \ldots), \ (k) \text{ gemäß } (12.4e), \tag{12.4f}$$

d.h. wir setzen

$$X = \wedge^r V := \left\{ \sum_{(k)} \gamma_{(k)} w^{(k)} \mid \gamma_{(k)} \in K \right\}. \tag{12.4f'}$$

Seien jeweils wie in (12.3j) die r-tupel $\eta^T = (y^1, \ldots, y^r) \in V^r$ in der Form

$$\eta = A \cdot \mathfrak{a} \text{ mit } A = (a_{\rho v}) \in K^{r,n} \tag{12.4g}$$

gegeben. Wir betrachten nun die folgende Abbildung

$$\begin{aligned}
\varphi_\wedge : V^r &\longrightarrow X = \wedge^r V, \text{ d.h.} \\
(y^1, \ldots, y^r) &\mapsto \varphi_\wedge(y^1, \ldots, y^r) = y^1 \wedge \ldots \wedge y^r \\
&:= \sum_{(k)} \det(A_{(k)}) \cdot w^{(k)} \in X \text{ mit} \\
\det(A_{(k)}) &= \det_N(A) \text{ gemäß } (12.3i').
\end{aligned} \tag{12.4h}$$

Insbesondere gilt dann

$$\varphi_\wedge(a^{k_1}, \ldots, a^{k_r}) = w^{(k)} \quad \text{für } (k) = \{k_1, \ldots, k_r\}. \tag{12.4h'}$$

Da die Determinante einer Matrix als Funktion jedes ihrer Zeilenvektoren linear ist, und dies gilt auch für $\det_N(A) = \det(A_{(k)})$, folgt sofort für $1 \leq \rho \leq r$:

$$\begin{aligned}
\varphi_\wedge(y^1, \ldots, y^\rho + y'^\rho, \ldots, y^r) \\
= \varphi_\wedge(y^1, \ldots, y^\rho, \ldots, y^r) + \varphi_\wedge(y^1, \ldots, y'^\rho, \ldots, y^r) \text{ und} \\
\varphi_\wedge(y^1, \ldots, \gamma \cdot y^\rho, \ldots, y^r) = \gamma \cdot \varphi_\wedge(y^1, \ldots, y^\rho, \ldots, y^r),
\end{aligned} \tag{12.4i}$$

d.h. $\varphi_\wedge$ ist eine r-fach lineare Abbildung.

Falls nun

$$y^\rho = y^\lambda \text{ für } 1 \leq \rho < \lambda \leq r, \tag{12.4j}$$

so sind in A zwei Zeilen gleich, d.h.

$$\det (A_{(k)}) = 0 \text{ für alle } (k), \tag{12.4j'}$$

und somit ist

$$\varphi_\wedge (\ldots, y^\rho, \ldots, y^\lambda, \ldots) = 0_X, \tag{12.4j''}$$

d.h. $\varphi_\wedge$ ist sogar eine alternierende Abbildung.

Wir behaupten nun

Satz 12.4. *Unter den Voraussetzungen und Bezeichnungen von Definition 12C existiert stets ein r-fach alternierendes Produkt $\wedge^r V$ von V, nämlich der $\binom{n}{r}$-dimensionale K-Vektorraum X gemäß (12.4f, f') mit der zugehörigen kanonischen alternierenden r-fach linearen Abbildung $\varphi_\wedge$ gemäß (12.4h), und $X = \wedge^r V$ ist als K-Vektorraum durch $(AP_{1,2})$ bis auf Isomorphie eindeutig bestimmt.*

Beweis. 1. Wir haben in (12.4f, f') bereits einen $\binom{n}{r}$-dimensionalen K-Vektorraum X und in (12.4h) eine alternierende r-fach lineare Abbildung $\varphi_\wedge$ von V^r in X konstruiert.

2. Es sei nun W ein beliebiger K-Vektorraum und ψ eine alternierende r-fach lineare Abbildung von V^r in W. Mit der Basis $\mathfrak{a}^T = (a^1, \ldots, a^n)$ von V läßt sich jedes r-tupel η von Elementen aus V gemäß (12.3j) in der Form $\eta = A \cdot \mathfrak{a}$ mit $A \in K^{r,n}$ darstellen, und nach Lemma 12.3 muß dann gelten

$$\psi(y^1, \ldots, y^r) = \sum_{(k)} \det (A_{(k)}) \cdot \psi(a^{k_1}, \ldots, a^{k_r}),$$
$$(k) = \{k_1, \ldots, k_r\} \text{ mit } 1 \leq k_1 < \ldots < k_r \leq n, \tag{12.4k}$$

d.h. ψ ist durch die $\binom{n}{r}$ Bilder $\psi(a^{k_1}, \ldots, a^{k_r})$ vollständig festgelegt.

Da eine K-lineare Abbildung schon durch die Bilder einer Vektorraumbasis bestimmt ist (vgl. z.B. LA 1, §5), liefert

$$\theta: X = \wedge^r V \to W \text{ mit}$$
$$w^{(k)} = a^{k_1} \wedge \ldots \wedge a^{k_r} \mapsto \theta(w^{(k)}) := \psi(a^{k_1}, \ldots, a^{k_r})$$
$$\text{für alle } (k) = \{k_1, \ldots, k_r\} \text{ mit } 1 \leq k_1 < \ldots < k_r \leq n$$
$$\text{und lineare Fortsetzung} \tag{12.4l}$$

178

eindeutig eine K-lineare Abbildung θ von X in W; hierfür gilt wegen (12.4h, k):

$$\psi(y^1,\ldots,y^r) = \sum_{(k)} \det(A_{(k)}) \cdot \psi(a^{k_1},\ldots,a^{k_r})$$

$$= \theta\left(\sum_{(k)} \det(A_{(k)}) \cdot w^{(k)}\right) = \theta(\varphi_\wedge(y^1,\ldots,y^r)),$$

d.h. $\psi = \theta \circ \varphi_\wedge$,

und somit ist (AP_2) sicher erfüllt.

3. Ist nun $\mathfrak{b}^T = (b^1,\ldots,b^n)$ irgendeine andere Basis von V, so lassen sich alle r-tupel $\mathfrak{y}^T = (y^1,\ldots,y^r) \in V^r$ in der Form $\mathfrak{y} = B \cdot \mathfrak{b}$ analog zu (12.3j) beschreiben, und nach Lemma 12.3, insbesondere (12.3k), bilden somit die $\binom{n}{r}$ Elemente

$$\varphi_\wedge(b^{k_1},\ldots,b^{k_r}) \; 1 \le k_1 < k_2 < \ldots < k_r \le n \tag{12.4m}$$

ein Erzeugendensystem von $X = \wedge^r V$; aus Dimensionsgründen müssen diese Elemente zugleich linear unabhängig, d.h. eine Basis von X sein, woraus (AP_1) folgt. Insbesondere ist also $\wedge^r V$ bis auf Isomorphie eindeutig bestimmt. ∎

Definition 12C'. Die Elemente von $\wedge^r V$ nennt man *r-Vektoren* oder *Multivektoren* auf V; r-Vektoren der speziellen Form (vgl. (12.4a))

$$x^1 \wedge x^2 \wedge \ldots \wedge x^r = \varphi_\wedge(x^1,\ldots,x^r) \tag{12.5}$$

heißen auch *einfache* oder *zerlegbare r-Vektoren*.

Aus den Formeln (12.4i) bzw. (12.3a) folgen in dieser Terminologie sofort die nachstehend genannten Regeln:

Satz 12.4a. *Für r-Vektoren auf V gelten die Formeln*

$$y^1 \wedge \ldots \wedge (y^\rho + y'^\rho) \wedge \ldots \wedge y^r$$
$$= (y^1 \wedge \ldots \wedge y^\rho \wedge \ldots \wedge y^r) + (y^1 \wedge \ldots \wedge y'^\rho \wedge \ldots \wedge y^r),$$

$$y^1 \wedge \ldots \wedge (\gamma y^\rho) \wedge \ldots \wedge y^r = \gamma(y^1 \wedge \ldots \wedge y^\rho \wedge \ldots \wedge y^r) \tag{12.5a}$$
$$(\gamma \in K)$$

sowie

$$y^{f(1)} \wedge \ldots \wedge y^{f(r)} = \operatorname{sign}(f) \cdot (y^1 \wedge \ldots \wedge y^r)$$

für jede Permutation $f \in \mathfrak{S}_r$; $\qquad$ (12.5b)

speziell für 2-Vektoren (Bi-Vektoren) haben wir

$$x \wedge y = -(y \wedge x).$$ $\qquad$ (12.5b′)

Wir wollen Definition 12C und Satz 12.4 an einigen Beispielen illustrieren:

$\boxed{2}$ $\quad$ Ist $\mathfrak{a}^T = (a^1, \ldots, a^n)$ K-Basis von V und $r = 1$, so entsprechen die 1-elementigen Teilmengen $(k) \subseteq \mathbf{N}_n$ umkehrbar eindeutig den Elementen von $\mathbf{N}_n$. Mit (12.4h′) erhält man dann

$$\sum_{k=1}^{n} \xi_k a^k \mapsto \sum_{k=1}^{n} \xi_k w^{(k)} \quad (K\text{-Isomorphismus}),$$

und (AP_2) besagt, daß sich jeder Vektorraumhomomorphismus aus V über einem K-Vektorraum gleicher Dimension faktorisieren läßt.

$\boxed{2a}$ $\quad$ Sind V und $\mathfrak{a}^T$ wie eben gegeben und $r = 2$, so ist

$$\wedge^2 V = V \wedge V = X \quad \text{mit } \dim_K(X) = \binom{n}{2} = \frac{n(n-1)}{2} \qquad (12.5\mathrm{c})$$

und der Basis $w^{(i,j)} = a^i \wedge a^j$ für $1 \leq i < j \leq n$,

d.h.

$$X = \left\{ \sum_{1 \leq i < j \leq n} \gamma_{ij}(a^i \wedge a^j) \mid \gamma_{ij} \in K \right\}$$

$\qquad$ (12.5d)

und $a \wedge b = -(b \wedge a)$ für $a, b \in V$.

Als Spezialfall heben wir hervor

$\boxed{2b}$ $\quad$ Es sei V ein 3-dimensionaler K-Vektorraum mit der Basis $\mathfrak{a}^T = (a^1, a^2, a^3)$, d.h. $n = 3$, und $r = 2$. Dann ist

$$X = V \wedge V$$
$$= \{\gamma_{12}(a^1 \wedge a^2) + \gamma_{13}(a^1 \wedge a^3) + \gamma_{23}(a^2 \wedge a^3) \mid \gamma_{ij} \in K\}$$

$\qquad$ (12.5e)

ein 3-dimensionaler K-Vektorraum. Dabei haben wir (vgl. hierzu Definition 12C) die Zuordnung

$$\varphi_\wedge: V \times V \to V \wedge V \text{ mit} \qquad\qquad (12.5\mathrm{f})$$
$$(x, y) \mapsto \varphi_\wedge(x, y) = x \wedge y \in V \wedge V,$$

wobei

$$x \wedge y = (\xi_1\eta_2 - \xi_2\eta_1)\cdot(a^1 \wedge a^2) + (\xi_1\eta_3 - \xi_3\eta_1)\cdot(a^1 \wedge a^3)$$
$$+ (\xi_2\eta_3 - \xi_3\eta_2)\cdot(a^2 \wedge a^3) \qquad\qquad (12.5\mathrm{g})$$

für $x = \xi_1 a^1 + \xi_2 a^2 + \xi_3 a^3$, $y = \eta_1 a^1 + \eta_2 a^2 + \eta_3 a^3 \in V$;

dabei sind diese Koeffizienten 2-reihige Unterdeterminanten von $A \in K^{2,3}$ mit

$$\begin{pmatrix} x \\ y \end{pmatrix} = A \cdot \mathfrak{a}. \qquad\qquad (12.5\mathrm{h})$$

Bezeichnung. Man nennt die Elemente $a \wedge b \in \wedge^2 V$ oft auch Bi-Vektoren (wir kommen hierauf und auf Anwendungen noch zurück).

Wir behaupten weiter

Satz 12.5. *Zu natürlichen Zahlen $r \geq 1$ und $s \geq 1$ und einem n-dimensionalen K-Vektorraum V gibt es eine eindeutig bestimmte bilineare Abbildung*

$$B: (\wedge^r V) \times (\wedge^s V) \to \wedge^{r+s} V \qquad\qquad (12.6)$$

mit der Eigenschaft

$$B(x^1 \wedge \ldots \wedge x^r, y^1 \wedge \ldots \wedge y^s) = x^1 \wedge \ldots \wedge x^r \wedge y^1 \wedge \ldots \wedge y^s$$
$$\textit{für alle } (x^1, \ldots, x^r) \in V^r = \underbrace{V \times \ldots \times V}_{r\text{-mal}}, \qquad\qquad (12.6\mathrm{a})$$

$$\textit{und alle } (y^1, \ldots, y^s) \in V^s = \underbrace{V \times \ldots \times V}_{s\text{-mal}}.$$

Bemerkung 6. Man kann den Existenzbeweis für B direkt über die kanonischen Basen von $\wedge^r V$, $\wedge^s V$ und $\wedge^{r+s} V$ zu $\mathfrak{a}^T$ und bilineare Fortsetzung verifizieren (vgl. Aufgabe 5c)); einen allgemeinen Beweis liefert das folgende Vorgehen:

Beweis von Satz 12.5. Für festes $(x^1, \ldots, x^r) \in V^r$ ist offensichtlich die Abbildung

$$\varphi := \varphi_{(x^1, \ldots, x^r)}: V^s \to \wedge^{r+s}V \quad \text{mit}$$

$$\varphi(y^1, \ldots, y^s) := x^1 \wedge \ldots \wedge x^r \wedge y^1 \wedge \ldots \wedge y^s \qquad (12.6b)$$

$$\text{für } (y^1, \ldots, y^s) \in V^s$$

eine s-fach lineare und alternierende Abbildung. Also kann φ gemäß Definition 12C, (AP_2) über $\wedge^s V$ faktorisiert werden, d.h. es gibt ein eindeutig bestimmtes

$$\theta := \theta_{(x^1, \ldots, x^r)} \in \mathrm{Hom}_K(\wedge^s V, \wedge^{r+s}V) \quad \text{mit}$$

$$\varphi_{(x^1, \ldots, x^r)}(y^1, \ldots, y^s) = \theta_{(x^1, \ldots, x^r)}(y^1 \wedge \ldots \wedge y^s) \qquad (12.6c)$$

$$= x^1 \wedge \ldots \wedge x^r \wedge y^1 \wedge \ldots \wedge y^s,$$

d.h.

$$
\begin{array}{ccc}
V^s & \xrightarrow{\ \varphi_\wedge^{(s)}\ } & \wedge^s V \\
& \varphi \searrow \quad \swarrow \theta & \\
& \wedge^{r+s}V &
\end{array}
\qquad \text{mit } \varphi = \theta \circ \varphi_\wedge^{(s)}. \qquad (12.6c')
$$

Weiter liefert

$$\psi: V^r \to \mathrm{Hom}_K(\wedge^s V, \wedge^{r+s}V) \quad \text{mit}$$

$$\psi(x^1, \ldots, x^r) := \theta_{(x^1, \ldots, x^r)} \quad \text{für } (x^1, \ldots, x^r) \in V^r \qquad (12.6d)$$

eine r-fach lineare Abbildung, die offensichtlich nach (12.6b, c) auch noch alternierend in diesen Argumenten ist. Somit kann ψ wieder nach (AP_2) über $\wedge^r V$ faktorisiert werden, d.h. es gibt eine eindeutig bestimmte lineare Abbildung

$$\theta': \wedge^r V \to \mathrm{Hom}_K(\wedge^s V, \wedge^{r+s}V) \quad \text{mit}$$

$$\theta'(x^1 \wedge \ldots \wedge x^r) = \theta_{(x^1, \ldots, x^r)}, \qquad (12.6e)$$

d.h.

$$
\begin{array}{ccc}
V^r & \xrightarrow{\ \varphi_\wedge^{(r)}\ } & \wedge^r V \\
& \psi \searrow \quad \swarrow \theta' & \\
\mathrm{Hom}_K(\wedge^s V, \wedge^{r+s}V) & &
\end{array}
\qquad \text{mit } \psi = \theta' \circ \varphi_\wedge^{(r)},
\qquad (12.6e')
$$

also $\psi(x^1, \ldots, x^r) = \theta'(x^1 \wedge \ldots \wedge x^r) = \theta_{(x^1, \ldots, x^r)}.$

Da θ lineare Abbildung auf $\wedge^s V$ und θ' lineare Abbildung auf $\wedge^r V$ ist, wird durch

$$
\begin{aligned}
B(x^1 \wedge \ldots \wedge x^r, y^1 \wedge \ldots \wedge y^s) & \\
:= \theta_{(x^1,\ldots,x^r)}(y^1 \wedge \ldots \wedge y^s) & \\
= x^1 \wedge \ldots \wedge x^r \wedge y^1 \wedge \ldots \wedge y^s & \\
\text{für } x^1 \wedge \ldots \wedge x^r \in \wedge^r V, \quad y^1 \wedge \ldots \wedge y^s \in \wedge^s V, &
\end{aligned}
\tag{12.6a$'$}
$$

und bilineare Fortsetzung die gewünschte bilineare Abbildung definiert, die nach der vorangehenden Konstruktion eindeutig bestimmt ist. ∎

Dies ermöglicht uns die folgende

Definition 12D. Für r-Vektoren aus $\wedge^r V$ und s-Vektoren aus $\wedge^s V$ nennt man die mit B gemäß Satz 12.5 erklärte Verknüpfung (12.6) von $\wedge^r V$ und $\wedge^s V$ mit

$$
\begin{aligned}
B(x^1 \wedge \ldots \wedge x^r, y^1 \wedge \ldots \wedge y^s) &= (x^1 \wedge \ldots \wedge x^r) \wedge (y^1 \wedge \ldots \wedge y^s) \\
&= x^1 \wedge \ldots \wedge x^r \wedge y^1 \wedge \ldots \wedge y^s \in \wedge^{r+s} V, \\
\text{für } x^1 \wedge \ldots \wedge x^r &\in \wedge^r V \text{ und } y^1 \wedge \ldots \wedge y^s \in \wedge^s V
\end{aligned}
\tag{12.6f}
$$

das *äußere* oder *alternierende* Produkt der r- und s-Vektoren (Tensoren).

Trivialerweise sieht man (vgl. Aufgabe 5d))

Satz 12.5a. *Das alternierende Produkt von r-Vektoren mit s-Vektoren gemäß Definition 12D ist bilinear in seinen Argumenten und genügt der Regel*

$$
\begin{aligned}
(x^1 \wedge \ldots \wedge x^r) \wedge (y^1 \wedge \ldots \wedge y^s) & \\
= (-1)^{rs}(y^1 \wedge \ldots \wedge y^s) \wedge (x^1 \wedge \ldots \wedge x^r). &
\end{aligned}
\tag{12.6g}
$$

Wir diskutieren nun einen weiteren wichtigen Spezialfall. Dazu sei

$$
\begin{aligned}
\mathfrak{a}^T = (a^1,\ldots,a^n) \text{ Basis des } K\text{-Vektorraumes } V & \\
\text{und } r = n = \dim_K(V). &
\end{aligned}
\tag{12.7}
$$

Dann existiert und ist

$$.\wedge^n V = X \quad \text{mit} \quad \dim_K(X) = \binom{n}{n} = 1$$

$$\text{und der Basis } w^{(1,\ldots,n)} = a^1 \wedge a^2 \wedge \ldots \wedge a^n. \tag{12.7a}$$

Die Abbildung $\varphi_\wedge$ gemäß (12.4a) hat dann die Eigenschaft

$$\begin{aligned}
\varphi_\wedge(y^1,\ldots,y^n) &= \det(A)\cdot\varphi_\wedge(a^1,\ldots,a^n) \\
&= \det(A)\cdot(a^1 \wedge \ldots \wedge a^n)
\end{aligned} \tag{12.7b}$$

$$\text{für } \eta^T = (y^1,\ldots,y^n) \text{ mit } \eta = A\cdot\mathfrak{a},\ A = (a_{\mu\nu})\in K^{n,n}.$$

Folglich ist

$$X = \wedge^n V \cong K \text{ als } K\text{-Vektorraum} \tag{12.7c}$$

und nach Satz 12.4, insbesondere wegen (AP_2), läßt sich jede alternierende n-fach lineare Abbildung ψ von V^n in einen K-Vektorraum W eindeutig durch Faktorisierung über $\wedge^n V$ gewinnen. Somit existiert eine eindeutig bestimmte lineare Abbildung θ mit

$$\begin{aligned}
&\theta\colon \wedge^n V \to W, \\
&\psi = \theta\circ\varphi_\wedge;\ \text{Bild } \psi = \text{Bild } \theta,
\end{aligned} \tag{12.7d}$$

d.h. das Bild von ψ ist also entweder 0- oder 1-dimensional. Falls speziell

$$\psi = D\colon V^n \to K, \text{ d.h. } W = K \text{ 1-dimensional,} \tag{12.7e}$$

gemäß Definition 12B eine Determinantenfunktion auf V ist, so gilt also

$$\begin{aligned}
&D = \theta \circ \varphi_\wedge \text{ mit} \\
&\varphi_\wedge\colon V^n \to \wedge^n V \cong K \text{ und } \theta\colon \wedge^n V \to K.
\end{aligned} \tag{12.7f}$$

Wegen (12.7c) ist dabei unter der Voraussetzung (12.7)

$$\dim_K(\mathrm{Hom}_K(\wedge^n V, K)) = 1, \tag{12.7g}$$

d.h.

$$\mathrm{Hom}_K(\wedge^n V, K) \cong K; \tag{12.7g'}$$

also unterscheidet sich θ nur durch einen Skalarfaktor aus K von einem nichttrivialen Homomorphismus $\theta' \in \mathrm{Hom}_K(\wedge^n V, K)$, d.h.:

$$\theta = \alpha \cdot \theta' \ \mathrm{mit}\ \alpha \in K,$$
$$\theta': \wedge^n V \to K, \quad \theta' \neq \mathrm{Nullabbildung}. \tag{12.7h}$$

Wegen (12.7f) gilt somit

Satz 12.6. *Die Determinantenfunktionen D auf einem n-dimensionalen K-Vektorraum V gemäß Definition 12B bilden einen eindimensionalen K-Vektorraum, d.h. es gibt mindestens eine nichttriviale Determinantenfunktion D_1 auf V, und man erhält in der Form*

$$D = \rho \cdot D_1 \quad (\rho \in K),\ d.h.$$
$$D(x^1,\ldots,x^n) = \rho \cdot D_1(x^1,\ldots,x^n) \quad f\ddot{u}r\ x^1,\ldots,x^n \in V \tag{12.7i}$$

alle Determinantenfunktionen D auf V.

Bemerkung 7. Ist D_1 eine nichttriviale Determinantenfunktion auf V, so gilt für Elemente $a^1,\ldots,a^n \in V$

$$D_1(a^1,\ldots,a^n) = 0 \ \Leftrightarrow\ a^1,\ldots,a^n\ \text{linear abhängig.} \tag{12.7j}$$

Wir erinnern in diesem Zusammenhang an das folgende im Spezialfall (vgl. EA, §8) verwendete Verfahren zur Auszeichnung von D_1.

$\boxed{3}$ Sei K ein Körper und $V = K^n$ ($n \in \mathbf{N}$) der n-dimensionale arithmetische K-Vektorraum mit der Standardbasis $\mathrm{e}^T = (e^1,\ldots,e^n)$, wobei $e^v = (0,\ldots,1,\ldots,0)$ (1 an der v-ten Stelle, $v = 1,\ldots,n$) ist; dann wird durch die Forderung

$$D_1(e^1,\ldots,e^n) = 1 \tag{12.7k}$$

eine normierte Determinantenfunktion ausgezeichnet (man erhält sie z.B. nach Satz 12.6 aus einer beliebigen nichttrivialen Determinantenfunktion).

Es bedeute jetzt:

$$D_1: V^n \to K \tag{12.8}$$

nichttriviale Determinantenfunktion

auf dem n-dimensionalen K-Vektorraum V mit der Basis $\mathfrak{a}^T = (a^1,\ldots,a^n)$. Weiter sei ein K-Endormorphismus

$$\varphi \in \text{End}_K(V) \tag{12.8a}$$

gegeben; dabei bezeichne

$$\eta := \varphi(\mathfrak{a}) = B^T \cdot \mathfrak{a} \text{ mit } B = (b_{\mu\nu}) \in K^{n,n}, \text{ d.h.}$$
$$y^\nu := \varphi(a^\nu) \ (\nu = 1, \ldots, n). \tag{12.8b}$$

Wir bilden dann die Abbildung

$$D_{1,\varphi} : V^n \longrightarrow K \text{ mit}$$
$$D_{1,\varphi}(x^1, \ldots, x^n) := D_1(\varphi(x^1), \ldots, \varphi(x^n)) \tag{12.8c}$$
$$\text{für } x^1, \ldots, x^n \in V.$$

Da φ K-linear ist, ist $D_{1,\varphi}$ n-fach linear und offensichtlich auch alternierend, d.h. ebenfalls eine Determinantenfunktion auf V. Wegen (12.7i) existiert somit ein eindeutig bestimmtes Element

$$\det(\varphi) := \rho \in K \text{ mit}$$
$$D_{1,\varphi}(x^1, \ldots, x^n) = \det(\varphi) \cdot D_1(x^1, \ldots, x^n) \tag{12.8d}$$
$$\text{für alle } x^1, \ldots, x^n \in V.$$

Definition 12E. Unter den Voraussetzungen (12.8) und (12.8a) heißt der durch φ (und D_1) gemäß (12.8c, d) eindeutig bestimmte Skalar $\det(\varphi) = \rho \in K$ die *Determinante des Endomorphismus* φ.

Macht man diesen Ansatz statt mit D_1 mit einer anderen nichttrivialen Determinantenfunktion von V, etwa mit

$$D_2 = \lambda \cdot D_1, \quad \lambda \in K, \tag{12.8e}$$

so erhält man

$$D_{2,\varphi} = \lambda \cdot D_{1,\varphi} = \lambda \cdot \det(\varphi) \cdot D_1 = \det(\varphi) \cdot D_2, \tag{12.8e'}$$

d.h. der Wert $\det(\varphi)$ in (12.8d) ist unabhängig von der Auswahl von D_1; darüber hinaus hängt dieser Wert natürlich auch nicht von der Auszeichnung einer Basis $\mathfrak{a}$ von V ab.

Wir vergleichen (12.8c, d) mit dem aus Lemma 12.2a, insbesondere (12.3f, g) folgenden Ergebnis

186

$$D_1(\varphi(a^1),\dots,\varphi(a^n)) = \det(B^T)\cdot D_1(a^1,\dots,a^n), \qquad (12.8f)$$

wobei $D_1(a^1,\dots,a^n) \neq 0$ ist; daraus folgt

Satz 12.7. *Für jeden Endomorphismus $\varphi\in\mathrm{End}_K(V)$ eines n-dimensionalen K-Vektorraumes V ist die gemäß Definition 12E erklärte Determinante $\det(\varphi)$ unabhängig von der Auswahl von D_1 und einer K-Basis von V eindeutig definiert; ist bzgl. einer beliebigen Basis $\mathfrak{a}$ die Beziehung (12.8b) erfüllt, so folgt*

$$\det(\varphi) = \det(B^T), \quad B\in K^{n,n}, \qquad (12.8g)$$

mit der elementar definierten Determinante einer Matrix B.

Bemerkung 8. Hiermit erweist sich die Definition der Determinante eines Endomorphismus gemäß Definition 12E als gleichwertig mit der nach LA 1, §5, Definition 5K. Dieser Sachverhalt ermöglicht einerseits einen zweiten Zugang zur Determinantentheorie für Matrizen und erlaubt uns andererseits die Ergebnisse aus LA 1, §1 bzw. EA, §8 anzuwenden. – Natürlich ist die hier genannte Definitionsmöglichkeit nur über Körpern durchführbar; für die Determinante von Matrizen über kommutativen Ringen R mit 1 muß LA 1, §1 verwendet werden.

Wir wollen anschließend zeigen, wie man aus Rechenregeln über r-Vektoren und der äußeren Produktbildung weitere neue Regeln der Determinantentheorie herleiten kann.

Dazu betrachten wir die folgende Situation: Sei eine n-reihige Matrix

$$B = (b_{\mu\nu})\in K^{n,n} \qquad (12.9)$$

mit den Zeilenvektoren

$$b^\nu = (b_{\nu 1},\dots,b_{\nu n})\in K^n \quad (\nu = 1,\dots,n) \qquad (12.9')$$

gegeben. Weiter bedeute wie in $\boxed{3}$

$$\mathbf{e}^T = (e^1,\dots,e^n)\ \text{die Standardbasis von } K^n,$$
$$e^\nu = (0,\dots,0,1,0,\dots,0)$$
$$(1 \text{ an der } \nu\text{-ten Stelle}; \nu = 1,\dots,n),$$
$$D_1\colon \underbrace{K^n\times\dots\times K^n}_{n\text{-mal}} \to K \text{ mit } D_1(e^1,\dots,e^n) = 1,$$

(12.9a)

d.h. D_1 ist die normierte Determinantenfunktion auf K^n. Nach den obigen Ausführungen ist somit

$$\det(B) = |B| = D_1(b^1, b^2, \ldots, b^n)$$
$$= \theta(b^1 \wedge b^2 \wedge \ldots \wedge b^n) = \det(B) \cdot \theta(e^1 \wedge e^2 \wedge \ldots \wedge e^n), \qquad (12.9\text{b})$$

mit $\theta\colon \wedge^n K^n \to K$ gemäß (12.7f) und $\theta(e^1 \wedge \ldots \wedge e^n) = 1$ sowie nach (12.7b)

$$\varphi_\wedge(b^1, \ldots, b^n) = \det(B) \cdot (e^1 \wedge \ldots \wedge e^n). \qquad (12.9\text{b}')$$

Ist nun wie in (12.2e) (und den dort nachfolgenden Überlegungen)

$$N = (k) = \{k_1, k_2, \ldots, k_r\} \text{ mit}$$
$$1 \le k_1 < k_2 < \ldots < k_r \le n \ (r \ge 1) \qquad (12.9\text{c})$$

eine r-Kombination von $\mathbf{N}_n$ und bezeichnen wir für $r < n$ jeweils mit

$$(l) = \mathbf{N}_n \backslash N = \{l_1, \ldots, l_s\}, \text{ wobei}$$
$$1 \le l_1 < l_2 < \ldots < l_s \le n \text{ und} \qquad (12.9\text{c}')$$
$$r + s = n, \ s \ge 1$$

die $s = n - r$ Ergänzungsziffern zu N, so ist

$$\begin{pmatrix} 1 & 2 & \ldots & r & r+1 & r+2 & \ldots & r+s \\ k_1 & k_2 & \ldots & k_r & l_1 & l_2 & \ldots & l_s \end{pmatrix} \in \mathfrak{S}_n \qquad (12.9\text{d})$$

eine eindeutig bestimmte n-Permutation von $\mathbf{N}_n$.

Bei diesen Vorgaben ist aber wegen (12.3a)

$$b^1 \wedge b^2 \wedge \ldots \wedge b^n$$
$$= (-1)^p (b^{k_1} \wedge b^{k_2} \wedge \ldots \wedge b^{k_r}) \wedge (b^{l_1} \wedge \ldots \wedge b^{l_s}) \qquad (12.9\text{e})$$

mit $p = k_1 + k_2 + \ldots + k_r - \dfrac{r(r+1)}{2}$.

Bezeichnen wir wie in LA 1, (6.5g) (vgl. auch (12.3i')) mit

$$B^{k_1, \ldots, k_r}_{i_1, \ldots, i_r} := \begin{vmatrix} b_{k_1 i_1} \ldots b_{k_1 i_r} \\ \vdots \qquad \vdots \\ b_{k_r i_1} \ldots b_{k_r i_r} \end{vmatrix}$$

die Unterdeterminante von B zu den Zeilennummern $k_1,\ldots,k_r$ und den Spaltennummern $i_1,\ldots,i_r$, dann folgt gemäß Lemma 12.3, Satz 12.4 und Definition 12C′

$$b^{k_1} \wedge b^{k_2} \wedge \ldots \wedge b^{k_r} = \sum_{(i)} B^{k_1,\ldots,k_r}_{i_1,\ldots,i_r} \cdot (e^{i_1} \wedge \ldots \wedge e^{i_r})$$

(i) durchläuft alle $\{i_1,\ldots,i_r\}$ mit $1 \le i_1 < \ldots < i_r \le n$ \hfill (12.9f)

bzw.

$$b^{l_1} \wedge b^{l_2} \wedge \ldots \wedge b^{l_s} = \sum_{(j)} B^{l_1,\ldots,l_s}_{j_1,\ldots,j_s} \cdot (e^{j_1} \wedge \ldots \wedge e^{j_s})$$

(j) durchläuft alle $\{j_1,\ldots,j_s\}$ mit $1 \le j_1 < \ldots < j_s \le n$. \hfill (12.9f′)

Beachten wir, daß $\binom{n}{r} = \binom{n}{s}$ für $r+s = n$ ist, weiter die Bilinearität des äußeren Produktes und die Tatsache, daß $e^{i_1} \wedge \ldots \wedge e^{i_r} \wedge e^{j_1} \wedge \ldots \wedge e^{j_s} = 0$, falls in diesem alternierenden Produkt zwei gleiche Faktoren stehen, so folgt aus (12.9b, e) durch Einsetzen von (12.9f′, f) sofort die Regel

$$\det(B) = \sum_{(i)} (-1)^{k_1 + \ldots + k_r + i_1 + \ldots + i_r}\, B^{k_1,\ldots,k_r}_{i_1,\ldots,i_r}\, B^{l_1,\ldots,l_s}_{j_1,\ldots,j_s}$$

(i) durchläuft alle r-tupel (12.9f), und \hfill (12.9g)

(j) ist jeweils das Ergänzungs-s-tupel zu einer Permutation $(i_1,\ldots,i_r,j_1,\ldots,j_s) \in \mathfrak{S}_n$.

Satz 12.8 *(Entwicklungssatz von Laplace).*

Sind $1 \le k_1 < k_2 < \ldots < k_r \le n$ $(r \ge 1)$ feste Zeilennummern und sind $l_1,\ldots,l_s$ gemäß (12.9c′) die Ergänzungsziffern, so gilt für die Determinante $\det(B) = |B|$ einer quadratischen Matrix $B \in K^{n,n}$ die Entwicklungsformel (12.9g); eine entsprechende Formel gilt für Spalten:

$$\det(B) = \sum_{(i)} (-1)^{k_1 + \ldots + k_r + i_1 + \ldots + i_r}\, B^{i_1,\ldots,i_r}_{k_1,\ldots,k_r}\, B^{j_1,\ldots,j_s}_{l_1,\ldots,l_s}$$

(i), (j) *wie oben.* \hfill (12.9h)

Bemerkung 9. Falls speziell $r = 1$ ist, so folgt hieraus erneut die Entwicklungsformel nach einer Zeile bzw. Spalte gemäß LA 1, §1, insbesondere (1.6m, n). Auf eine Verallgemeinerung des Begriffs der adjungierten Matrix $ad(B)$ (vgl. (1.6k)) und der Formel (1.6l) werden wir in den Ergänzungen zu §12 noch kurz eingehen (vgl. (12.14c, d)).

$\boxed{4}$ Sei speziell $n = 4$, $r = 2$, $s = 2$ und $k_1 = 1$, $k_2 = 2$, d.h. $l_1 = 3$, $l_2 = 4$, so folgt für $B \in K^{4,4}$ gemäß (12.9g) die Formel

$$|B| = \det B = B_{1,2}^{1,2} \cdot B_{3,4}^{3,4} - B_{1,3}^{1,2} \cdot B_{2,4}^{3,4} + B_{1,4}^{1,2} \cdot B_{2,3}^{3,4} +$$
$$B_{2,3}^{1,2} \cdot B_{1,4}^{3,4} - B_{2,4}^{1,2} \cdot B_{1,3}^{3,4} + B_{3,4}^{1,2} \cdot B_{1,2}^{3,4} \quad .$$

Bemerkung 10. Mit einer ähnlichen Rechentechnik wie bei der Herleitung von Satz 12.8 lassen sich weitere Rechenregeln der Determinantentheorie herleiten, wie z.B. (vgl. hierzu Aufgabe (10a)): Sind Matrizen der Form

$$A = (a_{\mu\nu}) \in K^{m,n}, \; B = (b_{\nu\sigma}) \in K^{n,s},$$
$$C = A \cdot B = (c_{\mu\sigma}) \in K^{m,s} \tag{12.9i}$$

gegeben und ist $r \in \mathbb{N}$ mit $1 \le r \le \mathrm{Min}(m, s)$, so gilt für jede r-reihige Unterdeterminante von C

$$C_{\sigma_1,\dots,\sigma_r}^{\mu_1,\dots,\mu_r} = \sum_{1 \le \nu_1 < \dots < \nu_r \le n} A_{\nu_1,\dots,\nu_r}^{\mu_1,\dots,\mu_r} B_{\sigma_1,\dots,\sigma_r}^{\nu_1,\dots,\nu_r}$$
$$\text{für } 1 \le \mu_1 < \dots < \mu_r \le m \text{ und } 1 \le \sigma_1 < \dots < \sigma_r \le s. \tag{12.9j}$$

Für $m = n = s = r$ ergibt (12.9j) gerade den Produktsatz für Determinanten (vgl. (1.6h)); weitere wichtige Spezialfälle erhält man für $r = m = s$ und insbesondere im Spezialfall $B = A^T$, $A \cdot A^T = C \in K^{m,m}$

$$|A \cdot A^T| = |(\langle a^i, a^j \rangle)| = \sum_{1 \le \nu_1 < \dots < \nu_m \le n} (A_{\nu_1,\dots,\nu_m}^{1,\dots,m})^2$$
$$= |a^1 \wedge a^2 \wedge \dots \wedge a^m|^2 \tag{12.9k}$$
$$a^1, a^2, \dots, a^m \in K^n \text{ Zeilenvektoren von } A \in K^{m,n},$$

wobei in der *Gramschen Determinanten* $|(\langle a^i, a^j \rangle)|$ das formale Standardskalarprodukt von K^n steht; ist zusätzlich $r = m = s = 2$, so erhält man die *Lagrangesche Identität* (vgl. EA (II.8.10d))

190

$$\sum_{1 \le v < \mu \le n} (a_v b_\mu - a_\mu b_v)^2 = \left(\sum_{v=1}^{n} a_v^2 \right) \left(\sum_{\mu=1}^{n} b_\mu^2 \right) - \left(\sum_{v=1}^{n} a_v b_v \right)^2$$

$$\text{(12.9l)}$$

für $a = (a_1, \ldots a_n)$, $b = (b_1, \ldots b_n)$.

Die Aussagen über alternierende Produkte werden besonders häufig in dem Fall angewendet, daß K ein angeordneter Körper im Sinne von EA, §3, Definition 3B, Definition 3C und der dort anschließenden Bezeichnung ist (wie z.B. $K = \mathbf{R}$). Sei also

K ein angeordneter Körper,

V ein n-dimensionaler K-Vektorraum, $\hspace{2cm}$ (12.10)

$D_1(x^1, \ldots, x^n)$ nichttriviale Determinantenfunktion auf V.

Definition 12F. Zwei Basen $\mathfrak{a}^T = (a^1, \ldots, a^n)$, $\mathfrak{b}^T = (b^1, \ldots, b^n)$ von V mit $n = \dim_K V$, d.h. n-tupel linear unabhängiger Vektoren von V, heißen *gleich-orientiert*, falls gilt

$$\mathfrak{a} \underset{g.o.}{\sim} \mathfrak{b} \Leftrightarrow \mathrm{sgn}(D_1(a^1, \ldots, a^n)) = \mathrm{sgn}(D_1(b^1, \ldots, b^n)). \qquad \text{(12.10a)}$$

Bemerkung 11. Hierbei wird in Anlehnung an EA, §3 das Vorzeichen oder Signum eines Elementes eines angeordneten Körpers durch

$$\mathrm{sgn}(a) = \begin{cases} 1, & a \in P_K, \\ 0, & a = 0, \\ -1, & a \in -P_K, \end{cases} \qquad \text{(12.10b)}$$

erklärt, wobei P_K der Positivitätsbereich von K ist; wegen der Forderungen an P_K hat $\mathrm{sgn}(a)$ die bekannten Eigenschaften.

Aus den Eigenschaften der nichttrivialen Determinantenfunktion D_1 leitet man dann leicht das folgende Ergebnis her (vgl. Aufgabe 12c))

Satz 12.9. Unter der Voraussetzung (12.10) *ist die Definition gleich-orientierter Basen von V unabhängig von der speziellen Auswahl der nichttrivialen Determinantenfunktion D_1 von V; sie liefert eine Äquivalenzrelation in der Gesamtheit der Basen von V und teilt diese in genau zwei Äquivalenzklassen gleichorientierter Basen ein. Ist speziell $K = \mathbf{R}$ und V ein euklidischer Vektorraum, so sind zwei Orthonormalbasen $\mathfrak{e}, \mathfrak{e}'$ von V genau dann gleich-orientiert gemäß* (12.10a), *wenn* *sie im Sinne von Definition 10G gleich-orientiert sind, d.h. durch eine eigentlich orthogonale Abbildung $\varphi \in SO(V)$ auseinander hervorgehen.*

Bemerkung 12. Oft zeichnet man eine Basisklasse als *positiv-orientiert* aus (dies ist eine willkürliche Festlegung). Weiter gilt

$$\mathfrak{a} \underset{g.o.}{\sim} \mathfrak{b} \Leftrightarrow \varphi(\mathfrak{a}) = \mathfrak{b}, \quad \varphi \in \mathrm{End}_K(V)$$

mit $\det(\varphi) > 0$.

(12.10c)

Es sei jetzt noch spezieller

V ein **R**-Vektorraum mit $\dim_{\mathbf{R}} V = 3$,

D eine nichttriviale Determinantenfunktion auf V, $\qquad$ (12.10d)

$\mathfrak{a}^T = (a^1, a^2, a^3)$ eine positiv-orientierte Basis von V.

Setzen wir nun analog zu $\boxed{2\mathrm{b}}$ (12.5e)

$$\mathfrak{b}^T = (b^1, b^2, b^3) \text{ mit}$$
$$b^1 = w^{(2,3)} = a^2 \wedge a^3, \quad b^2 = w^{(3,1)} = a^3 \wedge a^1, \qquad (12.10\mathrm{e})$$
$$b^3 = w^{(1,2)} = a^1 \wedge a^2$$

als Basis von $X = V \wedge V$, so wird wie in (12.5g)

$$x \wedge y = (\xi_2 \eta_3 - \xi_3 \eta_2) \cdot b^1 + (\xi_3 \eta_1 - \xi_1 \eta_3) \cdot b^2 + (\xi_1 \eta_2 - \xi_2 \eta_1) \cdot b^3$$
$$= \zeta_1 \cdot b^1 + \zeta_2 \cdot b^2 + \zeta_3 \cdot b^3 \qquad (12.10\mathrm{e}')$$
$$\text{für } x = \xi_1 a^1 + \xi_2 a^2 + \xi_3 a^3, \ y = \eta_1 a^1 + \eta_2 a^2 + \eta_3 a^3 \in V.$$

Identifizieren wir zusätzlich V mit dem 3-dimensionalen **R**-Vektorraum
$X = V \wedge V$, indem wir

$$b^i = a^i \quad (i = 1, 2, 3) \qquad\qquad (12.10\mathrm{f})$$

setzen, so ist

$$\begin{pmatrix} x \\ y \\ x \wedge y \end{pmatrix} = \begin{pmatrix} \xi_1 & \xi_2 & \xi_3 \\ \eta_1 & \eta_2 & \eta_3 \\ \zeta_1 & \zeta_2 & \zeta_3 \end{pmatrix} \begin{pmatrix} a^1 \\ a^2 \\ a^3 \end{pmatrix} = S \cdot \mathfrak{a}, \qquad (12.10\mathrm{g})$$

und durch Entwicklung der Determinante der Übergangsmatrix S nach der letzten Zeile folgt sofort

192

$$\det(S) = \sum_{1 \le i < k \le 3} (\xi_i \eta_k - \xi_k \eta_i)^2 > 0, \text{ d.h.}$$

$$\operatorname{sgn}(D(x, y, x \wedge y)) = \operatorname{sgn}(D(a^1, a^2, a^3)), \tag{12.10g'}$$

falls x und y linear unabhängig sind; in diesem Fall haben also die Vektoren a^1, a^2, a^3 und $x, y, x \wedge y$ jeweils die gleiche Orientierung, und dieser Wert ist unabhängig von der Auswahl von $\mathfrak{a}$ in der Basisklasse von V. Ist darüber hinaus V euklidisch mit dem Skalarprodukt $\langle\,,\,\rangle$ und $\mathfrak{a} = \mathfrak{e}$ eine Orthonormalbasis von V, so folgt

$$\langle x \wedge y, x \wedge y \rangle = \| x \wedge y \|^2 = \sum_{1 \le i < k \le 3} (\xi_i \eta_k - \xi_k \eta_i)^2$$

$$= \left(\sum_{i=1}^{3} \xi_i^2 \right) \cdot \left(\sum_{k=1}^{3} \eta_k^2 \right) - \left(\sum_{i=1}^{3} \xi_i \eta_i \right)^2 - \| x \|^2 \cdot \| y \|^2 - \langle x, y \rangle^2 \tag{12.10h}$$

$$= \| x \|^2 \cdot \| y \|^2 \cdot (1 - \cos^2 \alpha) \quad \text{mit } \cos \alpha = \frac{\langle x, y \rangle}{\| x \| \cdot \| y \|},$$

woraus man die Länge des Vektors $x \wedge y$, der auf x und y senkrecht steht, bestimmen kann (einfache Rechnung).

Ein Vergleich mit EA (§8, Definitionen 8D und 8E sowie Satz 8.15) zeigt, daß die nachfolgenden Definitionen berechtigt sind.

Definition 12G. Unter der Voraussetzung (12.10d) nennt man bei der Identifizierung (12.10f) von V mit $V \wedge V$ den Vektor

$$x \times y := x \wedge y \in V \quad \text{zu } x, y \in V \tag{12.10i}$$

auch das *Vektorprodukt (vektorielle Produkt, Kreuzprodukt)* von x mit y. Ist V euklidisch mit dem Skalarprodukt $\langle\,,\,\rangle$, so heißt der Wert

$$D(x, y, z) = (x, y, z) = \langle x, y \wedge z \rangle \in \mathbf{R},$$

$$\text{falls } D(e^1, e^2, e^3) = 1 \text{ für eine Orthonormalbasis } \mathfrak{e}, \tag{12.10j}$$

das *Spatprodukt* von $x, y, z \in V$.

Auf einige Eigenschaften dieser Bildungen kommen wir in den Ergänzungen zurück.

Ergänzungen zu §12

Ist wie in (12 1, 1a) eine r-fach lineare Abbildung

$$\varphi \; V \times \quad \times V = V^r \to W \text{ mit}$$
$$V^r \ni (x^1, \quad , x^r) \longmapsto \varphi(x^1, \quad , x^r) \in W \tag{12 11}$$

gegeben, wobei V, W beliebige K-Vektorraume sind und $r \in \mathbb{N}$ ist, so erhalt man in der Form der *antisymmetrisierten Abbildung zu* φ

$$\varphi_{as} \; V^r \to W \text{ mit}$$
$$\varphi_{as}(x^1, \quad , x^r) = \sum_{f \in \mathfrak{S}_r} \operatorname{sgn} f \; \varphi(x^{f(1)}, \quad , x^{f(r)}) \tag{12 11a}$$

eine *antisymmetrische Abbildung*, d h (vgl auch (12 3a))

$$\varphi_{as}(x^{g(1)}, \quad , x^{g(r)}) = \operatorname{sgn} g \; \varphi_{as}(x^1, \quad , x^r)$$
$$\text{fur jedes } g \in \mathfrak{S}_r, \tag{12 11b}$$

und diese ist bei $\operatorname{Char}(K) \neq 2$ auch alternierend im Sinne von Definition 12A (vgl Aufgabe (16a)) Falls hierbei φ schon selbst antisymmetrisch war, ist

$$\varphi_{as}(x^1, \quad , x^r) = (r!) \; \varphi(x^1, \quad , x^r)$$
$$\text{fur } (x^1, \quad , x^r) \in V^r \tag{12 11c}$$

Diese Konstruktion gilt auch fur $W = K$, d h fur r-fache Linearformen φ, und hiermit kann man sich z B bei $\operatorname{Char}(K) = 0$ die r-fach alternierenden Produkte $\wedge^r V$ direkt konstruieren (vgl Bemerkung 5b sowie Aufgabe 17)

Ist weiter V ein beliebiger K-Vektorraum und fur $r \geq 2$, $r \in \mathbb{N}$ das Tensorprodukt

$$\bigotimes_r V = V_r^0 = \underbrace{V \otimes \quad \otimes V}_{r\text{-mal}} \tag{12 11d}$$

gegeben, so betrachten wir in V_r^0 den Teilvektorraum

$$N_r = [\quad , x^1 \otimes \quad \otimes x^r, \quad] \text{ mit}$$
$$x^i = x^j \text{ fur mindestens ein Paar } 1 \leq i \neq j \leq r \tag{12 11e}$$

Dann setzt man als *alternierende Produkte von* V

$$\wedge^r V = \bigotimes_r V \Big/ N_r \;\text{(Faktorraum)}, \; r \geq 2,$$
$$\wedge^1 V = V, \; \wedge^0 V = K \tag{12 11f}$$

und bestatigt leicht (vgl Aufgabe 18a))

Satz 12.10. *Fur einen n-dimensionalen K-Vektorraum V liefert (12 11f) jeweils zusammen mit der Abbildung*

$$\varphi_\wedge = \pi_r \circ \psi_T \; V \times \quad \times V \to \wedge^r V, \text{ wobei}$$
$$\psi_T \; V \times \quad \times V \to \bigotimes_r V \text{ und} \tag{12 11g}$$
$$\pi_r \; \bigotimes_r V \to \bigotimes_r V \Big/ N_r \text{ die zugehorigen kanonischen Abbildungen sind,}$$

ein Modell des alternierenden Produktes gemäß Definition 12C.

Bemerkung 13. Die oben geschilderte formale Konstruktion von $\wedge^r V$ ist auch durchführbar, wenn V ein R-Modul über einem geeigneten Ring R ist, und zwar für jedes $r \in \mathbf{N}_0$; ist V ein unendlich-dimensionaler K-Vektorraum, so kann $\wedge^r V$ für unendlich viele $r \in \mathbf{N}_0$ vom Nullraum verschieden sein.

Unter Verwendung des in (11.10e, f, g, g') beschriebenen Begriffes der (äußeren) direkten Summe von K-Vektorräumen (R-Moduln) können wir dann zur Indexmenge $\mathbf{N}_0$ bilden

$$\wedge V = \bigoplus_{r \in \mathbf{N}_0} \wedge^r V, \tag{12.11h}$$

die dann wieder die Struktur eines K-Vektorraumes (R-Moduls) hat. Mit Satz 12.5 (der auch für beliebige K-Vektorräume gilt) und Definition 12D bestätigt man dann (vgl. Aufgabe 19a))

Satz 12.10a. *Der K-Vektorraum $\wedge V$ aus (12.11h) wird bei Einführung einer «Multiplikation $\wedge$» gemäß*

$$y = \sum_{r \in \mathbf{N}_0} y_{(r)}, \quad z = \sum_{s \in \mathbf{N}_0} z_{(s)} \ mit$$
$$y \wedge z = \sum_{r \in \mathbf{N}_0} \sum_{s \in \mathbf{N}_0} y_{(r)} \wedge z_{(s)}, \tag{12.11i}$$
wobei $y_{(r)} \in \wedge^r V$, $z_{(s)} \subset \wedge^s V$ $(r, s \in \mathbf{N}_0)$,
$$y_{(r)} \wedge z_{(s)} \in \wedge^{r+s} V \ gemäß \ (12.6)$$

eine K-Algebra im Sinne von Definition 11H; die Multiplikation ist vollständig bestimmt, wenn sie für zerlegbare r- bzw. s-Vektoren aus Basiselementen x^ν von V bekannt ist. Falls $\dim_K(V) = n < \infty$, so folgt

$$\dim_K(\wedge V) = 2^n. \tag{12.11j}$$

Definition 12 I. Man nennt $\wedge V$ mit der Multiplikation $\wedge$ gemäß Satz 12.10a die *äußere Algebra von V.*

Bei Anwendung der alternierenden Produkte treten oft die dualen Vektorräume und dabei auch die nachfolgende Situation, die leicht aus der Definition 12C herleitbar ist (vgl. Aufgabe 20a)), auf.

Satz 12.10b. *Sind V und W zwei endlich-dimensionale K-Vektorräume und ist*

$$\varphi: V \to W \tag{12.11k}$$

eine K-lineare Abbildung, so gibt es zu jedem $r \in \mathbf{N}_0$ eine eindeutig bestimmte lineare Abbildung (wir heben am Symbol φ^* die Dimension r nicht hervor)

$$\varphi^*: \wedge^r W^* \to \wedge^r V^* \tag{12.11k'}$$

mit den Eigenschaften

$$\varphi^*(\psi_1 \wedge \psi_2) = \varphi^*(\psi_1) \wedge \varphi^*(\psi_2)$$
$$\qquad\qquad für \ \psi_1 \in \wedge^r W^*, \psi_2 \in \wedge^s W^*,$$
$$\varphi^*(\alpha) = \alpha \qquad\qquad für \ \alpha \in \wedge^0 W^* = K, \tag{12.11l}$$
$$\varphi^*(y^*) = y^* \circ \varphi \qquad für \ y^* \in W^*.$$

Die Bildung des alternierenden Produktes hat eine wesentliche Anwendungs-moglichkeit in der Analysis, die wir anschließend unter etwas vereinfachenden Voraussetzungen schildern Dazu sei

$M \subseteq \mathbf{R}^n$ eine offene Teilmenge,

V ein n-dimensionaler $\mathbf{R}$-Vektorraum, $\qquad$ (12 12)

$V^* = \mathrm{Hom}_{\mathbf{R}}(V, \mathbf{R})$ sein Dualraum

Definition 12 J Unter den Bezeichnungen (12 12) nennen wir fur $r \in \mathbf{N}_0$ eine Abbildung

$$\omega \; M \to \wedge^r V^*, \mathrm{d\,h}$$
$$M \ni x \mapsto \omega(x) \in \wedge^r V^* \qquad (12\ 12\mathrm{a})$$

eine *Differentialform des Grades r auf M*

Schreibt man fur die Punkte aus M

$$x = (x_1, \quad , x_n) \in M, \qquad (12\ 12\mathrm{b})$$

denken wir uns einer ausgezeichneten Basis x^1, $\quad , x^n$ von V mit $x^i \leftrightarrow x_i$ ($i = 1$, $\quad , n$) die duale Basis

$$x_i^* = \; dx_i \; (i = 1, \quad , n) \text{ von } V^* \qquad (12\ 12\mathrm{b}')$$

zugeordnet (formale Schreibweise), so erhalt man fur eine solche Differential-form die formale Darstellung

$$\omega(x) = \sum_{(i)} f_{i_1 \quad i_r}(x)\, dx_{i_1} \wedge \quad \wedge dx_{i_r},$$
$$(i) = (i_1, \quad , i_r) \text{ mit } i_1 < i_2 < \quad < i_r, \qquad (12\ 12\mathrm{c})$$

wobei die $f_{(i)}(x) = f_{i_1 \quad i_r}(x)$ auf M definierte Funktionen sind

Bemerkung 14 Differentialformen 0-ten Grades sind auf M definierte Funk-tionen, bei allgemeinen Differentialformen sind die Koeffizienten $f_{(i)}(x)$ auf M definierte Funktionen, so daß hier also der Spezialfall eines *Tensorfeldes* vorliegt (vgl auch LA 1, Erganzungen zu §4) – Wir wollen hier annehmen, daß diese $f_{(i)}(x)$ auf M beliebig oft stetig-differenzierbar sind (gelegentlich werden auch hiervon abweichende analytische Voraussetzungen gemacht)

$\boxed{5}$ $\quad$ Sei $M = \mathbf{R}^n = V$ Dann erhalt man fur $r = 0$

$$f(x) = f(x_1, \quad , x_n) \qquad (12\ 12\mathrm{d})$$

eine Funktion auf $\mathbf{R}^n$ und fur $r = 1$

$$\omega(x) = f_1(x_1, \quad , x_n)\, dx_1 + \quad + f_n(x_1, \quad , x_n)\, dx_n \qquad (12\ 12\mathrm{d}')$$

eine Differentialform 1 Grades (auch Pfaffsche Form genannt), geht man von einer Funktion $f(x)$ gemäß (12 12d) aus, so ist nach der Analysis das totale Differential

$$\omega(x) = Df(x) = df(x) = \frac{\partial f}{\partial x_1}(x)\, dx_1 + \quad + \frac{\partial f}{\partial x_n}(x)\, dx_n$$

$$\text{mit } Df(x)|_u = \frac{\partial f}{\partial x_1}(x) u_1 + \quad + \frac{\partial f}{\partial x_n}(x) u_n \qquad (12\ 12\mathrm{e})$$

Richtungsableitung in Richtung $u = (u_1, \quad , u_n)$

196

eine in $x \in \mathbf{R}^n$ definierte lineare Funktion, was mit Definition 12J in Übereinstimmung ist

Mit diesen Differentialformen kann dann in jedem Punkt $x \in M$ wie in der äußeren Algebra $\wedge V^*$ gerechnet werden, insbesondere können alternierende Produkte gebildet werden

$$f \wedge \omega = f\,\omega \text{ mit } (f\,\omega)(x) = f(x)\,\omega(x),$$
$$\omega \wedge f\,\omega_1 = f\,\omega \wedge \omega_1$$

$$(12\ 12f)$$

Darüber hinaus gibt es in $\wedge V^*$ eine weitere lineare Abbildung, die *äußere Ableitung d* mit

$$d \quad \wedge^r V^* \to \wedge^{r+1} V^* \text{ mit}$$
$$\omega(x) \mapsto d\omega(x) = \sum_{(i)} df_{(i)} \wedge dx_{i_1} \wedge \quad \wedge dx_{i_r}$$

$$(12\ 12g)$$

für $\omega(x)$ gemäß (12 12c) und $df_{(i)}(x)$ analog zu (12 12e), hierbei gilt die weitere Rechenregel

$$d(\omega \wedge \omega_1) = d\omega \wedge \omega_1 + (-1)^r \omega \wedge d\omega_1,\ r = \text{Grad } \omega,$$
$$d(f\,\omega) = df \wedge \omega + f\,d\omega$$

$$(12\ 12h)$$

$\boxed{5a}$ Sei $n = 2$ und $\omega(x_1, x_2) = f_1(x_1, x_2)\,dx_1 + f_2(x_1, x_2)\,dx_2$

Dann folgt nach den Rechenregeln

$$d\omega(x_1, x_2) = df_1(x_1, x_2) \wedge dx_1 + df_2(x_1, x_2) \wedge dx_2$$
$$= \left(\frac{\partial f_1}{\partial x_2} - \frac{\partial f_2}{\partial x_1} \right) dx_2 \wedge dx_1$$

$\boxed{5b}$ Sei $n = 3$ und eine Differentialform vom Grad 2

$$\omega(x) = f_3(x)\,(dx_1 \wedge dx_2) - f_2(x)\,(dx_1 \wedge dx_3) + f_1(x)\,(dx_2 \wedge dx_3)$$

gegeben, dann folgt nach kurzer Rechnung

$$d\omega(x) = \left(\sum_{v=1}^{3} \frac{\partial f_v}{\partial x_v}(x) \right) dx_1 \wedge dx_2 \wedge dx_3$$

Bezeichnungen Ist bei dim $V = n$ eine Differentialform n-ten Grades

$$\omega(x) = f(x_1, \quad , x_n)\,dx_1 \wedge \quad \wedge dx_n,$$

$$(12\ 12i)$$

so wird der Term $dx_1 \wedge \quad \wedge dx_n$ auch das *orientierte Volumenelement* genannt (zugehörige Ergebnisse hängen von der Numerierung der x_i ab, für eine geometrische Interpretation vgl auch §13, insbesondere Definition 13L) Eine Differentialform der Form

$$\omega(x) = d\omega_1(x)$$

$$(12\ 12j)$$

wird *geschlossen* genannt – Für eine Differentialform auf einer offenen Menge U, die aus einer auf M durch eine Abbildung von M in U nach dem Schema von Satz 12 10b hervorgeht, ist die Bezeichnung *inverses Bild* gebräuchlich, die Abbildung wird auch der *Rücktransport* von Differentialformen genannt

Es sei nun

V ein 3-dimensionaler euklidischer **R**-Vektorraum,

$\langle\,,\,\rangle$ sein Skalarprodukt,

$e^T = (e^1, e^2, e^3)$ eine positiv-orientierte Orthonormalbasis, $\qquad$ (12.13)

D mit $\cdot D(e^1, e^2, e^3) = 1$

eine nichttriviale Determinantenfunktion. Dann gelten für die gemäß Definition 12G eingeführten Begriffe Vektorprodukt $x \times y = x \wedge y$ und Spatprodukt

$$D(x, y, z) = (x, y, z) = \langle x, y \wedge z \rangle \tag{12.13a}$$

die schon in EA, §8 erwähnten Regeln der Linearität in jedem Argument und Vertauschungsregeln der Argumente sowie

$$x \times x = x \wedge x = \mathbf{0}, \quad \langle x, x \times y \rangle = 0. \tag{12.13b}$$

Man kann auch mehrfache derartige Produkte bilden; hierzu vermerken wir

Lemma 12.11. *Sind unter den Voraussetzungen von* (12.13) $x, y, z, u \in V$, *so gelten bei Zugrundelegung von Definition 12G die Regeln:*

$$y \times (z \times u) = \langle y, u \rangle \cdot z - \langle y, z \rangle \cdot u, \tag{12.13c}$$

$$\langle x \times y, z \times u \rangle = \langle x, z \rangle \langle y, u \rangle - \langle x, u \rangle \langle y, z \rangle \tag{12.13d}$$

und

$$(x \times y) \times (z \times u) = D(x, y, u) \cdot z - D(x, y, z) \cdot u$$
$$= D(z, u, x) \cdot y - D(z, u, y) \cdot x. \tag{12.13e}$$

Beweis (Skizze). Es sei eine zu e^T gleich-orientierte Orthonormalbasis f^T gewählt, so daß

$$z = \zeta_1 f^1 + \zeta_2 f^2, \ u = \omega_1 f^1 + \omega_2 f^2,$$
$$y = \eta_1 f^1 + \eta_2 f^2 + \eta_3 f^3; \tag{12.13c'}$$

dann folgt zunächst $z \times u = (\zeta_1 \omega_2 - \zeta_2 \omega_1) f^3$ und hieraus durch Umrechnung sofort die Formel (12.13c).

Da

$$\langle x, (y \times (z \times u)) \rangle = D(x, y, z \times u) = \langle x \times y, z \times u \rangle \tag{12.13d'}$$

ist, erhält man sofort (12.13d); indem man in (12.13c) y durch $(x \times y)$ ersetzt und nach einfachen Umrechnungen folgt dann (12.13e) (für die Ausführung dieser Rechnungen und einige weitere diesbezügliche Formeln vgl. Aufgabe 22a, b)). ∎

Wir wenden diese Formeln im Spezialfall von drei Einheitsvektoren an, d.h. es sei

$$x^1 = x = u, \ x^2 = y, \ x^3 = z$$
$$\text{mit } |x^i| = 1 \ (i = 1, 2, 3). \tag{12.13f}$$

Die im Intervall $0 \le \vartheta \le \pi$ liegenden Winkel zwischen je zwei der folgenden Vektoren (Definition mit Hilfe des Cosinus) seien wie folgt bezeichnet:

198

$$a_i = \sphericalangle(x^{i+1}, x^{i+2}) \quad i \text{ modulo } 3,$$

$$(i = 1, 2, 3) \quad (12\,13\text{g})$$

$$\alpha_i = \sphericalangle(x^i \times x^{i+1}, x^i \times x^{i+2}) \quad i \text{ modulo } 3$$

Dann ist speziell

$$|x^1 \times x^2| = \sin a_3, \quad |x^1 \times x^3| = \sin a_2, \quad \langle x^1, x^1 \rangle = 1,$$

$$\langle x^1 \times x^2, x^3 \times x^1 \rangle = -\sin a_3 \, \sin a_2 \, \cos \alpha_1,$$

$$(12\,13\text{g})$$

$$\langle x^1, x^3 \rangle = \cos a_2, \quad \langle x^2, x^1 \rangle = \cos a_3, \quad \langle x^2, x^3 \rangle = \cos a_1,$$

und aus (12 13d) folgt zunachst

$$\langle x^1, x^1 \rangle \langle x^2, x^3 \rangle = \langle x^1, x^3 \rangle \langle x^2, x^1 \rangle - \langle x^1 \times x^2, x^3 \times x^1 \rangle,$$

d h

$$\boxed{\cos a_1 = \cos a_2 \, \cos a_3 + \sin a_2 \, \sin a_3 \, \cos \alpha_1} \qquad (12\,13\text{h})$$

Diese Formel nennt man bei geometrischer Interpretation (vgl Erganzungen und Aufgaben zu §14) den 1 *Cosinussatz der spharischen Trigonometrie*

Analog erhalt man aus (12 13e) wegen

$$(x^1 \times x^2) \times (x^1 \times x^3) = D(x^1, x^2, x^3) \, x^1$$

den *Sinussatz der spharischen Trigonometrie* (vgl Aufgabe 23b))

$$\boxed{\sin \alpha_i \, \sin a_j = \sin \alpha_j \, \sin a_i, \; 1 \le i < j \le 3} \qquad (12\,13\text{i})$$

In Erganzung zu den Rechenregeln fur Matrizen betrachten wir folgende Situation

Es seien naturliche Zahlen n, m, r mit der Eigenschaft $1 \le r \le \operatorname{Min}(m, n)$ gegeben, und es bezeichnen

$$(i) = \{i_1, \ldots, i_r\} \quad \text{mit } 1 \le i_1 < \cdots < i_r \le n,$$
$$(k) = \{k_1, \ldots, k_r\} \quad \text{mit } 1 \le k_1 < \cdots < k_r \le m \qquad (12\,14)$$

die $\binom{n}{r}$ r-tupel (i) von Spaltenindizes und $\binom{m}{r}$ r-tupel (k) von Zeilenindizes Fur solche r-tupel wird eine lexikographische Anordnung definiert gemaß

$$(i) < (i') \Leftrightarrow \quad i_1 = i'_1, \ldots, i_\rho = i'_\rho, \, i_{\rho+1} < i'_{\rho+1}$$
$$\text{mit einem } 0 \le \rho \le r - 1 \qquad (12\,14\text{a})$$

Definition 12K Ist $B = (b_{\mu\nu}) \in K^{m\,n}$ und $1 \le r \le \operatorname{Min}(m, n)$, so heißt die Matrix

$$B^{(r)} = (B_{i_1 \ldots i_r}^{k_1 \ldots k_r}) \in K^{\binom{m}{r}, \binom{n}{r}}, \qquad (12\,14\text{b})$$

wobei die Unterdeterminanten $B_{i_1 \ldots i_r}^{k_1 \ldots k_r}$ in lexikographischer Reihenfolge von Zeilen und Spalten aufgeschrieben werden, die *r-te Ableitung von B* - Ist speziell $1 \le r \le m = n$, so nennt man die Matrix

$$ad_{(r)}(B) = (\beta_{i_1 \ldots i_r \, k_1 \ldots k_r}) = (\beta_{(i)\,(k)}) \in K^{\binom{n}{r}, \binom{n}{r}}, \qquad (12\,14\text{c})$$

wobei die *algebraischen Komplemente*

$$\beta_{i_1 \ldots i_r k_1 \ldots k_r} = (-1)^{k_1 + \ldots + k_r + i_1 + \ldots + i_r} B_{j_1 \ldots j_s}^{l_1 \ldots l_s} \tag{12 14d}$$

mit $(l_1, \ldots, l_s) = $ Erganzungs-$(n - r)$-tupel zu (k)

und $(j_1, \ldots, j_s) = $ Erganzungs-$(n - r)$-tupel zu (i)

wieder in lexikographischer Anordnung aufgeschrieben seien, die r-te *adjungierte Matrix zu* $B \in K^{nn}$

Aus dem Laplaceschen Entwicklungssatz wird dann fur $B \in K^{nn}$ in $K^{\binom{n}{r},\binom{n}{r}}$

$$B^{(r)} \, ad_{(r)}(B) = \det(B) \, E, \tag{12 14e}$$

fur weitere Formeln hierzu vergleiche auch die Aufgaben 24b), 25

Aufgaben zu §12

1. a) Bestatige, daß die Abbildung $\varphi \quad \mathbf{R}^3 \times \mathbf{R}^3 \to \mathbf{R}$ mit

$$\varphi(\tilde{x}, \tilde{y}) = \frac{x_1}{2}(y_1 + y_2 + y_3) - \frac{y_1}{2}(x_1 + x_2 + x_3)$$

   eine alternierende Bilinearform ist, berechne $\varphi(e^i, e^j)(i, j = 1, 2, 3)$ fur die Vektoren der Standardbasis
   b) Betrachte die Bilinearform φ auf $\mathbf{R}^3 \times \mathbf{R}^3$, die bezuglich der Standardbasis die Fundamentalmatrix B aus §9, Aufgabe 13c) hat Zeige, daß sie alternierend ist und bestimme $\varphi(\tilde{x}, \tilde{y})$
   c) Lose die Aufgabe aus a) fur die Bilinearform $B(y, x)$ aus §9, Aufgabe 18a)

2. a) Es sei $n = 4$ und $r = 2$ bzw $r = 3$ Gebe alle r-Kombinationen sowie alle r-Permutationen von $\mathbf{N}_4$ an und bestimme jeweils das Signum dieser r-Permutationen
   b) Es sei $K = \mathbf{R}$, $V = \mathbf{R}^4$ mit der Standardbasis $e^T = (e^1, e^2, e^3, e^4)$ und $W = \mathbf{R}^2$ mit der Standardbasis $f^T = (f^1, f^2)$ Zeige, daß $\varphi \quad V \times V \to W$ mit $\varphi(\tilde{x}, \tilde{y}) = (-3x_2 y_1 + 3x_1 y_2)f^1 + (-7x_4 y_3 + 7x_3 y_4)f^2$ fur $\tilde{x}, \tilde{y} \in V$ eine alternierende 2-fach lineare Abbildung liefert Bestimme $\varphi(e^i, e^j)$ $(i, j = 1, 2, 3, 4)$ und schreibe φ in der Form (12 3k)
   c) Es sei $K = \mathbf{R}$, $V = \mathbf{R}^4$, e^T wie eben und $W_1 = \mathbf{R}^3$ mit der Standardbasis $g^T = (g^1, g^2, g^3)$, es seien $\tilde{x}^{1T} = (1, 2, 0, 1)$, $\tilde{x}^{2T} = (0, -1, 0, 1)$, $\tilde{x}^{3T} = (1, 1, 1, 1)$, $\tilde{x}^{4T} = (1, 0, -1, 2)$ aus V Begrunde, daß durch $\varphi_1(e^1, e^2, e^3) = g^1$, $\varphi_1(e^1, e^2, e^4) = g^2$, $\varphi_1(e^1, e^3, e^4) = g^3$, $\varphi_1(e^2, e^3, e^4) = g^1 + g^2 + g^3$ eine alternierende 3-fach lineare Abbildung $\varphi_1 \quad V \times V \times V \to W_1$ geliefert wird Berechne $\varphi_1(\tilde{x}^1, \tilde{x}^2, \tilde{x}^3)$, $\varphi_1(\tilde{x}^1, \tilde{x}^3, \tilde{x}^4)$ und $\varphi_1(\tilde{x}^4, \tilde{x}^1, \tilde{x}^3)$ und schreibe diese Ausdrucke in der Form (12 3k) unter Angabe der Matrizen A_N und ihrer Determinanten
   d) Zeige Unter den Angaben aus c) wird durch $\psi(\tilde{x}^1, \tilde{x}^2, \tilde{x}^3, \tilde{x}^4) = 2 \in K$ eine alternierende 4-fache Multilinearform von $V \times V \times V \times V \to K$ bestimmt Wie unterscheidet sich ψ von der Determinantenfunktion D aus $\boxed{1}$ auf $V = \mathbf{R}^4$?

3. Es seien V und W K-Vektorraume und φ eine alternierende n-fach lineare Abbildung von V^n in W

200

a) Zeige Fur $\alpha \in K$, $x^1, x^2, \quad , x^n \in V$ und $\iota \neq \jmath$ gilt

$$\varphi(x^1, \quad , x^\iota, \quad , x^n) = \varphi(x^1, \quad , x^\iota + \alpha x^\jmath, \quad , x^n)$$

b) Ist V' ein weiterer K-Vektorraum und ψ $V' \to V$ eine K-lineare Abbildung, so ist χ $V'^n \to W$ mit

$$\chi(a^1, \quad , a^n) = \varphi(\psi(a^1), \quad , \psi(a^n))$$
fur $a^1, \quad , a^n$ eine alternierende n-fach lineare Abbildung

4. a) Fuhre den Beweis von Lemma 12 2a aus
   b) Begrunde, daß fur $r > n = \dim_K(V)$ jede alternierende r-fach lineare Abbildung φ $V^r \to W$ die Nullabbildung sein muß Folgere hieraus (12 4'')

5. a) Beweise die Basiseigenschaft der Elemente in (12 4m) ausfuhrlich
   b) Fuhre den Beweis der Rechenregeln (12 5a,b) von Satz 12 4a fur r-Vektoren aus
   c) Beweise die Existenz der Abbildung B aus (12 6) direkt uber die kanonischen Basen von $\wedge^r V$, $\wedge^s V$ und $\wedge^{r+s} V$ zu $\mathfrak{a}^T$
   d) Begrunde Satz 12 5a

6. a) Es sei V^* der Dualraum zum $\mathbf{R}$-Vektorraum V und $\langle\,,\,\rangle$ $V^* \times V \to \mathbf{R}$ das Standardskalarprodukt sowie $a_1^*, \quad , a_r^* \in V^*$ Zeige, daß

$$\varphi(x^1, \quad , x^r) = \varphi_{a_1^*} \quad {}_{a_r^*}(x^1, \quad , x^r) = \det \begin{pmatrix} \langle a_1^*, x^1 \rangle & \langle a_1^*, x^r \rangle \\ \\ \langle a_r^*, x^1 \rangle & \langle a_r^*, x^r \rangle \end{pmatrix}$$

fur $x^1, \quad , x^r \in V$ eine alternierende r-fache Linearform auf V^r ist
   b) Vergleiche φ mit $a_1^* \wedge a_2^* \wedge \quad \wedge a_r^*$
   c) Es sei speziell V n-dimensional mit der Basis $(a^1, \quad , a^n)$ und $(a_1^*, \quad , a_n^*)$ die zugehorige duale Basis Zeige, daß die Elemente $\varphi_{a_{\iota_1}^*} \quad {}_{a_{\iota_r}^*}$ mit $1 \leq \iota_1 < \quad < \iota_r \leq n$ eine Basis von $\wedge^r V^*$ bilden

7. In $V = \mathbf{R}^4$ bedeute $e^T = (e^1, e^2, e^3, e^4)$ die Standardbasis, $\mathfrak{v}^T$ mit $v^1 = (1, 0, 2, 3)$, $v^2 = (0, 1, -1, 0)$, $v^3 = (2, -2, 0, 1)$ und $v^4 = (0, 0, 4, -3)$ sei eine zweite Basis von $\mathbf{R}^4$
   a) Drucke $v^1 \wedge v^2$, $v^3 \wedge v^4$, $v^1 \wedge v^2 \wedge v^3 \wedge v^4$ und $(v^1 \wedge v^2) \wedge (v^3 \wedge v^4)$ durch die Standardbasis e^T aus
   b) Es seien weiter $u^1 = v^1 + 2v^3$, $u^2 = -v^1 + v^2 + v^3$, $u^3 = v^2 - v^3 + 3v^4$ und $u^4 = v^1 + v^2 + v^3 + v^4$ in V gegeben Stelle u^1, $u^2 \wedge u^3 \wedge u^4$ und $u^1 \wedge u^2 \wedge u^3 \wedge u^4$ durch die Standardbasis und durch die v^ι dar
   c) Es seien $\varphi, \psi \in \operatorname{End}_{\mathbf{R}}(V)$ mit $\varphi(v^\iota) = u^\iota$ bzw $\psi(v^\iota) = e^\iota$ ($\iota = 1, 2, 3, 4$) Bestimme $\det \varphi$, $\det \psi$ und $\det (\varphi \circ \psi)$

8. a) Begrunde Bemerkung 7
   b) Fuhre den Beweis von Satz 12 7 aus
   c) Begrunde (12 9f) ausfuhrlich
   d) Fuhre den Beweis fur (12 9h) aus

9. Es seien die Matrizen

$$B_1 = \begin{pmatrix} 1 & 3 & 2 & -1 \\ 3 & -1 & 1 & 1 \\ 3 & 1 & 0 & 3 \\ -1 & 2 & 5 & 0 \end{pmatrix} \text{ und } B_2 = \begin{pmatrix} 3 & 5 & -1 & 1 \\ 1 & -7 & 2 & 3 \\ 0 & 4 & 2 & -1 \\ -1 & 1 & 0 & 1 \end{pmatrix} \text{ aus } \mathbf{Q}^{4\,4}$$

gegeben Entwickle die Determinanten dieser Matrizen gemaß (12 9g) und gemaß (12 9h) ın den folgenden Fallen

a) $r = 2$, $k_1 = 1$, $k_2 = 2$,
b) $r = 2$, $k_1 = 1$, $k_2 = 3$,
c) $r = 2$, $k_1 = 2$, $k_2 = 3$,
d) $r = 3$, $k_1 = 1$, $k_2 = 2$, $k_3 = 4$
e) Interpretiere B_1 und B_2 als Matrızen aus $\mathbf{F}_3 = \mathbf{Z}/3\mathbf{Z}$ und lose die gleichen Aufgaben

10. a) Beweıse (12 9j) aus Bemerkung 10
   b) Seıen

$$A = \begin{pmatrix} 3 & 5 & 7 & 2 \\ 2 & 4 & 1 & 1 \\ -2 & 0 & 0 & 0 \\ 1 & 1 & 3 & 4 \end{pmatrix} \in \mathbf{R}^{4\,4}, \; B = \begin{pmatrix} 1 & -2 & 3 \\ 2 & -1 & 3 \\ 1 & 3 & -4 \\ 3 & -4 & 4 \end{pmatrix} \in \mathbf{R}^{4\,3}$$

   und $C = A\,B$ Berechne fur $1 \le r \le 3$ die r-reıhıgen Unterdetermınanten von C
   c) Dıskutıere und begrunde die Spezıalfalle $n = m = r = s$ bzw $r = m = s$ ın (12 9j)
   d) Beweıse (12 9k)

11. Es seı $x\; U \to \mathbf{R}^n$ eıne auf der offenen Menge U der (u_1, u_2)-Ebene stetıg-dıfferenzıerbare Vektorfunktıon mıt $x(u_1, u_2) = (x_1(u_1, u_2), \ldots, x_n(u_1, u_2))$ Weıter seı $g_{ij} = \langle \dfrac{\partial x}{\partial u_i}, \dfrac{\partial x}{\partial u_j} \rangle$ $(i,j = 1,2)$ und $\dfrac{\partial x_k}{\partial u_j} = m_{kj}$ $(k = 1, \ldots, n,$ $j = 1,2)$, sowıe $G = (g_{ij}) \in \mathbf{R}^{2\,2}$ bzw $M = (m_{kj}) \in \mathbf{R}^{n\,2}$

   a) Zeıge $\det(G) = \left| \dfrac{\partial x}{\partial u_1} \wedge \dfrac{\partial x}{\partial u_2} \right|^2 = \displaystyle\sum_{1 \le i < j \le n} \left(\dfrac{\partial(x_i, x_j)}{\partial(u_1, u_2)} \right)^2$

   b) Begrunde $\dfrac{\partial x}{\partial u_1}, \dfrac{\partial x}{\partial u_2}$ sınd lınear unabhangıg $\Leftrightarrow \det G > 0 \Leftrightarrow \mathrm{Rang}(M) = 2$

12. a) Seı u^1, u^2, u^3 eıne Basıs des 3-dımensıonalen $\mathbf{Q}$-Vektorraumes V Zeıge, daß $v^1 = 4u^1 - 2u^2 + 4u^3$, $v^2 = 2u^2 + 2u^3$, $v^3 = -2u^1 + 4u^2 + 2u^3$ die gleiche Orıentıerung haben
   b) In $V = \mathbf{R}^3$ seıen neben der Standardbasıs $\mathbf{e}^T$ noch die Basen $\mathfrak{a}^T = (a^1, a^2, a^3)$ mıt $a^1 = (1, 3, -1)$, $a^2 = (0, 2, 2)$, $a^3 = (1, 0, 0)$ und $\mathfrak{b}^T = (b^1, b^2, b^3)$ mıt $b^1 = (-1, -1, 0)$, $b^2 = (3, 0, 1)$, $b^3 = (-2, 1, 1)$ gegeben Welche dıeser Basen sınd gleich-orıentıert?
   c) Fuhre den Beweıs von Satz 12 9 aus

13. a) Es seı $\mathbf{e}^T = (e^1, e^2, e^3)$ die Standardbasıs von $\mathbf{R}^3$ und $a = e^1 - \tfrac{1}{2}e^2 + \tfrac{1}{2}e^3$,

$b = 2e^1 + 4e^2 - 2e^3, c = e^2 + 2e^3$ aus $\mathbf{R}^3$. Berechne die Vektorprodukte bzw. Spatprodukte:

$a \wedge b, b \wedge a, a \wedge c, D(a,b,c), b \wedge (c + a)$ und $a \wedge (b \wedge c), b \wedge (a \wedge c)$.

b) Bestätige die Formel (12.10h) und bestimme die Länge von $x \wedge y$.

14. Zur Definition 12C zeige:

a) Aus (AP_2) folgt (AP_1) und

(AP_2'): Für jeden K-Vektorraum W und jede alternierende r-fach lineare Abbildung $\psi: V^r \to W$ existiert ein $\theta \in \mathrm{Hom}(\wedge^r V, W)$ mit (12.4c).

b) Aus (AP_1) und (AP_2') folgt (AP_2).

15. a) Zeige, daß die Abbildung $\varphi: \mathbf{R}^3 \times \mathbf{R}^3 \to \mathbf{R}$ aus Aufgabe 1a) antisymmetrisch ist und berechne φ_{as} gemäß (12.11a).

b) Die Abbildung $\psi: \mathbf{R}^3 \times \mathbf{R}^3 \to \mathbf{R}$ sei durch

$$\psi(x, y) = x_1 y_1 + x_1 y_2 - 2x_1 y_3 - 4x_2 y_1 + 6x_2 y_2 - x_2 y_3$$

gegeben. Bilde die zugehörige antisymmetrische Abbildung ψ_{as}.

c) Es sei $V = \mathbf{R}^n$ und $\varphi: V^r \to W = \mathbf{R}^r$ gegeben durch

$$\varphi(\tilde{x}^1, \ldots, \tilde{x}^r) = \sum_{v_1, \ldots, v_r = 1}^{n} x_{1 v_1} \ldots x_{r v_r} \cdot \varphi(e^{v_1}, \ldots, e^{v_r})$$

mit $\varphi(e^\rho, \ldots, e^\rho) = f^\rho$ $(\rho = 1, \ldots, r)$ (Standardbasis von W) und $\varphi(e^{v_1}, \ldots, e^{v_r}) = 0_W$ (sonst) gegeben. Bilde φ_{as} gemäß (12.11a).

16. a) Es seien V und W K-Vektorräume und $\varphi: V^r \to W$ eine r-fach lineare Abbildung. Zeige, daß φ_{as} gemäß (12.11a) antisymmetrisch ist und für $\mathrm{Char}(K) \neq 2$ sogar alternierend ist.

b) Begründe (12.11c).

c) Bilde zu V, W und φ aus a) die symmetrisierte Abbildung

$$\varphi_{sym} = \sum_{f \in \mathfrak{S}_r} \varphi(x^{f(1)}, \ldots, x^{f(r)}),$$

die folgende Eigenschaft hat (Symmetrie)

$$\varphi_{sym}(x^{g(1)}, \ldots, x^{g(r)}) = \varphi(x^1, \ldots, x^r) \text{ für alle } g \in \mathfrak{S}_r.$$

d) Zeige, daß die Gesamtheit der symmetrischen r-fach linearen Abbildungen einen K-Vektorraum bildet und bestimme seine Dimension (falls V und W endlich-dimensional sind).

17. Es sei $\mathrm{Char}(K) = 0$ und V ein n-dimensionaler K-Vektorraum mit der Basis $\mathfrak{a}^T = (a^1, \ldots, a^n)$, V^* sein Dualraum mit der dualen Basis $\mathfrak{a}^{*T} = (a_1^*, \ldots, a_n^*)$ und $r \in \mathbf{N}$.

a) Zeige unter Verwendung von Satz 11.6 und Satz 11.7, daß die alternierenden r-fachen Linearformen φ auf $V^* \times \ldots \times V^*$ (r-mal) umkehrbar den Elementen von $\wedge^r V$ entsprechen. Welche r-Formen φ liefern dann die Basis gemäß (12.4b), und wie sieht $\varphi_\wedge$ aus?

b) Führe die gleichen Aufgaben für die alternierenden r-fachen Linearformen φ^* auf $V \times \ldots \times V$ (r-mal) und $\wedge^r V^*$ aus.

c) Zeige, daß man alle diese alternierenden r-Formen vermöge (12.11a) aus den r-fachen Linearformen gewinnen kann.

18. a) Beweise Satz 12.10 unter den Voraussetzungen und Bezeichnungen von 17.

   b) Formuliere und begründe die entsprechende Aussage für $\wedge^r V^*$.

   c) Führe die Rechnungen zu Bemerkung 13 aus und untersuche, wie weit für $\wedge^r V$ gemäß (12.11f) die Eigenschaften (AP_1), (AP_2) erfüllt sind.

19. a) Führe den Beweis von Satz 12.10a aus. Wie ist hierbei der Fall r bzw. $s = 0$ zu interpretieren?

   b) Formuliere und begründe den analogen Satz für

$$\wedge V^* = \bigoplus_{r \in \mathbf{N}_0} \wedge^r V^*.$$

   c) Es sei $\bigotimes_r V = V \otimes \ldots \otimes V$ (r-mal) für einen K-Vektorraum V. Zeige, daß der K-Vektorraum

$$\bigotimes V = \bigoplus_{r \in \mathbf{N}_0} \left(\bigotimes_r V \right) \quad \text{(äußere direkte Summe)}$$

bei der «Multiplikation»

$$\left(\bigoplus_{r \in \mathbf{N}_0} v_{(r)} \right) \otimes \left(\bigoplus_{s \in \mathbf{N}_0} w_{(s)} \right) = \sum_{r, s \in \mathbf{N}_0} v_{(r)} \otimes w_{(s)} \quad \text{für } v_{(r)} \in \bigotimes_r V, \ w_{(s)} \in \bigotimes_s W$$

eine K-Algebra wird, die Tensoralgebra.

   d) Vergleiche $\wedge V$ mit $\bigotimes V / (\bigoplus_{r \in \mathbf{N}_0} N_r)$ (mit $N_0 = N_1 = (0)$).

20. a) Beweise Satz 12.10b.

   b) Es sei $e^T = (e^1, e^2, e^3)$ die Standardbasis von $W = \mathbf{R}^3$ und $\mathfrak{f}^T = (\mathfrak{f}^1, \mathfrak{f}^2)$ die von $V = \mathbf{R}^2$ und $\varphi = \tilde{\varphi}_A \colon V \to W$ durch

$$A^{\varphi}_{e, \mathfrak{f}} = A = \begin{pmatrix} 1 & 5 \\ -1 & 4 \\ 0 & 2 \end{pmatrix} \text{ gegeben.}$$

Bestimme bzgl. φ^* die Bilder von $e_1^*, e_2^*, e_3^*, e_1^* \wedge e_2^*, e_1^* \wedge e_3^*, e_2^* \wedge e_3^*$ und $e_1^* \wedge e_2^* \wedge e_3^*$.

   c) Löse die entsprechende Aufgabe für $\varphi = \tilde{\varphi}_B \colon \mathbf{R}^3 \to \mathbf{R}^3$ mit

$$B = \begin{pmatrix} 0 & 2 & 6 \\ -1 & 1 & 0 \\ 0 & 1 & 3 \end{pmatrix}.$$

21. a) Es sei $f(x_1, x_2, x_3) = (2x_1 - x_2) + x_1 x_3 + (x_2^2 - x_3^2)$ auf $\mathbf{R}^3$ definiert. Berechne df, $df \wedge df$.

   b) Bestätige die Regel (12.12h).

   c) Es seien $\omega_1(x) = (x_1 + x_2) dx_1 + 2x_1 dx_2$ und $\omega_2(x) = x_2 dx_1 + x_1 dx_2$ über $\mathbf{R}^2$ definiert. Berechne $\omega_1 \wedge \omega_2$, $d\omega_i (i = 1, 2)$ und $d(\omega_1 \wedge \omega_2)$.

   d) Bestätige die Beispiele $\boxed{5a}$, $\boxed{5b}$.

   e) Auf $\mathbf{R}^4$ sei $\omega = dx_1 \wedge dx_2 + dx_3 \wedge dx_4$ gegeben. Berechne $\omega \wedge \omega$.

22. a) Führe den Beweis von Lemma 12.11 aus.

   b) Bestätige unter den gleichen Voraussetzungen die Regeln (für $x, y, z, u, v, w \in V$):

$$\langle x \times y, z \times u \rangle + \langle y \times z, x \times u \rangle + \langle z \times x, y \times u \rangle = 0,$$

$$\langle x \times y, (z \times u) \times (v \times w) \rangle$$
$$= \langle x, y \times u \rangle \langle z, v \times w \rangle - \langle x, y \times z \rangle \langle u, v \times w \rangle.$$

   c) Seien in $V = \mathbf{R}^3$ mit Standardorientierung $\tilde{x} = (1, 2, 1)$, $\tilde{y} = (0, 1, 3)$, $\tilde{z} = (2, 2, 0)$ gegeben. Berechne: $\tilde{x} \times \tilde{y}$, $\tilde{x} \times \tilde{y} \times \tilde{z}$, $D(\tilde{x}, \tilde{y}, \tilde{z})$, $\tilde{z} \times \tilde{y} \times \tilde{x}$ und $(\tilde{x} \times \tilde{y}) \times (\tilde{x} \times \tilde{z})$.

23. a) Führe die Rechnungen zu (12.13h) aus; gebe die Formeln an, die hieraus durch zyklische Vertauschung der Indizes $1, 2, 3$ entstehen.

   b) Beweise den sphärischen Sinussatz (12.13i).

   c) Es sei $2s = a_1 + a_2 + a_3$. Beweise:

$$\mathrm{tg}\frac{\alpha_1}{2} = \sqrt{\frac{\sin(s - a_2)\sin(s - a_3)}{\sin(s)\sin(s - a_1)}}.$$

24. a) Berechne $B^{(r)}$ $(r = 1, 2, 3)$ für

$$B = \begin{pmatrix} 1 & -2 & -2 & -1 \\ \frac{1}{2} & 0 & -1 & \frac{1}{2} \\ -3 & 1 & 6 & 3 \end{pmatrix} \in \mathbf{R}^{3,4}.$$

   b) Begründe allgemein für $B \in K^{m,n}$

$$B^{(2)} = (B^{k_1, k_2}_{i_1, i_2}) = (b_{k_1 i_1} b_{k_2 i_2} - b_{k_1 i_2} b_{k_2 i_1})$$

   sowie $r > \mathrm{Rg}(B) \Leftrightarrow B^{(r)} = 0$.

   c) Sei $B = \begin{pmatrix} 1 & 2 & -1 \\ 4 & 5 & 0 \\ 0 & 1 & 3 \end{pmatrix}$; berechne $B^{(r)}$, $ad_{(r)}(B)$ für $r = 1, 2, 3$, $B \in \mathbf{R}^{3,3}$.

   d) Sei $B = \begin{pmatrix} 1 & 2 & 0 & -1 \\ 0 & 1 & 0 & 0 \\ 1 & 0 & -1 & 2 \\ 0 & 1 & 1 & 0 \end{pmatrix}$; berechne $B^{(2)}$ und $ad_{(2)}(B)$, $B \in \mathbf{R}^{4,4}$.

25. a) Seien $A, B \in K^{n,n}$. Beweise für $1 \leq r \leq n$:

$$(B \cdot A)^{(r)} = A^{(r)} \cdot B^{(r)}, \quad ad_{(r)}(BA) = ad_{(r)}(A) \cdot ad_{(r)}(B).$$

   b) Begründe für $B \in K^{n,n}$: $(B^T)^{(r)} = (B^{(r)})^T$ und $ad_{(r)}(B^T) = (ad_{(r)}(B))^T$.

   c) Sei $B \in K^{n,n}$ invertierbar. Beweise für $r \leq n$:

$$(B^{-1})^{(r)} = (B^{(r)})^{-1}, \quad |B^{(r)}| = |B|^{\binom{n-1}{r-1}}, \quad |ad_{(r)}(B)| = |B|^{\binom{n-1}{r}}, (ad(B))^{(r)} = |B|^{r-1} \cdot ad_{(r)}(B).$$

   d) Zeige: Ist A symmetrisch, so auch $A^{(r)}$. Ist $A \in \mathbf{R}^{n,n}$ orthogonal, so auch $A^{(r)}$.

   e) Führe die Begründung von (12.14e) aus.

Kapitel V
Anwendungen in der Geometrie

Zwischen der Geometrie, insbesondere der analytischen Geometrie, und der linearen Algebra gibt es mannigfache Verbindungen und Zusammenhänge. So kann man die geometrische Anschauung zur Motivation algebraischer Begriffe bzw. zur Illustration von Ergebnissen der linearen Algebra heranziehen. Dieser Standpunkt wird oft in den Einführungen zur linearen Algebra eingenommen und wurde teilweise auch in EA zugrundegelegt. Hierbei muß natürlich vorausgesetzt werden, daß der Leser recht umfangreiche geometrische Kenntnisse und Anschauungen besitzt und daß er die Grundtatsachen der Geometrie als bewiesen oder zumindest als glaubwürdig ansieht; die lineare Algebra wird dann lediglich zur Herleitung weiterer geometrischer Ergebnisse und Einsichten als Hilfsmittel herangezogen.

Andererseits sind die Ergebnisse der linearen Algebra, aufbauend auf dem Begriff des Körpers, rein algebraisch herleitbar, so wie dies in den vorangehenden vier Kapiteln geschehen ist. Anschließend kann man dann mit Hilfe der Vektorraumtheorie die Geometrie analytisch – oder genauer gesagt algebraisch – definieren und grundlegende Begriffe und Fragen der Geometrie durch die Technik und Ergebnisse der linearen Algebra beschreiben. Dieser Weg zur Einführung der Geometrie hat neben größerer Allgemeinheit den Vorteil, daß keine Sätze oder Axiome der Geometrie von vornherein als richtig oder glaubwürdig vorausgesetzt werden müssen und daß sich zugleich eine algebraisch begründete Systematik der Gegenstände, Sätze und Konstruktionen der Geometrie ergibt. Es ist das Ziel dieses Kapitels, einen Abriß der Anwendungsmöglichkeit der linearen Algebra zur Einführung der Geometrie anzugeben.

Wir beginnen in §13 mit der Einführung der affinen Räume über einem beliebigen Körper K. Aufbauend auf dem Begriff des K-Vektorraumes V läßt sich die Existenz solcher affiner Räume nachweisen; ebenso können die linearen Teilmannigfaltigkeiten, als wichtigste geometrische Objekte, und die Beschreibung der Geometrie durch Koordinaten eingeführt werden. Affingeometrische Begriffe, wie Schnitte, Verbindungen, Parallelität und Teilverhältnisse, und ihre Eigenschaften, sowie affin-lineare Abbildungen, die diese geometrischen Bildungen erhalten, sind ein weiterer Gegenstand dieses Paragraphen. Folgerungen aus einer Anordnung des Koordinatenkörpers K, wie z.B. Orientierungen, bzw. aus dem eventuellen Vorliegen eines Skalarproduktes $\langle\,,\,\rangle$ im Strukturvektorraum werden anschließend diskutiert. Dies führt zu euklidisch-affinen bzw. unitär-affinen Räumen und der Möglichkeit der Übertragung von Resultaten aus Kapitel III in die Geometrie; m-Simplexe (Dreiecke) und n-Sphären (Kreise) sind weitere Gegenstände, die eingeführt und diskutiert werden können. – In den Ergänzungen zu diesem Paragraphen wird am Beispiel zusätzlicher Begriffe und Sätze illustriert, wie die Methoden der linearen Algebra zur Herleitung affin-geometrischer Einsichten verwendet werden können. Hierzu gehören auch Beziehungen zur synthetischen Geometrie, die Diskussion weiterer Abbildungstypen, einige Abgrenzungen zwischen affiner und euklidisch-affiner Geometrie, sowie Eigenschaften von Kreis und Kugel. Zahlreiche Aufgaben sollen die Vertiefung und Einübung dieser Einsichten ermöglichen.

In §14 wird die Theorie der Hyperflächen bzw. Kurven bzw. Flächen zweiter Ordnung in affinen Räumen und später in euklidisch-affinen (bzw. unitär-affinen) Räumen entwickelt. Sonderfälle, wie Hyperflächen mit Mittelpunkt oder Hyperflächen mit diagonalisierter zugehöriger quadratischer Form (bzw. Matrix), werden hervorgehoben und die Klassifikationsprobleme durch Herleitung von Normalformen zur affinen Äquivalenz (geometrisch) bzw. bei affin-zulässigen Umformungen (algebraisch) diskutiert. Anwendung der Resultate aus Kapitel III für $K = \mathbf{R}$ liefert zunächst die affinen Normalformen (Satz 14.3) und dann die euklidisch-affinen Normalformen (Satz 14.4). Für den Spezialfall der Dimension $n = 2$ (Kurven) und $n = 3$ (Flächen) werden die auftretenden Gebilde genau aufgelistet (Tabelle I und II) und in ihren grundlegenden geometrischen Eigenschaften skizziert und beschrieben. – In den Ergänzungen zu diesem Paragraphen wird das Verhalten von Hyperflächen zweiter Ordnung bei Einbettung in affine Räume über $\mathbf{C}$ (komplexe Erweiterung) untersucht, sowie einige zusätzliche geometrische Eigenschaften von Kurven erwähnt; ferner wird angedeutet, wie die Ergebnisse des Buches in der sphärischen Trigonometrie angewendet werden können. Nach Schwierigkeitsgrad geordnete Aufgaben sollen die Einübung dieses Gegenstandes sowie die Vertiefung der geometrischen Einsichten ermöglichen.

Die Einführung und Begründung der projektiven Geometrie über einem Körper K mit Hilfe der Theorie der K-Vektorräume wird in

§15 geschildert. Die Beziehungen zur affinen Geometrie, projektive Teilräume und ihre Schnitte und Verknüpfungen sowie die Einführung projektiver Koordinaten sind Gegenstände, die zunächst diskutiert werden. Weitere Themen sind Doppelverhältnisse, projektive Abbildungen und projektive Koordinatenwechsel sowie die Theorie der Quadriken in projektiven Räumen und ihre Beziehungen zur Theorie quadratischer Formen. – In den Ergänzungen zu §15 werden Korrelationen, das Dualitätsprinzip sowie Anwendungen dieser Begriffe und weitere geometrische Eigenschaften von Projektivitäten und von Quadriken untersucht; diese Themen werden in den Aufgaben numerisch und theoretisch abgerundet.

§13 Affine und euklidisch-affine Räume

Bei den folgenden Überlegungen sei zunächst stets

$$K \text{ ein beliebiger (kommutativer) Körper,}$$
$$V \text{ ein } K\text{-Vektorraum;} \tag{13.1}$$

dabei werden die Eigenschaften von Körpern und K-Vektorräumen als bekannt vorausgesetzt.

Dann können wir die nachfolgende, für die analytische Geometrie grundlegende, Definition formulieren.

Definition 13A. Ist V ein K-Vektorraum, $A = \{\ldots, P, Q, \ldots\}$ eine (nichtleere) Menge von Elementen und existiert eine Abbildung

$$\tau: A \times A \to V \quad \text{mit}$$
$$A \times A \ni (P, Q) \mapsto \tau(P, Q) = \overrightarrow{PQ} = x \in V \tag{13.1a}$$

mit den folgenden Eigenschaften:

(AR_1) Zu jedem $P \in A$ und jedem $x \in V$ gibt es
genau ein $Q \in A$ mit $x = \tau(P, Q) = \overrightarrow{PQ}$.

(AR_2) Für je drei Elemente $P, Q, R \in A$ gilt

$$\tau(P, Q) + \tau(Q, R) = \tau(P, R), \text{ d.h.}$$
$$\overrightarrow{PQ} + \overrightarrow{QR} = \overrightarrow{PR} \quad \text{(Addition in } V), \tag{13.1b}$$

so heißt das Tripel

$$(A, V, \tau) \tag{13.1c}$$

ein *affiner Raum* über K, und die Elemente $P, Q, \ldots \in A$ werden die *Punkte* von A genannt.

Wenn keine Verwechslungen möglich sind, schreibt man oft kürzer nur A anstelle des Tripels (13.1c).

Definition 13A'. Ein affiner Raum (A, V, τ) heißt ein n-dimensionaler affiner Raum über K, in Zeichen $A = A_n$, falls

$$\dim_K(A) := \dim_K(V) = n < \infty. \tag{13.1d}$$

Wir heben noch die folgenden Spezialfälle hervor:

$\boxed{1}$ $A \neq \emptyset$ mit $\dim_K(A) = 1$ heißt eine *affine Gerade*,
$A \neq \emptyset$ mit $\dim_K(A) = 2$ heißt eine *affine Ebene*;
gelegentlich nennt man $A = \emptyset$ (ohne konkretes V und τ) einen (-1)-dimensionalen affinen Raum (über K).

Aus der Eindeutigkeitsaussage in (AR_1) folgt sofort

Bemerkung 1. Ist $A \neq \emptyset$ und $P \in A$ ein fester Punkt, so entsprechen sich gemäß

$$V \ni x \leftrightarrow Q \in A \quad \text{mit} \quad \tau(P, Q) = \overrightarrow{PQ} = x \tag{13.1e}$$

Vektoren aus V und Punkte aus A umkehrbar eindeutig (hieraus ergibt sich zugleich die Berechtigung der Dimensionsdefinition gemäß (13.1d)). Insbesondere müssen also A und V gleichmächtig sein.

In der Situation (13.1e) verwendet man die folgenden

Bezeichnungen. Q entsteht aus P durch *Abtragen von x* bzw. *durch Verschiebung (Translation) um x*, und man schreibt formal:

$$\boxed{Q = P + x \quad \text{für} \quad \overrightarrow{PQ} = x} \tag{13.1f}$$

Weiter sagt man: $V = T(A)$ ist der *Translationsvektorraum* von A. Aus $(AR_{1,2})$ und den Rechenregeln für Vektoren erhält man durch einfache Rechnung (vgl. Aufgabe 2b))

Bemerkung 2. In einem affinen Raum (A, V, τ) gilt stets:

$$\tau(P, P) = \overrightarrow{PP} = \mathbf{0}_V \quad \text{für alle } P \in A,$$
$$\tau(P, Q) = \overrightarrow{PQ} = \mathbf{0}_V \Leftrightarrow P = Q, \tag{13.1g}$$
$$\overrightarrow{PQ} = -\overrightarrow{QP} \quad \text{für alle Punkte } P, Q \in A.$$

Wir behaupten den folgenden grundlegenden

Satz 13.1 (*Existenzsatz für affine Räume*). *Ist V ein K-Vektorraum und setzen wir (als Menge) $A := V$, so wird das Tripel (V, V, τ) bei der Festsetzung*

$$A \times A \ni (x, y) \mapsto \tau(x, y) = z := y - x \in V \tag{13.1h}$$

für τ ein affiner Raum über K (mit dem Translationsvektorraum V).

Beweis. 1. Durch (13.1h) wird jedem geordneten Paar $(x, y) \in A \times A = V \times V$ eindeutig ein $z \in V$ zugeordnet. Zu $x = P \in A = V$ (als Punkt) und $z \in V$ (als Vektor) existiert ein eindeutig bestimmtes $y = Q \in A = V$ mit $\tau(x, y) = z$, nämlich $y = x + z$ (wegen der Eindeutigkeit der Inversenbildung in V), d.h. (AR_1) gilt.
2. Für «Punkte» $x, y, z \in A = V$ ist offenbar

$$\tau(x, y) + \tau(y, z) = (y - x) + (z - y) = z - x = \tau(x, z).$$

Also folgt (AR_2), und (V, V, τ) ist ein affiner Raum über K mit dem Translationsvektorraum V. $\blacksquare$

Bemerkung 3. Durch Satz 13.1 ist die Existenzfrage für affine Räume auf die für K-Vektorräume zurückgeführt, und somit ist die Existenz affiner Räume gesichert (vgl. das nachfolgende Beispiel $\boxed{1a}$); außerdem ist jeder K-Vektorraum als Translationsvektorraum eines geeigneten affinen Raumes interpretierbar.

$\boxed{1a}$ Es sei K ein Körper, $n \in \mathbb{N}$ und $V = K^n = \{(x_1, \ldots, x_n) \mid x_\nu \in K\}$ mit den üblichen Verknüpfungen der n-dimensionale arithmetische Vektorraum. Setzen wir

$$A = K^n = \{P = (p_1 \mid \ldots \mid p_n) \mid p_\nu \in K\}$$

als Menge (immer dann, wenn im folgenden Punkte mit Koordinatentupeln identifiziert werden, trennen wir die Koordinaten durch $\mid$ ab) und erklären

$$(P, Q) \mapsto \tau(P, Q) = (q_1 - p_1, \ldots, q_n - p_n)$$
$$= (x_1, \ldots, x_n) \in K^n \tag{13.1i}$$

für $P = (p_1 | \ldots | p_n)$, $Q = (q_1 | \ldots | q_n) \in A$,

so ist $(A, V, \tau) = (K^n, K^n, \tau)$ ein n-dimensionaler affiner Raum über K.

Bemerkung 4. Man beachte, daß auf einer vorgegebenen Menge A im allgemeinen verschiedene affine Raumstrukturen mit unterschiedlicher Dimension eingeführt werden können (vgl. Aufgabe 2c)).

Bezeichnung. Ist $O \in A$ ein fester Punkt eines affinen Raumes (A, V, τ), so ist die Zuordnung

$$A \ni P \leftrightarrow p = \overrightarrow{OP} \in V \tag{13.2}$$

bijektiv, und O wird ein *Ursprung* oder *Anfangspunkt* und $\overrightarrow{OP} \in V$ der *Ortsvektor von P bzgl. O* genannt.

Wegen der Eindeutigkeit der Zuordnung (13.2) zwischen Punkten und Vektoren erhält man speziell im endlich-dimensionalen Fall mit Hilfe von Vektorraumbasen $\mathfrak{a}^T$ von V folgende rechnerische Beschreibungsmöglichkeit der Punkte des Raumes A durch n-tupel von Elementen aus K.

Definition 13B. Ist $O \in A$ ein fester Ursprung des n-dimensionalen affinen Raumes $A_n = (A, V, \tau)$ und $\mathfrak{a}^T = (a^1, \ldots, a^n)$ eine Vektorraumbasis von V, so nennt man

$$(O; \mathfrak{a}^T) = (O; a^1, \ldots, a^n) \tag{13.2a}$$

ein *affines Koordinatensystem von* A_n und das n-tupel $\tilde{p}^T = (p_1, p_2, \ldots, p_n) \in K^n$, wobei

$$A \ni P \leftrightarrow \tilde{p}^T = (p_1, \ldots, p_n) \in K^n$$
$$\text{mit } \overrightarrow{OP} = \sum_{v=1}^{n} p_v a^v \in V, \tag{13.2b}$$

das *affine Koordinaten-n-tupel von P bzgl.* $(O; a^1, \ldots, a^n)$, und man schreibt

$$P = (p_1|\ldots|p_n) \text{ bzgl. } (O; a^1, \ldots, a^n). \tag{13.2b'}$$

Bei gegebenem Koordinatensystem entsprechen die Punkte P von A gemäß (13.2b) umkehrbar eindeutig den Koordinaten-n-tupeln $\tilde{p}^T$. Man nennt die a^v auch die *Koordinatenrichtungen* und die Punkte P_v mit

$$\overrightarrow{OP_v} = a^v \quad (v = 1, 2, \ldots, n) \tag{13.2c}$$

auch die *Einheitspunkte* des affinen Koordinatensystems (13.2a).

Natürlich gibt es im allgemeinen verschiedene affine Koordinatensysteme von A_n, da ja die Wahl des festen Punktes O aus A und der Vektorraumbasis $\mathfrak{a}^T$ von V willkürlich war. Ist also durch die Wahl eines zweiten festen Punktes $O' \in A$ und einer zweiten Vektorraumbasis $\mathfrak{a}'^T$ von V ein zweites affines Koordinatensystem

$$(O'; \mathfrak{a}'^T) = (O'; a'^1, \ldots, a'^n) \tag{13.2d}$$

von $A_n = (A, V, \tau)$ gegeben, so gilt gleichzeitig

$$A \ni P \leftrightarrow \tilde{p}'^T = (p'_1, p'_2, \ldots, p'_n) \in K^n$$

$$\text{mit } \overrightarrow{O'P} = \sum_{v=1}^{n} p'_v a'^v \in V, \quad \text{d.h.} \tag{13.2e}$$

$$P = (p'_1|\ldots|p'_n) \text{ bzgl. } (O'; a'^1, \ldots, a'^n).$$

Nach Satz 3.12 aus LA 1, §3 wird ein Basiswechsel im n-dimensionalen Vektorraum V durch folgende Formeln beschrieben:

$$x = \tilde{x}^T \cdot \mathfrak{a} = \tilde{x}'^T \cdot \mathfrak{a}' \in V \text{ mit}$$

$$\mathfrak{a} = (S_{\mathfrak{a}'}^{\mathfrak{a}})^T \cdot \mathfrak{a}' = S_1^T \cdot \mathfrak{a}',$$

$$S_1 = (s_{\mu,v}) \in K^{n,n}, \det(S_1) \neq 0 \text{ und} \tag{13.2f}$$

$$\tilde{x}' = \begin{pmatrix} x'_1 \\ \vdots \\ x'_n \end{pmatrix} = S_1 \cdot \begin{pmatrix} x_1 \\ \vdots \\ x_n \end{pmatrix} = S_1 \cdot \tilde{x}.$$

Damit erhalten wir

212

Satz 13.2 *Ist neben* (13.2a, b) *ein zweites affines Koordinatensystem* (13.2d, e) *von* $A_n = (A, V, \tau)$ *gegeben, wobei für die Vektorraumbasen* (13.2f) *und für die Anfangspunkte*

$$\overrightarrow{OO'} = \tilde{r}^T \cdot \mathfrak{a} = \sum_{\nu=1}^{n} r_\nu \cdot a^\nu, \quad \tilde{r}^T = (r_1, \ldots, r_n) \in K^n$$

$$= \tilde{r}'^T \cdot \mathfrak{a}' = \sum_{\nu=1}^{n} r'_\nu \cdot a'^\nu, \quad \tilde{r}'^T = (r'_1, \ldots, r'_n) \in K^n \tag{13.2g}$$

gilt, so haben wir wegen

$$\overrightarrow{O'P} = \overrightarrow{OP} - \overrightarrow{OO'} \tag{13.2g'}$$

für die Koordinaten-n-tupel die folgenden Umrechnungsformeln

$$\tilde{p}'^T = (p'_1, \ldots, p'_n) = (\tilde{p} - \tilde{r})^T \cdot S_1^T$$

$$\text{also } p'_\mu = \sum_{\nu=1}^{n} s_{\mu\nu}(p_\nu - r_\nu) \quad (\mu = 1, \ldots, n); \tag{13.2h}$$

umgekehrt wird durch die Formeln (13.2h) *mit* $|S_1| = \det(S_1) \neq 0$ *stets der Übergang zu einem anderen affinen Koordinatensystem beschrieben.*

Beweis. 1. Durch Einsetzen von (13.2f, g) in (13.2g') erhält man unmittelbar die Formeln (13.2h).
2. Sind umgekehrt die Formeln (13.2h) mit $|S_1| \neq 0$ gegeben und interpretiert man die Größen wie oben, so erkennt man sofort, daß sie den Übergang von den Koordinaten-n-tupeln eines Systems $(O; \mathfrak{a}^T)$ zu einem System $(O'; \mathfrak{a}'^T)$ beschreiben. ∎

$\boxed{2}$ Ist in $A_n = (A, V, \tau)$ zunächst das Koordinatensystem $(O; \mathfrak{a}^T)$ vorgegeben und sind $\tilde{r} \in K^n$ sowie $S_1 \in K^{n,n}$ mit $\det(S_1) \neq 0$ gegeben, so erhält man

aus (13.2g) einen neuen Ursprung O',

aus (13.2f) eine neue Vektorraumbasis $\mathfrak{a}'^T$,

und (13.2h) liefert jeweils die Koordinaten-n-tupel der Punkte im neuen System $(O'; \mathfrak{a}'^T)$. Falls speziell $S_1 = E$ (Einheitsmatrix) ist, so besteht der Koordinatensystemwechsel lediglich in einem Wechsel (Translation) des Ursprungs (vgl. auch die Aufgabe 3).

213

$\boxed{2a}$ Sei $n = 2$, $K = \mathbf{R}$ und $(O; a^1, a^2)$ in A_2 gegeben; weiter sei $(O'; a'^1, a'^2)$ gegeben durch $\tilde{r}^T = (\tfrac{1}{2}, \tfrac{1}{4})$ und $S_1^T = \begin{pmatrix} 2 & 0 \\ 1 & 1 \end{pmatrix}$, d.h. $O' = (\tfrac{1}{2} \mid \tfrac{1}{4})$ bzgl. $(O; a^T)$ und $a'^1 = \tfrac{1}{2}a^1$, $a'^2 = -\tfrac{1}{2}a^1 + a^2$. Dann hat $P = (1 \mid 1)$ bzgl. $(O; a^T)$ das Koordinatenpaar $(\tfrac{7}{4} \mid \tfrac{3}{4})$ bzgl. $(O'; a'^T)$.

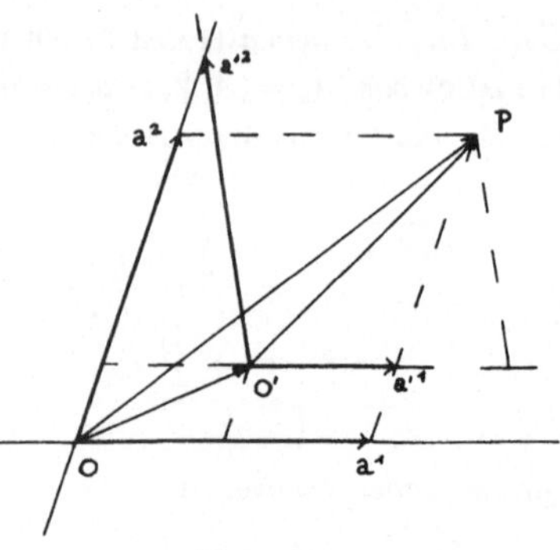

Figur 5

Definition 13C. Eine Teilmenge

$$\Lambda \subseteq A \tag{13.3}$$

eines affinen Raumes (A, V, τ) über K heißt ein *affiner Unterraum* oder eine *lineare Teilmannigfaltigkeit von A*, wenn $\Lambda = \varnothing$ oder wenn

$P_0 \in \Lambda$ existiert, so daß
$$U = \{x = \overrightarrow{P_0 Q} \mid Q \in \Lambda\} \le V \tag{13.3a}$$

ein linearer Teilraum von V ist; wir sagen dann: Λ *wird von P_0 und U aufgespannt* und schreiben

$$\Lambda = [P_0; U]. \tag{13.3b}$$

Wir vermerken hierzu zunächst das nachfolgende

Lemma 13.3. *Für jeden Punkt P einer linearen Teilmannigfaltigkeit $\Lambda \neq \varnothing$ des affinen Raumes (A, V, τ) ist*

$$U_P := \{y \in V \mid y = \overrightarrow{PQ} \text{ für } Q \in \Lambda\} = U, \tag{13.3c}$$

und somit ist

$$U = \{z \in V \mid z = \overrightarrow{PQ} \text{ für } P, Q \in \Lambda\} \tag{13.3d}$$

unabhängig von der speziellen Auswahl von $P_0 \in \Lambda$ bestimmt; mit $P \in \Lambda$ gehört auch jedes $Q \in A$ mit $\overrightarrow{PQ} \in U$ zu Λ, d.h.

214

$$(\Lambda, U, \tau_{|\Lambda \times \Lambda}) \tag{13.3e}$$

ist für sich ein affiner Raum ($\tau_{|\Lambda \times \Lambda}$ *ist die Einschränkung von τ auf* $\Lambda \times \Lambda$).

Beweis. 1. Es sei $\Lambda \neq \varnothing$ in der Form (13.3b) gegeben. Für $P \in \Lambda$ ist nach Definition $\overrightarrow{P_0 P} \in U$. Ist auch $Q \in \Lambda$, so folgt nach den Vektorraumrechenregeln und (AR_2)

$$\overrightarrow{PQ} = \overrightarrow{P_0 Q} - \overrightarrow{P_0 P} \in U, \quad \text{d.h.} \quad U_P \subseteq U.$$

Umgekehrt existiert gemäß (AR_1) zu $x \in U$ genau ein $R \in A$ mit $\overrightarrow{PR} = x \in U$, und es ist

$$\overrightarrow{P_0 R} = \overrightarrow{P_0 P} + \overrightarrow{PR} \in U$$

und somit $R \in \Lambda$; hieraus folgt $\overrightarrow{PR} \in U_P$, d.h. $U \subseteq U_P$ und insgesamt $U = U_P$.

2. Da für $P, Q, R \in \Lambda$ auch (AR_2) erfüllt ist, folgt aus den obigen Ausführungen und Definition 13A, daß $(\Lambda, U, \tau_{|\Lambda \times \Lambda})$ ein affiner Raum ist. ∎

Somit ist einer linearen Teilmannigfaltigkeit $\Lambda \neq \varnothing$ der *zugehörige lineare Teilraum $U \leq V$* eindeutig und unabhängig von der Auswahl eines Hilfspunktes P_0 zugeordnet, und wir können folgende Sprechweise einführen:

Definition 13C'. Ist (Λ, U, τ) eine lineare Teilmannigfaltigkeit von (A, V, τ), so heißt die Zahl

$$\dim_K(\Lambda) := \begin{cases} \dim_K(U), & \text{falls } \Lambda \neq \varnothing \\ -1 \ , & \text{falls } \Lambda = \varnothing \end{cases} \tag{13.3f}$$

die *K-Dimension von Λ.*

Eine erste rechnerische Beschreibung linearer Teilmannigfaltigkeiten liefert der

Satz 13.4. *Ist $\Lambda_m = (\Lambda, U, \tau)$ eine m-dimensionale, lineare Teilmannigfaltigkeit von (A, V, τ), $P_0 \in \Lambda$ und $y^1, \ldots, y^m$ eine Basis des zugehörigen Teilraums $U = U_m$, so gilt für jedes $P \in \Lambda$ und $m \geq 0$*

$$\overrightarrow{P_0 P} = \sum_{\mu=1}^{m} \lambda_\mu \cdot y^\mu \quad (\lambda_\mu \in K \text{ eindeutig bestimmt}), \tag{13.3g}$$

und man erhält in der Form (13.3g) auch alle Punkte $P \in \Lambda$; nach Auszeichnung eines Ursprungs des Raumes A sind die $P \in \Lambda$ eindeutig gegeben durch

$$y = \overrightarrow{OP} = \overrightarrow{OP_0} + \sum_{\mu=1}^{m} \lambda_\mu \cdot y^\mu \quad (\lambda_\mu \in K) \, . \tag{13.3h}$$

Beweis. Jeder Vektor aus U ist eindeutig in der Form $\sum_{\mu=1}^{m} \lambda_\mu \cdot y^\mu$ darstellbar; wegen Lemma 13.3 erhält man somit in der Form (13.3g, h) jedes $P \in \Lambda$ genau einmal. $\blacksquare$

Bezeichnung. Man nennt (13.3h) eine *Parametergleichung* oder *Vektorgleichung* der linearen Teilmannigfaltigkeit.

$\boxed{2\mathrm{b}}$ Wir heben die folgenden Spezialfälle hervor: Sei (A, V, τ) und (Λ, U, τ) wie oben, dann sagt man:

$\dim_K(U) = m = 0 \Rightarrow \Lambda = \{P_0\}$ ist ein *Punkt,*

$\dim_K(U) = m = 1 \Rightarrow \Lambda$ ist eine *Gerade* $\mathfrak{g}$,

$\dim_K(U) = m = 2 \Rightarrow \Lambda$ ist eine *Ebene E,* $\hspace{2cm}$ (13.3i)

$\dim_K(V) = n < \infty$ und $\dim_K(U) = n - 1$

$$\Rightarrow \Lambda \text{ ist eine } Hyperebene \ H \text{ in } A.$$

Aus (13.3h) erhält man insbesondere die Geradengleichung $(m = 1)$ bzw. die Ebenengleichung $(m = 2)$:

$$\begin{aligned} \mathfrak{g}: \quad & y = \overrightarrow{OP} = \overrightarrow{OP_0} + \lambda_1 \cdot y^1 && (\lambda_1 \in K) \text{ bzw.} \\ E: \quad & y = \overrightarrow{OP} = \overrightarrow{OP_0} + \lambda_1 \cdot y^1 + \lambda_2 \cdot y^2 && (\lambda_1, \lambda_2 \in K). \end{aligned} \tag{13.3j}$$

Bemerkung 5. Bei Auszeichnung eines festen Punktes $O \in A$ entsprechen die linearen Teilmannigfaltigkeiten von A umkehrbar eindeutig den Nebenklassen $a + U$ zu den linearen Teilräumen U von V. Im Fall eines endlich-dimensionalen A kann man die linearen Teilmannigfaltigkeiten mit den Lösungsmengen inhomogener linearer Gleichungssysteme identifizieren, wie wir anschließend ausführen.

Dazu sei ein n-dimensionaler affiner Raum

$$A_n = (A, V, \tau) \tag{13.4}$$

216

über K und ein festes Koordinatensystem

$$(O; \mathfrak{a}^T) = (O; a^1, \ldots, a^n) \tag{13.4'}$$

von A gegeben. Dann entsprechen wie in (13.2b) gemäß

$$A \ni P \xrightarrow[\text{bzgl. } (O; \mathfrak{a}^T)]{} \tilde{p}^T = (p_1, p_2, \ldots, p_n) \in K^n$$
$$\text{mit } \overrightarrow{OP} = \sum_{\nu = 1}^{n} p_\nu a^\nu = \tilde{p}^T \cdot \mathfrak{a} \tag{13.4a}$$

die Punkte P von A umkehrbar eindeutig den n-tupeln aus K^n.

Sei nun eine m-dimensionale lineare Teilmannigfaltigkeit $\Lambda_m = (\Lambda, U, \tau)$ durch die Angabe eines Punktes $P_0 \in \Lambda$ und einer Basis $y^1, \ldots, y^m$ von U gegeben, d.h.

$$\overrightarrow{OP_0} = p^0 = \tilde{p}^{0^T} \cdot \mathfrak{a} \text{ und } \overrightarrow{P_0 P_\mu} = y^\mu = \tilde{y}^{\mu^T} \cdot \mathfrak{a}$$
$$\text{mit } \tilde{y}^{\mu^T} = (y_{1_\mu}, \ldots, y_{n_\mu}) \in K^n \quad (\mu = 1, \ldots, m). \tag{13.4b}$$

Dann ist

$$\Lambda \ni P \Leftrightarrow \overrightarrow{OP} = \tilde{p}^T \cdot \mathfrak{a} \text{ mit}$$
$$\tilde{p}^T = \tilde{p}^{0^T} + \sum_{\mu = 1}^{m} \lambda_\mu \cdot \tilde{y}^{\mu^T} \quad (\lambda_1, \ldots, \lambda_m \in K), \tag{13.4c}$$

d.h.

$$\tilde{p} = \tilde{p}^0 + Y \cdot \begin{pmatrix} \lambda_1 \\ \vdots \\ \lambda_m \end{pmatrix} \text{ mit } Y = \begin{pmatrix} y_{11} & \cdots & y_{1m} \\ \vdots & & \vdots \\ y_{n1} & \cdots & y_{nm} \end{pmatrix} \in K^{n,m}; \tag{13.4c'}$$

die Gesamtheit dieser $\tilde{p} \in K^n$ hat somit die Struktur der Lösungsmenge eines linearen inhomogenen Gleichungssystems (vgl. z. B. EA, §4 und §6, insbesondere Satz 6.5).

Wir betrachten in K^n das Standardskalarprodukt

$$\langle \tilde{x}, \tilde{y} \rangle = \sum_{\nu = 1}^{n} x_\nu \cdot y_\nu = \tilde{x}^T \cdot \tilde{y} \quad \text{für} \quad \tilde{x}, \tilde{y} \in K^n, \tag{13.4d}$$

das eine nicht-ausgeartete Bilinearform auf K^n ist (vgl. §8 bzw. LA 1, §4, Bemerkung 5).

Dann existiert zu

$$\tilde{U} := [\tilde{y}^1, \ldots, \tilde{y}^m] \leq K^n \text{ mit } \dim_K(\tilde{U}) = m \tag{13.4e}$$

ein durch $\langle , \rangle$ eindeutig bestimmter $(n-m)$-dimensionaler Orthogonalraum

$$\begin{aligned}
&\tilde{U}^\perp = [\tilde{c}^1, \ldots, \tilde{c}^{n-m}] \leq K^n \\
&\text{mit } \langle \tilde{c}^\sigma, \tilde{y}^\mu \rangle = 0 \quad (\mu = 1, \ldots, m; \ \sigma = 1, \ldots, s = n - m).
\end{aligned} \tag{13.4f}$$

Aus den n-tupeln $\tilde{c}^\sigma$ bilden wir die Matrix

$$C = \begin{pmatrix} \tilde{c}^{1\,T} \\ \vdots \\ \tilde{c}^{s\,T} \end{pmatrix} = \begin{pmatrix} c_{11} & \cdots & c_{1n} \\ \vdots & & \vdots \\ c_{s1} & \cdots & c_{sn} \end{pmatrix} \in K^{s,n} \tag{13.4g}$$

mit $\text{Rang}(C) = s$ und $C \cdot Y = O$ (Nullmatrix in $K^{s,m}$).

Dann hat das inhomogene System

$$C \cdot \begin{pmatrix} z_1 \\ \vdots \\ z_n \end{pmatrix} = \begin{pmatrix} d_1^0 \\ \vdots \\ d_s^0 \end{pmatrix} \text{ mit } \begin{pmatrix} d_1^0 \\ \vdots \\ d_s^0 \end{pmatrix} = C \cdot \tilde{p}^0 \tag{13.4h}$$

genau die in (13.4c, c′) genannten n-tupel $\tilde{p}$ als Lösungen. Umgekehrt lassen sich die Lösungen jedes inhomogenen Systems als die Punkte einer linearen Teilmannigfaltigkeit interpretieren; folglich haben wir

Satz 13.5. *In der Situation von (13.4) bis (13.4h) entsprechen die Punkte P einer linearen Teilmannigfaltigkeit* $\Lambda_m \subseteq A_n$ *gemäß (13.4c) umkehrbar eindeutig den Lösungs-n-tupeln des inhomogenen Systems (13.4h); umgekehrt lassen sich die Lösungen jedes inhomogenen Gleichungssystems (13.4h) mit* $\text{Rang}(C) = s = n - m$ *gemäß (13.4c) als Koordinaten-n-tupel einer m-dimensionalen Teilmannigfaltigkeit von* A_n *interpretieren.*

Bemerkung 6. Hierbei haben wir jeweils die Zuordnung

$$\text{spezielle Lösungen von (13.4h)} \leftrightarrow \text{Punkte von } \Lambda_m;$$

Basen des Lösungsraumes des homogenen Systems
$$\leftrightarrow \text{Basen } y^1, \dots, y^m \text{ von } U.$$

$\boxed{3}$ Sei $K = \mathbf{R}$, $A = V = \mathbf{R}^3$ mit Standardkoordinaten und z.B. eine Gerade $\Lambda = g$ durch die Parametergleichung

$$\overrightarrow{OP} = (1, 0, 1)^T + \lambda \cdot (1, 2, 3)^T \text{ und } P_0 = (1|0|1) \in g$$

gegeben.

Die lineare Gleichung $1 \cdot u_1 + 2 \cdot u_2 + 3 \cdot u_3 = 0$ liefert die linear unabhängigen Lösungen $(3, 0, -1)$, $(2, -1, 0)$ für $\tilde{U}^\perp$. Folglich hat das inhomogene System (gemäß (13.4h))

$$\begin{pmatrix} 3 & 0 & -1 \\ 2 & -1 & 0 \end{pmatrix} \cdot \begin{pmatrix} z_1 \\ z_2 \\ z_3 \end{pmatrix} = \begin{pmatrix} 2 \\ 2 \end{pmatrix}$$

als Lösungsmenge die Punkte der Geraden g.

Mit diesen rechnerischen Darstellungen durch Gleichungssysteme bzw. Vektoren kann man erste geometrische Sätze für diese geometrischen Objekte nachrechnen, wie z.B. die folgenden «Inzidenzaussagen» (vgl. auch Aufgabe 5c)).

Satz 13.5a. *Durch jeden Punkt P_0 eines n-dimensionalen affinen Raumes $A_n = (A, V, \tau)$ über K $(n \geq 1)$ geht mindestens eine m-dimensionale lineare Teilmannigfaltigkeit Λ_m $(0 \leq m \leq n)$; ist hierbei $m < n$, so gibt es Punkte $Q \in A$ mit $Q \notin \Lambda_m$. Liegen die $m + 1$ Punkte $P_0, P_1, \dots, P_m$ $(1 \leq m < n)$ von A_n nicht schon in einer $(m - 1)$-dimensionalen linearen Teilmannigfaltigkeit, so gibt es genau eine m-dimensionale lineare Teilmannigfaltigkeit Λ_m mit $P_\mu \in \Lambda_m \subseteq A_n$ $(\mu = 0, 1, \dots, m)$, nämlich die Gesamtheit der $P \in A_n$ mit $(O \in A_n \text{ fest})$*

$$\boxed{\overrightarrow{OP} = \overrightarrow{OP_0} + \sum_{\mu=1}^{m} \lambda_\mu \cdot \overrightarrow{P_0 P_\mu} \; (\lambda_\mu \in K)} \tag{13.4i}$$

Wegen $\overrightarrow{P_0 P_\mu} = \overrightarrow{OP_\mu} - \overrightarrow{OP_0}$ erhält man weiter

Bemerkung 7. Zu (13.4i) äquivalent ist die $(m + 1)$-*Punkte-Form der Vektorgleichung von* Λ_m durch $P_0, P_1, \dots, P_m$, nämlich

$$\boxed{\begin{array}{c} x = \overrightarrow{OP} = \left(1 - \sum_{\mu=1}^{m} \lambda_\mu\right)\cdot \overrightarrow{OP_0} + \sum_{\mu=1}^{m} \lambda_\mu \cdot \overrightarrow{OP_\mu} \\[2mm] (\lambda_1, \ldots, \lambda_m \in K) \end{array}} \quad ; \qquad (13.4\text{j})$$

hieraus folgt für $m = 1$ die 2-Punkte-Form der Gleichung einer Geraden durch zwei verschiedene Punkte P und Q

$$\boxed{\, x = \overrightarrow{OR} = (1 - \lambda)\cdot\overrightarrow{OP} + \lambda\cdot\overrightarrow{OQ}, \quad \lambda \in K \,} \quad . \qquad (13.4\text{k})$$

Bemerkung 8. Man kann die obigen Formeln (13.4i, j) auch anwenden, wenn $\overrightarrow{P_0 P_\mu}$ ($\mu = 1, \ldots, m$) nicht linear unabhängig sind. – Man nennt Punkte $P_1, P_2, P_3, \ldots$ *kollinear*, wenn sie auf einer Geraden g liegen; falls sie in einer Ebene liegen heißen sie *komplanar*.

Wir führen einige geometrische Begriffe und Grundkonstruktionen ein und diskutieren erste zugehörige Fakten.

Definition 13D. Sind $\Lambda_m = (\Lambda, U_m, \tau)$ bzw. $\Lambda'_r = (\Lambda', U'_r, \tau)$ zwei lineare Teilmannigfaltigkeiten der Dimension $m \geq 1$ bzw. $r \geq 1$ von A_n, so sagt man: Λ'_r ist *parallel zu* Λ_m, in Zeichen

$$\Lambda'_r \,\|\, \Lambda_m, \qquad (13.5)$$

falls

$$U'_r \leq U_m \text{ und damit } r \leq m. \qquad (13.5\text{a})$$

Bemerkung 9. Die Relation (13.5) in der Gesamtheit der linearen Teilmannigfaltigkeiten von A_n enthält eine Dimensionsbedingung, ist also im allgemeinen nicht symmetrisch; man sieht jedoch sofort die Gültigkeit der folgenden Regeln (vgl. Aufgabe 7a)):

$$\Lambda'_r \,\|\, \Lambda_m \text{ und } \Lambda''_s \,\|\, \Lambda'_r \Rightarrow \quad \Lambda''_s \,\|\, \Lambda_m, \qquad (13.5\text{b})$$

$$\Lambda'_m \,\|\, \Lambda_m, \ \dim_K \Lambda'_m = m = \dim_K \Lambda_m \Rightarrow \quad \Lambda_m \,\|\, \Lambda'_m. \qquad (13.5\text{c})$$

Weiter bestätigt man leicht (vgl. Aufgabe 7b)) den

Satz 13.6. *Ist gemäß Definition 13D* $\Lambda'_r \,\|\, \Lambda_m$, *so folgt*

$$\Lambda'_r \subseteq \Lambda_m \text{ oder } \Lambda'_r \cap \Lambda_m = \varnothing; \qquad (13.5\text{d})$$

220

insbesondere haben verschiedene parallele Geraden keine Punkte in A_n gemeinsam. Ist $m < n$ und $P \in A_n$ mit $P \notin \Lambda_m$, so gibt es genau eine m-dimensionale lineare Teilmannigfaltigkeit Λ_m'' von A_n mit

$$P \in \Lambda_m'' \text{ und } \Lambda_m'' \parallel \Lambda_m. \tag{13.5e}$$

$\boxed{3a}$ Ist $K = \mathbf{R}$ und $A_3 = (\mathbf{R}^3, \mathbf{R}^3, \tau)$ mit festem Koordinatensystem $(O; a^T)$ gegeben, so gilt z.B. für

$$g_1: \quad \overrightarrow{OP} = (0,0,0)^T + \lambda \cdot (1,0,0)^T,$$
$$g_2: \quad \overrightarrow{OP} = (1,1,1)^T + \lambda \cdot (1,0,0)^T,$$
$$g_3: \quad \overrightarrow{OP} = (1,1,1)^T + \lambda \cdot (0,0,1)^T,$$
$$E: \quad \overrightarrow{OP} = (0,0,1)^T + \lambda_1 \cdot (1,0,0)^T + \lambda_2 (0,1,1)^T$$

$$g_1 \parallel g_2, \quad g_1 \parallel E, \quad g_1 \nparallel g_3.$$

Definition 13E. Der mengentheoretische Durchschnitt

$$\Lambda_m \cap \Lambda_r' \cap \ldots = \{ P \in A_n \mid P \in \Lambda_m \text{ und } P \in \Lambda_r' \text{ und} \ldots\} \tag{13.6}$$

von linearen Teilmannigfaltigkeiten $\Lambda_m = (\Lambda, U_m, \tau)$, $\Lambda_r' = (\Lambda', U_r', \tau)$, ... der Dimensionen $m, r, \ldots$ des affinen Raumes A_n heißt der *Schnitt von Λ_m und Λ_r' und*...; weiter wird die kleinste lineare Teilmannigfaltigkeit von A_n, die $\Lambda_m, \Lambda_r', \ldots$ enthält, d.h.

$$\Lambda_m \vee \Lambda_r' \vee \ldots$$
$$:= \bigcap \{ \Lambda_t^* \mid \Lambda_t^* = \text{lineare Teilmannigfaltigkeit} \tag{13.6a}$$
$$\text{mit } \Lambda_t^* \supseteq \Lambda_m, \ \Lambda_t^* \supseteq \Lambda_r', \ldots\}$$

der *Verbindungsraum dieser linearen Teilmannigfaltigkeiten* genannt.

Es ist klar, daß beide Bildungen wieder lineare Teilmannigfaltigkeiten liefern (vgl. Satz 13.6a).

Wir illustrieren diese Begriffe zunächst an einigen Beispielen.

$\boxed{4}$ Sei A_3 der dreidimensionale affine Raum über einem Körper K; Seien weiter $\Lambda_0 = \{P\}$, $\Lambda_0' = \{Q\}$ 0-dimensional (Punkte) und $\Lambda_1'' = g$ eine Gerade in A_3. Dann folgt

$$\Lambda_0 \cap \Lambda_0' = \begin{cases} \{P\} = \Lambda_0 & , \text{ falls } P = Q, \\ \varnothing & , \text{ falls } P \neq Q; \end{cases}$$

$$\Lambda_0 \vee \Lambda_0' = \begin{cases} g' \text{ (Gerade)}, & \text{falls } P \neq Q, \\ \{P\} = \Lambda_0 \, , & \text{falls } P = Q; \end{cases} \qquad \text{(Satz 13.5a)}$$

analog ist

$$\Lambda_0 \cap \Lambda_1'' = \begin{cases} \{P\} = \Lambda_0 \, , & \text{falls } P \in g \, , \\ \varnothing & , \text{falls } P \notin g \, ; \end{cases}$$

$$\Lambda_0 \vee \Lambda_1'' = \begin{cases} \Lambda_1'' & , \text{falls } P \in g \, , \\ \text{Ebene} & , \text{falls } P \notin g. \end{cases} \qquad \text{(Satz 13.5a)}.$$

Diese Bildungen verallgemeinern also die elementargeometrischen Prozesse des «Schneidens» bzw. «Verbindens» von Objekten. Für sie zitieren wir folgenden

Satz 13.6a. *Der Schnitt zweier linearer nicht leerer Teilmannigfaltigkeiten $\Lambda_m = (\Lambda, U_m, \tau)$ und $\Lambda_r' = (\Lambda', U_r', \tau)$ von A_n ist entweder leer, d.h. $\Lambda_m \cap \Lambda_r' = \varnothing$, oder $\Lambda_m \cap \Lambda_r'$ ist eine lineare Teilmannigfaltigkeit der Dimension*

$$m + r - n \leq \dim_K(\Lambda_m \cap \Lambda_r') \leq \mathrm{Min}(m, r); \tag{13.6b}$$

sind hierbei Λ_m bzw. Λ_r' bzgl. eines Koordinatensystems $(O; a^T)$ gemäß Satz 13.5 als Lösungsmengen linearer Gleichungssysteme

$$\begin{aligned} \Lambda_m: \; & C \cdot \tilde{z} = \tilde{d}^0 \in K^{n-m}, \; \tilde{z} \in K^n, \; C \in K^{n-m,n}, \\ \Lambda_r': \; & C' \cdot \tilde{z} = \tilde{d}'^0 \in K^{n-r}, \; \tilde{z} \in K^n, \; C' \in K^{n-r,n} \end{aligned} \tag{13.6c}$$

gegeben, so erhält man $\Lambda_m \cap \Lambda_r'$ aus den gemeinsamen Lösungen der beiden Systeme in (13.6c). – Auch der Verbindungsraum $\Lambda_m \vee \Lambda_r'$ ist eine lineare Teilmannigfaltigkeit von A_n und hat die Dimension

$$\dim(\Lambda_m \vee \Lambda_r') = \begin{cases} m + r - \dim_K(\Lambda_m \cap \Lambda_r') & , \text{ falls } \Lambda_m \cap \Lambda_r' \neq \varnothing \\ m + r + 1 - \dim_K(U_m \cap U_r'), & \text{ falls } \Lambda_m \cap \Lambda_r' = \varnothing. \end{cases}$$

$$\tag{13.6d}$$

Beweis. 1. Die Aussagen über den Durchschnitt und die Darstellbarkeit durch lineare Gleichungssysteme lassen sich unmittelbar verifizieren (vgl. Aufgabe 7d)).

2. Ist speziell $\Lambda_m \cap \Lambda_r' \neq \varnothing$, so existiert ein Punkt $P_0 \in \Lambda_m \cap \Lambda_r'$, und damit gilt

$$\Lambda_m = [P_0; U_m], \quad \Lambda'_r = [P_0; U'_r],$$
$$\Lambda_m \cap \Lambda'_r = [P_0; U_m \cap U'_r], \quad \Lambda_m \vee \Lambda'_r = [P_0; U_m + U'_r]. \tag{13.6e}$$

Nach der Dimensionsformel für Unterräume (LA 1, (3.3a))

$$\dim(U_m + U'_r) = \dim(U_m) + \dim(U'_r) - \dim(U_m \cap U'_r) \tag{13.6e'}$$

folgt sofort die erste Zeile von (13.6d).

3. Ist jedoch $\Lambda_m \cap \Lambda'_r = \varnothing$ und $\Lambda_m \vee \Lambda'_r = (\Lambda'', U''_s, \tau)$, so wähle man $P_0 \in \Lambda_m$, $P'_0 \in \Lambda'_r$ beliebig, d.h. $P_0 \neq P'_0$. Dann folgt

$$U''_s \geq U_m + U'_r + [\overrightarrow{P_0 P'_0}], \text{ wobei}$$
$$[\overrightarrow{P_0 P'_0}] \leq V \text{ mit } \dim_K([\overrightarrow{P_0 P'_0}]) = 1. \tag{13.6f}$$

Die lineare Teilmannigfaltigkeit

$$\Lambda^* := [P_0; U_m + U'_r + [\overrightarrow{P_0 P'_0}]] \tag{13.6g}$$

hat die Eigenschaft $\Lambda^* \supseteq \Lambda_m$ und $\Lambda^* \supseteq \Lambda'_r$; wegen (13.6f) ist also

$$\Lambda^* = \Lambda'' = \Lambda_m \vee \Lambda'_r \text{ und } U''_s = U_m + U'_r + [\overrightarrow{P_0 P'_0}]. \tag{13.6g'}$$

Wäre nun $\overrightarrow{P_0 P'_0} \in U_m + U'_r$, so existierten $P \in \Lambda_m$, $P' \in \Lambda'_r$ mit $\overrightarrow{P_0 P'_0} = \overrightarrow{P_0 P} - \overrightarrow{P'_0 P'}$, d.h. $\overrightarrow{P P'} = \overrightarrow{P P_0} + \overrightarrow{P_0 P'_0} + \overrightarrow{P'_0 P'} = \mathbf{0}_V$, also wäre $P = P'$ im Widerspruch zu $\Lambda_m \cap \Lambda'_r = \varnothing$. Folglich ist $\dim_K(U_m + U'_r + [\overrightarrow{P_0 P'_0}]) = \dim_K(U_m + U'_r) + 1 = \dim \Lambda^*$, und somit ist (13.6d) erfüllt. $\blacksquare$

Eine beliebige Gerade $\mathfrak{g}$ des affinen Raumes A sei in der Form

$$\mathfrak{g} = [P_0; U] = [P'_0; U], \quad \dim_K(U) = 1 \tag{13.7}$$

gegeben, wobei P_0, P'_0 Punkte auf $\mathfrak{g}$ sind; weiter sei mit den erzeugenden Vektoren a, a' (beide $\neq \mathbf{0}_V$)

$$U = [a] = [a']. \tag{13.7a}$$

Sind nun drei kollineare Punkte

$$P_1, P_2, P_3 \in \mathfrak{g} \text{ mit } P_2 \neq P_3 \tag{13.7b}$$

von $\mathfrak{g}$ gegeben, dann gilt (bzgl. P_0 und a)

$$\overrightarrow{P_0P_i} = p_i \cdot a,$$
$$p_i \in K \quad (i = 1, 2, 3) \text{ mit } p_2 \neq p_3 \tag{13.7c}$$

bzw. (bzgl. P_0' und a')

$$\overrightarrow{P_0'P_i} = p_i' \cdot a',$$
$$p_i' \in K \quad (i = 1, 2, 3) \text{ mit } p_2' \neq p_3'. \tag{13.7c'}$$

Ist noch

$$a' = \lambda \cdot a \text{ mit } \lambda \neq 0,\ \lambda \in K \text{ und } \overrightarrow{P_0'P_0} = p_0 \cdot a, \tag{13.7d}$$

so folgt wegen $\overrightarrow{P_0'P_i} = \overrightarrow{P_0'P_0} + \overrightarrow{P_0P_i}$

$$p_i' \cdot a' = p_i' \cdot \lambda \cdot a = p_0 \cdot a + p_i \cdot a \quad (i = 1, 2, 3), \tag{13.7d'}$$

also ist

$$p_i = p_i' \cdot \lambda - p_0 \quad (i = 1, 2, 3). \tag{13.7e}$$

Folglich ist der Wert

$$\boxed{(P_1, P_2; P_3) := \frac{p_3 - p_1}{p_3 - p_2} = \frac{p_3' \cdot \lambda - p_1' \cdot \lambda}{p_3' \cdot \lambda - p_2' \cdot \lambda} = \frac{p_3' - p_1'}{p_3' - p_2'} \in K} \tag{13.7f}$$

bildbar und unabhängig von der speziellen Auswahl von P_0 und a bzw. P_0' und a' durch P_1, P_2, P_3 eindeutig bestimmt.

Definition 13F. Sind P_1, P_2, P_3 kollineare Punkte aus A_n auf $\mathfrak{g}$ mit $P_2 \neq P_3$, so nennt man das durch P_1, P_2, P_3 gemäß (13.7f) eindeutig bestimmte Körperelement $(P_1, P_2; P_3) \in K$ das *Teilverhältnis der drei Punkte* P_1, P_2, P_3 auf $\mathfrak{g}$.

Bemerkung 10. In der vorangehenden Definition ist die Rolle des Punktes P_3 ausgezeichnet, was wir durch die Schreibweise hervorheben; in der Literatur treten auch andere Auszeichnungen eines der drei Punkte im Teilverhältnis auf. – Für geometrische Anwendungen dieses Begriffes vergleiche auch die Ergänzungen zu §13 sowie Aufgabe 8d).

224

Definition 13G. Eine Abbildung

$$\phi \ A \to A' \quad \text{mit} \quad A \ni P \mapsto \phi(P) = P' \in A' \tag{13 8}$$

von einem affinen Raum (A, V, τ) in den affinen Raum (A', V', τ') (beide Raume uber K) heißt eine *affin-lineare Abbildung* von A in A', falls

$$\varphi \ V \longrightarrow V' \quad \text{mit}$$
$$V \ni \overrightarrow{P_1 P_2} \mapsto \varphi(\overrightarrow{P_1 P_2}) = \overrightarrow{\phi(P_1)\phi(P_2)} = \overrightarrow{P_1' P_2'} \in V' \tag{13 8a}$$

eine wohldefinierte K-lineare Abbildung von V in V' ist, wir nennen φ die *zugehorige Abbildung* von ϕ

Bemerkung 11 Die Wohldefiniertheit von φ bedeutet

$$\text{Fur} \quad P_1, P_2, Q_1, Q_2 \in A \ \text{mit} \ \overrightarrow{P_1 P_2} = \overrightarrow{Q_1 Q_2} \ (\text{in} \ V)$$
$$\text{folgt} \quad \overrightarrow{\phi(P_1)\phi(P_2)} = \overrightarrow{\phi(Q_1)\phi(Q_2)} \qquad (\text{in} \ V') \tag{13 8a'}$$

Daruber hinaus muß die Zuordnung (13 8a) K-linear scin

Definition 13G'. Eine bijektive affin-lineare Abbildung

$$\phi \ A \leftrightarrow A' \tag{13 8b}$$

heißt eine *Affinitat* (von A auf A') Eine affin-lineare Abbildung $\phi \ A \longrightarrow A$ heißt auch eine *affin-lineare Selbstabbildung von A*, ist ϕ zugleich bijektiv, so spricht man auch von einer *Affinitat von A*

Zum Existenzproblem, zur Beschreibung und zu den Eigenschaften solcher Abbildungen ϕ vermerken wir nun

Satz 13.7. *Eine affin-lineare Abbildung $\phi \ A \longrightarrow A'$ gemaß (13 8) ist vollstandig bestimmt, wenn*

    (i) *fur ein festes $O \in A$ der Bildpunkt*

$$\phi(O) = O' \in A' \tag{13 8c}$$

und

    (ii) *die lineare Abbildung $\varphi \ V \to V$ gemaß (13 8a)*

gegeben sind, und dann ist der Bildpunkt $\phi(P)$ von $P \in A$ durch

$$\varphi(\overrightarrow{OP}) = \overrightarrow{O'\phi(P)} \tag{13.8d}$$

eindeutig festgelegt; umgekehrt wird durch die Vorgabe (13.8c) und die von φ eindeutig eine affin-lineare Abbildung ϕ gegeben.

Beweis. 1. Ist $\phi\colon A \to A'$ eine affin-lineare Abbildung, so sind $\phi(O)$ und φ eindeutig bestimmt und (13.8d) gilt.

2. Sind umgekehrt $\phi(O) = O' \in A'$ und eine lineare Abbildung $\varphi\colon V \to V'$ gegeben, so wird durch (13.8d) eine Abbildung $\phi\colon A \to A'$ erklärt, die wegen

$$\overrightarrow{\phi(P)\phi(Q)} = \overrightarrow{\phi(O)\phi(Q)} - \overrightarrow{\phi(O)\phi(P)} = \varphi(\overrightarrow{OQ}) - \varphi(\overrightarrow{OP}) = \varphi(\overrightarrow{PQ})$$

affin-linear ist und φ als zugehörige lineare Abbildung besitzt; die Eindeutigkeit ist dabei klar. ∎

Durch einfache Rechnung bestätigt man (vgl. Aufgabe 10b))

Satz 13.7a. *Ist $\phi\colon A_n \to A'_m$ eine affin-lineare Abbildung endlich-dimensionaler affiner Räume mit den Koordinatensystemen*

$$
\begin{aligned}
(O; \mathfrak{a}^T) &= (O; \mathfrak{a}^1, \ldots, \mathfrak{a}^n) && \text{von } A_n \text{ bzw.} \\
(O_1; \mathfrak{a}'^T) &= (O_1; \mathfrak{a}'^1, \ldots, \mathfrak{a}'^m) && \text{von } A'_m,
\end{aligned}
\tag{13.8e}
$$

und ist

$$
\begin{aligned}
A_n \ni P &\leftrightarrow \tilde{p}^T = (p_1, \ldots, p_n) \in K^n \text{ bzgl. } (O; \mathfrak{a}^T), \\
A'_m \ni P' = \phi(P) &\leftrightarrow \tilde{p}'^T = (p'_1, \ldots, p'_m) \in K^m \text{ bzgl. } (O_1; \mathfrak{a}'^T)
\end{aligned}
\tag{13.8e'}
$$

sowie (φ lineare Abbildung zu ϕ)

$$
\begin{aligned}
\overrightarrow{O_1 P'} &= \overrightarrow{O_1 \phi(O)} + \varphi(\overrightarrow{OP}), \\
\overrightarrow{O_1 \phi(O)} &= (\lambda'_1, \ldots, \lambda'_m) \cdot \mathfrak{a}' = \tilde{\lambda}'^T \cdot \mathfrak{a}' \\
\varphi &\longleftrightarrow C = C^{\varphi}_{\mathfrak{a}, \mathfrak{a}'} \in K^{m,n},
\end{aligned}
\tag{13.8f}
$$

wobei C durch $\varphi(\tilde{x}^T \cdot \mathfrak{a}) = (C \cdot \tilde{x})^T \cdot \mathfrak{a}'$ charakterisiert ist, so gilt die Umrechnungsformel

$$\boxed{\tilde{p}' = \tilde{\lambda}' + C \cdot \tilde{p}} \tag{13.8g}$$

Bemerkung 12. Man kann diese Formeln zum Nachweis der Existenz affin-linearer Abbildungen verwenden, indem man z.B. $\tilde{\lambda}'$ und C willkürlich vorgibt.

$\boxed{5}$ Es sei $A_n = A'_m$, d.h. $n = m$, $V = V_n = V'_m$, $\tau = \tau'$, und in A_n werde das Koordinatensystem $(O; \mathfrak{a}^T)$ zugrundegelegt. Wir betrachten dann z.B. *Translationen* $\phi: P \mapsto \phi(P) = P'$ ($C = E = $ Einheitsmatrix, $\varphi = id_V$), d.h. affin-lineare Abbildungen der Form $\tilde{p} \mapsto \tilde{p}' = \tilde{\lambda}' + \tilde{p}$.

$\boxed{5a}$ Bei gleichen Bezeichnungen wie eben, sei jetzt $\phi: A_n \to A_n$ eine affin-lineare Selbstabbildung von A_n der Form

$$P \mapsto \phi(P) = P' \quad \text{mit } \tilde{p}' = C \cdot \tilde{p} = (p_1, \ldots, p_r, 0, \ldots, 0)^T,$$

d.h. $C = \text{diag}(\underbrace{1, \ldots 1}_{r\text{-mal}}; 0, \ldots, 0)$. Man nennt dann ϕ die *Parallel-*

projektion auf

$$\Lambda_r = \psi(A_n) = \{P' \mid P' \leftrightarrow (p_1, \ldots, p_r, 0, \ldots, 0)\}.$$

Weitere Spezialfälle behandeln wir in den Ergänzungen und Aufgaben.

Satz 13.7b. *Ist unter den Bezeichnungen von Satz 13.7a $\phi: A_n \to A'_m$ eine affin-lineare Abbildung mit der zugehörigen linearen Abbildung $\varphi: V_n \to V'_m$, so folgt:*

(i) *Das Bild*

$$\begin{aligned}
\phi(\Lambda_r) &= \{P' = \phi(P) \mid P \in \Lambda_r\} = [P'_0; \varphi(U_r)] \\
&\quad \text{mit } P'_0 = \phi(P_0) \text{ und } P_0 \in \Lambda_r
\end{aligned} \tag{13.8h}$$

einer r-dimensionalen linearen Teilmannigfaltigkeit $\Lambda_r = (\Lambda, U_r, \tau)$ $= [P_0; U_r]$ von A_n ist eine lineare Teilmannigfaltigkeit $\phi(\Lambda_r)$ von A'_m der Dimension

$$\dim_K(\phi(\Lambda_r)) = \dim_K(\Lambda_r) - \dim_K(U_r \cap \text{Kern } \varphi); \tag{13.8i}$$

insbesondere ist $\phi(A_n)$ eine lineare Teilmannigfaltigkeit mit

$$\dim_K(\phi(A_n)) = n - \dim_K(\text{Kern } \varphi); \tag{13.8i'}$$

ist ϕ sogar eine Affinität, so haben Λ_r und $\phi(\Lambda_r)$ stets die gleiche Dimension.

(ii) *Ist* $\Lambda_r \parallel \Lambda_s'$ *in* A_n *und ist* $\varphi(U_r) \neq (0_{V_m'})$, *so folgt* $\phi(\Lambda_r) \parallel \phi(\Lambda_s')$ *in* A_m'.

(iii) *Sind* P_i $(i = 1, 2, 3)$ *mit* (13.7b) *kollineare Punkte einer Geraden* g, *für die* ϕ(g) *wieder eine Gerade ist, so sind die Bildpunkte* $\phi(P_i)$ *kollinear, und es ist*

$$(P_1, P_2; P_3) = (\phi(P_1), \phi(P_2); \phi(P_3)), \tag{13.8j}$$

d.h. das Teilverhältnis ändert sich nicht bei affin-linearen Abbildungen ϕ.

Auch diese Aussage bestätigt man durch einfache Rechnungen (vgl. Aufgabe 10c)).

Ein Vergleich der Ergebnisse von Satz 13.2 und Satz 13.7a liefert die folgende (vgl. Aufgabe 10d))

Bemerkung 13. Bei einem Koordinatensystemwechsel von $(O; \mathfrak{a}^T)$ zu $(O'; \mathfrak{a}'^T)$ in $A_n = (A, V, \tau)$ gilt die gleiche Umrechnungsformel (vgl. (13.2g, h))

$$\tilde{p}' = S_1 \cdot \tilde{p} - S_1 \cdot \tilde{r} = S_1 \cdot \tilde{p} - \tilde{r}', \tag{13.8k}$$

wie bei der Affinität

$$\begin{aligned}
&\phi: A_n \longrightarrow A_n \text{ mit } P \mapsto \phi(P) = P', \\
&\text{wobei } \overrightarrow{OP} = \tilde{p}^T \cdot \mathfrak{a}, \ \overrightarrow{OP'} = \tilde{p}'^T \cdot \mathfrak{a}, \\
&\overrightarrow{O\phi(O)} = -\tilde{r}'^T \cdot \mathfrak{a} \quad (\text{d.h. } \phi(O') = O) \\
&\text{und } \varphi(\mathfrak{a}) = S_1^T \cdot \mathfrak{a}.
\end{aligned} \tag{13.8k'}$$

Die Gesamtheit der Affinitäten von A_n bildet bei der Hintereinanderausführung als Verknüpfung eine Gruppe, die sogenannte *affine Gruppe* $G_a(A_n)$ *von* A_n.

Unter speziellen Voraussetzungen an den Körper K können zusätzliche geometrische Strukturen und Begriffe eingeführt und diskutiert werden. Sei dazu

$$\begin{aligned}
&K \text{ ein } \textit{angeordneter Körper} \\
&\text{mit dem Positivitätsbereich } P_K;
\end{aligned} \tag{13.9}$$

diese Eigenschaft haben z.B. $K = \mathbf{Q}$ bzw. $K = \mathbf{R}$ (für die Definition und Eigenschaften siehe EA, §3, Definitionen 3B, 3C).

Nach Bemerkung 11 aus §12 gibt es in K ein Signum sgn und eine
$<$-Beziehung mit

$$a > 0 \Leftrightarrow \mathrm{sgn}(a) = 1 \Leftrightarrow a \in P_K. \tag{13.9a}$$

In dem affinen Raum

$$\begin{aligned}
&A_n = (A, V_n, \tau) \text{ über } K \text{ bedeute} \\
&(O; \mathfrak{a}^T) = (O; a^1, \ldots, a^n)
\end{aligned} \tag{13.9b}$$

ein Koordinatensystem und

$$D_1 = D_1(x^1, \ldots, x^n) \tag{13.9c}$$

eine feste nichttriviale Determinantenfunktion auf V (vgl. §12,
Definition 12B). Weiter seien folgende geometrische Objekte in A_n
gegeben: Eine Gerade

$$\mathfrak{g} = [P_0; U] \tag{13.9d}$$

durch den Punkt P_0 sowie eine Hyperebene H durch eine lineare
Gleichung

$$\begin{aligned}
&H(\tilde{z}) = c_1 z_1 + \cdots + c_n z_n - d^0 \quad \text{(vgl. (13.4h))}, \\
&\text{wobei } H(\tilde{p}) = 0 \longleftrightarrow P \text{ auf } H.
\end{aligned} \tag{13.9e}$$

Hierzu können wir, unter anderem in Anlehnung an Definition 12F,
die folgenden Sprechweisen einführen.

Definition 13H. Ist der Grundkörper K des affinen Raumes $A_n = (A, V, \tau)$ angeordnet, so sagen wir:

(i)   Zwei Koordinatensysteme $(O; \mathfrak{a}^T)$ und $(O'; \mathfrak{a}'^T)$ von A_n heißen
gleich-orientiert, falls

$$\mathfrak{a} \underset{g.o.}{\sim} \mathfrak{a}', \quad \text{d.h.}$$

$$D_1(a^1, \ldots, a^n) \cdot D_1(a'^1, \ldots, a'^n) > 0, \quad \text{d.h.} \tag{13.9f}$$

$$\mathrm{sgn}(D_1(a^1, \ldots, a^n)) = \mathrm{sgn}(D_1(a'^1, \ldots, a'^n));$$

sonst heißen sie *entgegengesetzt-orientiert*.

(ii)   Zwei Punkte $P_1, P_2 \neq P_0$ der Geraden $\mathfrak{g}$ durch P_0 liegen auf
dem *gleichen Strahl* von P_0 aus, falls

$$(P_1, P_2; P_0) > 0. \tag{13.9g}$$

(iii)   Zwei Punkte $Q, R \in A_n$, die nicht auf der Hyperebene H liegen, sind *auf der gleichen Seite* von H, falls

$$H(\tilde{q}) \cdot H(\tilde{r}) > 0, \text{ d.h. } \operatorname{sgn}(H(\tilde{q})) = \operatorname{sgn}(H(\tilde{r})),$$
$$\text{für } Q \leftrightarrow \tilde{q}, \ R \leftrightarrow \tilde{r} \quad \text{bzgl. } (O; a^T) \tag{13.9h}$$
$$\text{bei } H(\tilde{p}) \text{ gemäß (13.9e).}$$

Bemerkung 14. Durch diese Festsetzungen werden *zwei* mögliche *Orientierungen* von Koordinatensystemen von A_n, *zwei Strahlen* (Halbgeraden) einer Geraden g sowie die *zwei Seiten* einer Hyperebene H eingeführt (dies sind jeweils Äquivalenzrelationen). Darüber hinaus kann man noch *Verbindungsstrecken* von Punkten, eine *Zwischenbeziehung* für kollineare Punkte und weitere Folgebegriffe einführen (vgl. auch die Ergänzungen sowie die Aufgaben 11, 21).

$\boxed{5\text{b}}$ Sei $A_2 = (\mathbf{Q}^2, \mathbf{Q}^2, \tau)$ über dem angeordneten Körper $\mathbf{Q}$ mit dem Koordinatensystem $(O; a^T)$ und die Gerade g durch O durch die Gleichung

$$H(\tilde{z}) = z_1 - z_2 = 0 \quad \text{für } Z = (z_1 \mid z_2) \in g$$

gegeben. Für $P_1 = (p_{11} \mid p_{12}) \neq O$ und $P_2 = (p_{21} \mid p_{22}) \neq O$ auf g ist dann $(P_1, P_2; O) = \dfrac{-p_{11}}{-p_{21}}$, d.h. die Halbstrahlen stimmen mit der Anschauung überein. Das gleiche gilt für die Seiten der Geraden, da für $R = (r_1, r_2) \notin g$ gilt:

$$H(\tilde{r}) = r_1 - r_2 > 0 \Leftrightarrow r_1 > r_2.$$

Weitere Spezialfälle basieren auf den folgenden Begriffen:

Definition 13I. Ist

$$B(y, x) = \langle y, x \rangle \quad \text{für } x, y \in V_n \tag{13.10}$$

eine positiv-definite symmetrische Bilinearform, d.h. ein Skalarprodukt auf dem Translationsvektorraum eines n-dimensionalen affinen Raumes (A, V_n, τ) über dem reellen Zahlkörper $K = \mathbf{R}$, so heißt das Quadrupel

$$E_n := (A, V_n, \tau, B) \tag{13.10a}$$

230

ein n-dimensionaler *euklidisch-affiner Raum E_n*. Analog wird ein n-dimensionaler affiner Raum (A, V_n, τ) über dem komplexen Zahlkörper $K = \mathbf{C}$ mit einem Skalarprodukt $\langle y, x \rangle = H(y, x)$ (d.h. positiv-definiter hermitescher Form) auf V_n, also

$$U_n := (A, V_n, \tau, H), \tag{13.10a$'$}$$

ein n-dimensionaler *unitär-affiner Raum U_n* genannt.

Aus den Überlegungen zum Beweis von Satz 13.1 erhält man sofort

Satz 13.8. (*Existenzsatz für euklidisch-affine Räume*). *Ist $(V_n; B)$ ein n-dimensionaler euklidischer $\mathbf{R}$-Vektorraum und setzen wir (als Menge) $A = V_n$, so ist das Quadrupel $E_n = (V_n, V_n, \tau, B)$ bei der Festsetzung*

$$A \times A \ni (x, y) \mapsto \tau(x, y) = z := y - x \in V_n \tag{13.10b}$$

ein euklidisch-affiner Raum. Entsprechend existieren unitär-affine Räume $U_n = (V_n, V_n, \tau, H)$ für unitäres $(V_n; H)$.

$\boxed{6}$ Sei im n-dimensionalen arithmetischen $\mathbf{R}$-Vektorraum $V = \mathbf{R}^n$ (bzw. $\mathbf{C}$-Vektorraum $V = \mathbf{C}^n$) das Standardskalarprodukt $B(,) = \langle , \rangle$ (bzw. $H(,) = \langle , \rangle$) gegeben, so erhält man gemäß Satz 13.8 Beispiele für euklidisch-affine (bzw. unitär-affine) Räume.

Bemerkung 15. In euklidisch-affinen (bzw. unitär-affinen) Räumen gelten die obigen Begriffe und Ergebnisse aus der affinen Geometrie unverändert (wie z.B. affine Koordinatensysteme, lineare Teilmannigfaltigkeiten, Schnitte, Verbindungen, Parallelität von Teilmannigfaltigkeiten, Teilverhältnisse, affine Abbildungen); natürlich können im euklidisch-affinen Fall noch weitere Begriffe, Eigenschaften bzw. Beschreibungsmöglichkeiten hinzukommen.

Aus der Existenz eines Skalarproduktes $\langle , \rangle$ folgen sofort einige geometrische Begriffe, die wir anschließend im euklidisch-affinen Fall beschreiben; diese könnten im unitär-affinen Fall zum Teil analog diskutiert werden (vgl. die diesbezüglichen Angaben in den Ergänzungen sowie Aufgabe 12a)).

Definition 13J. Es sei $E_n = (A, V_n, \tau, B)$ ein n-dimensionaler euklidisch-affiner Raum über $\mathbf{R}$ mit $B(y, x) = \langle y, x \rangle$. Dann nennt man

$$d(P, Q) = |\overrightarrow{PQ}| := \|x\| = \sqrt{B(x, x)} = \sqrt{\langle x, x \rangle}$$
$$\text{für } x = \overrightarrow{PQ} \text{ und } P, Q \in E_n \tag{13.10c}$$

den *Abstand der Punkte P und Q*. – Zwei lineare Teilmannigfaltigkeiten $\Lambda_m = (\Lambda, U_m, \tau)$ und $\Lambda'_r = (\Lambda', U'_r, \tau)$ von E_n heißen *streng senkrecht zueinander*, in Zeichen $\Lambda_m \perp \Lambda'_r$, wenn bzgl. $\langle\,,\,\rangle$ gilt

$$\Lambda_m \perp \Lambda'_r \Leftrightarrow \langle x, x'\rangle = 0 \tag{13.10d}$$
$$\text{für alle } x \in U_m,\ x' \in U'_r.$$

Ein affines Koordinatensystem $(O; \mathrm{e}^T) = (O; e^1, \dots, e^n)$ von E_n, bei dem $\mathrm{e}^T = (e^1, \dots, e^n)$ eine Orthonormalbasis von V_n ist, wird ein *kartesisches Koordinatensystem* von E_n genannt.

Die in Definition 13B (und unmittelbar danach) eingeführten Bezeichnungen werden auch hier übernommen. Wir vermerken einige Rechenregeln und Sätze, die direkt durch Übersetzung entsprechender Ergebnisse in euklidischen Vektorräumen folgen (vgl. §8, Satz 8.10, Bemerkung 15 und Aufgabe 16).

Satz 13.8a. *In einem euklidisch-affinen Raum E_n haben wir für den Punktabstand die folgenden Regeln:*

$$d(P, Q) = |\overrightarrow{PQ}| \geq 0 \quad \text{für alle } P, Q \in E_n, \tag{13.10e}$$
$$d(P, Q) = 0 \Leftrightarrow P = Q, \tag{13.10e'}$$
$$d(P, R) \leq d(P, Q) + d(Q, R) \quad \text{für } P, Q, R \in E_n, \tag{13.10f}$$
$$d(P, Q) = d(Q, P) \quad \text{für alle } P, Q \in E_n; \tag{13.10f'}$$

weiter gilt der Satz von Pythagoras

$$d(Q, R)^2 = d(P, Q)^2 + d(P, R)^2 \Leftrightarrow \overrightarrow{PQ} \perp \overrightarrow{PR}, \tag{13.10g}$$

sowie der Cosinussatz

$$d(R, Q)^2 = d(P, Q)^2 + d(P, R)^2 - 2d(P, Q) \cdot d(P, R) \cdot \cos\alpha$$
$$\text{mit } \alpha = \sphericalangle\,(\overrightarrow{PQ}, \overrightarrow{PR}), \tag{13.10h}$$
$$\text{d.h. } \cos\alpha = \frac{\langle \overrightarrow{PQ}, \overrightarrow{PR}\rangle}{|\overrightarrow{PQ}| \cdot |\overrightarrow{PR}|} \quad \text{für } P \neq Q,\ P \neq R.$$

Bezüglich eines kartesischen Koordinatensystems $(O; \mathrm{e}^T) = (O; e^1, \dots, e^n)$ von E_n ist

232

$$d(P, Q) = |\overrightarrow{PQ}| = \sqrt{\sum_{v=1}^{n} (q_v - p_v)^2} \quad \textit{für}$$

$$\overrightarrow{OP} = \tilde{p}^T \cdot e, \quad \overrightarrow{OQ} = \tilde{q}^T \cdot e \tag{13.10i}$$

$$\textit{mit } \tilde{p}^T = (p_1, \ldots, p_n), \quad \tilde{q}^T = (q_1, \ldots, q_n).$$

Bemerkung 16. Wie schon in EA, §7, (II.7.6b) erwähnt wurde, nennt man die reellen Zahlen

$$\cos \alpha_v = \left\langle \frac{\overrightarrow{PQ}}{|\overrightarrow{PQ}|}, e^v \right\rangle \quad (v = 1, \ldots, n) \tag{13.10j}$$

die *Richtungscosinusse* des Vektors $x = \overrightarrow{PQ} \neq 0_{V_n}$ bzgl. $(O; e^T)$; hiermit schreibt sich die Komponentendarstellung des Vektors in der Form

$$\begin{aligned}
x = \overrightarrow{PQ} &= \sum_{v=1}^{n} \cos \alpha_v \cdot |\overrightarrow{PQ}| \cdot e^v \\
&= \sum_{v=1}^{n} \langle \overrightarrow{PQ}, e^v \rangle \cdot e^v
\end{aligned} \tag{13.10k}$$

(vgl. auch §8, Bemerkung 16 und §10, $\boxed{6a}$ sowie für weitere Formeln EA, §7).

Durch Diskussion und Bestimmung der Orthogonalräume der zugehörigen Vektorräume erhält man weiter

Satz 13.8b. *Durch jeden Punkt $P \in E_n$ gibt es genau eine zur s-dimensionalen linearen Teilmannigfaltigkeit $\Lambda_s = (\Lambda, U_s, \tau)$ $(0 < s < n)$ streng senkrechte $(n-s)$-dimensionale lineare Teilmannigfaltigkeit, nämlich*

$$\Lambda_s^\perp(P) := [P; U_s^\perp] \perp \Lambda_s \quad \textit{mit } \dim U_s^\perp = n - s; \tag{13.11}$$

insbesondere gibt es zu jeder Hyperebene $H = (H, U_{n-1}, \tau)$ von E_n und jedem $P \in E_n$ genau eine Gerade $g = H^\perp(P)$, d.h.

$$g = [P; U_{n-1}^\perp] \quad \textit{mit } g \perp H, \tag{13.11a}$$

das sogenannte Lot von P auf H.

Da durch $H = (H, U_{n-1}, \tau)$ der 1-dimensionale Unterraum $U_{n-1}^\perp$ der

233

Lotrichtung eindeutig bestimmt ist und $g \nparallel H$, existiert ein eindeutig bestimmter Punkt

$$F_0 \text{ mit } \{F_0\} = H \cap g, \tag{13.11b}$$

der *Lotfußpunkt* von g in H.

Bezeichnungen. Ist $H = (H, U_{n-1}, \tau)$ eine Hyperebene von E_n, so heißt ein Einheitsvektor $h \in V_n$, d.h. $\|h\| = 1$, mit der Eigenschaft

$$h \perp x \quad \text{für alle } x \in U_{n-1} \tag{13.11c}$$

ein *Normaleneinheitsvektor* auf H (h ist der bis aufs Vorzeichen eindeutige, erzeugende Vektor von $U_{n-1}^{\perp}$; er legt die Richtung der *Lote*, der *Senkrechten* oder *Normalen* auf H fest). Bei vorgegebenem Ursprung O von E_n wird

$$\begin{aligned} &B(h, x - x^0) = \langle h, x - x^0 \rangle = 0 \quad \text{für} \\ &x = \overrightarrow{OP},\ x^0 = \overrightarrow{OP_0}, \quad P_0 \in H \text{ (fest)} \end{aligned} \tag{13.11d}$$

die *Hessesche Normalform* der Hyperebenengleichung von H genannt. Zwei Hyperebenen H_i mit den Normaleneinheitsvektoren h^i ($i = 1, 2$) heißen *senkrecht zueinander*, falls $h^1 \perp h^2$.

Bemerkung 17. Ist die Hessesche Normalform der Gleichung der Hyperebene H gemäß (13.11d) gegeben und $F \in H$ der Fußpunkt des Lotes vom Punkt $Q \in E_n$ auf H, so ist

$$\begin{aligned} &|\langle h, y - x^0 \rangle| = d(Q, F) = \underset{P \in H}{\mathrm{Min}}\, d(Q, P) =: d(Q, H) \\ &\qquad\qquad \text{für } y = \overrightarrow{OQ} \end{aligned} \tag{13.11e}$$

der Abstand von Q zu H bzgl. eines kartesischen Koordinatensystems $(O; e^T) = (O; e^1, \dots, e^n)$ von E_n. Dann ist

$$\begin{aligned} &\langle h, y - x^0 \rangle = \sum_{\nu=1}^{n} h_\nu y_\nu - d \quad \text{mit} \\ &h = \sum_{\nu=1}^{n} h_\nu e^\nu,\ y = \overrightarrow{OP} = \sum_{\nu=1}^{n} y_\nu e^\nu \text{ und } d = \langle h, x^0 \rangle. \end{aligned} \tag{13.11f}$$

Dies bestätigt man wieder leicht durch Nachrechnen (vgl. Aufgabe 12d)); weitere diesbezügliche Fragen werden ebenfalls in den Ergänzungen und Aufgaben dieses Paragraphen erwähnt.

234

Definition 13K. Eine affin-lineare Selbstabbildung

$$\phi : E_n \longrightarrow E_n, \text{ d.h. } P \mapsto \phi(P) \tag{13.12}$$

eines n-dimensionalen euklidisch-affinen Raumes $E_n = (A, V_n, \tau, \langle\,,\,\rangle)$ mit dem Skalarprodukt $\langle\,,\,\rangle$ heißt eine *Bewegung* oder *euklidisch-affine Abbildung* von E_n, falls

$$d(P, Q) = |\overrightarrow{PQ}| = \sqrt{\langle x, x \rangle} = d(\phi(P), \phi(Q))$$
$$\text{für alle } P, Q \in E_n \text{ und } x = \overrightarrow{PQ}. \tag{13.12a}$$

Für die zugehörige lineare Abbildung $\varphi: V_n \to V_n$ bedeutet dies wegen

$$V_n \ni \overrightarrow{P_1 P_2} \underset{\varphi}{\mapsto} \varphi(\overrightarrow{P_1 P_2}) = \overrightarrow{\phi(P_1)\phi(P_2)} \in V_n$$

$$|\overrightarrow{P_1 P_2}| - |\varphi(\overrightarrow{P_1 P_2})|$$
$$\text{für beliebige Punkte } P_1, P_2 \in E_n. \tag{13.12b}$$

Somit ist φ eine Isometrie (d.h. längenerhaltend) und nach Lemma 10.1 also auch eine orthogonale Abbildung von V_n. Aus §10 und den vorangehenden Überlegungen erhalten wir dann

Satz 13.9. *Eine affin-lineare Selbstabbildung ϕ von E_n ist genau dann eine Bewegung, wenn die zugehörige lineare Abbildung $\varphi \in \text{End}_R(V_n)$ eine orthogonale Abbildung ist; eine solche Bewegung ϕ ist also zugleich eine Affinität, d.h. invertierbar, und setzt sich (bei festem O) gemäß*

$$\overrightarrow{O\phi(P)} = \overrightarrow{O\phi(O)} + \varphi(\overrightarrow{OP}) \tag{13.12c}$$

aus einer Translation $\overrightarrow{O\phi(O)}$ und einer orthogonalen Abbildung φ von V_n zusammen. Für die Koordinaten-n-tupel von Punkten und Bildpunkten bzgl. eines kartesischen Koordinatensystems $(O; e^T)$ von E_n gelten bei

$$P \leftrightarrow \tilde{p}^T = (p_1, \ldots, p_n),$$
$$\phi(P) = P' \leftrightarrow \tilde{p}'^T = (p'_1, \ldots, p'_n) \tag{13.12d}$$

die Umrechnungsformeln

$$\tilde{p}' = \tilde{\lambda}' + U \cdot \tilde{p}$$
$$\text{mit } \phi(O) \leftrightarrow \tilde{\lambda}'^T = (\lambda'_1, \ldots, \lambda'_n) \text{ bzgl. } (O; e^T), \tag{13.12d'}$$

wobei $U = A_e^\varphi \in \mathbf{R}^{n,n}$ *orthogonal, d.h.* $U^T = U^{-1}$, *ist.*

Bemerkung 18. Analog zu Satz 13.2 und Bemerkung 13 erhält man beim Übergang von einem kartesischen Koordinatensystem zu einem anderen ganz entsprechende Umrechnungsformeln (vgl. auch Aufgabe 14b)) mit orthogonalem $U \in \mathbf{R}^{n,n}$; eine orthogonale Matrix U tritt in (13.12d') i.a. nur bei kartesischem Koordinatensystem auf. (Bei entsprechenden Rechnungen im unitär-affinen Fall erhielte man unitäre Matrizen $U \in \mathbf{C}^{n,n}$.)

Definition 13K'. Eine Bewegung ϕ von E_n heißt *eigentliche Bewegung*, wenn die zugehörige lineare Abbildung φ bzw. die bzgl. $(O; e^T)$ zugeordnete Matrix U eigentlich orthogonal ist, d.h. wenn

$$\det(\varphi) = \det(U) = +1 \tag{13.12e}$$

ist; anderenfalls, d.h. wenn

$$\det(\varphi) = \det(U) = -1 \tag{13.12e'}$$

ist, wird ϕ eine *uneigentliche Bewegung* von E_n genannt.

Durch geeignete Wahl der orthogonalen Matrix U kann man wieder Beispiele für beide Typen finden:

$\boxed{6a}$ Eine Translation ϕ wie in $\boxed{5}$, d.h. $U = E$, liefert eine eigentliche Bewegung.

$\boxed{6b}$ Ist eine Hyperebene H bzgl. eines festen Ursprungs O von E_n in der Hesseschen Normalform $\langle h, x - x^0 \rangle = 0$ gemäß (13.11d) gegeben und $Q \in E_n$ ein Punkt mit $y = \overrightarrow{OQ}$. Dann wird durch

$$\phi \colon Q \mapsto Q' \text{ mit } \overrightarrow{OQ'} = \overrightarrow{OQ} - 2 \cdot \langle h, y - x^0 \rangle \cdot h \tag{13.12f}$$

eine Bewegung ϕ erklärt. Bei einer speziellen Orthonormalbasis e^T mit $h = e^n$ ist dann

$$\tilde{p} \mapsto \tilde{p}' = \mathrm{diag}(1, \ldots, 1, -1) \cdot \tilde{p} + \begin{pmatrix} 0 \\ \vdots \\ 0 \\ 2d \end{pmatrix},$$

wobei $d = \langle h, x^0 \rangle$, $\qquad\qquad$ (13.12f')

d.h. ϕ ist eine uneigentliche Bewegung mit der Eigenschaft

$$\phi(P) = P \quad \text{für alle } P \in H. \qquad (13.12f'')$$

Bezeichnungen. Die durch (13.12f, f') gegebene Abbildung heißt die *Spiegelung an der Hyperebene H.* – Ist ϕ eine beliebige Bewegung von E_n, so wird ein Punkt $P \in E_n$ mit

$$\phi(P) = P \qquad (13.12g)$$

ein *Fixpunkt von ϕ* genannt; solche Fixpunkte erhält man als Lösungen der Gleichung

$$(U - E) \cdot \tilde{p} = - \tilde{\lambda}' \quad \text{(vgl. (13.12d')).} \qquad (13.12g')$$

Wir vermerken noch einige leicht zu bestätigende Aussagen über Bewegungen von E_n (vgl. Aufgabe 14c)).

Satz 13.9a. *Die Gesamtheit der Bewegungen ϕ von E_n bildet bei Verknüpfung durch Hintereinanderausführung eine Gruppe $B(E_n)$, die Bewegungsgruppe von E_n. $B(E_n)$ ist Untergruppe der Gruppe $G_a(E_n)$ der Affinitäten von E_n und enthält seinerseits die Gruppe der eigentlichen Bewegungen $B_e(E_n)$ als Normalteiler vom Index 2, und schließlich enthält $B_e(E_n)$ die Translationen $T(E_n)$ als Untergruppe, d.h.*

$$G_a(E_n) \geq B(E_n) \trianglerighteq B_e(E_n) \geq T(E_n) \cong V_n. \qquad (13.12h)$$

Berücksichtigen wir nun die entsprechenden Ergebnisse aus §10 und stellen wir fest, wann (13.12g') lösbar ist, und wählen wir im Falle der Lösbarkeit einen Fixpunkt als Ursprung, so erhält man durch Diskussion der einzelnen Fälle als Bewegungen bei $n = 2$ bzw. $n = 3$ (vgl. Aufgabe 14d)):

Satz 13.9b. *In den Fällen der Dimension $n = 2$ bzw. $n = 3$ gibt es in E_n die folgenden Typen von Bewegungen $\phi \neq id$:*

$n = 2$	Bezeichnung	Fixpunkte	Vielfachheit des EW 1
eigentlich	Translation	keine	2
	Drehung	Punkt	0
uneigentlich	Spiegelung	Gerade	1
	Gleitspiegelung	keine	1

$n = 3$	Bezeichnung	Fixpunkte	Vielfachheit des EW 1
eigentlich	Translation	keine	3
	Drehung	Gerade	1
	Schraubung	keine	1
uneigentlich	Spiegelung	Ebene	2
	Gleitspiegelung	keine	2
	Drehspiegelung	Punkt	0

Wir illustrieren diese Fälle noch an einigen Formeln.

[7] E_2 sei die euklidisch-affine Ebene. Dann werden Translationen durch die Vektoraddition in V_2, Bewegungen mit Fixpunkten (o.B.d.A. in O), d.h. Drehungen und Drehspiegelungen, gemäß §10, [6] und [6a] (vgl. auch Figur 1) beschrieben. Der verbleibende Fall der *Gleitspiegelung* tritt im folgenden Beispiel ein:

$$P = (p_1 \mid p_2) \mapsto \phi(P) = (p_1, p_2) \cdot \mathrm{diag}\,(1, -1) + (a, 0) \qquad (13.12\mathrm{i})$$
$$\text{mit } a \neq 0,$$

wie man sofort sieht.

[7a]   Im 3-dimensionalen Fall E_3 sind wieder die Translationen durch die Vektoraddition und die Abbildungen mit Fixpunkten (wieder o.B.d.A. in O) gemäß §10 bekannt (für Drehungen und Drehspiegelungen vgl. z.B. [7] und [7a] sowie Figur 2). Die *Gleitspiegelungen* werden wieder durch

$$P = (p_1, p_2, p_3) \mapsto \phi(P) = (p_1, p_2, p_3) \cdot \mathrm{diag}\,(1, 1, -1) + (c_1, c_2, 0)$$

beschrieben, während eine Schraubung (d.h. Drehung mit anschließender Translation in Richtung der Drehachse) durch

$$(p_1, p_2, p_3) \mapsto (p_1, p_2, p_3) \cdot D(3; \alpha)^T + (0, 0, c)$$

geliefert wird.

Bemerkung 19. Die affin-linearen Selbstabbildungen eines euklidisch-affinen Raumes können durch Vergleich mit den Bewegungen feiner klassifiziert werden (vgl. auch die Ergänzungen).

Wir geben nun noch die Definition einiger wichtiger geometrischer Objekte an, die sich unmittelbar an die Begriffe und Untersuchungen dieses Paragraphen anschließen. Einige Sätze und weitere Ausführungen hierzu werden in den Ergänzungen und Aufgaben bzw. an späterer

238

Stelle angegeben (bei niedriger Dimension sind dies Gegenstände der Elementargeometrie).

Definition 13 L. Sind P_0, P_1, ..., P_m ($m \leq n$) Punkte von E_n mit Ursprung O, die nicht schon in einer $(m-1)$-dimensionalen linearen Teilmannigfaltigkeit liegen, so nennt man die Punktmenge

$$\mathscr{S}(P_0, P_1, \ldots, P_m) = \mathscr{S}_m(P_0, P_1, \ldots, P_m)$$

$$= \{P \in E_n | \overrightarrow{OP} = \sum_{\mu=0}^{m} \lambda_\mu \cdot \overrightarrow{OP_\mu}, \, \lambda_\mu \geq 0, \, \sum_{\mu=0}^{m} \lambda_\mu = 1\} \qquad (13.13)$$

$$= \{P \in E_n | \overrightarrow{OP} = \overrightarrow{OP_0} + \sum_{\mu=1}^{m} \lambda_\mu \cdot \overrightarrow{P_0 P_\mu}, \, 0 \leq \sum_{\mu=1}^{n} \lambda_\mu \leq 1, \, \lambda_\mu \geq 0\}$$

das durch P_0, P_1, ..., P_m *bestimmte* m-*Simplex von* E_n ($m = 2$ Dreieck, $m = 3$ Tetraeder); ist $n = m$ und D_1 eine normierte positiv-orientierte Determinantenfunktion auf V_n, so heißt

$$I_n(\mathscr{S}(P_0, P_1, \ldots, P_n)) = \frac{1}{n!} D_1(a^1, a^2, \ldots, a^n)$$

$$\text{mit } a^v = \overrightarrow{P_0 P_v} \quad (v = 1, \ldots, n) \qquad (13.13a)$$

der *orientierte Inhalt des* n-*Simplexes*.

Bemerkung 20. Der Begriff des m-Simplexes hätte sich mit dem gleichen Formalismus bereits in einem affinen Raum A_n über einem angeordneten Körper K einführen lassen.

Definition 13M. Ist M ein fester Punkt des euklidisch-affinen Raumes $E_n = (A, V_n, \tau, \langle \, , \, \rangle)$ mit der Abstandsfunktion $d(\, , \,)$ und $r > 0$, $r \in \mathbf{R}$, so nennt man die Punktmenge

$$\mathfrak{H} = S_n = S_n(M; r) = \{X \in E_n | \, d(X, M) = r\} \qquad (13.13b)$$

die n-*Sphäre* oder *Hyperkugelfläche* vom Radius r und dem *Mittelpunkt* M (speziell bei $n = 2$ *Kreislinie*, bei $n = 3$ *Kugelfläche* um M mit Radius r).

Ist speziell $(O; e^T)$ ein kartesisches Koordinatensystem von E_n und sei hiermit

$$\overrightarrow{OM} = \tilde{m}^T \cdot e \quad \text{mit } \tilde{m}^T = (m_1, \ldots, m_n)$$
$$\overrightarrow{OX} = \tilde{x}^T \cdot e \quad \text{mit } \tilde{x}^T = (x_1, \ldots, x_n) \qquad (13.13c)$$

$$d(X, M) = \sqrt{\langle \tilde{x} - \tilde{m}, \tilde{x} - \tilde{m} \rangle} = \sqrt{\sum_{v=1}^{n} (x_v - m_v)^2},$$

so folgt

$$S_n(M,r) \ni X \Leftrightarrow K(X) = 0,$$
(13 13d)

wobei

$$K(X) = d(X,M)^2 - r^2 = \sum_{v=1}^{n} (x_v - m_v)^2 - r^2$$
(13 13e)

ist (fur weitere Eigenschaften vgl auch die Erganzungen zu §13, insbesondere Satz 13 12)

Erganzungen zu §13

Wir illustrieren an einigen weiteren Begriffen und Aussagen, wie man in der mittels der linearen Algebra begrundeten Geometrie geometrische Satze herleiten kann Dazu beginnen wir mit einigen Gegenstanden der affinen Geometrie

Bezeichnungen Zwei k-dimensionale affine Unterraume Λ_1 und Λ_2 des n-dimensionalen affinen Raumes A_n ($n \geq k$) uber dem Korper K heißen *windschief*, falls

$$\Lambda_1 \nparallel \Lambda_2 \text{ und } \Lambda_1 \cap \Lambda_2 = \varnothing,$$
(13 14)

sie heißen *streng windschief*, wenn zusatzlich gilt Es gibt keine Geraden $q_v \subseteq \Lambda_v$ ($v = 1,2$) mit $g_1 \parallel g_2$ Falls $\text{Char}(K) \neq 2$ und P_1, P_2, P_3 drei verschiedene kollineare Punkte von A_n mit

$$(P_1, P_2, P_3) = -1$$
(13 14a)

sind, so wird P_3 der *Mittelpunkt* von P_1 und P_2 genannt

Wenn der Grundkorper $K = \mathbf{R}$ oder $\mathbf{C}$, bzw sogar ein Skalarprodukt definiert ist, konnen zusatzliche Eigenschaften der Λ_v ($v = 1,2$) hergeleitet werden (vgl Aufgabe 17)

Drei nicht kollineare Punkte P_0, P_1 und P_2 bestimmen nicht nur ein «Dreieck», sondern zusammen mit dem Punkt P_3 mit $\overrightarrow{P_0P_3} = \overrightarrow{P_0P_1} + \overrightarrow{P_0P_2}$ ein «Parallelogramm» (diese Sprechweise wird insbesondere bei angeordnetem Korper K verwendet, fur Anwendungen vgl Aufgabe 18)

Weiter vermerken wir

Satz 13.10 (Strahlensatz) *Sind* P_0, P_1, P_2 *nicht kollineare Punkte der affinen Ebene* A_2 *uber* K, Q_1 *ein Punkt der Geraden* $g_1 = [P_0, K\ \overrightarrow{P_0P_1}]$ *und* $Q_2 \in q_2 = [P_0, K\ \overrightarrow{P_0P_2}]$ *der Schnittpunkt der Parallelen zu* $\overrightarrow{P_1P_2}$ *durch* Q_1, *so gilt*

240

$$(Q_1, P_1, P_0) = (Q_2, P_2, P_0) = \lambda_1 \qquad\qquad (13\ 14b)$$

und

$$\overrightarrow{Q_1 Q_2} = \lambda_1\ \overrightarrow{P_1 P_2} = (Q_1, P_1, P_0)\ \overrightarrow{P_1 P_2}, \qquad\qquad (13\ 14c)$$

ist umgekehrt für den Schnittpunkt Q_2 einer Geraden q durch Q_1 mit g_2 (13 14b) erfüllt, so ist q parallel zur Geraden durch P_1 und P_2

Beweis Die Vektoren $a^1 = \overrightarrow{P_0 P_1}$ und $a^2 = \overrightarrow{P_0 P_2}$ sind linear unabhangig Mit $\overrightarrow{P_0 Q_1} = \lambda_1\ \overrightarrow{P_0 P_1}$ und $\overrightarrow{P_0 Q_2} = \lambda_2\ \overrightarrow{P_0 P_2}$ folgt dann $a^1 + (a^2 - a^1) - a^2 = \overrightarrow{P_0 P_1} + \overrightarrow{P_1 P_2} + \overrightarrow{P_2 P_0} = \mathbf{0}_V$ und $\lambda_1 a^1 + \mu(a^2 - a^1) - \lambda_2\ a^2 = \overrightarrow{P_0 Q_1} + \overrightarrow{Q_1 Q_2} + \overrightarrow{Q_2 P_0} = \mathbf{0}_V$, also $(\lambda_1 - \mu)a^1 + (\mu - \lambda_2)a^2 = \mathbf{0}_V$, d h $\lambda_1 = \mu = \lambda_2$, und somit erhalt man (13 14b, c) – Die umgekehrte Richtung sieht man analog ∎

Wir kommen nun zu den folgenden «Schließungssätzen» der Geometrie

Satz 13.10a (*Allgemeiner Satz von Desargues, 1591–1661*) *Sind g_1, g_2, g_3 drei verschiedene Geraden der affinen Ebene A_2 durch P_0, sind*

$$P_v, Q_v \in q_v \text{ mit } P_v, Q_v \neq P_0 \quad (v = 1, 2, 3) \qquad\qquad (13\ 14d)$$

6 weitere verschiedene Punkte und existieren die Schnittpunkte

$$S_{21} = (P_1 \vee P_2) \cap (Q_1 \vee Q_2),$$
$$S_{13} = (P_3 \vee P_1) \cap (Q_3 \vee Q_1), \qquad\qquad (13\ 14d\ )$$
$$S_{32} = (P_2 \vee P_3) \cap (Q_2 \vee Q_3),$$

so sind S_{21}, S_{32}, S_{13} kollinear (vgl Figur 6)

Beweisskizze Wir setzen

$$\overrightarrow{P_0 P_v} = a^v, \ \overrightarrow{P_0 Q_v} = \lambda_v a^v\ (v = 1, 2, 3), \qquad\qquad (13\ 14d\ )$$

wobei

$$\lambda_v \neq \lambda_\mu\ (v \neq \mu) \text{ und o B d A } \lambda_2 \neq 1 \qquad\qquad (13\ 14d\ )$$

Dann erhalt man

$$S_{13}\quad a^1 + \mu(a^3 - a^1) = \lambda_1 a^1 + \mu(\lambda_3 a^3 - \lambda_1 a^1) \Rightarrow \mu = \frac{\lambda_1 - 1}{\lambda_1 - \lambda_3}, \ \mu = \lambda_3\mu,$$

$$S_{21}\quad a^2 + \rho(a^1 - a^2) = \lambda_2 a^2 + \rho(\lambda_1 a^1 - \lambda_2 a^2) \Rightarrow \rho = \frac{\lambda_2 - 1}{\lambda_2 - \lambda_1}, \ \rho = \lambda_1\rho,$$

$$S_{32}\quad a^3 + \tau(a^2 - a^3) = \lambda_3 a^3 + \tau(\lambda_2 a^2 - \lambda_3 a^3) \Rightarrow \tau = \frac{\lambda_3 - 1}{\lambda_3 - \lambda_2}, \ \tau = \lambda_2\tau$$

Man rechnet dann leicht nach, daß auf der Geraden $S_{21} \vee S_{32}$ durch die Punkte $S_{21}\ \dfrac{1 - \lambda_1}{\lambda_2 - \lambda_1}\lambda_2 a^2 + \dfrac{\lambda_2 - 1}{\lambda_2 - \lambda_1}\lambda_1 a^1$ und $S_{32}\ \dfrac{1 - \lambda_2}{\lambda_3 - \lambda_2}\lambda_3 a^3 + \dfrac{\lambda_3 - 1}{\lambda_3 - \lambda_2}\lambda_2 a^2$ auch der Punkt $S_{13}\ \dfrac{1 - \lambda_3}{\lambda_1 - \lambda_3}\lambda_1 a^1 + \dfrac{\lambda_1 - 1}{\lambda_1 - \lambda_3}\lambda_3 a^3$ liegt ∎

Satz 13.10b (*Affiner Satz von Pappos, um 320 n Chr*) *Sind g_1 und g_2 zwei verschiedene Geraden (durch P_0) in A_2, sind P_v ($v = 1, \ldots, 6$) sechs verschiedene Punkte ($\neq P_0$) mit*

$$P_1, P_3, P_5 \in g_1, \quad aber \notin g_2,$$
$$P_2, P_4, P_6 \in g_2, \quad aber \notin g_1, \tag{13.14e}$$

und ist

$$P_1 \vee P_4 \parallel P_3 \vee P_6 \ und \ P_2 \vee P_3 \parallel P_4 \vee P_5, \tag{13.14f}$$

so folgt auch (vgl. Figur 6)

$$P_1 \vee P_2 \parallel P_5 \vee P_6. \tag{13.14g'}$$

Beweis (für zwei sich schneidende Geraden). Sei $g_1 \cap g_2 = P_0$; wir setzen dann

$$\overrightarrow{P_0P_1} = a^1, \ \overrightarrow{P_0P_2} = a^2, \ \overrightarrow{P_0P_3} = \lambda \cdot a^1, \ \overrightarrow{P_0P_4} = \rho \cdot a^2. \tag{13.14e'}$$

Wegen (13.14f) folgt nach dem Strahlensatz

$$(P_3, P_1; P_0) = \lambda = (P_6, P_4; P_0), \ d.h. \ \overrightarrow{P_0P_6} = (\lambda \cdot \rho)a^2 = (\lambda \cdot \rho) \cdot \overrightarrow{P_0P_2},$$

sowie

$$(P_4, P_2; P_0) = \rho = (P_5, P_3; P_0), \ d.h. \ \overrightarrow{P_0P_5} = (\rho \cdot \lambda)a^1 = (\rho \cdot \lambda) \cdot \overrightarrow{P_0P_1}.$$

Wegen

$$\lambda \cdot \rho = \rho \cdot \lambda \tag{13.14h}$$

folgt

$$(P_5, P_1; P_0) = (P_6, P_2; P_0)$$

und somit (13.14g) nach Satz 13.10. $\blacksquare$

Satz von Desargues

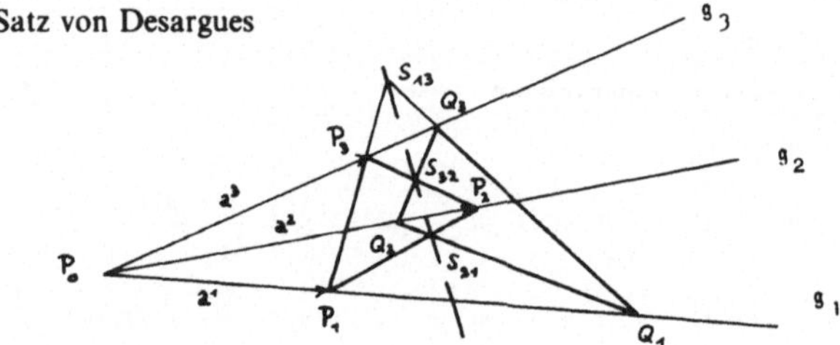

Satz von Pappos

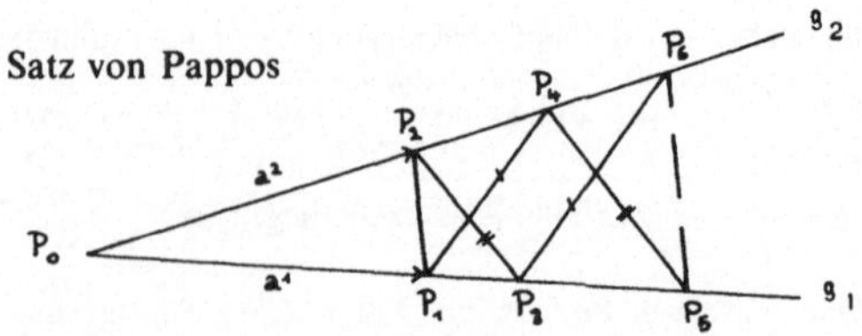

Figur 6

242

Bemerkung 21 Die Aussage dieses Satzes gilt sinngemaß auch, wenn $g_1 \parallel g_2$ aber $g_1 \neq g_2$ ist Viele der vorangehenden Satze gelten auch fur affine Raume, die mit Hilfe von Vektorraumen uber Schiefkorpern erklart werden, nicht jedoch Satz 13 10b wegen der Formel (13 14h) Analog gibt es Varianten des Satzes von Desargues unter der Annahme, daß einige der dort auftretenden Geraden parallel sind (vgl Aufgabe 19b), c))

In der synthetisch begrundeten elementaren Geometrie geht man von folgenden Begriffen aus

Bezeichnung Ist $E \neq \varnothing$ eine Menge von Objekten (*Punkten*) und $\mathfrak{G}$ eine Familie von Teilmengen $g, \mathfrak{f}$, von E (*Geraden*) und gibt es fur $P \in E$ eine Inzidenzbeziehung $P \in g$ bzw $P \notin g$ mit den folgenden Eigenschaften

(I_1) $P, Q \in E \Rightarrow$ es existiert ein $g \in \mathfrak{G}$ mit

$$P, Q \in g \tag{13 14i}$$

(I_2) Zu $P \neq Q$ aus E gibt es hochstens ein g mit (13 14i)

(I_3) $g \in \mathfrak{G} \Rightarrow$ es gibt $P \neq Q$ ($\in E$) mit $P, Q \in g$

(I_4) Es gibt drei Punkte aus E, die nicht auf einer Geraden liegen

(P) (*Parallelenaxiom*) Ist $P \in E$, $g \in \mathfrak{G}$ und $P \notin g$, dann gibt es genau ein $\mathfrak{f} \in \mathfrak{G}$ mit $P \in \mathfrak{f}$ und $g \cap \mathfrak{f} = \varnothing$,

dann heißt $(E, \mathfrak{G})$ eine *affine Ebene*

Bemerkung 22 Ein 2-dimensionaler affiner Raum uber einem Korper K ist stets, wie gezeigt wurde, eine affine Ebene $(E, \mathfrak{G})$ im obigen Sinne, in der zugleich die Satze von Desargues und Pappos gelten – Umgekehrt kann man beweisen, daß eine affine Ebene $(E, \mathfrak{G})$, in der der Desarguesche Satz gilt, als 2-dimensionaler affiner Raum uber einem Schiefkorper K interpretiert werden kann, falls auch der Satz von Pappos gilt, muß K sogar ein Korper sein (vgl (13 14h)) In einem 2-dimensionalen affinen Raum (A_2, V_2, τ) uber einem angeordneten Korper K (wie z B $K = \mathbf{R}$, vgl (13 9)) kann man Eigenschaften der in Bemerkung 14 erwahnten *Zwischenbeziehung* fur kollineare Punkte bzw des *Streckenbegriffs* $\overline{PQ}$ ebenfalls nachrechnen (vgl auch Aufgabe 21) – Analog zu Definition 13L ist in einem affinen Raum uber K, falls die Punkte P_0, P_1, , $P_m \in A_n$ nicht schon in einem $(m-1)$-dimensionalen Teilraum liegen, durch

$$\mathfrak{P}_m(P_0, P_1, \ , P_m)$$
$$= \{ P \in A_n \mid \overrightarrow{OP} = \overrightarrow{OP_0} + \sum_{\mu=1}^{m} \lambda_\mu \overrightarrow{P_0 P_\mu}, \ \ 0 \leq \lambda_\mu \leq 1 \} \tag{13 14j}$$

das zugehorige *m-Parallelotop* definierbar, im Fall $m = 2$ spricht man von einem *Parallelogramm*

Wir geben noch einige wichtige Typen von Abbildungen in der affinen Geometrie an

Definition 13N. Es sei $D \leq V_n$ mit $\dim_K(D) = n - m \geq 1$ ein Teilraum des Translationsvektorraumes von $A_n = (A, V_n, \tau)$ uber K und

$$\Lambda = [P_0, U] \quad \text{mit } V_n = U \oplus D \tag{13 15}$$

eine *m*-dimensionale lineare Teilmannigfaltigkeit, dann heißt die affin-lineare Abbildung

$$pr_D \quad A_n \to \Lambda \quad \text{mit}$$
$$A_n \ni Q \mapsto pr_D(Q) = Q_D, \tag{13 15a}$$
$$\text{wobei } [Q,D] \cap \Lambda = \{Q_D\}$$

die *Parallelprojektion langs D (von A_n auf Λ)* und $D(Q) = [Q,D]$ heißt die *Bahn von Q bei pr_D*

Bemerkung 23 Wegen der Voraussetzungen ist zu jedem $Q \in A_n$ der Bildpunkt $pr_D(Q) = Q_D$ eindeutig bestimmt, und es gilt

$$pr_D(pr_D(Q)) = pr_D(Q) \quad \text{fur } Q \in A_n, \tag{13 15b}$$

ist $\Lambda' = [P_1, U']$ eine andere m-dimensionale Teilmannigfaltigkeit mit $V_n = U' \oplus D$, so liefert die Einschrankung

$$pr_{D|\Lambda} \quad \Lambda' \to \Lambda \tag{13 15c}$$

sogar eine Affinitat (vgl Aufgabe 23), falls A_n euklidisch-affin oder unitar-affin ist und $D = U^{\perp}$ gewahlt wird, nennt man $pr_{U^{\perp}}$ die *orthogonale Projektion auf Λ*

Definition 13N'. Eine Abbildung

$$\phi \quad A \to A' \quad \text{mit } P \mapsto \phi(P) \tag{13 15d}$$

zwischen affinen Raumen (A, V, τ) und (A', V', τ') uber K heißt *σ-semiaffine Abbildung*, wenn

$$\varphi \quad V \to V' \quad \text{mit } \overrightarrow{PQ} \mapsto \varphi(\overrightarrow{PQ}) = \overrightarrow{\phi(P)\phi(Q)}$$

σ-semilinear zu einem Automorphismus σ von K ist (vgl Definition 8K), ist ϕ zusatzlich bijektiv, so nennt man ϕ eine *σ-Semiaffinitat*

Bemerkung 24 Jede σ-Semiaffinitat ϕ $A \to A$ ist zugleich eine Kollineation (vgl Aufgabe 24a), b)), umgekehrt kann man zeigen, daß bei $|K| \geq 3$ jede Kollineation von A sogar eine σ-Semiaffinitat ist

Auch in euklidisch-affinen (bzw unitar-affinen) Raumen konnen beliebige affine Abbildungen diskutiert und mit Bewegungen verglichen werden bzw bzgl kartesischer Koordinatensysteme beschrieben werden (vgl auch Satz 10 10 und §10, Aufgabe 17a), b))

Definition 13N". Eine Affinitat ϕ des euklidisch-affinen Raumes E_n mit

$$d(\phi(P), \phi(Q)) = \rho \; d(P, Q) \quad \text{fur alle } P, Q \in E_n, \tag{13 15e}$$

wobei $\rho \in \mathbf{R}, \rho > 0$ fest ist, heißt eine *allgemeine Ähnlichkeitsabbildung*, zwei «Figuren» in E_n heißen *ahnlich*, wenn sie durch eine Ähnlichkeitsabbildung auseinander hervorgehen

Bemerkung 25 Bei Ähnlichkeitsabbildungen bleiben Winkel und Orthogonalitat erhalten, bzgl eines kartesischen Koordinatensystems hat die transformierende Matrix die Form

$$S = \rho \; U, \quad U \in O_n(\mathbf{R}), \tag{13 15f}$$

d h alle Streckenlangen werden mit ρ multipliziert (vgl Aufgabe 25)

Bezeichnung Eine Affinitat ϕ der euklidisch-affinen Ebene E_2 heißt eine *axiale*

Affinitat, falls es in E_2 eine Gerade a_ϕ, die sogenannte *Affinitatsachse*, aus lauter Fixpunkten gibt, d h es ist

$$\phi(P) = P \quad \text{fur alle } P \in a_\phi, \tag{13 15g}$$

dann ist fur $Q_1 \notin a_\phi$, $Q_2 \notin a_\phi$ und geeignete ρ_1, $\rho_2 \in \mathbf{R}$ jeweils

$$\rho_1 \overrightarrow{Q_1\phi(Q_1)} = \rho_2 \overrightarrow{Q_2\phi(Q_2)} = a \in V_2 \text{ (fest)} \tag{13 15h}$$

(vgl Aufgabe 26) und diese Richtung a heißt auch die *Affinitatsrichtung*, falls hierbei $a \perp a_\phi$ ist, so spricht man auch von einer *orthogonalen Affinitat*

Es sei nun ein euklidisch-affiner Raum mit kartesischem Koordinatensystem gegeben, d h

$$E_n = (A, V_n, \tau, B) \text{ mit } (O, e^T), \tag{13 16}$$

falls hierbei $n = 2$ ist, kann man E_2 mit der Gaußschen Zahlenebene $\mathbf{C}$ identifizieren, d h

$$E_2 = \mathbf{C} \tag{13 16'}$$

setzen Zunachst sieht man sofort

Satz 13.11. *Sind* P, Q, R *drei verschiedene kollineare Punkte von* E_n *so ist gemaß*

$$(P, Q, R) = \pm \frac{d(P, R)}{d(Q, R)} \tag{13 16a}$$

das Teilverhaltnis der Quotient der «orientierten Abstande», wobei genau dann das positive Vorzeichen auftritt, wenn P und Q auf der gleichen Seite von R liegen der Mittelpunkt M von P und Q liegt zwischen diesen Punkten und ist von beiden Punkten gleich weit entfernt

Somit konnen die Aussagen der affinen Geometrie, die Teilverhaltnisse bzw Mittelpunkte betreffen, wie z B der Strahlensatz, durch Abstande ausgedruckt werden Da in E_n außerdem Orthogonalitat und Winkel definiert sind, konnen Folgebegriffe wie z B *Mittelsenkrechte einer Strecke* $\overline{PQ}$

$$\{R \in E_n \mid d(R, Q) = d(R, P)\}, \tag{13 16b}$$

Hohe eines Dreiecks, Seitenhalbierende erklart und Satze der Dreieckslehre hergeleitet werden (vgl Aufgabe 27) –

Entsprechend erhalt man fur sich schneidende Hyperebenen in E_n (bzw Geraden in E_2) mit der Hesseschen Gleichung (13 11d)

$$H_i(x) = \langle h_i, x - x^0 \rangle = 0 \quad (i = 1, 2) \tag{13 16c}$$

durch

$$H_1(x) - H_2(x) = 0 \text{ bzw } H_1(x) + H_2(x) = 0 \tag{13 16d}$$

die *Winkelhalbierende*, wobei mit Hilfe des Begriffs der Seite noch Innen- und Außenwinkel unterschieden werden konnen Ist $n = 2$ und $e^T = (e^1, e^2)$ in (13 16) positiv-orientiert, ist weiter $a \in V_2$ mit $a \neq 0_V$ und ist $b \in V_2$ linear unabhangig von a, so wird durch

$$0 < \sphericalangle\,(a,b) < \pi, \text{ falls } (e^1, e^2)\underset{g.o.}{\sim} (a,b),$$

$$-\pi < \sphericalangle\,(a,b) < 0, \text{ falls } (e^1, e^2)\underset{g.o.}{\sim} (a,b) \tag{13.16e}$$

$(\underset{g.o.}{\sim}$ gemäß Definition 12F$)$

der *orientierte Winkel zwischen a und b* festgelegt; dies überträgt sich sinngemäß auf Geraden.

In E_n sei gemäß Definition 13M eine n-Sphäre bzgl. $(O; e^T)$ durch

$$\mathfrak{H} = S_n(M;r) = \{X \in E_n \mid K(X) = 0\} \text{ mit}$$
$$K(X) = d(X, M)^2 - r^2 = \sum_{v=1}^{n} (x_v - m_v)^2 - r^2 \tag{13.16f}$$

gegeben, dann sind Radius r und Mittelpunkt M gemäß

$$-r^2 = \underset{X \in E_n}{\operatorname{Min}} K(X), \quad K(M) = -r^2 \tag{13.16g}$$

eindeutig und invariant durch die Größe $K(X)$ charakterisiert. Dazu beachte man die leicht zu verifizierende Tatsache (vgl. Aufgabe 29a))

Satz 13.12. *Eine Gerade $\mathfrak{g}$ in E_n hat mit einer Hyperkugelfläche $\mathfrak{H} = S_n(M;r)$ höchstens zwei Punkte gemeinsam. Ist $C \in E_n$ ein Punkt und $\mathfrak{g}$ eine Gerade durch C, die mit $\mathfrak{H}$ zwei (eventuell gleiche) Punkte X_v ($v = 1, 2$) gemeinsam hat (solche Geraden existieren), so ist*

$$K(C) = \pm\, d(C, X_1)\cdot d(C, X_2), \tag{13.16h}$$

und dieser Wert ist genau dann negativ, wenn C zwischen X_1 und X_2 liegt (innerer Punkt); der Wert $K(C)$ ist durch die Punktmenge $\mathfrak{H}$ und den Punkt C eindeutig festgelegt.

Bezeichnungen. Man nennt den Wert $K(C)$ die *Potenz des Punktes C in bezug auf die n-Sphäre* $\mathfrak{H}$; eine Gerade $\mathfrak{g}$, die mit $\mathfrak{H}$ genau einen Punkt, den *Berührungspunkt*, gemeinsam hat, heißt eine *Tangente* an $\mathfrak{H}$ im Berührungspunkt; eine Gerade $\mathfrak{g}$, die mit $\mathfrak{H}$ zwei Punkte gemeinsam hat, heißt *Sekante* von $\mathfrak{H}$.

Sind $\mathfrak{H}_1$ und $\mathfrak{H}_2$ zwei n-Sphären mit verschiedenen Mittelpunkten $M_1 \neq M_2$, so nennt man die Verbindungsgerade dieser Mittelpunkte die *Zentrale* von $\mathfrak{H}_1$ und $\mathfrak{H}_2$; die Hyperebene

$$K_1(X) - K_2(X) = 0 \tag{13.16i}$$

der Punkte, die gleiche Potenz in bezug auf $\mathfrak{H}_1$ und $\mathfrak{H}_2$ haben, heißt *Potenzhyperebene*.

Bemerkung 26. Ist $n = 2$ und $S_2(M;r)$ ein Kreis, so enthält (13.16h) gerade den Sehnentangenten-Satz; weitere Eigenschaften von Kreisen und Geraden sowie ihrer Potenzlinien und Zentralen lassen sich aus den obigen Formeln ableiten (vgl. Figur 7 und die Aufgabe 29).

Viele der geometrischen Aussagen sind auch auf unitär-affine Räume übertragbar, sofern nur Abstände und Orthogonalität verwendet werden (vgl. auch die Ergänzungen zu §14).

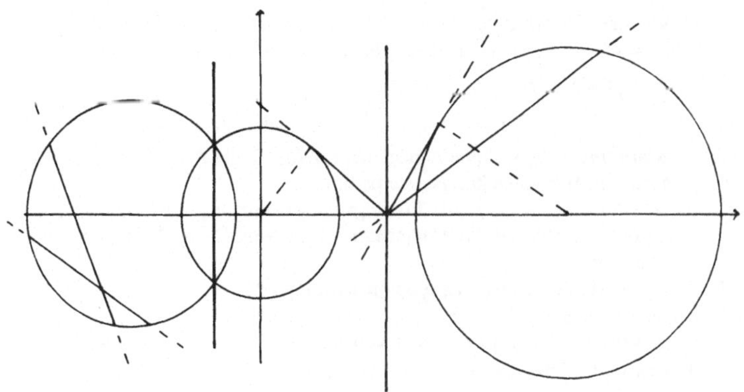

Figur 7

Aufgaben zu §13

1. a) Es sei A eine Menge von 16 Elementen. Zeige, daß auf A drei verschiedene Strukturen als affiner Raum (mit verschiedenen Dimensionen) eingeführt werden können
   b) Zeige, daß $A = \mathbf{R}^2$ als ein- und als zweidimensionaler affiner Raum aufgefaßt werden kann.
   c) Sei $A = \{(\lambda^2, \lambda^3) \in \mathbf{R}^2 \mid \lambda \in \mathbf{R}\}$. Mache aus A einen eindimensionalen affinen Raum über $\mathbf{R}$.

2. a) Begründe Bemerkung 1.
   b) Beweise die Regeln (13.1g) aus Bemerkung 2.
   c) Begründe Bemerkung 4.
   d) Führe den Beweis von Satz 13.2 vollständig aus.

3. a) In $\mathbf{R}^3$ sei die Standardbasis e^T gegeben und in $A_3 = (\mathbf{R}^3, \mathbf{R}^3, \tau)$ sei $P = (1|1|1)$ bzw. $O' = (0|1|2)$ bzgl. $(O; e^T)$ gegeben sowie

$$S_1 = \begin{pmatrix} 1 & 0 & 0 \\ 0 & 1 & 3 \\ 0 & 2 & 0 \end{pmatrix} \in \mathbf{R}^{3,3}.$$ Berechne die Koordinaten von P bzgl.

$(O'; e^T)$ und bzgl. $(O'; a^T)$ mit $e = S_1^T \cdot a$.

   b) Es sei $K = \mathbf{Z}/5 \cdot \mathbf{Z}$ und in $A_3 = (K^3; K^3, \tau)$ ein Koordinatensystem $(O; a^T) = (O; a^1, a^2, a^3)$ gegeben. $P = (p_1|p_2|p_3)$ habe bzgl. eines zweiten Koordinatensystems $(O'; a'^T)$ die Koordinaten $P = (p'_1|p'_2|p'_3)$ mit $p'_1 = p_1 - p_2 + \bar{2}p_3 + \bar{2}$, $p'_2 = p_1 + p_3 + \bar{3}$, $p'_3 = p_1 + p_2 + p_3 + \bar{3}$. Bestimme S mit $a = S^T \cdot a'$. Bestimme die Koordinaten von O bzgl. $(O'; a'^T)$ sowie die Koordinaten von O' bzgl. $(O; a^T)$. Berechne $P = (\bar{2}|\bar{2}|\bar{0})$ bzgl. $(O'; a'^T)$.

4. a) In $\mathbf{R}^4$ bedeute $e^T = (e^1, \ldots, e^4)$ die Standardbasis und in $A_4 = (\mathbf{R}^4, \mathbf{R}^4, \tau)$

247

sei das Koordinatensystem $(O; a^T)$ mit $a^1 = e^1 + e^4$, $a^2 = e^2 + e^3$, $a^3 = e^1 - e^3$, $a^4 = e^4$ gegeben. Bezüglich $(O; a^T)$ sei

$$\Lambda = \{P \in \mathbf{R}^4 \mid \overrightarrow{OP} = (1, 3, -1, 0) + \lambda(1, 2, 1, 1)$$
$$+ \mu(1, -1, 1, -1) + \nu(-1, 4, -1, 3); \ \lambda, \mu, \nu \in \mathbf{R}\}.$$

Bestimme $\dim_{\mathbf{R}} \Lambda$. Stelle Λ bzgl. $(O; e^T)$ dar. Stelle Λ als Lösungsmenge eines linearen Gleichungssystems dar.

b) Sei Λ' bzgl. $(O; e^T)$ als Lösungsmenge von $x_1 + x_2 - x_3 + x_4 = 2$ gegeben. Gebe eine Parameterdarstellung von Λ' an. Bestimme $\Lambda \cap \Lambda'$ und $\Lambda \vee \Lambda'$.

5. a) Begründe die letzte Aussage von Lemma 13.3.
   b) Begründe Bemerkung 5.
   c) Beweise die Inzidenzaussagen von Satz 13.5a.
   d) Begründe Bemerkung 7.

6. In $A_5 = (\mathbf{R}^5, \mathbf{R}^5, \tau)$ seien bzgl. eines Koordinatensystems $(O; a^T)$ lineare Teilmannigfaltigkeiten

$$\Lambda_1 \text{ durch } \quad -2x_1 + x_2 + x_3 - x_4 + x_5 = 6,$$
$$x_1 + x_2 - x_3 - x_4 = -1,$$
$$x_1 + x_2 - x_4 - x_5 = -2,$$

Λ_2 durch $x = \overrightarrow{OP} = (-1, 1, 1, 0, 2) + \lambda(1, 1, 1, 1, 1) + \mu(1, 2, 3, 4, 0), \ \lambda, \mu \in \mathbf{R}$ gegeben.

   a) Bestimme $\Lambda_1 \cap \Lambda_2$ und $\Lambda_1 \vee \Lambda_2$ durch eine Parametergleichung und auch durch ein lineares Gleichungssystem.
   b) Zeige, daß es durch $P_0 = (0 \mid 0 \mid 0 \mid 1 \mid 3)$ genau eine zweidimensionale lineare Teilmannigfaltigkeit $\Lambda_3 \parallel \Lambda_1$ gibt, bestimme Λ_3.
   c) Bestimme und beschreibe $\Lambda_2 \vee \Lambda_3$.

7. a) Beweise die Formeln (13.5b, c) aus Bemerkung 9.
   b) Beweise Satz 13.6.
   c) Begründe, daß Schnitt und Verbindungsraum gemäß Definition 13E wieder lineare Teilmannigfaltigkeiten sind.
   d) Führe den ersten Beweisschritt zu Satz 13.6a aus.

8. Es sei in $A_3 = (K^3, K^3, \tau)$ mit Koordinatensystem $(O; a^T)$ eine Gerade g durch $\overrightarrow{OP} = (1, 0, 0) + \lambda(1, 1, 1) = (0, -1, -1) + \mu(2, 2, 2)$ gegeben, sowie die Punkte $P_\nu \in g$ durch $\lambda_\nu = 0$ bzw. 1 bzw. 2.
   a) Sei $K = \mathbf{R}$. Berechne $(P_1, P_2; P_3)$ und $(P_3, P_1; P_2)$ bzgl. beider Parameterdarstellungen von g und bestimme P_4 und P_5 mit $(P_1, P_2; P_4) = 4$, $(P_1, P_2; P_5) = \frac{1}{4}$.
   b) Löse die gleiche Aufgabe für $K = \mathbf{Z}/3 \cdot \mathbf{Z}$.
   c) Löse diese Aufgabe für $K = \mathbf{C}$ und bestimme dann $P_6 \in g$ mit $(P_1, P_2; P_6) = 2 + 3i$.
   d) Es seien $Q_0 \in K^3$ und a^1, a^2 linear unabhängige Vektoren aus K^3 sowie $\overrightarrow{Q_0 Q_1} = a^1, \overrightarrow{Q_0 Q_2} = a^2, \overrightarrow{Q_0 Q_3} = a^1 + a^2$. Zeige, daß die Geraden
   $$g_1: \overrightarrow{OQ_0} + \lambda(a^1 + a^2) \text{ und } g_2: \overrightarrow{OQ_1} + \lambda(a^2 - a^1)$$
   einen eindeutig bestimmten Schnittpunkt M haben mit $(Q_0, Q_3; M) = (Q_1, Q_2; M)$ (geometrische Interpretation?).

9. a) In $\mathbf{C}^2$ sei (O, e^1, e^2) das Standardkoordinatensystem und in $A_2 = (\mathbf{C}^2, \mathbf{C}^2, \tau)$ sei die affin-lineare Abbildung ϕ $\mathbf{C}^2 \to \mathbf{C}^2$ durch $\phi(O) = (2, 3\imath)$ und $\varphi(e^1) = e^1 + (1 + \imath)e^2$, $\varphi(e^2) = \imath e^1 - 3e^2$ bestimmt Bestimme das Bild von $Q = (2 + \imath, -1)$ und g $\overrightarrow{OP} = e^1 + \lambda(\imath e^1 + e^2)$ $(\lambda \in \mathbf{C})$ bei ϕ

b) Zeige, daß durch $\phi(P_1) = \phi(1|1|1|0) = (3|2|0|4)$, $\phi(P_2) = \phi(1|1|0|1) = (4|3|0|6)$, $\phi(P_3) = \phi(1|0|1|1) = (3|5|-2|7)$, $\phi(P_4) = \phi(0|1|1|1) = (3|2|0|4)$, $\phi(P_5) = \phi(1|0|0|0) = (2|2|0|3)$ genau eine affine Selbstabbildung von $(\mathbf{R}^4, \mathbf{R}^4, \tau)$ bestimmt ist Beschreibe ϕ bzgl (O, e^T) und gebe alle Geraden an, die auf einen Punkt abgebildet werden Bestimme alle Geraden, die auf g_1 $\overrightarrow{OP} = \lambda(-1, 2, -2, 1) + (3, 1, 1, 3)$ abgebildet werden

10. a) Begrunde die Eindeutigkeitsaussage von Satz 13 7

b) Beweise Satz 13 7a

c) Fuhre den Beweis von Satz 13 7b aus

d) Begrunde die Aussagen von Bemerkung 13

11. a) Untersuche bei den Basen in Aufgabe 3a) bzw 4a), ob sie jeweils gleich-orientiert sind

b) Es sei $A_n = (A, V_n, \tau)$ ein n-dimensionaler affiner Raum uber einem angeordneten Korper K, g eine Gerade in A_n und H eine Hyperebene in A_n Zeige Durch (13 9f) werden die Koordinatensysteme von A_n in genau zwei Aquivalenzklassen, durch (13 9g) die Punkte $P \in g$, $P \neq P_0 \in g$ (fest) in genau zwei Aquivalenzklassen und durch (13 9h) die $P \in A_n \backslash H$ in genau zwei Aquivalenzklassen eingeteilt

c) Unter den Voraussetzungen von b) seien $P, Q \in A_n$, die auf verschiedenen Seiten von H liegen Zeige, daß es auf der Geraden g $\overrightarrow{OP} + t \overrightarrow{PQ}$ genau einen Punkt $P_0 \in H$ mit $\overrightarrow{OP_0} = \overrightarrow{OP} + t_0 \overrightarrow{PQ}$ gibt, wobei $0 < t_0 < 1$ ist Zeige weiter, daß P und Q auf verschiedenen Strahlen von g von P_0 aus gerechnet liegen

12. a) Fuhre den Beweis von Satz 13 8 aus Welche der geometrischen Folgebegriffe treffen auch in unitar-affinen Raumen zu?

b) Beweise Satz 13 8a

c) Begrunde Satz 13 8b

d) Beweise die Formel (13 11f) aus Bemerkung 17

13. Im euklidisch-affinen Raum E_3 sei die Ebene E bzgl des kartesischen Standardkoordinatensystems durch $x_1 - x_2 + x_3 - 2 = 0$ gegeben

a) Bestimme die Hessesche Normalform von E

b) Steht E auf einer Ebene E_i' $x_i = 0$ $(i = 1, 2, 3)$ senkrecht?

c) Bestimme die Normalenrichtung auf E und den Cosinus des Winkels zur Geraden g mit

$$x = (x_1, x_2, x_3) = (3, 1, 0) + t(1, 1, 1) \quad (t \in \mathbf{R})$$

d) Sei $O' = (1|2|1)$, $a^1 = \dfrac{1}{\sqrt{6}}(1, 1, -2)$, $a^2 = \dfrac{1}{\sqrt{2}}(1, -1, 0)$, $a^3 = \dfrac{1}{\sqrt{3}}(1, 1, 1)$

Zeige, daß (O', a^1, a^2, a^3) ein kartesisches Koordinatensystem ist, ist dies zum Standardsystem gleich-orientiert?

e) Beschreibe E bzgl (O, a^1, a^2, a^3)

14. a) Fuhre den Beweis von Satz 13 9 aus
 b) Bestimme die Umrechnungsformel beim Übergang von einem
    kartesischen Koordinatensystem von E_n zu einem anderen
 c) Beweise Satz 13 9a
 d) Begrunde Satz 13 9b ausfuhrlich und formuliere einen Algorithmus zur
    Bestimmung des Typus der Bewegung

15. a) Fuhre die Rechnungen zu den Beispielen $\boxed{7}$ und $\boxed{7a}$ aus
 b) Eine Bewegung ϕ_v $(v = 1, 2)$ von E_2 werde bzgl des Standard-
    koordinatensystems gemaß (13 12d′) durch

$$\tilde{p} \mapsto \lambda_v + U \, \tilde{p} \text{ mit } U = \begin{pmatrix} 0 & -1 \\ -1 & 0 \end{pmatrix}$$

 und $\tilde{\lambda}_1'^T = (0, \ 1)$ bzw $\tilde{\lambda}_2'^T = (2, \ -2)$ gegeben Bestimme den Typus
 von ϕ_v
 c) Es sei eine Bewegung ϕ_v von E_3 bzgl (O, e^T) durch $\tilde{p} \mapsto \tilde{\lambda}_v + U_v \, \tilde{p}$
    gegeben, wobei $U_v = M_v \in \mathbf{R}^{3\,3}$ (aus §10, Aufgabe 16a)) ist $(v = 2, 3)$ und
    $\tilde{\lambda}_2'^T = (0, 0, 1)$, $\tilde{\lambda}_3'^T = (1, 1, 1)$ Bestimme den Typus der Bewegung
 d) Zeige, daß jede Translation in E_n durch Hintereinanderausfuhrung
    zweier Spiegelungen an Hyperebenen beschreibbar ist

16. a) Es seien in E_3 bzgl der Standardkoordinaten die Punkte $P_0 = (0|0|0)$,
    $P_1 = (2|1|0)$, $P_2 = (-1|4|0)$ und $P_3 = (1|0|2)$ gegeben Berechne
    $I_3(\mathscr{S}_3(P_0, P_1, P_2, P_3))$ und den entsprechenden Wert fur eine
    Permutation der P_v
 b) Es seien P_0, P_1, , $P_n \in E_n$ mit $P_0 \vee P_1 \vee \quad \vee P_n = E_n$ Zeige
    $I_n(\mathscr{S}_n(P_0, P_1, \quad, P_n)) = I_n(\mathscr{S}_n(P_0, P_1, \quad, P_{n-1}, P_n')),$ falls $P_n' \in [P_n, U]$
    mit $U = [\{\overrightarrow{P_0 P_v} | v = 1, \quad, n\}]$ ist
 c) Begrunde (13 13d)
 d) Bestimme fur $M = (1|1|1)$ in E_3 und $r = 3$ den Ausdruck $K(X)$ gemaß
    (13 13d) zu $S_3(M, 3)$

17. a) Im dreidimensionalen affinen Raum A_3 uber K mit dem Koordinaten-
    system (O, a^T) sei die Gerade g durch $\overrightarrow{OP} = \lambda \, a^1$ $(\lambda \in K)$ und der Punkt
    Q durch $\overrightarrow{OQ} = a^2$ gegeben Bestimme alle Geraden durch Q, die
    windschief zu q sind
 b) Sei jetzt speziell $K = \mathbf{C}$ und die Geraden

$$g_1 = \{x \in \mathbf{C}^3 | \ x = (i|1|1) + t(1|i|1 + i), t \in \mathbf{C}\},$$
$$g_2 = \{x \in \mathbf{C}^3 | \ x = (3| \ 3 + 2i| -1 + i) + t(i|2|1), t \in \mathbf{C}\},$$
$$g_3 = \{x \in \mathbf{C}^3 | \ x = (i|1|1) + t(3|i|i), t \in \mathbf{C}\}$$

    gegeben Welche hiervon sind windschief (streng windschief)
    zueinander?
 c) Wie groß muß die Dimension n von A_n mindestens sein, damit es zwei
    k-dimensionale windschiefe Teilmannigfaltigkeiten gibt? Wann sind die
    Begriffe windschief und streng windschief gleichwertig bzw verschieden?
    Gib Beispiele hierfur an
 d) Es seien Λ_1, Λ_2 k-dimensionale streng windschiefe Teilmannigfaltig-
    keiten des euklidisch-affinen Raumes E_n Zeige Es gibt eindeutig
    bestimmte Punkte $P_i \in \Lambda_i$ $(i = 1, 2)$ mit $P_1 \vee P_2 \perp \Lambda_i$ $(i = 1, 2)$ und

$d(P_1, P_2) = \inf d(Q_1, Q_2)$ für $Q_1 \in \Lambda_1$, $Q_2 \in \Lambda_2$. Gilt dies auch bei windschiefen Λ_1, Λ_2 bzw. im unitär-affinen Fall?

18. Es sei $A_3 = (K^3, K^3, \tau)$ mit $\mathrm{Char}(K) \neq 2$, $\neq 3$.

a) Diskutiere die Aufgabe 8d) erneut und zeige, daß M der Mittelpunkt jeder Parallelogrammdiagonalen $\overline{Q_0 Q_3}$ bzw. $\overline{Q_1 Q_2}$ ist.

b) Es seien P_1, P_2, P_3 nicht-kollineare Punkte von A_3. Zeige, daß die «Seitenhalbierenden» $P_i \vee M_i$, $M_i = $ Mittelpunkt von P_{i+1} und P_{i+2} ($i = 1, 2, 3$, i modulo 3), sich in einem Punkt S_{123} schneiden. Bestimme S_{123} und den Wert $(P_i, M_i; S_{123})$ ($i = 1, 2, 3$).

c) Es sei $P_4 \in A_3$, $\notin P_1 \vee P_2 \vee P_3$. Verbinde P_4 mit S_{123} und analog P_1 mit S_{234}, P_2 mit S_{134} usw., die analog konstruiert sind. Gelten hier entsprechende Eigenschaften?

19. a) Führe den Beweis von Satz 13.10 zu Ende. – Es sei eine weitere Gerade g_3 durch P_0 gegeben mit $g_3 \nparallel g_1$, $g_3 \nparallel g_2$ und $g_3 \nparallel g$, und es seien P_3 bzw. Q_3 die Schnittpunkte von g_3 mit $[P_1; K \cdot \overrightarrow{P_1 P_2}]$ bzw. $[Q_1; K \cdot \overrightarrow{Q_1 Q_2}]$. Beweise den dritten Strahlensatz: $(P_1, P_2; P_3) = (Q_1, Q_2; Q_3)$.

b) Führe den Beweis von Satz 13.10a vollständig aus. – Formuliere und beweise den Satz unter den folgenden modifizierten Voraussetzungen:

(i) Voraussetzungen über g_ν und P_0 wie in Satz 13.10a, aber $(P_1 \vee P_2) \parallel (Q_1 \vee Q_2)$, $(P_1 \vee P_3) \parallel (Q_1 \vee Q_3)$.

Zeige: $(P_2 \vee P_3) \parallel (Q_2 \vee Q_3)$ (affiner Satz von Desargues).

(ii) Voraussetzungen wie in i), aber g_ν ($\nu = 1, 2, 3$) seien parallele Geraden.

Zeige: $(P_2 \vee P_3) \parallel (Q_2 \vee Q_3)$ (kleiner affiner Satz von Desargues).

c) Beweise den kleinen affinen Satz von Pappos, d.h. die Aussage von Satz 13.10b für $g_1 \parallel g_2$, $g_1 \neq g_2$.

20. a) Beweise den folgenden Satz von Menelaos:

Sind P, Q, R drei verschiedene nicht-kollineare Punkte von $A_2(K)$ und sind P', Q', R' drei weitere voneinander verschiedene Punkte von $A_2(K)$ mit $P' \in Q \vee R$, $Q' \in P \vee R$, $R' \in P \vee Q$ und ist $\alpha := (Q, R; P')$, $\beta := (R, P; Q')$, $\gamma := (P, Q; R')$, so gilt:

$$P', Q', R' \text{ kollinear} \Leftrightarrow 1 = \alpha \cdot \beta \cdot \gamma.$$

b) Beweise den folgenden Satz von Ceva:

P, Q, R seien nicht-kollineare Punkte der affinen Ebene A_2 mit: $P' \in (Q \vee R) \backslash \{Q, R\}$, $Q' \in (R \vee P) \backslash \{R, P\}$, $R' \in (P \vee Q) \backslash \{P, Q\}$, und ist $p := (Q, R; P')$, $q := (R, P; Q')$, $r := \{P, Q; R'\}$, so gilt:

$$r \cdot p \cdot q = -1 \Leftrightarrow \text{Es gibt ein } S \text{ mit } S = (Q \vee Q') \cap (P \vee P') \cap (R \vee R'),$$
$$\text{oder es gilt } (Q \vee Q') \parallel (P \vee P') \parallel (R \vee R').$$

21. Es sei A_2 affine Ebene über dem angeordneten Körper $K = \mathbf{R}$.

a) Für drei kollineare Punkte P, Q, R erkläre den Begriff «Q *liegt zwischen* P *und* R», d.h. $[P, Q; R]$, durch $(P, Q; R) > 1$. Zeige:

(i) $[P, Q; R] \Leftrightarrow [R, Q; P] \Leftrightarrow (P, R; Q) < 0$.

(ii) Von drei verschiedenen kollinearen Punkten liegt genau einer zwischen den anderen.

b) Fur zwei Punkte $P, Q \in A_2$ definiere man die *Strecke* $\overline{PQ} = \mathscr{S}_1(P, Q)$ Bestatige die folgenden Eigenschaften

$$[P, Q, R] \Leftrightarrow Q \in \overline{PR} \text{ und } Q \neq P, R,$$

$$P \in \overline{PQ} \text{ und } \overline{PQ} = \overline{QP},$$

$$P, Q \in g \text{ (Gerade)} \Rightarrow \overline{PQ} \subseteq g$$

22. Es sei $\mathfrak{P}_m = \mathfrak{P}_m(P_0, P_1, \ , P_m)$ ein Parallelotop in A_m uber $\mathbf{R}$ gemaß Bemerkung 22, (13 14ı), dann heißt Q *Ecke* von $\mathfrak{P}_m(P_0, P_1, \ , P_m)$, falls

$$\overrightarrow{OQ} = \overrightarrow{OP_0} + \sum_{\mu=1}^{m} \lambda_\mu \, \overrightarrow{P_0 P_\mu} \quad \text{mit} \quad \lambda_\mu \in \{0, 1\}, \quad \text{und} \quad \text{jede} \quad \text{Hyperebene}$$

$$H_\mu = [Q, U_\mu], \text{ wobei } Q \text{ eine Ecke von } \mathfrak{P}_m \text{ und}$$

$$U_\mu = [\{\overrightarrow{P_0 P_1}, \ , \overrightarrow{P_0 P_m}\} \setminus \{\overrightarrow{P_0 P_\mu}\})]$$

ist, heißt eine *Seite* von $\mathfrak{P}_m$

a) Wieviele verschiedene Parallelotope konnen von den $m + 1$ Punkten P_μ erzeugt werden? Wieviele Ecken bzw Seiten hat ein solches Parallelotop?

b) Es seien fur $m = 3$ $P_0 = (1|1|1), P_1 = (2|1|2), P_2 = (1|2|0), P_3 = (0|1|1)$ und $\mathfrak{P}_3(P_0, P_1, P_2, P_3) = \mathfrak{P}_3$ Liegen $R_1 = (\frac{3}{2}|\frac{3}{2}|1)$ und $R_2 = (0|3|-2)$ auf einer Seitenflache von $\mathfrak{P}_3$? Gehoren sie zu $\mathfrak{P}_3$?

23. a) Fuhre die Beweise zu Bemerkung 23 aus

b) In $A_3 = (\mathbf{R}^3, \mathbf{R}^3, \tau)$ mit dem Standardkoordinatensystem sei $U = [e^1 + e^2, e^1 - e^2], D = [e^1 + e^2 + e^3]$ und $\Lambda = [(2|1|1), U]$ Zeige $\mathbf{R}^3 = U \oplus D$ und beschreibe pr_D in der Form (13 8g)

c) In $E_3 = A_3$ mit dem kartesischen Standardkoordinatensystem sei Λ durch $x_1 - x_2 + x_3 = 1$ gegeben Stelle die orthogonale Projektion von E_3 auf Λ in der Form (13 8g) dar und berechne $pr_{U^\perp}(O)$

24. a) Wie laßt sich eine σ-semiaffine Abbildung analog zu (13 8g) als Matrizengleichung beschreiben?

b) Zeige, daß jede σ-Semiaffinitat sogar kollinear ist

c) Sei $A_2 = (\mathbf{C}^2, \mathbf{C}^2, \tau)$ mit dem Standardkoordinatensystem gegeben und $\phi((z_1|z_2)) = (\sigma(z_1)|\sigma(z_2))$, wobei σ die komplexe Konjugation bedeutet Zeige, daß ϕ eine σ-Semiaffinitat ist, die aber keine Affinitat ist

25. a) Beweise Bemerkung 25

b) Zeige, daß die Ahnlichkeitsabbildungen von E_n eine Gruppe bilden

c) Zeige, daß im unitar-affinen Fall $U_n = A_n$ eine Affinitat ϕ, deren Matrix bzgl einer Orthonormalbasis die Form $\rho \, U$ mit $U \in U_n(\mathbf{C}), \rho \in \mathbf{C}, \rho \neq 0$ hat, die Eigenschaft

$$d(\phi(P), \phi(Q)) = |\rho| \, d(P, Q) \text{ fur } P, Q \in U_n$$

hat

d) Es sei gemaß (13 16') $E_2 = \mathbf{C}$ euklidisch-affiner Raum Untersuche, wann die Abbildungen ϕ_ι $E_2 = \mathbf{C} \to \mathbf{C}$ mit

$$\phi_1(z) = a_{11} z + a_{12} \text{ bzw } \phi_2(z) = a_{21} \bar{z} + a_{22}$$

$(a_{\nu\mu} \in \mathbf{C}, \nu, \mu = 1, 2)$ Ahnlichkeitsabbildungen von E_2 sind

26. a) Beweise (13 15h)

b) Bestimme diejenigen Bewegungen von E_2, die zugleich axiale Affinitaten sind

c) Eine Affinität ϕ von E_2 mit kartesischem Koordinatensystem sei durch

$$\phi(\tilde{x}) = \begin{pmatrix} 3 & 2 \\ 1 & 2 \end{pmatrix} \tilde{x} + \begin{pmatrix} -6 \\ -3 \end{pmatrix}$$

gegeben Zeige, daß ϕ axiale Affinität ist Bestimme a_ϕ, die Affinitatsrichtung a und die Bilder von

$$P = (0|0) \text{ und } Q = (2|0)$$

d) Zeige Jede Bewegung von E_n laßt sich durch Hintereinanderausfuhrung von hochstens $n + 2$ Spiegelungen darstellen, jede Bewegung von E_2 durch hochstens 3 Spiegelungen

27. a) Begrunde Satz 13 11

b) Zeige Ist $\mathscr{S}_2(P_0, P_1, P_2)$ ein Dreieck in E_2, M der Mittelpunkt von $\overline{P_0 P_2}$ und ist $d(P_1, M) = d(P_0, M) = d(P_2, M)$, so ist $\mathscr{S}_2$ ein rechtwinkliges Dreieck (Thales)

c) Es sei $\mathscr{S}_2 = \mathscr{S}_2(P_0, P_1, P_2)$ ein Dreieck Zeige Die drei Hohen von $\mathscr{S}_2$ ($=$ Lote von Ecke auf Gegenseite) schneiden sich in einem Punkt H, die drei Mittelsenkrechten in einem Punkt U, die mit dem Schnittpunkt S der Seitenhalbierenden auf einer Geraden liegen

28. a) Zeige Die beiden Winkelhalbierenden zweier sich schneidender Hyperebenen von E_n stehen senkrecht aufeinander

b) Berechne den Schnittwinkel und die Winkelhalbierenden folgender Ebenen in E_3

$\Lambda_1 = \{x \in \mathbf{R}^3 | x = (1|1|1) + t_1(0|-1|1) + t_2(2|-2|-2), t_1, t_2 \in \mathbf{R}\}$,

$\Lambda_2 = \{x \in \mathbf{R}^3 | x = (0|1|1) + s_1(2|-1|-3) + s_2(2|-2|-1), s_1, s_2 \in \mathbf{R}\}$

c) Zeige Die drei Innenwinkelhalbierenden eines Dreiecks in E_2 gehen durch einen Punkt, den Mittelpunkt des Inkreises

d) Zeige, daß es genau einen Kreis gibt, der durch die Dreieckspunkte P_0, P_1, P_2 geht

e) Wie sehen die entsprechenden Aussagen fur Tetraeder $\mathscr{S}_3(P_0, P_1, P_2, P_3)$ in E_3 aus?

29. a) Beweise Satz 13 12

b) Interpretiere (13 16h) als Sehnentangentensatz, d h daß das Produkt der Sehnenabschnitte aller Sehnen ($=$ Sekanten) bei festem C gleich ist (Fallunterscheidung)

c) Zeige Sind $\mathfrak{H}_1$ und $\mathfrak{H}_2$ zwei Kugeln in E_3 (Kreise in E_2) mit verschiedenen Mittelpunkten, so steht die Zentrale senkrecht auf der Potenzebene (Potenzlinie), falls $\mathfrak{H}_1 \cap \mathfrak{H}_2 \neq \emptyset$, diskutiere diese Schnittpunktmenge

d) Es seien $\mathfrak{H}_1, \mathfrak{H}_2, \mathfrak{H}_3$ drei Kugeln mit nicht kollinearen Mittelpunkten M_i ($i = 1, 2, 3$) Zeige, daß die Punkte gleicher Potenz in bezug auf $\mathfrak{H}_i$ ($i = 1, 2, 3$) auf einer Geraden $g \perp (M_1 \vee M_2 \vee M_3)$ liegen

30. a) Es sei $E_2 = \mathbf{C}$, $a \in \mathbf{C}$ (fest) und $R > 0$, $\in \mathbf{R}$ Zeige, daß durch $z\bar{z} - a\bar{z} - \bar{a}z - a\bar{a} = R^2$ ein Kreis $\mathfrak{K}(a, R)$ in E_2 gegeben wird Inter-

pretiere die Bedeutung von a und R. Bestimme die Potenzlinien von
$\Re(a, R)$ und $\Re(\bar{a}, R)$.

b) Seien

$$P_1 = (0 \mid \sqrt{2}), \ P_2 = (-1 + 2\sqrt{2} \mid 1 - \sqrt{2}), \ P_3 = (-1 - 2\sqrt{2} \mid -1 - \sqrt{2})$$

in E_2 gegeben. Bestimme Umkreis $\Re_1$ und Inkreis $\Re_2$ des Dreiecks
$\mathcal{S}_2(P_1, P_2, P_3)$ und die Potenzlinie von $\Re_1$ und $\Re_2$.

c) In E_3 seien drei Kugeln durch ihre Mittelpunkte $M_1 = (-2 \mid 2 \mid 1)$,
$M_2 = (0 \mid -3 \mid 0)$, $M_3 = (\frac{3}{2} \mid \frac{3}{2} \mid 2)$ und ihre Radien $r_1 = 1$, $r_2 = \frac{1}{2}$, $r_3 = \frac{1}{4}$
gegeben. Bestimme die Gleichungen der Kugeln, die Potenzebene von
je zwei und die Potenzgerade der drei Kugeln.

§14 Hyperflächen, Kurven und Flächen zweiter Ordnung

Wir wollen in diesem Paragraphen einige weitere wichtige geometrische Objekte einführen und diskutieren; hierzu gehören unter
anderem Verallgemeinerungen der in §13, Definition 13M genannten
Hyperkugelfläche. Dazu sei

K ein (kommutativer) Körper mit $\mathrm{Char}(K) \neq 2$,

A_n ein n-dimensionaler affiner Raum über K $\hspace{2cm}$ (14.1)

mit dem Translationsvektorraum V_n.

Wir verwenden das Symbol A_n für die Punktmenge des Raumes (der
Buchstabe A wird anschließend in anderer Bedeutung benutzt). Weiter
legen wir ein affines Koordinatensystem von A_n zugrunde:

$$(O; \mathfrak{a}^T) = (O; \mathfrak{a}^1, \ldots, \mathfrak{a}^n),$$

$$A_n \ni X \leftrightarrow \tilde{x}^T = (x_1, \ldots, x_n) \in K^n \text{ bzgl. } (O; \mathfrak{a}^T), \hspace{1cm} (14.1\mathrm{a})$$

$$\text{d.h. } x = \overrightarrow{OX} = \tilde{x}^T \cdot \mathfrak{a}.$$

Als Hilfsgrößen treten im folgenden eine symmetrische Matrix, ein
Vektor und ein Skalar auf:

$$A = (\alpha_{\mu\nu}) \in K^{n,n} \text{ mit } A = A^T,$$

$$\mathfrak{b}^T = (\beta_1, \ldots, \beta_n) \in K^n, \ \gamma \in K. \hspace{2cm} (14.1\mathrm{b})$$

Hiermit können wir die folgende quadratische Form auf V_n

$$Q_A(x) := \tilde{x}^T \cdot A \cdot \tilde{x} = \sum_{\mu, \nu = 1}^{n} \alpha_{\mu\nu} x_\mu x_\nu \quad \text{für } x = \tilde{x}^T \cdot \mathfrak{a} \hspace{1cm} (14.1\mathrm{c})$$

254

bzw. die Linearform auf V_n

$$\langle b^*, x \rangle := \tilde{b}^T \cdot \tilde{x} = \sum_{\lambda=1}^{n} \beta_\lambda x_\lambda \quad \text{für } x = \tilde{x}^T \cdot \mathfrak{a} \qquad (14.1\text{c}')$$

bilden.

Bemerkung 1. Mit den Festsetzungen

$$\begin{aligned} Q_A(\tilde{x}) &:= Q_A(x) \quad \text{bzw.} \\ \langle b^*, \tilde{x} \rangle &:= \langle b^*, x \rangle \quad \text{für } x = \tilde{x}^T \cdot \mathfrak{a} \end{aligned} \qquad (14.1\text{d})$$

erhält man zugleich zugehörige quadratische Formen $Q_A(\tilde{x})$ bzw. Linearformen $\langle b^*, \tilde{x} \rangle$ auf K^n (bzgl. der Standardbasis von K^n); hierbei gelten die Formeln (14.1c, c′) sinngemäß.

Definition 14A. Unter den Voraussetzungen und Bezeichnungen (14.1) bis (14.1d) und $A \neq O_{n,n}$ nennen wir einen Ausdruck der Form

$$\tilde{x}^I \cdot A \cdot \tilde{x} + 2 \cdot \tilde{h}^T \cdot \tilde{x} + \gamma \quad \text{für } \tilde{x}^T - (x_1, \ldots, x_n) \qquad (14.1\text{e})$$

ein *allgemeines Polynom 2-ten Grades* in $x_1, \ldots, x_n$ und eine Gleichung

$$\mathfrak{Q}_{A,\tilde{b},\gamma}(x) = 0 \text{ bzw. } \mathfrak{Q}_{A,\tilde{b},\gamma}(\tilde{x}) = 0 \qquad (14.1\text{f})$$

mit

$$\begin{aligned} \mathfrak{Q}_{A,\tilde{b},\gamma}(x) &:= Q_A(x) + 2\langle b^*, x \rangle + \gamma \quad \text{bzw.} \\ \mathfrak{Q}_{A,\tilde{b},\gamma}(\tilde{x}) &:= Q_A(\tilde{x}) + 2\langle b^*, \tilde{x} \rangle + \gamma \end{aligned} \qquad (14.1\text{f}')$$

eine *allgemeine Gleichung zweiter Ordnung* oder eine *quadratische Gleichung auf V_n bzw. K^n*.

Bemerkung 2. Die quadratische Gleichung $\mathfrak{Q}_{A,\tilde{b},\gamma}(\tilde{x}) = 0$ aus (14.1f) läßt sich in der Matrizenform (14.1e) schreiben und lautet explizit

$$\sum_{\mu,\nu=1}^{n} \alpha_{\mu\nu} x_\mu x_\nu + 2 \sum_{\lambda=1}^{n} \beta_\lambda x_\lambda + \gamma = 0; \qquad (14.1\text{g})$$

weiter kann man für diese Gleichung $\mathfrak{Q}_{A,\tilde{b},\gamma}(\tilde{x}) = 0$ auch die folgende Matrizenform

$$\tilde{y}^T \cdot B \cdot \tilde{y} = 0, \quad \text{wobei } \tilde{y}^T = (x_1, \ldots, x_n, 1),$$

$$B = \begin{pmatrix} \alpha_{11} & \cdots & \alpha_{1n} & \beta_1 \\ \vdots & & \vdots & \vdots \\ \alpha_{n1} & \cdots & \alpha_{nn} & \beta_n \\ \beta_1 & \cdots & \beta_n & \gamma \end{pmatrix} \in K^{n+1,n+1}, \tag{14.1g'}$$

mit symmetrischer Matrix B schreiben. – Gelegentlich wird die Voraussetzung $A \neq O_{n,n}$ auch weggelassen, d.h. daß das Polynom (14.1e) nicht notwendig vom genauen Grad 2 sein muß.

Definition 14A'. Unter den Bezeichnungen und Voraussetzungen von Definition 14A nennen wir die Punktmenge

$$\mathfrak{H} := \{ X \in A_n \,|\, x = \overrightarrow{OX} \text{ mit } \mathfrak{Q}_{A,\tilde{b},\gamma}(x) = 0 \} \tag{14.1h}$$

die *Hyperfläche zweiter Ordnung* oder *Quadrik* zu $\mathfrak{Q}_{A,\tilde{b},\gamma}(x) = 0$ in A_n bzgl. $(O; \mathfrak{a}^T)$; speziell für $n = 2$ heißt $\mathfrak{H} = \mathfrak{C}$ eine *Kurve zweiter Ordnung* in A_2 bzw. für $n = 3$ heißt $\mathfrak{H} = \mathfrak{F}$ eine *Fläche zweiter Ordnung* in A_3.

Diese Definition bedeutet also explizit aufgeschrieben

$$\mathfrak{H} = \{ X \in A_n \,|\, x = \overrightarrow{OX} = \tilde{x}^T \cdot \mathfrak{a}, Q_A(\tilde{x}) + 2 \cdot \langle b^*, \tilde{x} \rangle + \gamma = 0 \}, \tag{14.1h'}$$

d.h. die Hyperfläche $\mathfrak{H}$ ist durch die quadratische Gleichung $\mathfrak{Q}_{A,\tilde{b},\gamma}(x) = 0$ bzgl. $(O; \mathfrak{a}^T)$ eindeutig festgelegt; wir stellen hier die Zuordnung quadratische Gleichung $\mathfrak{Q}_{A,\tilde{b},\gamma}(\tilde{x}) = 0 \to$ Punktmenge $\mathfrak{H}$ in den Vordergrund, auch wenn eventuell verschiedene Gleichungen die gleiche Punktmenge bestimmen.

Weiter ist noch zu prüfen, ob die Eigenschaft, Hyperfläche zweiter Ordnung zu sein, unabhängig von der Auswahl des Koordinatensystems ist. Hierzu beachten wir

Satz 14.1. *Ist $d \in K$, $d \neq 0$, so ändert sich die Lösungsmenge der Gleichung $\mathfrak{Q}_{A,\tilde{b},\gamma}(x) = 0$ bei Multiplikation mit der Konstanten d nicht, d.h.*

$$\begin{aligned} \mathfrak{H} &= \{ X \in A_n \,|\, x = \overrightarrow{OX} \text{ mit } \mathfrak{Q}_{A,\tilde{b},\gamma}(x) = 0 \} \\ &= \{ X \in A_n \,|\, x = \overrightarrow{OX} \text{ mit } \mathfrak{Q}_{A,\tilde{b},\gamma}(x) \cdot d = 0 \} =: \mathfrak{H}'. \end{aligned} \tag{14.1i}$$

Auch in jedem anderen Koordinatensystem von A_n ist $\mathfrak{H}$ durch eine quadratische Gleichung gegeben, wie aus den nachfolgenden Umrechnungsformeln (14.1j, j') hervorgeht.

256

Beweis. Die erste Aussage ist unmittelbar klar. Ist andererseits gemäß Satz 13.2 mit $S_2 := S_1^{-1}$ ein Koordinatenwechsel in A_n gegeben

$$\tilde{x} = S_2 \cdot \tilde{x}' + \tilde{r}$$
$$\text{für } x = \overrightarrow{OX} = \tilde{x}^T \cdot \mathfrak{a}, \ \overrightarrow{O'X} = \tilde{x}'^T \cdot \mathfrak{a}' \text{ und } \overrightarrow{OO'} = \tilde{r}^T \cdot \mathfrak{a}, \qquad (14.1\mathrm{j})$$

so folgt für $X \in \mathfrak{H}$ und $\overrightarrow{O'X} = \tilde{x}'^T \cdot \mathfrak{a}'$ durch Einsetzen

$$\mathfrak{Q}_{A',\tilde{b}',\gamma'}(\tilde{x}') = \tilde{x}'^T \cdot A' \cdot \tilde{x}' + 2 \cdot \tilde{b}'^T \cdot \tilde{x}' + \gamma' = 0$$
$$\text{mit } A' = S_2^T \cdot A \cdot S_2 = A'^T \text{ und} \qquad (14.1\mathrm{j}')$$
$$\tilde{b}'^T = \tilde{r}^T \cdot A \cdot S_2 + \tilde{b}^T \cdot S_2, \ \gamma' = 2 \cdot \tilde{b}^T \cdot \tilde{r} + \tilde{r}^T \cdot A \cdot \tilde{r} + \gamma,$$

woraus sich die Behauptung ergibt. ∎

Definition 14B. Zwei Hyperflächen zweiter Ordnung $\mathfrak{H}$ und $\mathfrak{H}'$ in A_n heißen *affin-äquivalent* oder *geometrisch-äquivalent in A_n*, wenn es eine Affinität $\phi\colon A_n \to A_n$ (mit der Umkehrabbildung ϕ^{-1}) gibt, durch die gemäß

$$\phi(\mathfrak{H}) = \mathfrak{H}', \quad \phi^{-1}(\mathfrak{H}') = \mathfrak{H} \qquad (14.2)$$

die Punktmengen $\mathfrak{H}$ und $\mathfrak{H}'$ aufeinander abgebildet werden.

Aus §13, Satz 13.7a und Bemerkung 13 folgt

Bemerkung 3. Ist bei einem festen Koordinatensystem $(O; \mathfrak{a}^T)$ von A_n $\mathfrak{H}$ durch $\mathfrak{Q}_{A,\tilde{b},\gamma}(\tilde{x}) = 0$ und die Affinität ϕ von A_n durch

$$\phi(X) = X' \text{ mit } \tilde{x} = S_2 \cdot \tilde{x}' + \tilde{r},$$
$$\text{wobei } \overrightarrow{OX} = \tilde{x}^T \cdot \mathfrak{a}, \ \ \overrightarrow{OX'} = \tilde{x}'^T \cdot \mathfrak{a} \qquad (14.2\mathrm{a})$$
$$\text{und } \tilde{x}' = S_1 \cdot \tilde{x} - S_1 \cdot \tilde{r}, \ \ S_2 = S_1^{-1}$$

beschrieben, so tritt für $\phi(\mathfrak{H}) = \mathfrak{H}'$ bzgl. $(O; \mathfrak{a}^T)$ formal die quadratische Gleichung $\mathfrak{Q}_{A',\tilde{b}',\gamma'}(\tilde{x}') = 0$ aus (14.1j') auf, die die ursprüngliche Quadrik $\mathfrak{H}$ in dem gemäß (14.1j) gegebenen Koordinatensystem $(O'; \mathfrak{a}'^T)$ hat; also lassen sich die Formeln der affinen Äquivalenz auch durch einen Koordinatensystemwechsel in A_n interpretieren. – Insbesondere für die Matrizen bedeutet die Beziehung

$$A' = S_2^T \cdot A \cdot S_2 \text{ mit } \det(S_2) \neq 0, \text{ d.h. } A' \underset{K}{\equiv} A, \qquad (14.2\mathrm{b})$$

daß Kongruenz im Sinne der Definition 4G aus LA 1 und Definition 8E vorliegt. – Es ist jedoch möglich, daß die Bildpunktmenge $\mathfrak{H}' = \phi(\mathfrak{H})$ auch durch eine quadratische Gleichung beschrieben werden kann, die nicht in obiger Form aus $\mathfrak{Q}_{A,\tilde{b},\gamma}$ entsteht.

Wir führen die folgenden Sprechweisen ein.

Definition 14C. Eine Hyperfläche $\mathfrak{H}$ zweiter Ordnung (Quadrik) in A_n heißt eine *Hyperfläche (Quadrik) mit Zentrum* (Mittelpunkt) Z, wenn $\mathfrak{H}$ affin-äquivalent zu einer Hyperfläche $\mathfrak{H}'$ ohne lineare Glieder in den (14.1e) entsprechenden Formeln ist; d.h. bei der Koordinatenumrechnung gemäß (14.1j, j') ist für $\mathfrak{H}'$ $\quad \tilde{b}' = S_2^T \cdot (A \cdot \tilde{r} + \tilde{b}) = \mathbf{0}_{K^n}$, also gilt die *Mittelpunktform* der Gleichung

$$\tilde{x}'^T \cdot A' \cdot \tilde{x}' + \gamma' = 0 \tag{14.2c}$$

für $X' \in \mathfrak{H}'$. Mittelpunkte Z von $\mathfrak{H}$ sind solche Punkte, die als Koordinatenursprung gewählt die Mittelpunktform (14.2c) für $\mathfrak{H}$ liefern. – Eine Hyperfläche $\mathfrak{H}$ zweiter Ordnung heißt *diagonalisiert*, wenn die Matrix A eine Diagonalmatrix ist.

Wieder lassen sich die Formeln als Koordinatenwechsel interpretieren (vgl. Aufgabe 5a)). Aus den nachfolgenden Überlegungen wird hervorgehen, daß im Fall der Existenz eines Zentrums von $\mathfrak{H}$, dieses nicht eindeutig bestimmt zu sein braucht.

Satz 14.2. *Eine Quadrik $\mathfrak{H}$ mit der Gleichung $\mathfrak{Q}_{A,\tilde{b},\gamma}(\tilde{x}) = 0$ bzgl. $(O; \mathfrak{a}^T)$ ist genau dann eine Hyperfläche zweiter Ordnung mit Zentrum, wenn das inhomogene lineare Gleichungssystem*

$$A \cdot \tilde{y} = -\tilde{b}, \quad d.h. \ A \cdot \tilde{y} + \tilde{b} = \mathbf{0}_{K^n} \tag{14.2d}$$

eine Lösung $\tilde{y} = \tilde{c} \in K^n$ besitzt; (14.2d) ist im Fall $\det(A) \neq 0$ sicher eindeutig lösbar. Jede Lösung von (14.2d) liefert ein Zentrum Z von $\mathfrak{H}$, und die Mittelpunktform ist dann immer durch eine reine Translation erreichbar. – Jede Quadrik $\mathfrak{H}$ ist affin-äquivalent zu einer diagonalisierten Quadrik $\mathfrak{H}'$.

Beweis. 1. Wegen (14.1j') und Bemerkung 3 folgt: $\mathfrak{H}$ hat ein Zentrum genau dann, wenn ein $\tilde{r} \in K^n$ existiert mit

$$\begin{aligned}
\mathbf{0}_{K^n} &= S_2^T \cdot (A \cdot \tilde{r} + \tilde{b}), \\
d.h. \ A \cdot \tilde{r} &= -\tilde{b}.
\end{aligned} \tag{14.2d'}$$

258

Das ist gleichwertig zu

$$\mathrm{Rg}(A) = \mathrm{Rg}(A, \mathfrak{b}); \tag{14.2c}$$

wenn $\det(A) \neq 0$ ist, dann gilt sicher (14.2e). Jede Lösung $\tilde{r}$ liefert offensichtlich ein Zentrum Z von $\mathfrak{H}$. Ist $\tilde{r}$ eine Lösung von (14.2d'), so erhält man mit dem Ansatz

$$\tilde{x} = \tilde{x}' + \tilde{r}, \tag{14.2f}$$

d.h. einer Translation (also einer Verschiebung des Ursprungs) die Lösungen der Aufgabe und damit die Mittelpunktform (14.2c).

2. Aus Satz 8.5 folgt sofort unter Verwendung des Standardskalarprodukts von K^n, daß A entsprechend (14.2b) kongruent zu einer Diagonalmatrix D ist, d.h. daß $\mathfrak{H}$ diagonalisierbar ist. ∎

Nach der Beweismethode von Satz 8.5 kann übrigens die Diagonalmatrix berechnet werden. Unter zusätzlichen Voraussetzungen über den Körper K lassen sich schärfere Ergebnisse herleiten (vgl. auch die Ergänzungen).

Zum Beispiel für $K = \mathbf{R}$ ist nach dem Trägheitssatz von Sylvester (vgl. Satz 8.7):

$$A \underset{\mathbf{R}}{\equiv} \mathrm{diag}(\underbrace{1, \ldots, 1}_{p\text{-mal}} ; \underbrace{-1, \ldots, -1}_{s\text{-mal}}; \underbrace{0, \ldots, 0}_{(n-r)\text{-mal}}) = D$$

mit $p = $ Positivitätsindex, $s = $ Negativitätsindex, $\qquad$ (14.2g)
$p + s = r = \mathrm{Rg}(A),$

wobei die angegebenen Größen durch A eindeutig festgelegt sind.

Für die weiteren Untersuchungen führen wir die folgenden nützlichen technischen Bezeichnungen ein.

Bezeichnungen. Wir sagen, daß eine allgemeine quadratische Gleichung $\mathfrak{Q}_{A', \mathfrak{b}', \gamma'}(\tilde{x}') = 0$ aus $\mathfrak{Q}_{A, \mathfrak{b}, \gamma}(\tilde{x}) = 0$ durch *affin-zulässige Umformungen* hervorgeht, wenn endlich oft die folgenden Rechenprozesse (auf $\mathfrak{Q}_{A, \mathfrak{b}, \gamma}(\tilde{x}) = 0$) angewendet werden:

(i) Multiplikation mit einer Konstanten $d \neq 0$.

(ii) Substitutionen der Form (vgl. (14.1j, j'))
$$\tilde{x} = S_2 \tilde{x}' + \tilde{r} \quad \text{mit } \det(S_2) \neq 0 \tag{14.2h}$$
(eventuell mit anschließender Variablenumbenennung).

Ausgezeichnete Typen von quadratischen Gleichungen, die hierdurch hervorgehen, werden auch *affine Normalformen* genannt.

Satz 14.3. *Eine Hyperfläche zweiter Ordnung $\mathfrak{H}$ des n-dimensionalen affinen Raumes A_n über $\mathbf{R}$ sei bzgl. des festen Koordinatensystems $(O; \mathfrak{a}^T)$ von A_n durch die allgemeine quadratische Gleichung $\mathfrak{Q}_{A, \tilde{b}, \gamma}(\tilde{x}) = 0$ gegeben. Dann läßt sich $\mathfrak{Q}_{A, \tilde{b}, \gamma}(\tilde{x}) = 0$ durch affin-zulässige Umformungen auf genau eine der folgenden Normalformen einer quadratischen Gleichung transformieren:*

$\mathrm{I_A}$
$$\boxed{\begin{aligned} &x_1^2 + \ldots + x_p^2 - x_{p+1}^2 - \ldots - x_r^2 = \tilde{x}^T \cdot D \cdot \tilde{x} = 1 \\ &\textit{mit } D \textit{ gemäß (14.2g) und} \\ &1 \leq r = \mathrm{Rg}(A) \leq n, \ 0 \leq p \leq r; \end{aligned}}$$
(14.3)

$\mathrm{II_A}$
$$\boxed{\begin{aligned} &x_1^2 + \ldots + x_p^2 - x_{p+1}^2 - \ldots - x_r^2 = \tilde{x}^T \cdot D \cdot \tilde{x} = 0 \\ &\textit{mit } D \textit{ gemäß (14.2g) und} \\ &1 \leq r = \mathrm{Rg}(A) \leq n, \ 2p \geq r; \end{aligned}}$$
$(14.3\mathrm{a})$

$\mathrm{III_A}$
$$\boxed{\begin{aligned} &x_1^2 + \ldots + x_p^2 - x_{p+1}^2 - \ldots - x_r^2 = \tilde{x}^T \cdot D \cdot \tilde{x} = 2x_n \\ &\textit{mit } D \textit{ gemäß (14.2g) und} \\ &1 \leq r = \mathrm{Rg}(A) < n, \ 2p \geq r. \end{aligned}}$$
$(14.3\mathrm{b})$

Dabei ist $\mathfrak{H}$ affin-äquivalent zur Quadrik $\mathfrak{H}' = \phi(\mathfrak{H})$, die zur angegebenen Normalform gehört; jeder der genannten Typen tritt auf. Der Fall $\mathrm{III_A}$ liegt genau dann vor, wenn $\mathfrak{H}$ eine Hyperfläche ohne Zentrum ist. Insbesondere hat also jede Quadrik $\mathfrak{H}$ bzgl. eines geeigneten Koordinatensystems als zugehörige Gleichung eine dieser Formen.

Bemerkung 4. Die formal für $r = 0$ denkbaren Fälle (vgl. auch Bemerkung 2) sind hier fortgelassen; natürlich sind je nach dem numerischen Wert von p und r in $\mathrm{I_A}$, $\mathrm{II_A}$, $\mathrm{III_A}$ noch verschiedene Fälle möglich, die durch affin-zulässige Umformungen nicht ineinander überführbar sind. Wir schreiben die Variablen nach der Umformung wieder als $x_1, \ldots, x_n$.

Beweis. 1. Es sei also $1 \leq r = \mathrm{Rg}(A)$. Dann ist gemäß (14.2g)

$$S_2^T \cdot A \cdot S_2 = D' = \operatorname{diag}(\underbrace{1,\dots,1}_{p\text{-mal}}, \underbrace{-1,\dots,-1}_{s\text{-mal}}, \underbrace{0,\dots,0}_{(n-r)\text{-mal}}), \qquad (14.3c)$$

wobei p und s wie in (14.2g) bestimmt sind. Mit dem Ansatz

$$\tilde{x} = S_2 \cdot \tilde{x}' \quad \text{(vgl. (14.1j))} \qquad (14.3c')$$

erhält man eine Gleichung in diagonalisierter Form

$$\tilde{x}'^T \cdot D' \cdot \tilde{x}' + 2\tilde{b}'^T \cdot \tilde{x}' + \gamma = 0,$$

$$\text{d.h. } \sum_{v=1}^{p} x_v'^2 - \sum_{v=p+1}^{r} x_v'^2 + 2 \cdot \sum_{\lambda=1}^{n} \beta_\lambda' x_\lambda' + \gamma = 0 \qquad (14.3d)$$

$$\text{mit } \tilde{b}' = S_2^T \cdot \tilde{b}.$$

Durch eine anschließende Translation

$$\tilde{x}' = \tilde{x}'' + \tilde{r}',$$

$$\text{wobei } \tilde{r}'^T = (-\beta_1', \dots, -\beta_p', \beta_{p+1}', \dots, \beta_r', 0, \dots, 0), \qquad (14.3e)$$

$$\text{d.h. } \tilde{r}' = -D' \cdot \tilde{b}',$$

erhalten wir gemäß (14.1j') die quadratische Gleichung

$$\sum_{v=1}^{p} x_v''^2 - \sum_{v=p+1}^{r} x_v''^2 + 2 \cdot \sum_{\rho=r+1}^{n} \beta_\rho' \, x_\rho'' + \gamma' = 0 \quad \text{mit}$$

$$\gamma' = \gamma - \sum_{v=1}^{p} \beta_v'^2 + \sum_{v=p+1}^{r} \beta_v'^2. \qquad (14.3e')$$

Hierbei gilt

$$\beta_\rho' = 0 \quad (\rho = r+1, \dots, n)$$

$$\Leftrightarrow D' \cdot \tilde{y} = -\tilde{b} \text{ lösbar}, \qquad (14.3e'')$$

d.h. wenn $\mathfrak{H}$ ein Zentrum hat. Wir können hieran sogar sehen, ob es mehrere Zentren von $\mathfrak{H}$ gibt oder nicht.

Es verbleiben schließlich noch die folgenden (sich ausschließenden) Oberfälle 2. bzw. 3.

2. *Sei $r \leq n$ und es gebe keine linearen Terme in (14.3e')*; dann hat $\mathfrak{H}$ ein Zentrum (für $r = n$ tritt dieser Fall stets ein). Es gibt dann die folgenden Unterfälle:

2a. $\gamma' \neq 0$ in (14.3e').

Bringt man γ' auf die rechte Seite, multipliziert mit $-\gamma'^{-1}$, so erhält man mit einer anschließenden Transformation gemäß (14.3c') mit einer Diagonalmatrix

$$S_2'' = \mathrm{diag}(s_1, \ldots, s_r, 0, \ldots, 0), \quad s_\iota^2 = |\gamma'|$$

den Typus $\mathrm{I_A}$ aus (14.3); hierbei ist $p \cdot \mathrm{sgn}\, \gamma' = $ Positivitätsindex von A.

2b. $\gamma' = 0$ in (14.3e').
Dann ist durch die Multiplikation mit ± 1 die Form (14.3a) mit $2p \geq r$, d.h. $\mathrm{II_A}$ erreichbar.

Aus dem Trägheitssatz und den vorangehenden Rechnungen folgt, daß die einzelnen Fälle sich gegenseitig ausschließen.

3. *Sei $r < n$ und mindestens ein $\beta_\rho' \neq 0$ ($\rho \geq r + 1$) in (14.3e').* Hier liegt also keine Mittelpunktform vor. Mit dem Ansatz

$$x_\nu^* = x_\nu'' \quad (\nu = 1, 2, \ldots, r), \ x_\nu'' \text{ aus } (14.3e')$$

$$x_n^* = (-1)^\sigma \left(\sum_{\rho = r+1}^{n} \beta_\rho' \cdot x_\rho'' + \frac{\gamma'}{2} \right), \quad \sigma = \begin{cases} 1 \ \text{für } 2p \geq r \\ 2 \ \text{für } 2p < r \end{cases} \qquad (14.3\mathrm{f})$$

erhält man zunächst nach Voraussetzung ein $x_n^* \neq 0$; durch geeignete

$$x_\rho^* = \sum_{\iota = r+1}^{n} c_{\rho,\iota} x_\iota'' \quad (\rho = r + 1, \ldots, n - \mathrm{i}), \qquad\qquad (14.3\mathrm{f}')$$

die so gewählt sind, daß sich die Gleichungen für x_ρ^* ($\rho = r + 1, \ldots, n$) nach den x_ι'' ($i = r + 1, \ldots, n$) auflösen lassen, erhält man aus (14.3e') eine Gleichung der Form

$$\sum_{\nu = 1}^{p} x_\nu^{*2} - \sum_{\nu = p+1}^{r} x_\nu^{*2} = 2x_n^* \quad \text{mit } 2p \geq r, \qquad\qquad (14.3\mathrm{f}'')$$

was den Typ $\mathrm{III_A}$ aus (14.3b) ergibt.

Wieder kann man genau eine Gleichung aus (14.3b) erhalten, und aus Ranggründen lassen sich zwei formal verschiedene quadratische Gleichungen durch die affin-zulässigen Umformungen nicht ineinander überführen.

4. Die Aussage über die Interpretation als Koordinatenwechsel ergibt sich analog (vgl. Aufgabe 5c)). ∎

Zunächst illustrieren wir die angegebenen Rechenschritte an einigen Beispielen. Eine systematische Auswertung und Interpretation dieser Fälle bei $n = 2$ bzw. $n = 3$ diskutieren wir anschließend.

$\boxed{1}$ Es sei $K = \mathbf{R}$, $n = 2$ und (vgl. auch §8, $\boxed{4\mathrm{b}}$) die Gleichung

$$Q_{A,\tilde{b},\gamma}(\tilde{x}) = (x_1, x_2)\begin{pmatrix} 0 & 1 \\ 1 & 0 \end{pmatrix}\begin{pmatrix} x_1 \\ x_2 \end{pmatrix} + 2 \cdot (1,0)\begin{pmatrix} x_1 \\ x_2 \end{pmatrix} + 1 = 0,$$

d.h. $A = \begin{pmatrix} 0 & 1 \\ 1 & 0 \end{pmatrix}$, $\tilde{b}^T = (1,0)$, $\quad \gamma = 1$

gegeben. Mit der Bewegung

$$S_2 = S_2^T = \frac{1}{\sqrt{2}}\begin{pmatrix} 1 & 1 \\ 1 & -1 \end{pmatrix} \text{ und } \tilde{x} = S_2 \cdot \tilde{x}' = S_2 \cdot \begin{pmatrix} x_1' \\ x_2' \end{pmatrix}$$

erhält man

$$D' = S_2^T \cdot A \cdot S_2 = \begin{pmatrix} 1 & 0 \\ 0 & -1 \end{pmatrix}, \; \tilde{b}'^T = (1,0) \cdot S_2 = \frac{1}{\sqrt{2}}(1,1),$$

also ist

$$x_1'^2 - x_2'^2 + \frac{2}{\sqrt{2}} \cdot (x_1' + x_2') + 1 = 0, \quad \text{d.h. } p = s = 1, r = n = 2.$$

Mit der Translation

$$\tilde{x}' = \tilde{x}'' + \tilde{r}', \quad \text{wobei } \tilde{r}'^T = \frac{1}{\sqrt{2}}(-1,1)$$

folgt

$$x_1''^2 - x_2''^2 + \gamma' = 0 \quad \text{mit } \gamma' = 1 - \frac{1}{2} + \frac{1}{2} = 1;$$

folglich liegt Typ $\mathrm{I_A}$ in der Form $x_2''^2 - x_1''^2 = 1$ vor.

$\boxed{1\mathrm{a}}$ Es seien $K = \mathbf{R}$, $n = 3$ und die folgende quadratische Gleichung gegeben:

$$x_1^2 + 2x_1 + x_2 + x_3 = 0.$$

Da die Matrix A bereits Diagonalform hat, ist $x_i = x_i'$ ($i = 1, 2, 3$). Mit dem Ansatz $x_1 + 1 = x_1''$, $x_2 = x_2''$, $x_3 = x_3''$ folgt dann gemäß (14.3e, e'):

$$x_1''^2 + x_2'' + x_3'' - 1 = 0.$$

Setzen wir weiter $x_1^* = x_1''$, $x_3^* = \frac{1}{2}(1 - x_2'' - x_3'')$ (vgl. (14.3f)) und etwa $x_2^* = x_2''$, so erhalten wir eine Gleichung der Form III_A:

$$x_1^{*2} = 2x_3^*.$$

$\boxed{\text{1b}}$ Seien $K = \mathbf{R}$, $n = 3$ und die quadratische Gleichung

$$x_1^2 + 2x_1x_2 + x_2^2 - x_3^2 = 0$$

gegeben. Mit dem Ansatz $x_1 + x_2 = x_1'$, $x_2 = x_2'$, $x_3 = x_3'$ erhält man dann

$$x_1'^2 - x_3'^2 = 0,$$

d.h. Typus II_A liegt vor.

In den nachfolgenden Überlegungen sei:

E_n n-dimensionaler euklidisch-affiner Raum über $\mathbf{R}$,

V_n Translationsvektorraum von E_n und $\hspace{4em}$ (14.4)

$B(y,x) = \langle y, x \rangle$ Skalarprodukt von E_n.

Weiter legen wir ein kartesisches Koordinatensystem von E_n zugrunde:

$$(O; e^T) = (O; e^1, \ldots, e^n),$$
$$E_n \ni X \longleftrightarrow \tilde{x}^T = (x_1, \ldots, x_n) \in \mathbf{R}^n \text{ bzgl. } (O; e^T), \qquad (14.4a)$$
$$\text{d.h. } x = \overrightarrow{OX} = \tilde{x}^T \cdot e.$$

Sei weiter gemäß Definition 14A,A′ eine quadratische Gleichung

$$\begin{aligned}
\mathfrak{Q}_{A,\tilde{b},\gamma}(\tilde{x}) &= Q_A(\tilde{x}) + 2 \cdot \langle b^*, \tilde{x} \rangle + \gamma \\
&= \tilde{x}^T \cdot A \cdot \tilde{x} + 2 \cdot \tilde{b}^T \cdot \tilde{x} + \gamma = 0
\end{aligned} \qquad (14.4b)$$

und die Hyperfläche zweiter Ordnung (Quadrik) $\mathfrak{H}$ zu $\mathfrak{Q}_{A,\tilde{b},\gamma}(\tilde{x}) = 0$ in E_n durch

$$\mathfrak{H} = \{X \in E_n \mid x = \overrightarrow{OX} = \tilde{x}^T \cdot e, \ \mathfrak{Q}_{A,\tilde{b},\gamma}(\tilde{x}) = 0\} \qquad (14.4c)$$

gegeben. Dann lassen sich die Bezeichnungen und Überlegungen aus dem affinen Fall (z.B. Satz 14.1) auch hier anwenden. In Analogie zu Definition 14B erklären wir

Definition 14D. Zwei Hyperflächen zweiter Ordnung $\mathfrak{H}$ und $\mathfrak{H}'$ in E_n

heißen *euklidisch-äquivalent*, wenn es eine Bewegung $\phi\colon E_n \to E_n$ (mit der Umkehrabbildung ϕ^{-1}) gibt, durch die gemäß

$$\phi(\mathfrak{H}) = \mathfrak{H}', \quad \phi^{-1}(\mathfrak{H}') = \mathfrak{H} \tag{14.4d}$$

die Punktmengen $\mathfrak{H}$ und $\mathfrak{H}'$ aufeinander abgebildet werden.

Gemäß §13 (Satz 13.7a bzw. 13.9) läßt sich eine Bewegung ϕ bzgl. eines festen kartesischen Koordinatensystems $(O; e^T)$ von E_n durch

$$
\begin{aligned}
&\phi(X) = X' \text{ mit } \tilde{x} = S_2 \cdot \tilde{x}' + \tilde{r} \\
&\text{wobei } \overrightarrow{OX} = \tilde{x}^T \cdot e, \ \overrightarrow{OX'} = \tilde{x}'^T \cdot e \\
&\text{und } \tilde{x}' = S_1 \cdot \tilde{x} - S_1 \cdot \tilde{r}, \ S_2 = S_1^{-1} = S_1^T =: U \in O_n(\mathbf{R}), \\
&\overrightarrow{OO'} = \tilde{r}^T \cdot e
\end{aligned}
\tag{14.4e}
$$

beschreiben.

Bemerkung 5. $\mathfrak{H}'$ erfüllt die gleiche quadratische Gleichung $\mathfrak{Q}_{A',\tilde{b}',\gamma'}(\tilde{x}')$ aus (14.1j'), die für $\mathfrak{H}$ bzgl. $(O'; e'^T)$ (e' zweite Orthonormalbasis analog zu Bemerkung 3) gilt. Euklidisch-äquivalente Hyperflächen sind natürlich auch affin-äquivalent; für die Matrizen A und

$$A' = S_2^T \cdot A \cdot S_2 \quad \text{mit } S_2^T = S_2^{-1} \tag{14.4f}$$

liegt hier orthogonale Kongruenz vor, d.h. sie sind gleichzeitig ähnlich mit $U = S_2$:

$$A' = U^{-1} \cdot A \cdot U \underset{o}{\equiv} A \quad \text{mit } U^{-1} = U^T \text{ (orthogonal).} \tag{14.4f'}$$

Nach den Ergebnissen aus §9 und §10, insbesondere Satz 10.5, folgt für eine symmetrische Matrix A:

$$A \underset{o}{\equiv} U^T \cdot A \cdot U = \operatorname{diag}(\lambda_1, \ldots, \lambda_n) = D, \tag{14.4g}$$

wobei $U \in O_n(\mathbf{R})$ und $\lambda_\nu \ (\nu = 1, \ldots, n)$ die Eigenwerte von A gemäß ihrer Vielfachheit sind.

Bezeichnungen. Wir sagen, daß eine allgemeine quadratische Gleichung $\mathfrak{Q}_{A',\tilde{b}',\gamma'}(\tilde{x}') = 0$ aus $\mathfrak{Q}_{A,\tilde{b},\gamma}(\tilde{x}) = 0$ durch *euklidisch-zulässige Umformungen* hervorgeht, wenn endlich oft die folgenden Rechenprozesse (auf $\mathfrak{Q}_{A,\tilde{b},\gamma}(\tilde{x}) = 0$) angewendet werden:

(i) Multiplikation mit einer Konstanten $d \neq 0$.

(ii) Substitutionen der Form

$$\tilde{x} = U \cdot \tilde{x}' + \tilde{r} \quad \text{mit } U \in O_n(\mathbf{R}) \tag{14.4h}$$

(eventuell mit anschließender Variablenumbenennung).

Ausgezeichnete Typen von quadratischen Gleichungen, die hierdurch hervorgehen, werden auch *euklidisch-affine Normalformen* genannt.

Hiermit erhalten wir nach dem Beweisschema von Satz 14.3 (vgl. auch Aufgabe 7a)):

Satz 14.4. Eine Hyperfläche zweiter Ordnung $\mathfrak{H}$ des n-dimensionalen euklidisch-affinen Raumes E_n über $\mathbf{R}$ sei bzgl. des festen kartesischen Koordinatensystems $(O; e^T)$ von E_n durch die allgemeine quadratische Gleichung $\mathfrak{Q}_{A,\tilde{b},\gamma}(\tilde{x}) = 0$ gegeben. Dann läßt sich $\mathfrak{Q}_{A,\tilde{b},\gamma}(\tilde{x}) = 0$ durch euklidisch-zulässige Umformungen auf genau eine der folgenden Normalformen einer quadratischen Gleichung transformieren:

$$I_E \qquad \boxed{\begin{aligned} &\sum_{\rho=1}^{r} \lambda'_\rho x_\rho^2 = \tilde{x}^T \cdot D \cdot \tilde{x} = 1 \\[4pt] &\textit{mit } D = \text{diag}(\lambda'_1, \ldots, \lambda'_n), \\[4pt] &r = \text{Rang}(A), \textit{ d.h. } \lambda'_\nu = 0 \textit{ für } \nu > r; \end{aligned}} \tag{14.5}$$

$$II_E \qquad \boxed{\begin{aligned} &\sum_{\rho=1}^{r} \lambda'_\rho x_\rho^2 = \tilde{x}^T \cdot D \cdot \tilde{x} = 0 \\[4pt] &\textit{mit } \lambda'_1 = 1,\ D = \text{diag}(\lambda'_1, \lambda'_2, \ldots, \lambda'_n),\ r = \text{Rang}(A), \\[4pt] &\textit{d.h. } \lambda'_\nu = 0 \textit{ für } \nu > r,\ 2 \cdot (\textit{Anzahl der } \lambda'_\rho > 0) \geq r; \end{aligned}} \tag{14.5a}$$

$$III_E \qquad \boxed{\begin{aligned} &\sum_{\rho=1}^{r} \lambda'_\rho x_\rho^2 = \tilde{x}^T \cdot D \cdot \tilde{x} = 2b_n \cdot x_n \\[4pt] &\textit{mit } D = \text{diag}(\lambda'_1, \ldots, \lambda'_n), \\[4pt] &r = \text{Rang}(A) < n,\ b_n > 0,\ 2 \cdot (\textit{Anzahl der } \lambda'_\rho > 0) \geq r; \end{aligned}} \tag{14.5b}$$

hierbei sind die λ'_ρ proportional zu den Eigenwerten λ_ρ von A. $\mathfrak{H}$ ist euklidisch-äquivalent zur Quadrik $\mathfrak{H}' = \phi(\mathfrak{H})$, die zur angegebenen

266

Normalform gehört; jeder der genannten Typen tritt auf. Der Fall III_E
liegt genau dann vor, wenn $\mathfrak{H}$ *eine Hyperfläche ohne Zentrum ist.
Insbesondere hat also jede Quadrik* $\mathfrak{H}$ *bzgl. eines geeigneten kartesischen
Koordinatensystems als zugehörige Gleichung eine dieser Formen.*

Bemerkung 6. Setzt man in den Gleichungen von Satz 14.4 jeweils
(sofern dort $\lambda'_\rho \neq 0$ ist)

$$\lambda'_\rho = \operatorname{sgn}(\lambda'_\rho) \cdot \frac{1}{a^2_\rho}, \quad \text{d.h. } a_\rho = \frac{1}{\sqrt{|\lambda'_\rho|}} \quad (\rho = 1,\dots,r), \tag{14.5c}$$

so erhält man nach Umformung die Formeln, die in den Tabellen I
und II (siehe Satz 14.5, Satz 14.5a euklidisch-affiner Fall) auftreten.
Schreibt man (14.5, 5a, 5b) mit diesen Größen und macht anschließend
die Substitutionen

$$x'_\rho = \frac{x_\rho}{a_\rho} \quad (\rho = 1,\dots,r)$$

und zusätzlich $x'_n = b_n x_n$ im Fall III_E,
$$\tag{14.5d}$$

so erhält man erneut die Normalformen I_A, II_A, III_A des affinen Typus
gemäß Satz 14.3. Wegen Satz 10.10 erhält man so einen vom Trägheitssatz unabhängigen Weg zu den Normalformen der quadratischen
Gleichungen von Quadriken (vgl. Aufgabe 7c)). Die Typen in I_A, II_A,
III_A werden zur Benennung von Kurven und Flächen zweiter Ordnung
herangezogen.

Bezeichnung. Man nennt den beim Beweis von Satz 14.4 durchgeführ-
ten Rechenprozeß die *Hauptachsentransformation* der Hyperfläche und
spricht insbesondere im Fall I_E (14.5) von der *Hauptachsengleichung*.
Hier sind die Punkte

$$x_\rho = a_\rho, \quad x_\nu = 0 \quad (\nu \neq \rho)$$
$$\text{für } 1 \leq \rho \leq r \text{ und } \lambda_\rho > 0 \tag{14.5e}$$

jeweils die Schnittpunkte der Quadrik $\mathfrak{H}$ zur Gleichung (14.5) mit den
e^ρ-Achsen. Interpretiert man das obige Rechenverfahren als Koordinatenwechsel in E_n, so nennt man bei demjenigen Koordinaten-
system $(O; e^T)$, in dem für $\mathfrak{H}$ die Gleichung (14.5) vom Typus I_E vorliegt,

$$e^\rho \text{ die } \textit{Hauptachsenrichtungen,}$$
$$a_\rho \text{ die } \textit{Hauptachsenabschnitte} \tag{14.5f}$$

(vgl. auch §10, Satz 10.5 und Bezeichnung).

Bemerkung 7. Bei der Durchführung der Klassifikation der Hyperflächen zweiter Ordnung, d.h. der Hauptachsentransformation, interessieren neben der Normalform aus Satz 14.4, d.h. den Parametern λ'_ρ bzw. a_ρ und eventuell b_n, auch die jeweiligen zugehörigen Hauptachsenrichtungen, für die die Normalform erreicht wird. Als Berechnungsverfahren bietet sich hierfür Satz 10.5 an (vgl. auch EA, §11).

Bie niedrigen Dimensionen ergeben sich hierbei zusätzliche rechnerische Vereinfachungen.

$\boxed{2}$ Sei $n = 2$ und in der euklidischen Ebene E_2 sei eine Kurve zweiter Ordnung durch $\mathfrak{Q}_{A,\tilde{b},\gamma}(\tilde{x}) = 0$ mit symmetrischer Matrix $A = (\alpha_{ij}) \in \mathbf{R}^{2,2}$ gegeben. Dann sieht man direkt, daß das charakteristische Polynom

$$\chi(X;A) = \left(X - \frac{\alpha_{11} + \alpha_{22}}{2} \right)^2 - \left(\frac{(\alpha_{11} - \alpha_{22})^2}{4} + \alpha_{12}^2 \right)$$
$$= (X - \lambda_1)(X - \lambda_2) \quad \text{in } \mathbf{R}[X] \tag{14.5g}$$

in $\mathbf{R}$ zwei Nullstellen hat. Ist bzgl. des Standardskalarproduktes in $\mathbf{R}^2$

$$\tilde{x}^1 = \begin{pmatrix} u_{11} \\ u_{12} \end{pmatrix}$$

ein normierter Eigenvektor zum Eigenwert λ_1, $\qquad$ (14.5h)

$$\tilde{x}^2 = \begin{pmatrix} u_{21} \\ u_{22} \end{pmatrix} \text{ orthogonal zu } \tilde{x}^1 \text{ und normiert,}$$

so folgt sofort, $\tilde{x}^2$ ist Eigenvektor zu λ_2 und

$$U = \begin{pmatrix} u_{11} & u_{21} \\ u_{12} & u_{22} \end{pmatrix} \text{ liefert } U^T \cdot A \cdot U = \mathrm{diag}(\lambda_1, \lambda_2) \tag{14.5i}$$

und damit den entscheidenden Schritt der Aufgabe.

Satz 14.5. In der euklidisch-affinen Ebene E_2 gibt es die in der nachstehenden Tabelle I genannten Repräsentanten affiner bzw.

268

euklidisch-affiner Äquivalenzklassen von Kurven zweiter Ordnung. – Hierbei bedeutet im affinen Fall: $r = \mathrm{Rang}(A)$, r.S. = rechte Seite der Gleichung, $p = b_2$ und die Signatur gibt an, ob $+1$, -1 oder 0 als Koeffizient bei x_v^2 steht; zu jeder affinen Klasse gehören im euklidisch-affinen Fall Unterklassen, die durch frei wählbare Parameter a_v bzw. p (ihre zulässigen Intervalle sind genannt) beschrieben werden.

Bemerkung 8. Bis auf die Ellipsen, Hyperbeln und Parabeln sind die zugehörigen geometrischen Gebilde trivial, d.h. bestehen nur aus Geraden oder haben in E_2 nur einzelne oder gar keine Lösungspunkte, wie man leicht bestätigt (vgl. Aufgabe 9a)).

Bemerkung 9. Die gemäß Definition 13M für $n = 2$ definierte Kreislinie $S_2(M;r)$ mit einer Gleichung $K(X) = 0$ gemäß (13.13d, e) ist eine spezielle Kurve zweiter Ordnung; insbesondere für $M = O$ (Ursprung) erhält man aus der Form $K(X) = 0$ nach Umformung bzgl. $(O; e^T)$ die Gleichung

$$\frac{x_1^2}{a^2} + \frac{x_2^2}{a^2} = 1 \quad \text{mit } a = a_1 = a_2 = r; \tag{14.6}$$

die Kreislinie ist also ein Spezialfall der Ellipse in Satz 14.5 (vgl. auch Tabelle I).

In E_2 können Ellipsen, Hyperbeln und Parabeln ganz ähnlich metrisch charakterisiert werden, wie dies in den Ergänzungen zu §13 für die Kreislinie durch die Potenz geschah (vgl. Satz 13.12). Z.B. gilt für die Ellipse (für die anderen Kurven vgl. die Ergänzungen zu §14):

Bemerkung 10. Alle Punkte X der bzgl. $(O; e^T)$ in E_2 gegebenen Ellipse

$$\frac{x_1^2}{a_1^2} + \frac{x_2^2}{a_2^2} = 1 \text{ mit } a_1 \geq a_2 > 0 \tag{14.6a}$$

haben die Eigenschaft

$$d(F_1, X) + d(F_2, X) = 2a_1 \tag{14.6b}$$

mit den Punkten

$$F_1 = (-e, 0),\ F_2 = (e, 0),\ e := \sqrt{a_1^2 - a_2^2}; \tag{14.6c}$$

die Summe der Abstände von X zu den beiden *Brennpunkten* F_1, F_2

	affin				euklidisch − affin		
r	Signatur	r.S.	Typ	Bezeichnung	Typ	Gleichung	Parameter
2	+ +	1	I_A	Ellipse-Kreis	I_E	$\dfrac{x_1^2}{a_1^2}+\dfrac{x_2^2}{a_2^2}=1$	$a_1 \geq a_2\ (>0)$
2	+ −	1	I_A	Hyperbel	I_E	$\dfrac{x_1^2}{a_1^2}-\dfrac{x_2^2}{a_2^2}=1$	$a_1, a_2\quad (>0)$
2	− −	1	I_A	nullteilige Kurve zweiter Ordnung (keine Punkte)	I_E	$-\dfrac{x_1^2}{a_1^2}-\dfrac{x_2^2}{a_2^2}=1$	$a_1 \geq a_2(>0)$
2	+ +	0	II_A	nicht reelles, sich schneidendes Geradenpaar	II_E	$x_1^2 + a_2^{-2}x_2^2 = 0$	$a_2 > 0$
2	+ −	0	II_A	reelles, sich schneidendes Geradenpaar	II_E	$x_1^2 - a_2^{-2}x_2^2 = 0$	$a_2 > 0$
1	+ 0	1	I_A	reelles paralleles Geradenpaar	I_E	$x_1^2 = a_1^2$	$a_1 > 0$
1	− 0	1	I_A	nicht reelles paralleles Geradenpaar	I_E	$x_1^2 = -a_1^2$	$a_1 > 0$
1	+ 0	0	II_A	Doppelgerade	II_E	$x_1^2 = 0$	
1	+ 0	$2x_2$	III_A	Parabel	III_E	$x_1^2 = 2px_2$	$p > 0$

Tabelle I

der Ellipse ist also konstant. Dabei heißen e die *lineare Exzentrizität* der Ellipse und a_1 bzw. a_2 die *Halbachsenlängen* (vgl. auch (14.5f) sowie später).

$\boxed{2a}$ Der Hyperbel $\dfrac{x_1^2}{a_1^2} - \dfrac{x_2^2}{a_2^2} = 1$ ist ein Geradenpaar mit der Gleichung $\dfrac{x_1^2}{a_1^2} - \dfrac{x_2^2}{a_2^2} = 0$ zugeordnet; dies sind die beiden *Asymptoten* $x_2 = \pm(a_2/a_1)x_1$ der Hyperbel.

Indem man eine geeignete Translation in x_1-Richtung bzw. eine Multiplikation der Gleichung mit einer Konstanten $\neq 0$ bzw. eine Vertauschung von x_1 und x_2 ausführt, erhält man als gemeinsamen Gleichungstypus für Ellipse, Hyperbel und Parabel die *Scheitelgleichung* der Kurve

$$\boxed{x_2^2 = 2px_1 + (\varepsilon^2 - 1)x_1^2 \text{ mit } p > 0,\ \varepsilon \geq 0.} \qquad (14.6\text{d})$$

Hierbei heißt p der *Parameter* bzw. ε die *numerische Exzentrizität* der Kurve; diese Größen hängen, wie nachstehend angegeben, mit den früheren Bestimmungsstücken der einzelnen Kurven zusammen.

$$\text{Hyperbel:}\quad \varepsilon = \frac{\sqrt{a_1^2 + a_2^2}}{a_1} > 1,\ p = \frac{a_2^2}{a_1}$$

$$\text{Parabel:}\quad \varepsilon = 1, \qquad\qquad p > 0$$

$$\text{Ellipse:}\quad \varepsilon = \frac{\sqrt{a_1^2 - a_2^2}}{a_1} < 1,\ p = \frac{a_2^2}{a_1}$$

$$\text{Kreislinie:}\quad \varepsilon = 0,\ p = a_1 = a_2. \qquad\qquad (14.6\text{e})$$

Zur Illustration vgl. auch die nachstehende Figur 8.

Zur Vorbereitung des nächsten Spezialfalls vermerken wir zunächst:

$\boxed{3}$ Es sei $n = 3$ und in E_3 eine Fläche zweiter Ordnung durch $\mathfrak{Q}_{A,\tilde{b},\gamma}(\tilde{x}) = 0$ mit $A = A^T \in \mathbf{R}^{3,3}$ gegeben; dann kann man entweder die Hauptachsentransformation von A mit orthogonalem U gemäß §10, Satz 10.5 durchführen oder aber elementar vorgehen, so wie es anschließend geschildert wird (vgl. auch EA, Satz 10.14 und §11).

$|A - X \cdot E| = \chi(X; A) \in \mathbf{R}[X]$ ist vom Grade 3 und hat somit mindestens eine reelle Nullstelle λ_1. Bestimmt man zum Eigenwert λ_1 von A gemäß

$$(A - \lambda_1 \cdot E) \cdot \tilde{x}^1 = 0_{\mathbf{R}^3} \text{ mit } \|\tilde{x}^1\| = 1, \tilde{x}^1 \in \mathbf{R}^3 \tag{14.7}$$

einen Eigenvektor $\tilde{x}^1 \in \mathbf{R}^3$ und ergänzt die Spalte $\tilde{x}^1$ durch $\tilde{y}^2, \tilde{y}^3 \in \mathbf{R}^3$ zu einer Orthogonalmatrix $S_1 = (\tilde{x}^1, \tilde{y}^2, \tilde{y}^3) \in \mathbf{R}^{3,3}$, d.h. mit $S_1^{-1} = S_1^T$, so folgt

$$S_1^T A S_1 = \operatorname{diag}(\lambda_1; A')$$
$$\text{mit } A' = \begin{pmatrix} \alpha'_{22} & \alpha'_{23} \\ \alpha'_{32} & \alpha'_{33} \end{pmatrix} = A'^T \in \mathbf{R}^{2,2}. \tag{14.7a}$$

Die Matrix $\operatorname{diag}(\lambda_1; A')$ hat die gleichen Eigenwerte wie A. Durch anschließendes Vorgehen gemäß $\boxed{2}$ erhält man die Lösung der Aufgabe.

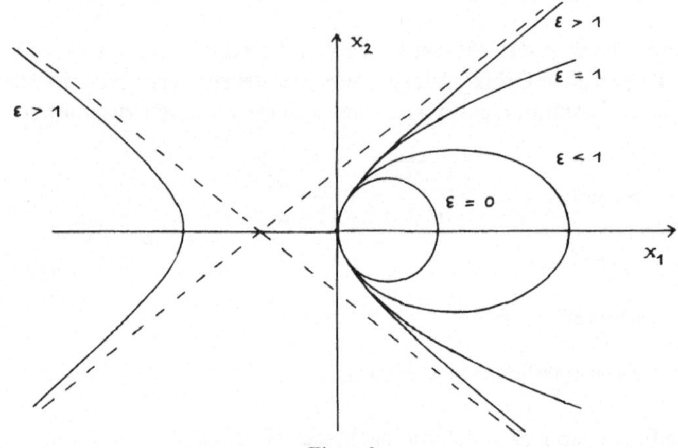

Figur 8

Satz 14.5a. *Im dreidimensionalen euklidisch-affinen Raum E_3 gibt es die in der nachstehenden Tabelle II genannten Repräsentanten der affinen bzw. euklidisch-affinen Äquivalenzklassen von Flächen zweiter Ordnung. – Die Größen dieser Tabelle sind sinngemäß so zu interpretieren, wie am Ende von Satz 14.5 vermerkt wurde (hier ist $p = b_3$).*

Bemerkung 11. Die Bedeutung und die zugehörige Punktmenge derjenigen Flächen, die durch Ebenen beschrieben wurden, ist wieder klar. Die nullteilige Fläche und der Zylinder mit nichtreellen Erzeugenden besitzen keine Punkte in E_3, der Kegel mit nichtreellen Erzeugenden besitzt einen Punkt.

Wir wollen nun einige erste Informationen über die übrigen in Tabelle II genannten Flächen geben (für weitere Aussagen vgl. auch die Ergänzungen). Hierbei werden wir zur geometrischen Veranschaulichung der Flächen ebene Schnitte, insbesondere zu achsenparallelen Ebenen, heranziehen; dies bewährt sich bei den folgenden Beispielen.

$\boxed{3a}$ *Elliptischer* (bzw. *hyperbolischer*) *Zylinder* $\dfrac{x_1^2}{a_1^2} {}_{(-)}^{+} \dfrac{x_2^2}{a_2^2} = 1.$

Schnitte mit Ebenen $x_3 = $ const. (d.h. parallel zur (x_1, x_2)-Ebene) liefern jeweils Ellipsen (bzw. Hyperbeln) mit der obigen Gleichung. Schnitte mit den Ebenen $x_2 = $ const. bzw. $x_1 = $ const. liefern Paare paralleler Geraden bzw. Geraden oder sind leer. Die Flächen bestehen also aus Scharen paralleler Geraden, die senkrecht auf der Kurve der Grundfläche $x_3 = 0$ stehen. Speziell bei $x_1^2 + x_2^2 = a^2$ spricht man von einem *Kreiszylinder*.

$\boxed{3b}$ *Parabolischer Zylinder* $x_1^2 = 2px_3.$
Die Schnitte mit den Ebenen $x_2 = $ const. liefern jeweils Parabeln mit der obigen Gleichung, die Schnitte mit den Ebenen $x_3 = $ const. bzw. $x_1 = $ const. liefern Paare paralleler Geraden bzw. Geraden oder sind leer. – Die Fläche wird also durch eine Schar paralleler Geraden gebildet, die senkrecht auf der Parabel der (x_1, x_3)-Ebene (Grundfläche) stehen.

Von besonderem Interesse sind die folgenden Flächen in E_3:

$\boxed{4}$ *Ellipsoid* $\dfrac{x_1^2}{a_1^2} + \dfrac{x_2^2}{a_2^2} + \dfrac{x_3^2}{a_3^2} = 1.$
Die ebenen Schnitte

$$x_i = \text{const. mit } -a_i < x_i < a_i \quad (i = 1, 2, 3) \tag{14.7b}$$

sind jeweils Ellipsen (vgl. Figur 9). Falls hierbei z.B. $a_1 = a_2$, erhält man *Rotationsellipsoide*; für $a_1 = a_2 = a_3 = r$ ist die Fläche gemäß

$$K(X) = x_1^2 + x_2^2 + x_3^2 - r^2 = 0 \tag{14.7b'}$$

eine *Kugel* im Sinne der Definition 13M.

Durch eine affine Abbildung $x_i \mapsto a_i x_i$ kann man ein Ellipsoid auf eine Kugel abbilden und umgekehrt.

	affin				euklidisch − affin		
r	Signatur	r S	Typ	Bezeichnung	Typ	Gleichung	Parameter
3	+ + +	1	I_A	Ellipsoid-Kugel	I_E	$\dfrac{x_1^2}{a_1^2} + \dfrac{x_2^2}{a_2^2} + \dfrac{x_3^2}{a_3^2} = 1$	$a_1 \geq a_2 \geq a_3 > 0$
3	+ + −	1	I_A	einschaliges Hyperboloid	I_E	$\dfrac{x_1^2}{a_1^2} + \dfrac{x_2^2}{a_2^2} - \dfrac{x_3^2}{a_3^2} = 1$	$a_1 \geq a_2 > 0,\ a_3 > 0$
3	+ − −	1	I_A	zweischaliges Hyperboloid	I_E	$\dfrac{x_1^2}{a_1^2} - \dfrac{x_2^2}{a_2^2} - \dfrac{x_3^2}{a_3^2} = 1$	$a_2 \geq a_3 > 0,\ a_1 > 0$
3	− − −	1	I_A	nullteilige Fläche zweiter Ordnung (keine Punkte)	I_E	$-\dfrac{x_1^2}{a_1^2} - \dfrac{x_2^2}{a_2^2} - \dfrac{x_3^2}{a_3^2} = 1$	$a_1 \geq a_2 \geq a_3 > 0$
3	+ + +	0	II_A	Kegel mit nicht reellen Erzeugenden	II_E	$\dfrac{x_2^2}{a_2^2} + \dfrac{x_3^2}{a_3^2} + x_1^2 = 0$	$a_2 \geq a_3 > 0$
3	+ + −	0	II_A	Kegel mit reellen Erzeugenden	II_E	$\dfrac{x_2^2}{a_2^2} + \dfrac{x_3^2}{a_3^2} = x_1^2$	$a_2 \geq a_3 > 0$
2	+ + 0	1	I_A	elliptischer Zylinder	I_E	$\dfrac{x_1^2}{a_1^2} + \dfrac{x_2^2}{a_2^2} = 1$	$a_1 \geq a_2 > 0$
2	+ − 0	1	I_A	hyperbolischer Zylinder	I_E	$\dfrac{x_1^2}{a_1^2} - \dfrac{x_2^2}{a_2^2} = 1$	$a_1,\ a_2 > 0$
2	− − 0	1	I_A	Zylinder mit nicht-reellen Erzeugenden	I_E	$\dfrac{x_1^2}{a_1^2} - \dfrac{x_2^2}{a_2^2} = 1$	$a_1 \geq a_2 > 0$

2	+	+	0	0	II_A	Paar sich schneidender nichtreeller Ebenen	II_E	$x_1^2 + \dfrac{x_2^2}{a_2^2} = 0$	$a_2 > 0$
2	+	−	0	0	II_A	Paar sich schneidender reeller Ebenen	II_E	$x_1^2 - \dfrac{x_2^2}{a_2^2} = 0$	$a_2 > 0$
2	+	+	0	$2x_3$	III_A	elliptisches Paraboloid	III_E	$\dfrac{x_1^2}{a_1^2} + \dfrac{x_2^2}{a_2^2} = 2x_3$	$a_1 \geq a_2 > 0$
2	+	−	0	$2x_3$	III_A	hyperbolisches Paraboloid	III_E	$\dfrac{x_1^2}{a_1^2} - \dfrac{x_2^2}{a_2^2} = 2x_3$	$a_1, a_2 > 0$
1	+	0	0	1	I_A	Paar reeller paralleler Ebenen	I_E	$x_1^2 = a_1^2$	$a_1 > 0$
1	−	0	0	1	I_A	Paar nichtreeller paralleler Ebenen	I_E	$-x_1^2 = a_1^2$	$a_1 > 0$
1	+	0	0	0	II_A	Doppelebene	II_E	$x_1^2 = 0$	
1	+	0	0	$2x_3$	III_A	parabolischer Zylinder	III_E	$x_1^2 = 2px_3$	$p > 0$

Tabelle II

$\boxed{4a}$ *Einschaliges Hyperboloid* $\dfrac{x_1^2}{a_1^2} + \dfrac{x_2^2}{a_2^2} - \dfrac{x_3^2}{a_3^2} = 1$.

Durch Umformung erhält man die Formel

$$\left(\frac{x_1}{a_1} - \frac{x_3}{a_3}\right)\left(\frac{x_1}{a_1} + \frac{x_3}{a_3}\right) = \left(1 - \frac{x_2}{a_2}\right)\left(1 + \frac{x_2}{a_2}\right). \qquad (14.7c)$$

Die ebenen Schnitte $x_3 = $ const. liefern jeweils Ellipsen, für $x_1 = $ const. bzw. $x_2 = $ const. sind die Schnittgebilde Hyperbeln bzw. Paare sich schneidender Geraden, je nach Wahl der Parameter (vgl. Figur 9). Speziell für $a_1 = a_2$ sind die Schnittellipsen Kreise, und man spricht von *Rotationshyperboloiden* (Rotation um die x_3-Achse).

Aus (14.7c) erhält man mit dem Ansatz

$$\frac{\dfrac{x_1}{a_1} - \dfrac{x_3}{a_3}}{1 - \dfrac{x_2}{a_2}} = \frac{1 + \dfrac{x_2}{a_2}}{\dfrac{x_1}{a_1} + \dfrac{x_3}{a_3}} = \frac{\lambda}{\mu} \qquad (14.7c')$$

die Gleichungen

$$\mu\left(\frac{x_1}{a_1} - \frac{x_3}{a_3}\right) = \lambda\left(1 - \frac{x_2}{a_2}\right) \text{ und } \lambda\left(\frac{x_1}{a_1} + \frac{x_3}{a_3}\right) = \mu\left(1 + \frac{x_2}{a_2}\right), \qquad (14.7d)$$

von denen jede bei festem Paar $(\mu, \lambda) \neq (0, 0)$ eine Ebene liefert. Beide Ebenen haben eine Schnittgerade, die offensichtlich ganz in der Fläche liegt. Entsprechend liefern auch die Gleichungen

$$\mu'\left(\frac{x_1}{a_1} - \frac{x_3}{a_3}\right) = \lambda'\left(1 + \frac{x_2}{a_2}\right) \text{ und } \lambda'\left(\frac{x_1}{a_1} + \frac{x_3}{a_3}\right) = \mu'\left(1 - \frac{x_2}{a_2}\right) \qquad (14.7d')$$

Schnittgeraden, die ganz im einschaligen Hyperboloid $\mathfrak{H}$ liegen (vgl. auch Aufgabe 11b)); hiermit verifiziert man leicht die

Bemerkung 12. Durch jeden Punkt von $\mathfrak{H}$ geht von jeder der Geradenscharen $(14.7\mathrm{d}, \mathrm{d}')$ genau eine Gerade der Schar, und zwei solche Geraden einer Schar sind windschief zueinander.

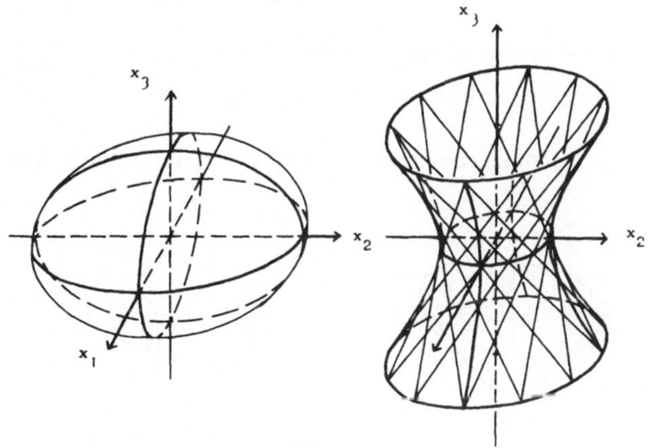

Figur 9

[4b] *Zweischaliges Hyperboloid* $\dfrac{x_1^2}{a_1^2} - \dfrac{x_2^2}{a_2^2} - \dfrac{x_3^2}{a_3^2} = 1 \ (a_2 > a_3)$.

Die Schnitte mit den Ebenen $x_3 = $ const. bzw. $x_2 = $ const. liefern jeweils Hyperbeln; die mit den Ebenen $x_1 = a = $ const. für $|a| > a_1$ sind Ellipsen (und leer für $|a| < a_1$) (vgl. Figur 10). Falls $a_2 = a_3$ ist, so entsteht ein Rotationshyperboloid (Rotation einer Hyperbel um die x_1-Achse).

[4c] *Kegel mit reellen Erzeugenden* $\dfrac{x_2^2}{a_2^2} + \dfrac{x_3^2}{a_3^2} = x_1^2 \ (a_2 \geq a_3)$.

Man spricht auch von einem *elliptischen Doppelkegel*. Die Schnitte mit den Ebenen $x_1 = $ const. $\neq 0$ liefern jeweils Ellipsen (im Spezialfall $a_2 = a_3$ sind dies Kreise: *Kreiskegel*); die Schnitte $x_2 = $ const. $\neq 0$ bzw. $x_3 = $ const. $\neq 0$ liefern jeweils Hyperbeln (für weitere Schnitteigenschaften vgl. auch die Ergänzungen bzw. Aufgabe 11d)).
Ist speziell $X = (x_1|x_2|x_3) \neq 0$ ein Punkt der Kegelfläche, so erhält man in der Form

$$\mathfrak{g}: \ \lambda \cdot (x_1|x_2|x_3), \quad \lambda \in \mathbf{R} \qquad (14.7\mathrm{e})$$

eine Gerade, die ganz in dieser Fläche liegt. Eine solche Gerade heißt eine *Erzeugende* bzw. *Mantellinie* des Kegels; der Punkt

$S = O$ heißt die *Spitze* des Kegels (durch S gehen alle Mantellinien des Kegels); in der obigen Figur nennt man die x_1-Achse auch die *Achse* des Kegels.

$$\langle x, e \rangle^2 = \gamma^2 \langle x, x \rangle \text{ mit } x = \overrightarrow{OX},$$
$$e = \text{Einheitsvektor in Achsenrichtung, } 0 \neq |\gamma| \leq 1, \tag{14.7f}$$

liefert die Gleichung eines Kreiskegels mit der Spitze $S = O$.

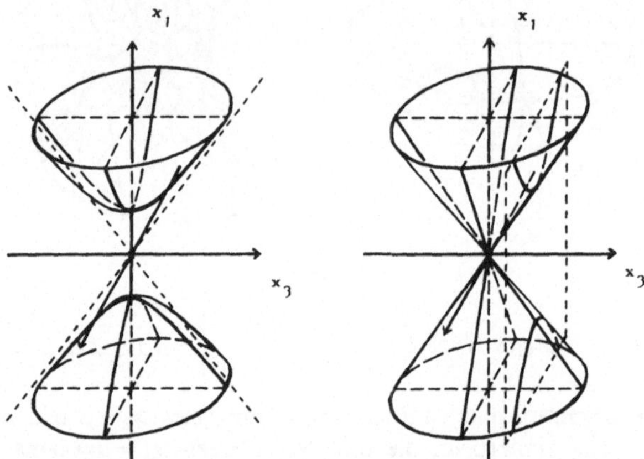

Figur 10

Als weitere Sorte von Flächen diskutieren wir die Paraboloide. Dazu sei

$\boxed{5}$ *Elliptisches Paraboloid* $\dfrac{x_1^2}{a_1^2} + \dfrac{x_2^2}{a_2^2} = 2x_3$ $(a_1 \geq a_2 > 0)$.

Hier haben die ebenen Schnitte folgende Eigenschaften: Für x_3 = const. > 0 ist der Schnitt eine Ellipse, für x_1 = const. oder x_2 = const. ergeben sich jedoch als Schnittfiguren jeweils Parabeln. – Falls $a_1 = a_2$ ist, erhält man jeweils Rotationsparaboloide. –

$\boxed{5a}$ *Hyperbolisches Paraboloid* $\dfrac{x_1^2}{a_1^2} - \dfrac{x_2^2}{a_2^2} = 2x_3$ $(a_1, a_2 > 0)$.

Einfache Umformung analog zu $\boxed{4a}$ ergibt

$$\left(\frac{x_1}{a_1} + \frac{x_2}{a_2} \right) \left(\frac{x_1}{a_1} - \frac{x_2}{a_2} \right) = 2x_3. \tag{14.7g}$$

Die ebenen Schnitte $x_1 = \text{const.}$ bzw. $x_2 = \text{const.}$ liefern Parabeln, die Schnitte $x_3 = \text{const.} = a$ Hyperbeln, wenn $a < 0$ oder $a > 0$ ist, und ein Geradenpaar für $a - 0$. Der Ansatz

$$\lambda \cdot \left(\frac{x_1}{a_1} + \frac{x_2}{a_2} \right) = 2x_3, \quad \frac{x_1}{a_1} - \frac{x_2}{a_2} = \lambda \quad (\lambda \in \mathbf{R}) \tag{14.7h}$$

bzw.

$$\lambda' \cdot \left(\frac{x_1}{a_1} - \frac{x_2}{a_2} \right) = 2x_3, \quad \frac{x_1}{a_1} + \frac{x_2}{a_2} = \lambda' \quad (\lambda' \in \mathbf{R}) \tag{14.7i}$$

liefert wieder zwei Geradenscharen (Scharparameter λ bzw. λ') als Schnitte der entsprechenden Ebenen, die ganz in der Fläche liegen, d.h. durch jeden Punkt gehen zwei verschiedene Geraden, die in $\mathfrak{H}$ liegen.

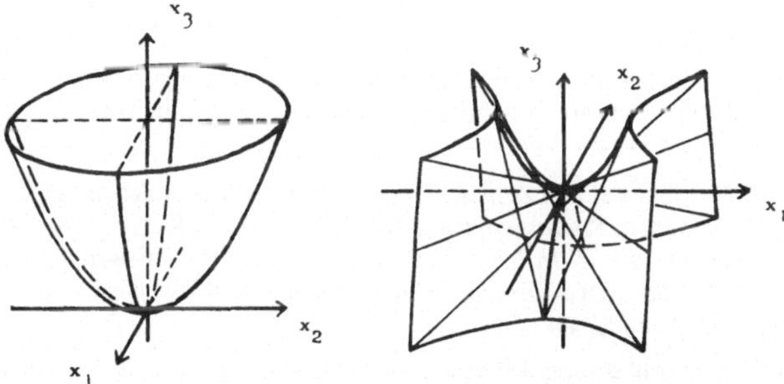

Figur 11

Ergänzungen zu §14

In affinen Räumen über $K = \mathbf{C}$ kann man Hyperflächen (Kurven, Flächen) zweiter Ordnung ebenfalls gut klassifizieren und die Ergebnisse auch auf affine Räume über $\mathbf{R}$ anwenden. – Es bezeichne dazu

$$A'_n = (A', V'_n, \tau'), \; V'_n \text{ ein C-Vektorraum} \tag{14.8}$$

einen n-dimensionalen affinen Raum über $\mathbf{C}$ und

$$A_n = (A, V_n, \tau), \; V_n \text{ ein R-Vektorraum} \tag{14.8a}$$

einen n-dimensionalen affinen Raum über $\mathbf{R}$.

Bemerkung 13. Bei Auszeichnung eines affinen Koordinatensystems $(O'; \mathfrak{a}'^T)$ von A'_n erhält man in der Form

279

$$A_n = (A, V_n, \tau) \text{ mit}$$
$$A = \{X \in A' \mid \overrightarrow{O'X} = x \in V_n\} \subseteq A' \text{ und} \tag{14 8b}$$
$$V_n = \{x \in V_n'' \mid x = \tilde{x}^T \, a' \text{ mit } \tilde{x} \in \mathbf{R}^n\}, \ \tau = \tau'|_A$$

einen n-dimensionalen affinen Raum uber $\mathbf{R}$ Ist umgekehrt (O, a^T) ein Koordinatensystem von A_n gemaß (14 8a), $\hat{V}_n$ die komplexe Erweiterung von V_n, so wird $(\hat{A}, \hat{V}_n, \tau')$ mit

$$\hat{A} = (A, A)$$
$$= \{\hat{X} = (X_1, X_2) \mid \overrightarrow{O\hat{X}} = \tilde{x}^T \, a \in \hat{V}_n, \ \tilde{x} \in \mathbf{C}^n\} \supseteq A \tag{14 8c}$$

ein n-dimensionaler affiner Raum uber $\mathbf{C}$, die *komplexe Erweiterung von A_n bzgl (O, a^T)*

Ist eine Hyperflache $\mathfrak{H}$ zweiter Ordnung (Quadrik) uber $\mathbf{R}$ in A_n bzgl (O, a^T) durch eine Gleichung (14 1h') gegeben, so liefert diese Gleichung bei der Interpretation von $\tilde{x} \in \mathbf{C}^n$ auch eine Hyperflache $\hat{\mathfrak{H}}$ in $\hat{A}$ (uber $\mathbf{C}$), die komplexe Erweiterung von $\mathfrak{H}$ Zwei Hyperflachen $\mathfrak{H}_1$ und $\mathfrak{H}_2$, die uber $\mathbf{R}$ affin-aquivalent sind, haben auch uber $\mathbf{C}$ affin-aquivalente komplexe Erweiterungen, allerdings gibt es uber $\mathbf{C}$ i a weniger affine Äquivalenzklassen

Die Ergebnisse von §8, Satz 8 6 besagen, daß eine symmetrische bzw hermitesche Matrix $A \in \mathbf{R}^{n\,n}$ bzw $\in \mathbf{C}^{n\,n}$ in $\mathbf{C}^{n\,n}$ stets kongruent zu einer Matrix der Form

$$D = \mathrm{diag}(1, \quad, 1, 0, \quad, 0), \ \mathrm{Rang}\ D = \mathrm{Rang}\ A = r \tag{14 8d}$$

ist Wenden wir dies auf die Hyperflachen zweiter Ordnung gemaß Definition 14A' an, so folgt insbesondere fur $n = 2$ bzw $n = 3$ (bei analogem Beweis zu Satz 14 2 und 14 3)

Satz 14.6. *Im affinen Raum A_2' bzw A_3' uber C gibt es die in der nachfolgenden Tabelle III genannten Reprasentanten (Normalformen) von Kurven bzw Flachen zweiter Ordnung uber C Insbesondere gehort die komplexe Erweiterung jeder Kurve bzw Flache zweiter Ordnung genau einer dieser Klassen an, wobei Rang und Typus erhalten bleiben*

Da $K = \mathbf{C}$ algebraisch-abgeschlossen ist, hat jede dieser Kurven bzw Flachen zweiter Ordnung Losungspunkte in A_2' bzw A_3', und man kann zeigen, daß die Losungspunktmengen der einzelnen Typen jeweils voneinander verschieden sind Daruber hinaus begrunden die nachfolgenden Zerlegungen einige Sprechweisen in den reellen Klassifikationen der Satze 14 5 und 14 5a

$\boxed{6}$ Wir legen hier $A_2' = \hat{A}_2$ (bzw $A_3' = \hat{A}_3$) zugrunde

$$x_1^2 + \frac{x_2^2}{a_2^2} = \left(x_1 + \iota\frac{x_2}{a_2}\right)\left(x_1 - \iota\frac{x_2}{a_2}\right) = 0 \quad \text{nicht reelles, sich schneidendes}$$
$$\text{Geradenpaar (Ebenenpaar)}$$

$$x_1^2 + a_1^2 = (x_1 + \iota a_1)(x_1 - \iota a_1) = 0 \quad \text{nicht reelles, paralleles Geradenpaar}$$
$$\text{(Ebenenpaar)}$$

$$x_1^2 + x_2^2 = -x_3^2 = (\iota x_3^2) \quad \text{Kegel mit nichtreellen Erzeugenden, denn durch}$$
$$\text{ein Losungstripel } (x_1, x_2, \iota x_3) \ (x_\nu \in \mathbf{R}) \text{ geht je eine komplexe}$$
$$\text{Gerade}$$

Der Zylinder mit nichtreellen Erzeugenden wird analog behandelt

n	Rang	Typ	Gleichung	Name
2	2	I_A	$x_1^2 + x_2^2 = 1$	Kreis
	2	II_A	$x_1^2 + x_2^2 = 0$	Paar sich schneidender Geraden
	1	I_A	$x_1^2 = 1$	Paar paralleler Geraden
	1	II_A	$x_1^2 = 0$	Doppelgerade
	1	III_A	$x_1^2 = 2x_2$	Parabel
3	3	I_A	$x_1^2 + x_2^2 + x_3^2 = 1$	Kugel
	3	II_A	$x_1^2 + x_2^2 + x_3^2 = 0$	Kegel
	2	I_A	$x_1^2 + x_2^2 = 1$	Zylinder
	2	II_A	$x_1^2 + x_2^2 = 0$	Paar sich schneidender Ebenen
	2	III_A	$x_1^2 + x_2^2 = 2x_3$	Paraboloid
	1	I_A	$x_1^2 = 1$	Paar paralleler Ebenen
	1	II_A	$x_1^2 = 0$	Doppelebene
	1	III_A	$x_1^2 = 2x_3$	parabolischer Zylinder

Tabelle III

Bemerkung 14 Die komplexe Erweiterung eines euklidisch-affinen Raumes $E_n = (A, V_n, \tau, B)$ wird unter Berücksichtigung von Lemma 9 8 leicht zu einem unitar-affinen Raum

$$U_n = (A, V_n \, \tau, H) \tag{14 8e}$$

(im Sinne von Definition 13I) Eine Hyperfläche zweiter Ordnung $\mathfrak{H}$ in E_n hat dann eine komplexe Erweiterung $\widehat{\mathfrak{H}}$ in U_n. führt man analog zu Definition 14D «unitare Äquivalenz» von Hyperflächen ein, so erhält man wegen §10 die gleichen Normalformen wie im euklidischen Fall, da diese durch die Eigenwerte von A bestimmt werden – Allgemeine Hyperflächen zweiter Ordnung in U_n können diagonalisiert werden, wenn die symmetrische Matrix $A \in \mathbf{C}^{n\,n}$ normal ist

Eine Reihe von geometrischen Eigenschaften, wie z B Schnitteigenschaften mit Geraden bzw Ebenen, bleibt bei Affinitaten erhalten, und dies kann bei geometrischen Aufgaben ausgenutzt werden Wir illustrieren dies an einigen Ergebnissen in F_2 bzw E_3 uber $\mathbf{R}$ Bereits in $\boxed{4}$ hatten wir erwahnt, daß man Ellipsoide in E_3 stets affin auf Kugeln abbilden kann, spezieller vermerken wir das folgende Beispiel

$\boxed{7}$ Die Ellipse (vgl Bemerkung 10)

$$\frac{x_1^2}{a_1^2} + \frac{x_2^2}{a_2^2} = 1 \text{ mit } a_1 \geq a_2 > 0 \tag{14 9}$$

geht vermoge der orthogonalen Affinitat

$$x_1 \mapsto x_1, \quad x_2 \mapsto \frac{a_1}{a_2} x_2 \tag{14 9a}$$

aus dem Kreis

$$x_1^{\,2} + x_2'^{\,2} = a_1^2 \tag{14 9b}$$

hervor Hiermit kann man Punkte der Ellipse konstruieren, *Tangenten in Ellipsenpunkten* (und die hierzu *konjugierten Durchmesserrichtungen*) und Tangenten an Ellipsen berechnen (bzw konstruieren) und Eigenschaften dieser Großen herleiten (vgl Aufgabe 14)

$\boxed{7a}$ Analog kann eine Hyperbel $\dfrac{x_1^2}{a_1^2} - \dfrac{x_2^2}{a_2^2} = 1$ durch eine orthogonale Affinitat in eine gleichseitige Hyperbel

$$x_1^2 - x_2^2 = a^2 \tag{14 9c}$$

und diese durch Drehung um $45°$ in eine der Form

$$x_1 x_2 = \frac{a^2}{2} \tag{14 9d}$$

uberfuhrt werden, was wieder Konstruktionsaufgaben und Rechenprobleme erleichtert (vgl Aufgabe 15a), zu ahnlichen Fragestellungen bei Parabeln vgl Aufgabe 15b)

Bemerkung 15 Jeder elliptische Doppelkegel gemaß $\boxed{4c}$ laßt sich durch eine Affinitat, die aus einer axialen Affinitat der (x_2, x_3)-Ebene hervorgeht, in einen Kreiskegel uberfuhren, so daß es genugt, letzteren zu diskutieren Alle Ellipsen, Hyperbeln und Parabeln konnen als ebene Schnitte von Kreiskegeln dargestellt werden (vgl Aufgabe 16), man nennt deshalb diese Kurven auch *Kegelschnitte*

In Verallgemeinerung der in §13 vermerkten Tatsache, daß es durch drei nicht kollineare Punkte von E_2 stets einen Kreis gibt, kann man zeigen

Bemerkung 16 In einer affinen Ebene A_2 uber K seien bzgl $(O, \mathfrak{a}^T)$ funf Punkte $P_\nu = (p_{1\nu}, p_{2\nu})$ $(\nu = 1, \ldots, 5)$ gegeben mit

$$\mathrm{Rang} \begin{pmatrix} p_{11}^2 & p_{11}p_{21} & p_{21}^2 & p_{11} & p_{21} & 1 \\ & & & & & \\ p_{15}^2 & p_{15}p_{25} & p_{25}^2 & p_{15} & p_{25} & 1 \end{pmatrix} = 5, \tag{14 9e}$$

dann gibt es eine Kurve 2-ter Ordnung, die alle P_ν enthalt, namlich die mit der Gleichung

$$\det \begin{pmatrix} x_1^2 & x_1 x_2 & x_2^2 & x_1 & x_2 & 1 \\ p_{11}^2 & p_{11}p_{21} & p_{21}^2 & p_{11} & p_{21} & 1 \\ & & & & & \\ p_{15}^2 & p_{15}p_{25} & p_{25}^2 & p_{15} & p_{25} & 1 \end{pmatrix} = 0 \tag{14 9f}$$

Weiter benutzt man gelegentlich den folgenden Begriff, auf den wir in §15 (Erganzungen) zuruckkommen

Bezeichnung Sind zwei verschiedene Quadriken $\mathfrak{H}$ und $\mathfrak{H}'$ in A_n uber K durch die Gleichungen $\mathfrak{Q}_{A\,\mathfrak{z}\,\gamma}(x) = 0$ und $\mathfrak{Q}_{A\,\tilde{\mathfrak{z}}\,\gamma}(x) = 0$ gegeben, so nennt man die Gesamtheit der durch

$$\lambda_1\, \mathfrak{Q}_{A\,\tilde{b}\,\gamma}(x) + \lambda_2\, \mathfrak{Q}_{A\,\tilde{b}\,\gamma}(x) = 0$$
$$(\lambda_1, \lambda_2 \in K)$$

(14 9g)

gegebenen Quadriken ein *Hyperflächenbüschel*

Bei der Herleitung weiterer geometrischer Eigenschaften von Kugelflächen in E_3 kann man sich auf die *Einheitskugel*

$$\mathfrak{H}_1 = \{X \in E_3 \mid |\overrightarrow{OX}| = 1\} = \{X \in E_3 \mid K(X) = 0\}$$
$$\text{mit } K(X) = x_1^2 + x_2^2 + x_3^2 - 1$$

(14 10)

beschränken Man beweist dann leicht die folgende

Bemerkung 17 Ist $C \in E_3$ außerhalb von $\mathfrak{H}_1$, d h $K(C) > 0$, so bilden die Tangenten von C und $\mathfrak{H}_1$ einen Kreiskegel und die Berührungspunkte liegen auf einem Kreis, der durch einen Schnitt von $\mathfrak{H}_1$ mit einer Ebene entsteht, jeder ebene Schnitt von $\mathfrak{H}_1$ ist ein Kreis

Bezeichnung Ein Kreis auf $\mathfrak{H}_1$, der durch eine Ebene, die durch den Kugelmittelpunkt O geht, ausgeschnitten wird, heißt ein *Großkreis* Verschiedene Punkte $P_1, P_2, P_3 \in \mathfrak{H}_1$, von denen keine zwei Gegenpunkte sind (d h $\overrightarrow{OP_i} \neq -\overrightarrow{OP_j}$), bestimmen ein *sphärisches Dreieck* (oder *Kugeldreieck*) auf $\mathfrak{H}_1$ (vgl Figur 12)

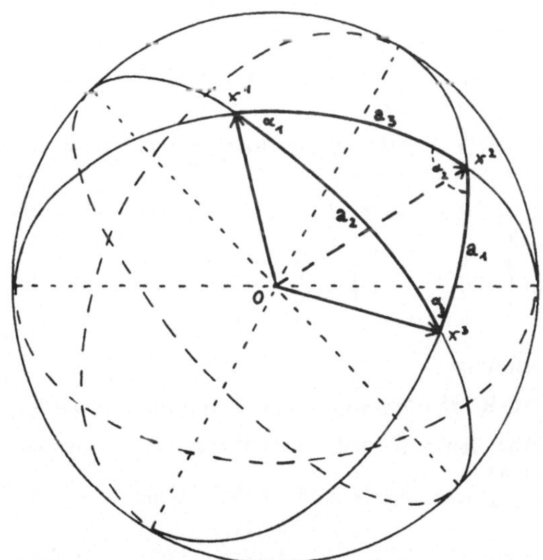

Figur 12

Die Diskussion dieser Dreiecke ist der Gegenstand der *sphärischen Trigonometrie*, die Ausführungen in den Ergänzungen von §12, ab (12 13f) und in Aufgabe 23 enthalten wichtige Regeln über sphärische Dreiecke, wie Cosinussatz bzw

Sinussatz Ist z B ein nichttriviales sphärisches Dreieck auf der Einheitskugel durch die Vektoren x^1, x^2, x^3 ab O gegeben (vgl Figur 12), so bezeichne y^ν jeweils den Einheitsvektor ($\nu = 1, 2, 3$), der auf der Ebene durch O, $x^{\nu+1}, x^{\nu+2}$ senkrecht steht und zur Seite von x^ν orientiert ist ($\nu = 1, 2, 3$) Dann heißt y^1, y^2, y^3 das zu x^1, x^2, x^3 gehörige *Polardreieck* Es bedeuten

$$\overline{a_i} = \measuredangle(y^{i+1}, y^{i+2}) \quad i \bmod 3,$$
$$\overline{\alpha_i} = \measuredangle(y^i \times y^{i+1}, y^i \times y^{i+2}) \quad i \bmod 3 \tag{14 10a}$$

Für weitere diesbezügliche Aussagen vergleiche auch die Aufgabe 19

Aufgaben zu §14

1. a) Es sei $K = \mathbf{Q}$ (bzw $K = \mathbf{Z}/3\mathbf{Z}$) und in (K^2, K^2, τ) bzgl des Standard-koordinatensystems (O, e^T) die Gleichung

   $$3x_1^2 + 4x_2^2 - 2x_1x_2 + 6x_1 - 4x_2 + 1 = 0 \text{ für } \mathfrak{H}$$

   gegeben Schreibe sie in der Form $\mathfrak{Q}_{A\,\mathfrak{b}\,\gamma}(\tilde{x}) = 0$ und finde die Gleichung $\mathfrak{Q}_{A\,\mathfrak{b}\,\gamma}(\tilde{x}) = 0$ für $\mathfrak{H}$ bzgl (O', a^T) mit $O = (1|2)$, $a'^T = (e^1 + e^2, 2e^2)$

   b) Entsprechend seien in (K^3, K^3, τ) mit $K = \mathbf{Q}$ (bzw $K = \mathbf{Z}/5\mathbf{Z}$) die Koordinatensysteme (O, e^T) und (O, a^T) mit $O' = (1|1|1)$ und $a^T = (e^1 - e^2, e^2, 4e^3 - e^1)$ gegeben Mit

   $$A = \begin{pmatrix} 1 & 0 & -1 \\ 0 & 3 & 0 \\ -1 & 0 & 1 \end{pmatrix} \in K^{3\,3} \quad \mathfrak{b} = \begin{pmatrix} 2 \\ 3 \\ -2 \end{pmatrix} \in K^3, \quad \gamma - 2 \in K$$

   sei $\mathfrak{H}_1$ durch $\mathfrak{Q}_{A\,\mathfrak{b}\,\gamma}(\tilde{x}) = 0$ bzgl (O, e^T) gegeben Stelle die Polynom-gleichung auf und beschreibe $\mathfrak{H}_1$ durch $\mathfrak{Q}_{A\,\mathfrak{b}\,\gamma}(\tilde{x}) = 0$ bzgl (O, a^T)

2. a) In $(\mathbf{R}^3, \mathbf{R}^3, \tau)$ mit Standardkoordinatensystem (O, e^T) sei eine Affinität ϕ durch

   $$\phi(\tilde{x}) = \begin{pmatrix} -1 & 1 & 0 \\ 0 & 2 & 0 \\ 1 & -1 & 2 \end{pmatrix} \tilde{x} + \begin{pmatrix} 3 \\ -1 \\ 0 \end{pmatrix}$$

   gegeben sowie

   $$\mathfrak{H} = \{\tilde{x} \in \mathbf{R}^3 \mid x_1^2 + 5x_2^2 - x_3^2 + 2x_1x_2 + 3x_2x_3 + 2x_1 + 5 = 0\}$$

   Berechne $\phi(\mathfrak{H}) = \mathfrak{H}'$ und beschreibe $\mathfrak{H}$ durch eine quadratische Gleichung

   b) Löse die gleiche Aufgabe für die Affinität ψ mit

   $$\psi(O) = (2|0|0) \text{ und } C^{\psi}_{e} = \begin{pmatrix} 4 & 0 & 1 \\ 1 & 3 & 0 \\ 0 & 1 & 1 \end{pmatrix} \text{ und } \mathfrak{H}, \text{ sowie die Hyperfläche } \mathfrak{H}_1$$

   aus Aufgabe 1b)

   c) Führe die Begründung von Bemerkung 3 aus

3. a) Es sei $\mathbf{R}^2$ mit $\mathbf{C}$ identifiziert und in $(\mathbf{R}^2, \mathbf{R}^2, \tau)$ sei

   $$\mathfrak{H} = \{z = (x|y) \in \mathbf{C} = \mathbf{R}^2 \mid \; |z - 1| + |z - 3| = 3\}$$

Zeige, daß $\mathfrak{H}$ durch eine quadratische Gleichung beschreibbar ist, und gebe diese an

b) Lose die gleiche Aufgabe fur

$$\mathfrak{H}_1 = \{z = (x|y)\in C = \mathbf{R}^2| \quad |z - \sqrt{2}| - |z + \sqrt{2}| = 2 \text{ oder}$$
$$|z - \sqrt{2}| - |z + \sqrt{2}| = -2\}$$

4. a) In (K^n, K^n, τ) sei eine Quadrik $\mathfrak{H}$ bzgl des Standardkoordinatensystems gegeben Untersuche, ob $\mathfrak{H}$ ein Zentrum besitzt, ob dieses eindeutig bestimmt ist, gib gegebenenfalls die Mittelpunktsform an und die Translation, die dies bewirkt, und zwar in folgenden Fallen

  (i) $\mathfrak{H} = \{\tilde{x}\in\mathbf{R}^2| 5x_1^2 - 6x_1x_2 + 5x_2^2 + 4x_1 + 4x_2 = 0\}$, $n = 2$, $K = \mathbf{R}$,

  (ii) $n = 3$, $K = \mathbf{Q}$ und $\mathfrak{H}$ durch $\mathfrak{Q}_{A\,\tilde{b}\,\gamma}(\tilde{x}) = 0$ mit

$$A = \begin{pmatrix} 1 & 2 & 0 \\ 2 & 0 & 3 \\ 0 & 3 & 0 \end{pmatrix}, \tilde{b} = \begin{pmatrix} 0 \\ 1 \\ 2 \end{pmatrix}, \gamma = 1 \text{ gegeben},$$

  (iii) $K = \mathbf{Z}/3\mathbf{Z}$, sonst Werte wie in (ii)

b) Bestimme eine zu $\mathfrak{H}$ affin-aquivalente diagonalisierte Quadrik $\mathfrak{H}'$ in den folgenden Fallen

  (1) $\mathfrak{H}$ gemaß a), (ii),

  (2) $\mathfrak{H}$ $\tilde{x}^T \begin{pmatrix} -2 & -2 & 0 \\ -2 & -2 & 0 \\ 0 & 0 & -1 \end{pmatrix} \tilde{x} + 2\langle(1,0,0), \tilde{x}^T\rangle + 7 = 0$

5. a) Formuliere und begrunde die Formeln aus Definition 14C als Koordinatenwechsel explizit

b) Begrunde die Diagonalisierungsaussage von Satz 14 2 mit Satz 8 5 ausfuhrlich

c) Welches affine Koordinatensystem muß man wahlen, damit eine Quadrik gemaß Satz 14 3 affine Normalform hat? Begrunde dies

6. In $(\mathbf{R}^n, \mathbf{R}^n, \tau)$ seien bzgl des Standardkoordinatensystems Quadriken $\mathfrak{H}_v$ gegeben Bestimme ihre affinen Normalformen gemaß Satz 14 3 und gib die zugehorigen Affinitaten bzw affinen Koordinatenwechsel an

a) $\mathfrak{H}_1$ $4x_1^2 + 4x_2^2 + 6x_1x_2 + 2x_1 + 2x_2 - 1 = 0$,

b) $\mathfrak{H}_2$ $x_1^2 + x_2^2 - \frac{1}{2}x_3^2 + 4x_1x_2 - 2x_1x_3 - 2x_2x_3 - 1 = 0$,

c) $\mathfrak{H}_3$ $x_1^2 + 4x_1x_2 - 6x_1x_3 + 5x_2^2 + 8x_3^2 - 8x_2x_3 = 0$,

d) $A = \begin{pmatrix} -1 & -2 & 0 & 0 \\ -2 & -1 & 0 & 0 \\ 0 & 0 & 1 & -1 \\ 0 & 0 & -1 & 1 \end{pmatrix} \in\mathbf{R}^{4\,4}, \tilde{b} = \begin{pmatrix} 0 \\ 0 \\ -1 \\ -1 \end{pmatrix} \in\mathbf{R}^4, \gamma = -3\in\mathbf{R}$

  mit $\mathfrak{H}_4 = \{\tilde{x}\in\mathbf{R}^4|\tilde{x}^T A\tilde{x} + 2\tilde{b}^T\tilde{x} + \gamma = 0\}$

7. a) Fuhre den Beweis von Satz 14 4 vollstandig aus

b) Welches kartesische Koordinatensystem muß gewahlt werden, damit eine gegebene Quadrik euklidisch-affine Normalform hat?

c) Begrunde den in Bemerkung 6 geschilderten Weg zur Bestimmung der affinen Normalform von Quadriken

8. a) Im euklidischen Raum E_n seien bzgl des kartesischen Koordinatensystems (O, e^T) die Quadriken $\mathfrak{H}_v$ gegeben Bestimme ihre euklidisch-affine Normalform, gebe gegebenenfalls ihre Zentren sowie ihre Hauptachsenrichtungen und -abschnitte an und die erforderlichen Bewegungen bzw Koordinatenwechsel, untersuche, ob euklidisch-aquivalente Quadriken vorliegen

(i) $\mathfrak{H}_1, \mathfrak{H}_2, \mathfrak{H}_3, \mathfrak{H}_4$ gemaß Aufgabe 6

(ii) In E_3

$\mathfrak{H}_5$ $\quad 3x_1^2 + 2x_2^2 + 3x_3^2 - 2x_1x_2 - 2x_2x_3 + 14x_1 - 8x_2 + 10x_3 + 6 = 0,$

$\mathfrak{H}_6$ $\quad 3x_1^2 + x_2^2 + 4x_3^2 - 2\sqrt{2}x_1 + \dfrac{8}{\sqrt{6}}x_2 + \dfrac{32}{\sqrt{3}}x_3 + 6 = 0,$

$\mathfrak{H}_7$ $\quad 4x_1^2 + 3x_2^2 - x_3^2 - 12x_1x_2 + 4x_1x_3 - 8x_2x_3 - 1 = 0,$

$\mathfrak{H}_8$ $\quad 2x_1^2 + 2x_3^2 + 8x_1x_2 + 12x_1x_3 + 8x_2x_3 - 12x_2 - 24x_3 - 9 = 0$

b) Bestimme hierzu die affine Normalform mit der Bemerkung 6

9. a) Begrunde fur die nach Bemerkung 8 trivialen Typen von Kurven zweiter Ordnung die in Tabelle I erwahnten Aussagen uber die zugehorigen Punktmengen

b) Seien in E_2 bzgl des Standardkoordinatensystems die Kurven

$\mathfrak{C}_1$ $\quad 9x_1^2 + 24x_1x_2 + 16x_2^2 - 40x_1 + 30x_2 = 0,$

$\mathfrak{C}_2$ $\quad 7x_1^2 + 24x_1x_2 + 38x_1 + 24x_2 + 175 = 0$

gegeben Bestimme die euklidisch-affine und die affine Normalform, Lage von Zentrum und Hauptachsen sowie die Scheitelgleichung gemaß (14 6d) Gib im Fall einer Hyperbel auch die Asymptoten an (Skizze)

10. a) Fuhre den Beweis zu den Aussagen von Bemerkung 10 aus

b) Durch welche Translation erhalt man aus der Hauptachsenform die Scheitelgleichung (14 6d)?

c) Zeige, daß jede Hyperbel in euklidisch-affiner Normalform gemaß $\boxed{2a}$ aus der Gesamtheit der Punkte $X \in E_2$ besteht mit

$$d(X, F_1) - d(X, F_2) = \pm 2a_1$$

Wie mussen hierzu F_1 und F_2 gewahlt werden?

d) Verschiebe den linken Brennpunkt der Ellipse $\mathfrak{C}$ in den Ursprung Zeige, daß fur die Punkte $X \in \mathfrak{C}$ dann die Polargleichung

$$r = d(X, O) = \frac{p}{1 - \varepsilon \cos\varphi} = \frac{b^2}{a - e \cos\varphi}$$

mit $\varphi = \measuredangle(\overrightarrow{OX}, e^1)$ ist Gilt Entsprechendes auch fur die Hyperbel?

11. a) Bestimme die Punktmengen der gemäß Bemerkung 11 trivialen Flächen zweiter Ordnung in E_3

b) Fuhre die Rechnung zu $\boxed{4a}$ aus

c) Begrunde Bemerkung 12

d) Schneide den Kegel aus $\boxed{4c}$ mit einer beliebigen Ebene und bestimme die Schnittpunktmenge

e) Fuhre die Rechnungen in $\boxed{5a}$ vollstandig aus Untersuche, ob die Geraden einer Schar wieder windschief zueinander sind

12. a) Bestimme eine Ebene, deren Schnitt mit dem elliptischen Zylinder
$$\frac{x_1^2}{4} + \frac{x_2^2}{3} = 1 \text{ in } E_3 \text{ ein Kreis ist}$$

b) Bestimme die Schnitte des Kegels $\dfrac{x_1^2}{a_1^2} + \dfrac{x_2^2}{a_2^2} = x_3^2$ mit $x_1 = 0$ bzw

$x_2 = 0$ bzw $x_3 = 0$ Zeige, daß dieser Kegel zugleich Asymptotenkegel der Hyperboloide

$$\frac{x_1^2}{u_1^2} + \frac{x_2^2}{u_2^2} - x_3^2 = 1 \text{ und } \frac{x_1^2}{a_1^2} + \frac{x_2^2}{a_2^2} - x_3^2 = -1$$

ist, und vergleiche die Schnitte dieser drei Flachen fur $x_3 = \text{const}$

c) Zeige, daß $P = (0|\sqrt{17}|2)$ auf dem einschaligen Hyperboloid $\mathfrak{H}$ $\frac{1}{4}x_1^2 + x_2^2 - 4x_3^2 = 1$ in E_3 liegt, und bestimme die beiden Geraden durch P, die in $\mathfrak{H}$ liegen

d) Lose die gleiche Aufgabe fur das hyperbolische Paraboloid $\frac{1}{8}x_1^2 - \frac{1}{8}x_2^2 = x_3$ und $P = (\frac{3}{2}\sqrt{2}|1|\frac{1}{8})$

13. a) Fuhre den Beweis von Satz 14 6 aus

b) Bestimme die affinen Normalformen uber $\mathbf{C}$ der folgenden Quadriken

(i) $\mathfrak{H}$ in A_2' $2ix_1^2 + 2x_2^2 - 2ix_1x_2 + 1 = 0$,

(ii) $\mathfrak{H}$ in A_3' $4ix_1^2 - x_2 + 4ix_2x_3 - 4x_3^2 + 1 = 0$

c) Bestimme jeweils die affine Normalform (uber $\mathbf{C}$) der komplexen Erweiterung der Quadriken $\mathfrak{H}_\nu$ ($\nu = 1, \quad ,8$) aus Aufgabe 8a)

d) Begrunde Bemerkung 14

14. Es sei gemäß $\boxed{7}$ die Ellipse $\mathfrak{E}$ (14 9) als orthogonal-affines Bild des Kreises (14 9b) dargestellt

a) Wie kann man sich bei vorgegebenem x_1 zugehorige Ellipsenpunkte konstruieren?

b) Sei $(x_1, x_2) \in \mathfrak{E}$ Bestimme die Tangente in (x_1, x_2) an $\mathfrak{E}$ als affines Bild einer Kreistangente

c) Lose die entsprechende Aufgabe fur die Tangente an $\mathfrak{E}$ von einem Punkt Q außerhalb $\mathfrak{E}$

d) Zwei Durchmesserrichtungen von $\mathfrak{E}$ heißen *konjugiert*, wenn die zweite Durchmesserrichtung parallel zur Tangentenrichtung im Durchstoßpunkt der ersten Tangentenrichtung ist Zeige, daß diese Beziehung zwischen beiden Richtungen symmetrisch ist

e) Sei speziell $x_1^2/4 + x_2^2 = 1$ gegeben und die Durchmesserrichtung durch g_1 $x_1 = 2x_2$ Bestimme die konjugierte Durchmesserrichtung und die Tangenten in $\mathfrak{E} \cap g_1$

15. a) Fuhre die Rechnungen zu $\boxed{7a}$ aus und zeige, wie man aus einer Tangentengleichung fur (14 9d) die im allgemeinen Fall erhalt Fur welche Geradenrichtungen hat q mit der Hyperbel hochstens einen Punkt gemeinsam?

b) Eine Parabel sei in Scheitelform (14 6d, e) gegeben, es sei $F = (\frac{p}{2}|0)$ und l mit $x_1 = -\frac{p}{2}$ die Leitlinie Zeige, daß fur alle Punkte P der Parabel

$$d(P,l) = d(F,P)$$

gilt Zeige, daß die Tangente und ihre Normale in P jeweils den Winkel zwischen $\overrightarrow{PF}$ und $\overrightarrow{PL}$ ($L = $ Fußpunkt des Lotes von P auf l) halbiert (Skizze)

16. a) Begrunde Bemerkung 15 Welche Kegelschnitte konnen bei festem Kreiskegel und festem Scheitel auf einem Kegelpunkt $P \neq S$ durch Drehung der Schnittebene erreicht werden? Welche Schnitte liefern Parabeln?

b) Zeige, daß (14 7f) die Gleichung eines Kreiskegels mit Spitze $S = O$ liefert, interpretiere γ

c) Beweise Bemerkung 17

17. In E_3 werde stets das Standardkoordinatensystem verwendet

a) Um den Mitelpunkt $M_1 = (2|3|-1)$ werde die Kugel durch $P_1 = (5|9|-3)$ gelegt Bestimme die Kugelgleichung und die Tangentialebene in P_1

b) Eine Kugel um $M_2 = (5|1|-1)$ habe die Ebene $x_1 - 2x_2 + 2x_3 = 10$ als Tangentialebene Bestimme die Kugelgleichung und den Beruhrungspunkt

c) Zeige, daß durch $\langle x - s, e \rangle^2 = \gamma^2 \langle x - s\, x - s \rangle$ ein Kreiskegel mit Spitze $S = (s_1|s_2|s_3)$ geliefert wird Bestimme diesen fur $\tilde{s}^T = (4\ 1, 3)$, $\gamma = \cos 45$, $\tilde{e}^T = (1, 0, 0)$ und bringe seine Gleichung auf euklidische Normalform

d) Zeige, daß durch $(\frac{1}{2}x_1 - \frac{1}{2}\sqrt{3}x_3)^2 = \frac{3}{4}(x_1^2 + x_2^2 + x_3^2)$ ein Kreiskegel geliefert wird Bestimme seine Spitze, seine Achsenrichtung und den Offnungswinkel

18. a) Lege durch die funf Punkte $P_1 = (\sqrt{2}|0)$, $P_2 = (-2|1)$, $P_3 = (-2|-1)$, $P_4 = (\frac{3}{2}|\frac{1}{4}\sqrt{2})$, $P_5 = (\sqrt{3}|\frac{1}{2}\sqrt{2})$ in A_2 uber $\mathbf{R}$ eine Kurve zweiter Ordnung

b) Es seien $P_1, \ , P_4$ vier nicht kollineare Punkte und $\mathfrak{C}_1, \mathfrak{C}_2$ Kurven zweiter Ordnung, die durch $P_1, \ , P_4$ gehen Zeige, daß auch alle Kurven des Buschels gemaß (14 9g) durch $P_1, \ , P_4$ gehen Verwende dies zur Losung von a)

c) Bestimme eine Parabel durch $Q_1 = (0|0)$, $Q_2 = (\sqrt{3}|-1)$ und $Q_3 = (\frac{3}{2}\sqrt{3}|\frac{1}{2})$ in A_2 uber $\mathbf{R}$, die nach oben geoffnet ist und gib ihre Gleichung an

19. a) Es sei y^1, y^2, y^3 das Polardreieck zu x^1, x^2, x^3 Beweise

$$\overline{a_i} + \alpha_i = 180° \ (i = 1, 2, 3),$$

$$\overline{\alpha_i} + a_i = 180° \ (i = 1, 2, 3)$$

b) Beweise den Winkelkosinussatz

$$\cos \alpha_1 = -\cos \alpha_2 \cos \alpha_3 + \sin \alpha_2 \sin \alpha_3 \cos a_1$$

c) Beweise den Halbseitensatz

$$\operatorname{tg} \frac{a_2}{2} = \sqrt{\frac{-\cos \sigma \, \cos(\sigma - \alpha_2)}{\cos(\sigma - \alpha_3) \, \cos(\sigma - \alpha_1)}} \quad \text{mit } 2\sigma = \alpha_1 + \alpha_2 + \alpha_3$$

d) Gebe ein sphärisches Dreieck an mit $\alpha_1 = \alpha_2 = \alpha_3 = 90°$

§15 Projektive Räume über einem Körper

In §13 und §14 haben wir die affine Geometrie bzw. die euklidisch-affine Geometrie aufbauend auf Begriffen und Ergebnissen der linearen Algebra eingeführt und diskutiert. Dabei blieben einige der behandelten Gegenstände und Sätze durch Fallunterscheidungen und Sonderüberlegungen etwas unbefriedigend. Wir wollen hier unter anderem zeigen, wie die entsprechenden Theorien im Rahmen der projektiven Geometrie weitgehend geglättet werden können. Dazu entwickeln wir einen Abriß der Theorie der projektiven Räume und zwar in einer Darstellung, die sich an die lineare Algebra, insbesondere an die Vektorraumtheorie, direkt anschließt, gleichzeitig werden wir geometrische Interpretationen weiterer Begriffe der linearen Algebra herleiten.

Dazu seien

$$K \text{ ein Körper,}$$
$$V \text{ ein } K\text{-Vektorraum} \tag{15 1}$$

Weite Teile der folgenden Theorie wurden auch für Vektorräume über einem Schiefkörper K gelten. Falls V endlich-dimensionaler K-Vektorraum ist, so schreiben wir

$$\dim_K(V) = n + 1 \ (n \in \mathbf{Z}) \tag{15 1a}$$

Definition 15A Die Gesamtheit der 1-dimensionalen Unterräume des K-Vektorraumes V gemäß (15 1), d h

$$\mathbf{P}(V) = \{P = U \le V \,|\, \dim_K(U) = 1\}, \tag{15 1b}$$

werde *der zu V gehörige projektive Raum* (über K) genannt, und die Elemente $P = U \in \mathbf{P}(V)$ heißen die *Punkte von* $\mathbf{P}(V)$. Ist hierbei $\dim_K(V) = n + 1 < \infty$ gemäß (15 1a), so bezeichne

$$n = \dim_K(\mathbf{P}(V)) \quad \text{mit } n + 1 = \dim_K(V) \tag{15.1c}$$

die *projektive Dimension* von $\mathbf{P}(V)$.

Bemerkung 1. Falls speziell $V = (\mathbf{0}_V)$ der Nullraum mit $\dim_K(V) = 0$ ist, folgt

$$\mathbf{P}((\mathbf{0}_V)) = \varnothing, \quad \dim_K(\varnothing) := -1, \tag{15.1d}$$

d.h. die leere Menge wird als (-1)-dimensionaler projektiver Raum aufgefaßt (dieser Fall wird oft ausgeschlossen). Ist jedoch $V = U = [v]$ mit $v \neq \mathbf{0}_V$, d.h. $\dim_K(U) = 1$, ein 1-dimensionaler Vektorraum, so wird

$$\mathbf{P}(U) = \{P\} \quad \text{mit } \dim_K(\{P\}) = 0 \tag{15.1e}$$

ein einpunktiger projektiver Raum; hierbei gilt

$$[v] = [v'] \quad \text{für } v = \lambda \cdot v', \ \lambda \in K, \ \lambda \neq 0, \tag{15.1e'}$$

d.h. die Bildung $\mathbf{P}(U)$ ist unabhängig von der Auszeichnung eines erzeugenden Vektors von U.

Durch die obige Festsetzung (15.1b) ist $\mathbf{P}(V)$ formal als Punktmenge definiert worden; da diese Definition jedoch die K-Vektorraumeigenschaft von V benutzt, können algebraische Folgebegriffe eingeführt werden, die eine geometrische Struktur in $\mathbf{P}(V)$ implizieren.

Definition 15A'. Eine Teilmenge Z des zu V gehörigen projektiven Raumes $\mathbf{P}(V)$ über K, d.h. eine Menge Z von Punkten von $\mathbf{P}(V)$, heißt ein *projektiver Teilraum* (Unterraum), wenn

$$W = \bigcup_{U = P \in Z} U \leq V \tag{15.1f}$$

ein Teilvektorraum von V ist, d.h.

$$Z = \mathbf{P}(W) = \{P = U \leq W \mid \dim_K(U) = 1\}. \tag{15.1f'}$$

Falls hierbei speziell $\dim_K(W) < \infty$ ist, so nennen wir

$$\dim_K(Z) = \dim_K(\mathbf{P}(W)) = \dim_K(W) - 1 \tag{15.1g}$$

die *projektive Dimension von Z*.

Jedes $Z = \mathbf{P}(W)$ ist also für sich ein projektiver Raum zu W über K. Zu jedem linearen Teilraum $W \le V$ gibt es genau einen projektiven Teilraum $\mathbf{P}(W)$ von $\mathbf{P}(V)$, nämlich die gemäß (15.1f') beschriebene Punktmenge.

Bezeichnung. Ein projektiver Teilraum Z heißt

Punkt,	falls $\dim_K Z = 0$,
projektive Gerade,	falls $\dim_K Z = 1 = \dim_K(W) - 1$,
projektive Ebene,	falls $\dim_K Z = 2 = \dim_K(W) - 1$, (15.1h)
projektive Hyperebene,	falls $\dim_K Z = n - 1$ und

$$\dim_K(\mathbf{P}(V)) = n.$$

Bei projektiven Teilräumen $Z \subset Z'$ von $\mathbf{P}(V)$ sagt man: *Z liegt auf* (ist *inzident mit*) Z'; diese Sprechweise wird insbesondere für $Z = P$ (Punkt) verwendet.

Definition 15B. Sind $Z_i = \mathbf{P}(W_i)$ $(i \in I = $ Indexmenge) projektive Teilräume von $\mathbf{P}(V)$, d.h. $W_i < V$, so nennt man

$$\bigcap_{i \in I} Z_i := \mathbf{P}\left(\bigcap_{i \in I} W_i\right) \tag{15.2}$$

den *Durchschnitt der projektiven Teilräume* Z_i und

$$\begin{aligned}
\bigvee_{i \in I} Z_i :&= \mathbf{P}\left(\sum_{i \in I} W_i\right) \\
&= \bigcap \{\mathbf{P}(W) \mid Z_i = \mathbf{P}(W_i) \subseteq \mathbf{P}(W) \subseteq \mathbf{P}(V) \\
&\qquad\qquad\qquad\qquad\qquad \text{für alle } i \in I\}
\end{aligned} \tag{15.2a}$$

den *Verbindungsraum der projektiven Teilräume* Z_i.

Aus der Vektorraumtheorie folgt unmittelbar, daß $\bigcap_i Z_i$ und $\bigvee_i Z_i$ projektive Teilräume von $\mathbf{P}(V)$ sind; insbesondere wegen Satz 3.6 aus LA 1, §3 gilt (vgl. Aufgabe 2b))

Lemma 15.1. *Mit Z_1 und Z_2 sind auch $Z_1 \vee Z_2$ und $Z_1 \cap Z_2$ endlichdimensionale projektive Teilräume von $\mathbf{P}(V)$ mit*

$$\dim_K(Z_1 \vee Z_2) = \dim_K(Z_1) + \dim_K(Z_2) - \dim_K(Z_1 \cap Z_2); \tag{15.2b}$$

ist speziell $\dim_K(Z_1) + \dim_K(Z_2) \geq \dim_K(\mathbf{P}(V))$, *so folgt* $\dim_K(Z_1 \cap Z_2)$ ≥ 0, *d.h.* $Z_1 \cap Z_2 \neq \varnothing$.

Bemerkung 2. Im Spezialfall einer projektiven Ebene, d.h. $\dim_K(\mathbf{P}(V)) = 2$, haben zwei Geraden stets einen Punkt gemeinsam, d.h. das Parallelenaxiom (P) der affinen Geometrie ist hier nicht erfüllt.

Zur Illustration betrachten wir zunächst das Beispiel

$\boxed{1}$ Es sei K ein Körper und V der arithmetische K-Vektorraum

$$K^{n+1} = \{x = (x_0, x_1, \ldots, x_n) \mid x_\nu \in K \, (\nu = 0, 1, \ldots, n)\} \qquad (15.2c)$$

der Dimension $n + 1$ gegeben; dann nennt man

$$\mathbf{P}_n(K) := \mathbf{P}(K^{n+1}) = \{P = U \leq K^{n+1} \mid \dim_K(U) = 1\} \quad (15.2c')$$

den *kanonischen n-dimensionalen projektiven Raum über K*. Sind $x = (x_0, x_1, \ldots, x_n) \neq \mathbf{0}_{K^{n+1}} \neq x' = (x_0', x_1', \ldots, x_n')$ aus K^{n+1}, so ist wegen $(15.1e')$

$$\begin{aligned} &P = U = [x] = [x'] \Leftrightarrow \lambda \cdot x = x', \\ &\text{d.h. } x_\nu' = \lambda \cdot x_\nu \, (\nu = 0, 1, \ldots, n), \; \lambda \in K, \lambda \neq 0. \end{aligned} \qquad (15.2d)$$

Man nennt jeweils die $(n + 1)$-tupel

$$\begin{aligned} &(x_0 : x_1 : \ldots : x_n) \in \mathbf{P}_n(K) \\ &\text{mit } x_\nu \in K \quad (\nu = 0, 1, \ldots, n) \end{aligned} \qquad (15.2e)$$

und dem Gleichheitsbegriff

$$\boxed{\begin{aligned} &(x_0 : x_1 : \ldots : x_n) := (x_0' : x_1' : \ldots : x_n') \\ &\Leftrightarrow x_\nu' = \lambda \cdot x_\nu \quad (\nu = 0, 1, \ldots, n), \; \lambda \neq 0, \in K, \end{aligned}} \qquad (15.2e')$$

die *homogenen Koordinaten* von $P = [x]$; sie sind also bis auf einen gemeinsamen Skalarfaktor $\lambda \neq 0$ eindeutig bestimmt (um diesen Sachverhalt hervorzuheben, verwenden wir in $(15.2e)$ die Schreibweise mit ":" zwischen den Koordinaten); wir identifizieren die so geschriebenen $(n + 1)$-tupel mit den Punkten aus $\mathbf{P}_n(K)$. Da jeder n-dimensionale Teilraum W von $V = K^{n+1}$ durch eine nichttriviale homogene lineare Gleichung in $x_0, x_1, \ldots, x_n$ gegeben wird, können wir auch Hyperebenen von $\mathbf{P}_n(K)$ durch solche Gleichungen beschreiben. Insbesondere ist

$$H_0 = \mathbf{P}(W) = \{P = (x_0:x_1:\ldots:x_n)\in\mathbf{P}_n(K)\mid x_0 = 0\} \quad (15.2\text{f})$$

eine Hyperebene von $\mathbf{P}_n(K)$, nämlich die *uneigentliche* (oder *unendlich ferne*) *Hyperebene* H_0 von $\mathbf{P}_n(K)$. Ist $Q = (y_0:y_1:\ldots:y_n)$ $\in\mathbf{P}(K^{n+1})$, $Q\notin H_0$, so folgt $y_0 \neq 0$, d.h.

$$\mathbf{P}_n(K)\setminus H_0 \ni Q = (y_0:y_1:\ldots:y_n) = \left(1:\frac{y_1}{y_0}:\ldots:\frac{y_n}{y_0}\right). \quad (15.2\text{f}')$$

Gemäß §13 (vgl. $\boxed{1a}$) kann K^n als n-dimensionaler affiner Raum aufgefaßt werden, und

$$j\colon K^n \to \mathbf{P}_n(K) \text{ mit } (x_1,\ldots,x_n)\mapsto(1:x_1:\ldots:x_n) \qquad (15.2\text{g})$$

liefert offensichtlich eine injektive Abbildung mit

$$\text{Bild}(j) = j(K^n) = \mathbf{P}_n(K)\setminus H_0 \text{ und } \mathbf{P}_n(K) = j(K^n) \cup H_0. \;(15.2\text{h})$$

Man nennt j die *kanonische Einbettung* des affinen Raumes K^n in $\mathbf{P}_n(K)$ und $\mathbf{P}_n(K)$ den *projektiven Abschluß* von K^n. (Zur Interpretation dieser Ergebnisse bei $n = 1$ bzw. $n = 2$ vgl. Aufgabe 3b)).

Wir zeigen nun, daß die in $\boxed{1}$ angedeutete Beziehung zwischen affinen und projektiven Räumen auch viel allgemeiner besteht. Dazu sei K ein Körper, V ein K-Vektorraum und

$$\mathbf{P}:=\mathbf{P}(V)$$
$$\text{mit } \dim_K(\mathbf{P}) = n,\, \dim_K(V) = n + 1,\, n\in\mathbf{N}_0 \qquad (15.3)$$

der zu V gehörige projektive Raum. Sei weiter durch

$$H_0 = \mathbf{P}(W)$$
$$\text{mit } W \leq V,\, \dim_K(W) = n,\, \dim_K(H_0) = n - 1 \qquad (15.3\text{a})$$

eine feste Hyperebene H_0 von $\mathbf{P}$ durch einen n-dimensionalen Teilraum $W \leq V$ und durch

$$P_0 = U_0 = [y^0]\in\mathbf{P}(V)\setminus H_0 \qquad (15.3\text{a}')$$

ein Punkt außerhalb von H_0 gegeben. Da $\dim_K(W) + 1 = \dim_K(V)$, gibt es mindestens ein $y^0\notin W$, $y^0\in V$, und es gilt

$$\mathbf{P}(V) = P_0 \vee H_0, \text{ also } V = [W, y^0] = W\oplus[y^0]. \qquad (15.3\text{b})$$

Da somit jedes $x \in V$ eindeutig in der Form

$$x = \lambda_0 \cdot y^0 + y' \quad \text{mit } y' \in W, \ \lambda_0 \in K \tag{15.3b'}$$

zerlegbar ist, gibt es in jedem eindimensionalen Unterraum $U = [x]$ mit $x \in V \setminus W$ ein eindeutig bestimmtes Vielfaches $\lambda' \cdot x$ von x, für das $\lambda' \cdot x = y^0 + y^{(p)}$, d.h. $\lambda_0 = 1$ wählbar ist. Somit erhalten wir für Punkte $P = U = [\lambda' \cdot x] \in \mathbf{P}(V) \setminus H_0 = : A$ die bijektive Zuordnung

$$\begin{aligned} &A \ni P \leftrightarrow y^{(p)} \in W \\ &\text{mit } \lambda' \cdot x = y^0 + y^{(p)}, \ y^{(p)} \in W \text{ für } P = [\lambda' \cdot x]. \end{aligned} \tag{15.3c}$$

Dann bestätigt man sofort (vgl. Aufgabe 4a))

Satz 15.2. *Sind in einem n-dimensionalen projektiven Raum $\mathbf{P}(V)$ über K eine (beliebige) Hyperebene $H_0 = \mathbf{P}(W)$ und ein fester Punkt $P_0 = [y^0] \in \mathbf{P}(V) \setminus H_0$ ausgezeichnet, so erhält man in der Form*

$$A_n = (A, W, \tau), \quad d.h. \ \dim_K A = \dim_K W = n \tag{15.3d}$$

einen n-dimensionalen affinen Raum A_n über K mit

$$\begin{aligned} &A = \mathbf{P}(V) \setminus H_0, \\ &(P, Q) \mapsto \tau(P, Q) = \overrightarrow{PQ} := y^{(q)} - y^{(p)} \in W \\ &\text{für } A \ni P \leftrightarrow y^{(p)} \in W, \ A \ni Q \leftrightarrow y^{(q)} \in W. \end{aligned} \tag{15.3e}$$

Bezeichnung. Auch in der Situation von Satz 15.2 nennt man H_0 die *uneigentliche Hyperebene* und ihre Punkte die *uneigentlichen Punkte* von $\mathbf{P}(V)$; die $P \in A = \mathbf{P}(V) \setminus H_0$ werden die *eigentlichen Punkte* des zugehörigen affinen Raumes A_n genannt.

Bemerkung 3. Die Konstruktion von Satz 15.2 ist bei jeder Hyperebene H_0 und jedem Punkt $P_0 \notin H_0$ durchführbar und hängt von der Auswahl von H_0 und P_0 sowie y^0 ab. Während die Punktmenge A schon durch H_0 festgelegt wird, ist die affine Struktur in A_n von P_0 und y^0 mit abhängig. Umgekehrt kann man zu einem n-dimensionalen affinen Raum A_n über K bei ausgezeichnetem Koordinatensystem $(O; a^T)$ stets einen projektiven Raum $\mathbf{P}(V)$ und ein H_0 mit $\mathbf{P}(V) \setminus H_0 = A_n$ konstruieren, den sogenannten *projektiven Abschluß von* A_n (vgl. Aufgabe 5a)).

294

Satz 15.2a. *Bei Auszeichnung einer uneigentlichen Hyperebene H_0 in $\mathbf{P}(V)$ gemäß Satz 15.2 gelten folgende Regeln:*

(i) *Für jeden projektiven Teilraum $Z = \mathbf{P}(W_1)$ von $\mathbf{P}(V)$ ist*

$$\Lambda = Z \cap A \subseteq A_n \tag{15.3f}$$

eine lineare Teilmannigfaltigkeit von A_n.

(ii) *Zu einer linearen Teilmannigfaltigkeit $\Lambda \neq \varnothing$ von A_n gibt es genau einen projektiven Teilraum $Z_\Lambda = \mathbf{P}(W_1)$ von $\mathbf{P}(V)$ mit (15.3f) und*

$$\dim_K(\Lambda) = \dim_K(Z_\Lambda), \quad \Lambda = (\Lambda, W_1 \cap W, \tau). \tag{15.3f'}$$

(iii) *Ist $H \subseteq A_n$ eine Hyperebene und $\Lambda \neq \varnothing$, $\Lambda \nsubseteq H$, eine lineare Teilmannigfaltigkeit von A_n, sind Z_H und Z_Λ gemäß (ii) gegeben, so folgt:*

$$\Lambda \parallel H \Leftrightarrow Z_\Lambda \cap Z_H \subseteq H_0. \tag{15.3g}$$

Beweis. 1. Für einen projektiven Teilraum $Z = \mathbf{P}(W_1)$ von $\mathbf{P}$ mit $Z \subseteq H_0 = \mathbf{P}(W)$ ist $\Lambda = Z \cap A = \varnothing$ die leere lineare Teilmannigfaltigkeit von A_n; falls jedoch $Z \nsubseteq H_0$, so existiert ein Punkt $P_0 \in \Lambda = Z \cap A$ und wegen (15.3d) ist offensichtlich

$$\{\overrightarrow{P_0 Q} \mid Q \in \Lambda\} = W_1 \cap W = W_{Z \cap H_0}. \tag{15.3h}$$

In jedem Fall ist Λ ein linearer Teilraum von A_n; also folgt (i).
2. Sei $\Lambda = (\Lambda, W_1', \tau)$ eine nicht leere lineare Teilmannigfaltigkeit von A_n, wobei $W_1' \leq W$ und $\dim_K(W_1') = \dim_K(\Lambda) = m \leq n$ ist. Für einen Punkt $P = [p'] \in \Lambda$ haben wir dann

$$p' \in V \text{ und } p' \notin W \tag{15.3i}$$

und durch

$$\mathbf{P}(W_1) = Z \quad \text{mit } W_1 = W_1' \oplus [p'] \leq V \tag{15.3j}$$

folgt die Existenz von Z mit

$$Z \cap A_n = \Lambda; \tag{15.3j'}$$

wäre auch $Z = \mathbf{P}(W')$, so folgte $W' = (W_1 \cap W) + [p'] = W_1' + [p']$; Z ist somit eindeutig bestimmt mit (15.3f'), d.h. (ii) ist bewiesen.
3. Die Behauptung (iii) wird ganz analog begründet (vgl. Aufgabe 6a)). ∎

Bemerkung 4. Nach Satz 15.2a lassen sich aus Aussagen über projektive Teilräume in der projektiven Geometrie solche über lineare Teilmannigfaltigkeiten in der affinen Geometrie herleiten.

Definition 15C. $r + 1$ Punkte $P_0, P_1, \ldots, P_r$ $(r \in \mathbb{N})$ eines projektiven Raumes $\mathbf{P} = \mathbf{P}(V)$ über K heißen *projektiv unabhängig*, wenn eine der folgenden äquivalenten Bedingungen erfüllt ist:

(a) $\dim_K(P_0 \vee P_1 \vee \ldots \vee P_r) = r$.

(b) Ist $P_\rho = [p^\rho]$, $p^\rho \in V$ $(\rho = 0, 1, \ldots, r)$,

so sind $p^0, p^1, \ldots, p^r$ linear unabhängig über K.

Definition 15D. Ein geordnetes $(n + 2)$-tupel von Punkten eines n-dimensionalen projektiven Raumes $\mathbf{P} = \mathbf{P}(V)$ über K

$$(P_0, P_1, \ldots, P_n; E) =: (\mathfrak{P}_n; E) \quad \text{mit } P_v, E \in \mathbf{P} \tag{15.4}$$

heißt ein *projektives Koordinatensystem* von $\mathbf{P}$, wenn je $n + 1$ dieser Punkte projektiv unabhängig sind; man nennt dann auch die P_v $(v = 0, 1, \ldots, n)$ die *Grundpunkte* und E den *Einheitspunkt* des Koordinatensystems.

Beschreiben wir diese Punkte durch die zugehörigen 1-dimensionalen K-Vektorräume

$$P_v = [p'^v] \quad (v = 0, 1, \ldots, n),\ E = [e], \tag{15.4a}$$

mit den erzeugenden Vektoren p'^v bzw. e, so sind die p'^v $(v = 0, \ldots, n)$ insgesamt $n + 1$ linear unabhängige Vektoren, liefern also eine Basis von V. Folglich gilt

$$e = \rho_0 \cdot p'^0 + \rho_1 \cdot p'^1 + \cdots + \rho_n \cdot p'^n$$
$$\text{mit } \rho_v \in K,\ \rho_v \neq 0 \quad (v = 0, 1, \ldots, n). \tag{15.4b}$$

Dann bilden auch die Vektoren

$$p^v := \rho_v \cdot p'^v \quad (v = 0, 1, \ldots, n) \tag{15.4c}$$

eine Basis von V, und es folgt:

$$\boxed{\begin{aligned} &P_v = [p^v]\ (v = 0, \ldots, n),\ E = [e] \text{ mit} \\ &e = p^0 + p^1 + \ldots + p^n \end{aligned}} \tag{15.4d}$$

Ist nun ein anderer erzeugender Vektor von $E = [e]$ ausgezeichnet, etwa e'', d.h.

$$E = [e''] = [e] \text{ mit } e'' = \delta \cdot e, \ \delta \neq 0, \ \delta \in K, \qquad (15.4e)$$

so folgt aus der Basiseigenschaft von p^ν sofort

$$\boxed{\begin{aligned} &e'' = p''^0 + p''^1 + \ldots + p''^n \text{ mit } p''^\nu = \delta \cdot p^\nu, \\ &P_\nu = [p^\nu] \quad (\nu = 0, 1, \ldots, n) \end{aligned}}, \qquad (15.4e')$$

wobei die p''^ν $(\nu = 0, 1, \ldots, n)$ eine durch (15.4) und e'' eindeutig bestimmte K-Vektorraumbasis von V liefern; somit unterscheiden sich (15.4d) und (15.4e, e') nur um einen gemeinsamen Proportionalitätsfaktor.

Ein Punkt

$$P = U = [x] = \{\lambda \cdot x \mid \lambda \in K\} \in \mathbf{P}(V) \qquad (15.4f)$$

sei durch seinen 1-dimensionalen Unterraum $U \leq V$ und zugehörige erzeugende Vektoren x bzw. $\lambda \cdot x$ $(\lambda \neq 0)$ beschrieben; dann hat x bzw. $\lambda \cdot x$ die eindeutige Komponentenzerlegung bzgl. $p^0, p^1, \ldots, p^n$

$$\begin{aligned} x &= \xi_0 \cdot p^0 + \xi_1 \cdot p^1 + \ldots + \xi_n \cdot p^n \quad (\xi_\nu \in K) \text{ bzw.} \\ \lambda \cdot x &= (\lambda \cdot \xi_0) \cdot p^0 + (\lambda \cdot \xi_1) \cdot p^1 + \ldots + (\lambda \cdot \xi_n) \cdot p^n. \end{aligned} \qquad (15.4f')$$

Bezeichnen wir wieder mit $(\xi_0 : \xi_1 : \ldots : \xi_n)$ ein $(n+1)$-tupel aus $\mathbf{P}_n(K)$, dessen Komponenten bis auf einen gemeinsamen Skalarfaktor $\neq 0$ bestimmt sind, so gilt bzgl. $(P_0, \ldots, P_n; E)$ und $(p^0, \ldots, p^n; e)$ mit (15.4d)

$$\boxed{\mathbf{P}(V) \ni P \leftrightarrow (\xi_0 : \xi_1 : \ldots : \xi_n) \in \mathbf{P}_n(K)} . \qquad (15.4g)$$

Bezeichnung. Identifizieren wir Zeilen-$(n+1)$-tupel $\neq \mathbf{0}_{K^{n+1}}$ von Elementen $\xi_\nu \in K$, wenn sie sich um einen Skalarfaktor $\lambda \in K$, $\lambda \neq 0$ unterscheiden, so liefert dieser neue Gleichheitsbegriff eine Klasseneinteilung in $K^{n+1} \setminus \{\mathbf{0}_{K^{n+1}}\}$ (vgl. auch (15.2e')). Wir schreiben formal

$$\begin{aligned} \xi_h^T : &= (\xi_0 : \xi_1 : \ldots : \xi_n) = (\lambda \xi_0 : \lambda \xi_1 : \ldots : \lambda \xi_n) \quad (\lambda \in K, \ \lambda \neq 0) \\ &\leftrightarrow \{\xi'^T = (\xi'_0, \xi'_1, \ldots, \xi'_n) \in K^{n+1} \mid \xi'^T = \lambda \cdot \xi^T, \ \lambda \in K, \ \lambda \neq 0\} \end{aligned} \qquad (15.4h)$$

für die Repräsentanten dieser Klassen und nennen sie die *homogenen* $(n + 1)$-*tupel*. Die Gesamtheit der Repräsentanten aller Klassen von K^{n+1} bei diesem Gleichheitsbegriff nennen wir den *homogenen arithmetischen K-Vektorraum* K_h^{n+1}:

$$K_h^{n+1} := \{ \underline{\xi}_h^T \mid \underline{\xi}_h^T = \text{Repräsentant der Klasse von } \underline{\xi}^T \text{ gemäß (15.4h)} \}. \qquad (15.4\text{h}')$$

Analog schreiben wir $\underline{\xi}_h$ für die Repräsentanten der Klassen homogener Spalten-$(n + 1)$-tupel und später werden wir bei Identifizierung von Matrizen $\neq O$ aus $K^{n+1,n+1}$, die sich nur um einen Skalarfaktor $\lambda \in K, \lambda \neq 0$ unterscheiden, von *homogenen Matrizen* A_h mit der Gleichheit $A_h := \lambda \cdot A_h \; (\lambda \in K, \neq 0)$

$$A_h := \begin{pmatrix} \alpha_{00} & \alpha_{01} & \dots & \alpha_{0n} \\ \alpha_{10} & \alpha_{11} & \dots & \alpha_{1n} \\ \vdots & \vdots & & \vdots \\ \alpha_{n0} & \alpha_{n1} & \dots & \alpha_{nn} \end{pmatrix} \text{ mit } A_h \in K^{n+1,n+1}, \qquad (15.4\text{h}'')$$

sprechen; schließlich verwenden wir das Zeichen «$=_h$» für Matrizengleichungen, die bis auf einen Skalarfaktor $\neq 0$ gelten.

Lemma 15.3. *Ist im n-dimensionalen projektiven Raum* $\mathbf{P}(V)$ *über K ein projektives Koordinatensystem* $(\mathfrak{P}_n; E)$ *gegeben und werden den Punkten* P_v *bzw. E gemäß (15.4a) Vektoren* $p^v \, (v = 0, \dots, n)$ *und* $e \in V$ *zugeordnet, so entsprechen die Punkte* $P = [x] \in \mathbf{P}(V)$ *nach (15.4f', g) umkehrbar eindeutig den homogenen* $(n + 1)$-*tupeln* $\underline{\xi}_h^T = (\xi_0 : \xi_1 : \dots : \xi_n)$ $\in \mathbf{P}_n(K)$.

Definition 15D'. Die gemäß Lemma 15.3, (15.4g) und (15.4h) charakterisierten homogenen $(n + 1)$-tupel $\underline{\xi}_h^T = (\xi_0 : \xi_1 : \dots : \xi_n)$ bzgl. des projektiven Koordinatensystems $(\mathfrak{P}_n; E) = (P_0, P_1, \dots, P_n; E)$ heißen die *homogenen Koordinaten der Punkte* $P \in \mathbf{P}(V)$. Speziell für die Grundpunkte bzw. den Einheitspunkt gilt dabei:

$$
\begin{aligned}
P_0 &\leftrightarrow (1:0:\dots\dots:0), \\
P_1 &\leftrightarrow (0:1:0:\dots:0), \\
&\dots\dots\dots\dots\dots\dots \quad \text{bzgl. } (\mathfrak{P}_n; E) \qquad (15.4\text{i}) \\
P_n &\leftrightarrow (0:0:\dots:0:1), \\
E &\leftrightarrow (1:1:\dots:1:1).
\end{aligned}
$$

Zur Illustration dieser Überlegungen im Spezialfall $V = K^{n+1}$ (bzw. $\mathbf{R}^{n+1}$) vgl. auch die folgenden Beispiele:

$\boxed{2}$ Sei $n + 1 = 2$, $K = \mathbf{R}$ und $V = \mathbf{R}^2$ ab «Ursprung» O abgetragen. Es sei weiter $\mathbf{P} = \mathbf{P}(V)$ als Gerade in $\mathbf{R}^2$ interpretiert (bis auf

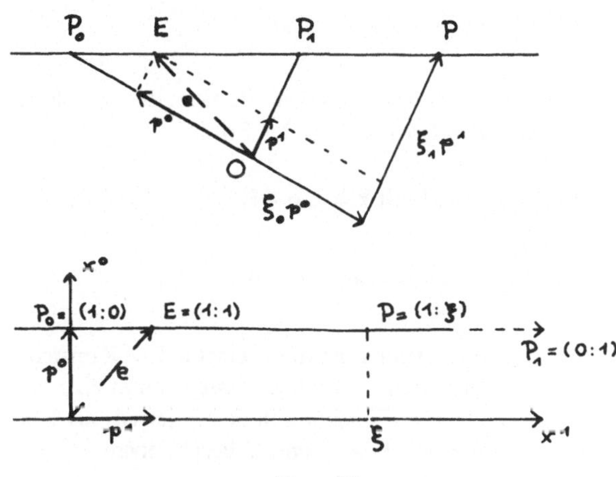

Figur 13

uneigentliche Punkte; vgl. auch Figur 13) und auf $\mathbf{P} = \mathbf{P}(\mathbf{R}^2)$ die Punkte $P_0 = [p^0]$, $P_1 = [p^1]$ und $E = [e]$ eines projektiven Koordinatensystems mit $e = p^0 + p^1$ aufgetragen ($O \notin \mathbf{P}$). Dann können die zugehörigen Koordinaten bzgl. $(P_0, P_1; E)$ eines beliebigen Punktes $P \in \mathbf{P}$ gemäß

$$\mathbf{P} \ni P = [p] \text{ mit } p = \xi_0 \cdot p^0 + \xi_1 \cdot p^1,$$
$$\text{d.h. } P \leftrightarrow \xi_h^T = (\xi_0 : \xi_1) \tag{15.4j}$$

bestimmt werden; diese Werte müssen natürlich mit den $(x_0 : x_1)$ aus $\boxed{1}$ nicht mehr übereinstimmen.

Wählt man speziell $P_1 = H_0$ als uneigentlichen Punkt der projektiven Geraden $\mathbf{P} = \mathbf{P}(\mathbf{R}^2)$, so ist im affinen $A_1 = \mathbf{P} \setminus H_0$ jeweils $(P_0; \overrightarrow{P_0 E})$ ein zugehöriges affines Koordinatensystem und $x_1 = \xi_1/\xi_0$ sind die affinen Koordinaten der zugehörigen Punkte.

Diese Überlegungen kann man bei beliebigem $n \in \mathbf{N}_0$ und K zur Veranschaulichung heranziehen (vgl. Aufgabe 8a)).

$\boxed{2a}$ Es sei V ein $(n + 1)$-dimensionaler K-Vektorraum, $\mathbf{P} = \mathbf{P}(V)$ der zugehörige projektive Raum und $(\mathfrak{P}_n; E) = (P_0, P_1, \ldots, P_n; E)$ ein projektives Koordinatensystem, wobei $P_v = [p^v]$, $E = [e]$ mit (15.4d) gilt. Sind zwei Punkte $P \neq Q$ von $\mathbf{P}$ bzgl. $(\mathfrak{P}_n; E)$ durch

$$P = [p] \leftrightarrow \tilde{\xi}_h^T = (\xi_0 : \xi_1 : \ldots : \xi_n),$$
$$Q = [q] \leftrightarrow \tilde{\eta}_h^T = (\eta_0 : \eta_1 : \ldots : \eta_n) \tag{15.4k}$$

gegeben, so lassen sich die Punkte der zugehörigen Verbindungsgeraden $P \vee Q$ in der Form

$$P \vee Q \ni Z = [z] \text{ mit } z = \lambda \cdot p + (1 - \lambda) \cdot q \quad (\lambda \in K, \text{fest})$$
$$Z \leftrightarrow \tilde{\zeta}_h^T = (\zeta_0 : \zeta_1 : \ldots : \zeta_n) \tag{15.4k$'$}$$
$$\text{mit } \zeta_v = \lambda \xi_v + (1 - \lambda)\eta_v \quad (v = 0, 1, \ldots, n)$$

beschreiben; hiermit kann man verschiedene Konstruktionsaufgaben durchführen. – Analog werden durch eine nichttriviale homogene lineare Gleichung in den ζ_v jeweils die Koordinaten der Punkte einer Hyperebene H beschrieben:

$$H \ni R = [r] \leftrightarrow \tilde{\rho}_h^T = (\rho_0 : \rho_1 : \ldots : \rho_n) \text{ bzgl. } (\mathfrak{P}_n; E)$$
$$\Leftrightarrow l(\rho_0, \rho_1, \ldots, \rho_n) = \sum_{v=0}^{n} a_v \rho_v = 0 \quad (a_v \in K). \tag{15.4l}$$

Definition 15E. Sind Q_0, Q_1, Q_2, Q_3 kollineare (d.h. auf einer Geraden $\mathfrak{g}$ liegende) Punkte eines projektiven Raumes $\mathbf{P} = \mathbf{P}(V)$ über K, sind dabei Q_0, Q_1, Q_2 voneinander verschiedene Punkte und bezeichne

$$(Q_0, Q_1; Q_2) \tag{15.5}$$

das durch diese Punkte Q_0, Q_1 als Grundpunkte und $Q_2 = E$ als Einheitspunkt gegebene projektive Koordinatensystem der Geraden $\mathfrak{g} = Q_0 \vee Q_1 \vee Q_2 \vee Q_3$ und

$$Q_3 = \tilde{\zeta}_h^T = (\zeta_0 : \zeta_1) \tag{15.5a}$$

die homogenen Koordinaten von Q_3 auf $\mathfrak{g}$ bzgl. $(Q_0, Q_1; Q_2)$, so heißt die Größe

300

$$DV(Q_0, Q_1, Q_2, Q_3) = \begin{cases} \zeta_1/\zeta_0 \in K & \text{für } Q_3 \neq Q_1, \\ & \quad \text{d.h. } \zeta_0 \neq 0 \\ \infty & \text{für } Q_3 = Q_1, \\ & \quad \text{d.h. } \zeta_0 = 0 \end{cases} \qquad (15.5\text{b})$$

das *Doppelverhältnis dieser vier Punkte.*

Bemerkung 5. Das Koordinatensystem (15.5) auf $\mathfrak{g}$ ist durch die geometrische Situation festgelegt, und somit ist der Wert (15.5b) eindeutig bestimmt; ferner gilt für kollineare Punkte bzgl. $(Q_0, Q_1; Q_2)$

$$DV(Q_0, Q_1, Q_2, Q) = 0 \Leftrightarrow Q_0 = Q. \qquad (15.5\text{c})$$

Ist ein beliebiges projektives Koordinatensystem

$$(\mathfrak{P}_n; E) = (P_0, P_1, \ldots, P_n; E) \qquad (15.5\text{d})$$

des n-dimensionalen projektiven Raumes $\mathbf{P} = \mathbf{P}(V)$ gegeben, so läßt sich das Doppelverhältnis von vier Punkten rechnerisch wie folgt beschreiben. Seien gemäß

$$Q_i \leftrightarrow \tilde{\xi}_h^{iT} = (\xi_{i0} : \xi_{i1} : \ldots : \xi_{in}) \quad (i = 0, 1, 2, 3) \qquad (15.5\text{e})$$

die vier kollinearen Punkte bzgl. $(\mathfrak{P}_n; E)$ beschrieben. Für die arithmetischen Vektoren

$$\tilde{x}^{iT} = (\xi_{i0}, \xi_{i1}, \ldots, \xi_{in}) \in K^{n+1} \quad (i = 0, 1, 2, 3) \qquad (15.5\text{f})$$

müssen dann Beziehungen der Form

$$\begin{aligned} &\tilde{x}^2 = \lambda \cdot \tilde{x}^0 + \lambda' \cdot \tilde{x}^1 \text{ und } \tilde{x}'^0 = \lambda \cdot \tilde{x}^0, \tilde{x}'^1 = \lambda' \cdot \tilde{x}^1, \\ &\tilde{x}^3 = \zeta_0 \cdot \tilde{x}'^0 + \zeta_1 \cdot \tilde{x}'^1 \end{aligned} \qquad (15.5\text{f}')$$

bestehen. In der Matrix

$$\begin{pmatrix} \xi_{00} & \xi_{01} & \cdots & \xi_{0n} \\ \xi_{10} & \xi_{11} & \cdots & \xi_{1n} \\ \xi_{20} & \xi_{21} & \cdots & \xi_{2n} \\ \xi_{30} & \xi_{31} & \cdots & \xi_{3n} \end{pmatrix} \qquad (15.5\text{g})$$

muß es wegen $Q_0 \neq Q_1$ (die ersten beiden Zeilen sind also nicht proportional zueinander) mindestens zwei Indizes i, j mit

$$0 \le i < j \le n \quad \text{und} \quad \begin{vmatrix} \xi_{0i} & \xi_{0j} \\ \xi_{1i} & \xi_{1j} \end{vmatrix} \ne 0 \tag{15.5g'}$$

geben. Nach (15.5f') ist dann gleichzeitig

$$\xi_{0i}\cdot\lambda + \xi_{1i}\cdot\lambda' = \xi_{2i}, \quad \xi_{0i}\cdot\lambda\cdot\zeta_0 + \xi_{1i}\cdot\lambda'\cdot\zeta_1 = \xi_{3i},$$
$$\xi_{0j}\cdot\lambda + \xi_{1j}\cdot\lambda' = \xi_{2j}, \quad \xi_{0j}\cdot\lambda\cdot\zeta_0 + \xi_{1j}\cdot\lambda'\cdot\zeta_1 = \xi_{3j}. \tag{15.5g''}$$

Wegen (15.5g') lassen sich diese beiden inhomogenen Gleichungssysteme eindeutig nach λ und λ' bzw. nach $\lambda\cdot\zeta_0, \lambda'\cdot\zeta_1$ auflösen. Wegen $Q_2 \ne Q_0$, $Q_2 \ne Q_1$, ist $\lambda \ne 0 \ne \lambda'$, und ζ_0 sowie ζ_1 sind nicht gleichzeitig Null; durch Quotientenbildung folgt

$$\frac{\lambda}{\lambda'} = \frac{\begin{vmatrix} \xi_{2i} & \xi_{1i} \\ \xi_{2j} & \xi_{1j} \end{vmatrix}}{\begin{vmatrix} \xi_{0i} & \xi_{2i} \\ \xi_{0j} & \xi_{2j} \end{vmatrix}} \quad \text{bzw.} \quad \frac{\zeta_1}{\zeta_0}\cdot\frac{\lambda'}{\lambda} = \frac{\begin{vmatrix} \xi_{0i} & \xi_{3i} \\ \xi_{0j} & \xi_{3j} \end{vmatrix}}{\begin{vmatrix} \xi_{3i} & \xi_{1i} \\ \xi_{3j} & \xi_{1j} \end{vmatrix}}, \tag{15.5g'''}$$

und somit erhält man

$$DV(Q_0, Q_1, Q_2, Q_3) = \frac{\begin{vmatrix} \xi_{0i} & \xi_{3i} \\ \xi_{0j} & \xi_{3j} \end{vmatrix} \cdot \begin{vmatrix} \xi_{2i} & \xi_{1i} \\ \xi_{2j} & \xi_{1j} \end{vmatrix}}{\begin{vmatrix} \xi_{3i} & \xi_{1i} \\ \xi_{3j} & \xi_{1j} \end{vmatrix} \cdot \begin{vmatrix} \xi_{0i} & \xi_{2i} \\ \xi_{0j} & \xi_{2j} \end{vmatrix}}, \tag{15.5h}$$

falls (15.5g') für $i \ne j$ gilt und $\zeta_0 \ne 0$.

Bemerkung 6. Es sei darauf hingewiesen, daß die Definition des Doppelverhältnisses in der Lehrbuch-Literatur nicht ganz einheitlich ist; teilweise wird der reziproke Quotient aus (15.5b), d.h. ζ_0/ζ_1, oder eine ähnliche Bildung zugrundegelegt.

Ist in $\mathbf{P}(V)$ der Dimension n eine uneigentliche Hyperebene H_0 ausgezeichnet und sind speziell Q_0, Q_1, Q_2, Q_3 eigentliche Punkte von $\mathbf{P}(V)$ und ist weiter das Koordinatensystem so, daß H_0 durch $\xi_0 = 0$ gegeben wird, dann bedeutet dies in obiger Terminologie o.B.d.A.:

$$\xi_{00} = \xi_{10} = \xi_{20} = \xi_{30} = 1 \quad (\text{d.h. } i = 0),$$
$$j \text{ so, daß } \xi_{0j} \ne \xi_{1j}. \tag{15.5i}$$

In dem n-dimensionalen affinen Raum A_n mit $A = \mathbf{P}(V)\backslash H_0$ (vgl. Satz 15.2) können wir die nach §13 (vgl. Definition 13F) erklärten Teilver-

302

hältnisse der Punkte betrachten und erhalten nach einfacher Rechnung

$$DV(Q_0, Q_1, Q_2, Q_3) = \frac{\xi_{3j} - \xi_{0j}}{\xi_{1j} - \xi_{3j}} \cdot \frac{\xi_{1j} - \xi_{2j}}{\xi_{2j} - \xi_{0j}}$$
$$= (Q_0, Q_1; Q_3) \cdot (Q_0, Q_1; Q_2)^{-1}. \tag{15.5j}$$

Hieraus und durch einige ähnliche Überlegungen erhält man (vgl. Aufgabe 8d))

Satz 15.4. *Das Doppelverhältnis der vier kollinearen Punkte* $Q_0, Q_1,$ Q_2, Q_3 *des n-dimensionalen projektiven Raumes* $\mathbf{P}(V)$ *wird bzgl. des Koordinatensystems* $(\mathfrak{P}_n; E)$ *mit* (15.5e) *durch die Formel* (15.5h) *geliefert. Sind dabei speziell alle vier Punkte eigentlich, so ist das Doppelverhältnis gemäß* (15.5i, j) *als Quotient zweier Teilverhältnisse darstellbar. Ist* $Q_3 \in H_0$ *uneigentlicher Punkt und*

$$i = 0; \ \xi_{30} = 0; \ \xi_{3j} = \xi_{00} = \xi_{10} = \xi_{20} = 1, \tag{15.5k}$$

so folgt speziell

$$DV(Q_0, Q_1, Q_2, Q_3) = -\frac{\xi_{1j} - \xi_{2j}}{\xi_{2j} - \xi_{0j}} = (Q_1, Q_0; Q_2).$$

Definition 15E'. Sind Q_0, Q_1, Q_2, Q_3 kollineare Punkte des (n-dimensionalen) projektiven Raumes $\mathbf{P} = \mathbf{P}(V)$ über dem Körper K der $\text{Char}(K) \neq 2$ mit

$$DV(Q_0, Q_1, Q_2, Q_3) = -1, \tag{15.5l}$$

so sagt man: Die Punktepaare

$$(Q_0, Q_1) \text{ und } (Q_2, Q_3) \tag{15.5l'}$$

liegen (bzw. *trennen sich*) *harmonisch.*

Bemerkung 7. Bei einem angeordneten Körper K, wie z.B. $K = \mathbf{R}$, liefert (15.5e') bzw. der Ansatz

$$DV(Q_0, Q_1, Q_2, Q_3) < 0 \tag{15.5l''}$$

für kollineare Punkte Q_ν eine Art Trennungsbeziehung, die insbesondere in Verbindung mit (15.5j) von Interesse ist (vgl. auch das nachfolgende Beispiel sowie Aufgabe 9c)).

$\boxed{3}$ Es sei $K = \mathbf{R}$, $n = 1$ und $\mathbf{P} = \mathbf{P}(\mathbf{R}^2)$ die projektive Gerade; wir betrachten die vier eigentlichen Punkte von $\mathbf{P}$ mit den Koordinaten

$$Q_0 \leftrightarrow (1:0), \quad Q_1 \leftrightarrow (1:1), \quad Q_2 \leftrightarrow (1:\tfrac{2}{3}), \quad Q_3 \leftrightarrow (1:2).$$

Ihre affinen Koordinaten sind $0, 1, \tfrac{2}{3}, 2$. Dann ist

$$DV(Q_0, Q_1, Q_2, Q_3) = \frac{2-0}{2-1} \cdot \frac{\tfrac{2}{3}-1}{\tfrac{2}{3}-0} = -1,$$

d.h. als Quotient zweier Teilverhältnisse dargestellt.

Wir diskutieren zunächst Abbildungen, die mit der zuvor ermittelten Struktur projektiver Räume verträglich sind, dann Wechsel projektiver Koordinaten und untersuchen die Zusammenhänge zwischen beiden Fragestellungen. Dazu seien endlich-dimensionale K-Vektorräume V und W gegeben und

$$\varphi\colon V \to W \text{ mit Kern } \varphi = \{\mathbf{0}_V\} \tag{15.6}$$

eine injektive K-lineare Abbildung; weiter bezeichnen

$$\begin{aligned} &\mathbf{P} = \mathbf{P}(V) \text{ mit } \dim_K(\mathbf{P}(V)) = n = \dim_K(V) - 1, \\ &\mathbf{P}' = \mathbf{P}(W) \text{ mit } \dim_K(\mathbf{P}(W)) = m = \dim_K(W) - 1 \end{aligned} \tag{15.6a}$$

die zugehörigen projektiven Räume über K.

Definition 15F. Eine Abbildung

$$\begin{aligned} &\phi_h\colon \mathbf{P}(V) \longrightarrow \mathbf{P}(W) \\ &\text{mit } P \mapsto \phi_h(P) = Q \in \mathbf{P}(W) \end{aligned} \tag{15.6b}$$

heißt eine *projektive Abbildung*, wenn es eine injektive K-lineare Abbildung $\varphi\colon V \to W$ gemäß (15.6) gibt mit

$$P = [x] \mapsto \phi_h(P) = [\varphi(x)] \text{ für jedes } P \in \mathbf{P}(V). \tag{15.6c}$$

Ist in (15.6b) ϕ_h sogar eine bijektive Abbildung, so heißt ϕ_h eine *Projektivität*; in diesem Fall ist auch die induzierende Abbildung φ bijektiv.

304

Definition 15F'. Eine Abbildung ϕ: $\mathbf{P}(V) \to \mathbf{P}(W)$, die eine Gerade wieder auf eine Gerade abbildet, wird eine *Kollineation* genannt.

Bemerkung 8. Projektive Abbildungen lassen sich auch bei unendlicher Dimension der Räume mit dem gleichen Formalismus definieren; sie werden in Analogie zu den korrespondierenden Matrizen im endlich-dimensionalen Fall mit h indiziert (vgl. Satz 15.5a). Das Wort «Projektivität» wird insbesondere bei bijektiven Abbildungen $\mathbf{P}(V) \to \mathbf{P}(V)$ mit (15.6c) verwendet; in diesem Fall ist φ ein K-Automorphismus von V.

Für eine injektive K-lineare Abbildung φ von V in W gemäß (15.6), d.h. mit $\varphi(x) \neq \mathbf{0}_W$ für $x \neq \mathbf{0}_V$ gilt

$$[\varphi(x)] = [\varphi(x')] \leq W, \text{ falls } [x] = [x'] \leq V, \; x, x' \in V. \qquad (15.6d)$$

Bemerkung 9. Jede injektive Abbildung φ aus (15.6) liefert gemäß (15.6c) eine wohldefinierte projektive Abbildung ϕ_h. Andererseits kann es bei vorgegebenem ϕ_h verschiedene zugehörige lineare Abbildungen φ von V nach W geben; dabei ist

$$\phi_h = \phi'_h, \text{ wobei}$$
$$\phi_h, \phi'_h \colon \mathbf{P}(V) \to \mathbf{P}(W) \text{ mit}$$
$$\phi_h([x]) = [\varphi(x)], \; \phi'_h([x]) = [\varphi'(x)] \text{ für jedes } x \neq \mathbf{0}_V \qquad (15.6e)$$
$$\text{und } \varphi, \varphi' \colon V \to W \; (K\text{-linear, injektiv})$$

genau dann, falls

$$\varphi = \lambda \cdot \varphi' \text{ mit } \lambda \in K, \; \lambda \neq 0 \text{ (fest)}. \qquad (15.6e')$$

Ist X ein weiterer K-Vektorraum, so ist die Hintereinanderausführung projektiver Abbildungen gemäß

$$\psi_h \circ \phi_h \colon \mathbf{P}(V) \to \mathbf{P}(X) \text{ für}$$
$$\phi_h \colon \mathbf{P}(V) \to \mathbf{P}(W) \text{ und } \psi_h \colon \mathbf{P}(W) \to \mathbf{P}(X), \qquad (15.6f)$$
$$\varphi \colon V \to W \text{ und } \psi \colon W \to X$$

wieder eine projektive Abbildung und zwar zu $\psi \circ \varphi$; weiter gilt

$$\phi_h \text{ Projektivität zu } \varphi \Rightarrow \phi_h^{-1} \text{ Projektivität zu } \varphi^{-1}. \qquad (15.6f')$$

Hieraus folgt (vgl. Aufgabe 10b)).

Bemerkung 10. Die Gesamtheit der Projektivitäten von $\mathbf{P}(V)$ bildet bei Hintereinanderausführung eine Gruppe, die *projektive Gruppe* $G_p(\mathbf{P}(V))$ *von* $\mathbf{P}(V)$.

Wir behaupten nun

Satz 15.5. *Jede projektive Abbildung* $\phi_h\colon \mathbf{P}(V) \to \mathbf{P}(W)$ *bildet projektive Unterräume* Z *von* $\mathbf{P}(V)$ *auf projektive Unterräume* $\phi_h(Z)$ *von* $\mathbf{P}(W)$ *von gleicher Dimension ab; insbesondere ist jede projektive Abbildung zugleich eine Kollineation und läßt das Doppelverhältnis kollinearer Punkte invariant. – Zu zwei projektiven Koordinatensystemen* $(P_0, P_1, \ldots, P_n; E)$ *und* $(P_0^*, P_1^*, \ldots, P_n^*; E^*)$ *von* $\mathbf{P} = \mathbf{P}(V)$ *gibt es genau eine Projektivität* $\phi_h\colon \mathbf{P} \to \mathbf{P}$ *mit*

$$\phi_h(P_v) = P_v^* \quad (v = 0, 1, \ldots, n) \text{ und } \phi_h(E) = E^*; \tag{15.6g}$$

umgekehrt bildet jede Projektivität von $\mathbf{P}$ *ein Koordinatensystem gemäß* (15.6g) *wieder auf ein Koordinatensystem ab.*

Beweis. 1. Der projektiven Abbildung ϕ_h sei die lineare Abbildung $\varphi\colon V \to W$ zugeordnet; wegen Kern $\varphi = \{0_V\}$ folgt für jeden Unterraum $U_1 \leq V$

$$\dim_K(\varphi(U_1)) = \dim_K(U_1), \tag{15.6h}$$

d.h. $\phi_h(\mathbf{P}(U_1)) = \mathbf{P}(\varphi(U_1))$ ist ein projektiver Unterraum von $\mathbf{P}(W)$ von gleicher Dimension; insbesondere ist ϕ_h also stets eine Kollineation.

2. Für kollineare Punkte $Q_0 = [x^0]$, $Q_1 = [x^1]$, $Q_2 = [x^0 + x^1]$ und $Q_3 = [y] \neq Q_1$ aus $\mathbf{P}(V)$, d.h. mit $x^0 \neq 0_V$, $x^1 \neq 0_V$ und $y = \zeta_0 x^0 + \zeta_1 x^1$ sind auch die Bildpunkte $\phi_h(Q_0) = Q_0^* = [\varphi(x^0)]$, $\phi_h(Q_1) = Q_1^* = [\varphi(x^1)]$, $\phi_h(Q_2) = Q_2^* = [\varphi(x^0) + \varphi(x^1)]$ und $\phi_h(Q_3) = Q_3^* = [\zeta_0\varphi(x^0) + \zeta_1\varphi(x^1)]$ kollinear in $\mathbf{P}(W)$, und dabei ist

$$DV(Q_0, Q_1, Q_2, Q_3) = \frac{\zeta_1}{\zeta_0} = DV(Q_0^*, Q_1^*, Q_2^*, Q_3^*), \tag{15.6h'}$$

wie behauptet wurde.

3. Die projektiven Koordinatensysteme $(\mathfrak{P}_n; E)$ und $(\mathfrak{P}_n^*; E^*)$ von $\mathbf{P}(V)$ seien durch die K-Basis $\mathfrak{a}^T = (a^0, a^1, \ldots, a^n)$ von V mit

$$P_v = [a^v]\,(v = 0, 1, \ldots, n) \text{ und } E = [a^0 + a^1 + \cdots + a^n] \tag{15.16i}$$

bzw. durch $\mathfrak{a}^{*T} = (a^{0*}, a^{1*}, \ldots, a^{n*})$ von V mit

$$P_\nu^* = [a^{\nu*}] \ (\nu = 0, 1, \ldots, n) \text{ und}$$
$$E^* = [a^{0*} + a^{1*} + \ldots + a^{n*}] \tag{15.6i'}$$

gegeben. Dann gibt es einen K-Isomorphismus $\varphi \in \mathrm{Aut}_K(V)$ mit

$$\varphi(a^\nu) = a^{\nu*} \quad (\nu = 0, 1, \ldots, n); \tag{15.6j}$$

wegen

$$\varphi\left(\sum_{\nu=0}^{n} a^\nu\right) = \sum_{\nu=0}^{n} a^{\nu*} \tag{15.6j'}$$

existiert somit ein ϕ_h mit (15.6g).

Ist jetzt $\psi \in \mathrm{Aut}_K(V)$ eine weitere Abbildung mit den Eigenschaften

$$[\psi(a^\nu)] = [a^{\nu*}] = [\varphi(a^\nu)], \text{ d.h.}$$
$$\psi(a^\nu) = \rho_\nu \cdot \varphi(a^\nu) \quad (\rho_\nu \in K) \quad (\nu = 0, 1, \ldots, n), \tag{15.6k}$$

so folgt zunächst $[\psi(a^0 + \cdots + a^n)] = [a^{0*} + \cdots + a^{n*}] = [\varphi(a^0 + \ldots + a^n)]$, d.h.

$$\psi(a^0 + \ldots + a^n) = \rho \cdot \varphi(a^0 + \ldots + a^n) \quad (\rho \in K). \tag{15.6k'}$$

Da φ und ψ lineare Abbildungen und die a^ν $(\nu = 0, \ldots, n)$ linear unabhängig sind, folgt durch Koeffizientenvergleich $\rho = \rho_\nu$ $(\nu = 0, 1, \ldots, n)$. Also ist

$$\psi(x) = \rho \cdot \varphi(x) \text{ für alle } x \in V, \tag{15.6l}$$

und die zughörigen projektiven Abbildungen ψ_h und ϕ_h sind gleich. Die Aussage über die Abbildung eines Koordinatensystems auf ein Koordinatensystem ist unmittelbar klar. ∎

Bemerkung 11. Ist etwas allgemeiner $(P_0^*, P_1^*, \ldots, P_n^*; E^*)$ ein projektives Koordinatensystem eines zweiten projektiven Raumes $\mathbf{P}^* = \mathbf{P}(W)$ von gleicher Dimension, so bleiben die letzten Aussagen von Satz 15.5 sinngemäß richtig. Man kann mit diesem Satz leicht die Untersuchungen in einem n-dimensionalen projektiven Raum $\mathbf{P}(V)$ über K auf die in $\mathbf{P}_n(K) = \mathbf{P}(K^{n+1})$ zurückführen.

Durch einfache Rechnung (vgl. auch Aufgabe 10d)) bestätigt man

Satz 15.5a. *Es seien $(P_0, P_1, \ldots, P_n; E) = (\mathfrak{P}_n; E)$ ein Koordinatensystem des n-dimensionalen projektiven Raumes $\mathbf{P} = \mathbf{P}(V)$ über K und ϕ_h eine Projektivität von $\mathbf{P}$ mit der zugeordneten linearen Abbildung φ. Die homogenen Koordinaten bzgl. $(\mathfrak{P}_n; E)$*

$$\mathbf{P} \ni P \leftrightarrow \widetilde{\xi}_h^T = (\xi_0 : \xi_1 : \ldots : \xi_n) \in K_h^{n+1},$$
$$\mathbf{P} \ni \phi_h(P) = P^* \leftrightarrow \widetilde{\xi}_h^{*T} = (\xi_0^* : \xi_1^* : \ldots : \xi_n^*) \in K_h^{n+1}, \tag{15.7}$$

von Punkt und Bildpunkt bei ϕ_h lassen sich durch eine nichtsinguläre Matrix $A_h = (\alpha_{\mu\nu}) \in K_h^{n+1,n+1}$ im Sinne von (15.4h'') mit der Eigenschaft

$$\varphi \begin{pmatrix} a^0 \\ a^1 \\ \vdots \\ a^n \end{pmatrix} =_h A_h^T \cdot \begin{pmatrix} a^0 \\ a^1 \\ \vdots \\ a^n \end{pmatrix}, \quad \begin{array}{l} \text{wobei } P_\nu = [a^\nu] \quad (\nu = 0, 1, \ldots, n) \\ \text{gemäß (15.6i)} \end{array} \tag{15.7a}$$

nach der Regel

$$\widetilde{\xi}_h^* = A_h \cdot \widetilde{\xi}_h \tag{15.7b}$$

auseinander berechnen. Umgekehrt bestimmt jede nichtsinguläre Matrix $A_h \in K_h^{n+1,n+1}$ nach diesem Schema eine zugehörige Projektivität ϕ_h von $\mathbf{P}(V)$ und zwei Matrizen A_h, $B_h \in K_h^{n+1,n+1}$ bestimmen bzgl. $(\mathfrak{P}_n; E)$ genau dann die gleiche Projektivität, wenn

$$A_h =_h B_h, \ d.h. \ A_h = \rho \cdot B_h \ \text{mit } \rho \neq 0, \ \rho \in K. \tag{15.7c}$$

Bemerkung 12. Sind den Punkten P im n-dimensionalen $\mathbf{P}(V)$ bzgl. zweier Koordinatensysteme $(\mathfrak{P}_n; E)$ und $(\mathfrak{P}_n^*; E^*)$ gemäß Lemma 15.3 jeweils die homogenen Koordinaten-$(n + 1)$-tupel

$$P \leftrightarrow \widetilde{\xi}_h^T \in K_h^{n+1} \ \text{bzgl. } (\mathfrak{P}_n; E),$$
$$P \leftrightarrow \widetilde{\xi}_h^{*T} \in K_h^{n+1} \ \text{bzgl. } (\mathfrak{P}_n^*; E^*), \tag{15.7d}$$

zugeordnet, so wird der Übergang von $\widetilde{\xi}_h$ zu $\widetilde{\xi}_h^*$ durch eine zu (15.7b) ähnliche Umrechnungsformel (vgl. Aufgabe 10e) sowie §13, Bemerkung 13) beschrieben.

Ausgehend von der in Satz 15.2 bzw. Bemerkung 3 gegebenen Darstellung von $\mathbf{P}(V)$ als projektivem Abschluß eines affinen Raumes A_n kann man leicht Beispiele für Projektivitäten konstruieren. Es gilt nämlich (vgl. Aufgabe 10f)) der

Satz 15.5b. *Den Punkten P des n-dimensionalen projektiven Raumes $\mathbf{P}(V)$ über K seien bzgl. eines festen Koordinatensystems $(\mathfrak{P}_n; E)$ wie in (15.7d) die homogenen $(n+1)$-tupel $\tilde{\xi}_h^T \in K_h^{n+1}$ zugeordnet; sei*

$$H_0 = \{P \in \mathbf{P}(V) \mid P \leftrightarrow \tilde{\xi}_h^T \text{ mit } \xi_0 = 0\} \tag{15.7e}$$

die uneigentliche Hyperebene von $\mathbf{P}(V)$ und gemäß

$$\mathbf{P}(V) = A_n \cup H_0, \text{ wobei}$$
$$A_n = \mathbf{P}(V) \setminus H_0, \tag{15.7e'}$$
$$A_n \ni P \leftrightarrow \tilde{\xi}_h^T = (\xi_0 : \xi_1 : \ldots : \xi_n) =_h \left(1 : \frac{\xi_1}{\xi_0} : \ldots : \frac{\xi_n}{\xi_0} \right)$$

sei $\mathbf{P}(V)$ der projektive Abschluß des zugehörigen affinen Raumes A_n; dabei erhält man in

$$A_n \supset P \leftrightarrow \tilde{\eta}^T = (\eta_1, \ldots, \eta_n) = \left(\frac{\xi_1}{\xi_0}, \ldots, \frac{\xi_n}{\xi_0} \right) \in K^n \tag{15.7f}$$

die affinen Koordinaten der $P \in A_n$ bzgl. eines affinen Koordinatensystems $(P_0; \mathfrak{a}^T)$ mit $P_0 \leftrightarrow (1, 0, \ldots, 0)$ in $\mathbf{P}(V)$. Dann wird einer Affinität ϕ von A_n gemäß

$$\phi: P \mapsto \phi(P) = Q, \text{ wobei}$$
$$P \leftrightarrow \tilde{\eta}, \; Q \leftrightarrow \tilde{\xi} = C \cdot \tilde{\eta} + \tilde{\tau} \tag{15.7g}$$
$$\text{mit } \tilde{\xi}, \tilde{\tau} \in K^n \text{ und } C = (\gamma_{\mu\nu}) \in K^{n,n} \text{ bzgl. } (P_0; \mathfrak{a}^T)$$

durch die Festsetzung (für $P, Q \in \mathbf{P}(V)$)

$$\phi_h: P \mapsto \phi_h(P) = Q, \text{ wobei}$$
$$P \leftrightarrow (\xi_0, \ldots, \xi_n)^T = \tilde{\xi}_h \in K_h^{n+1},$$
$$Q \leftrightarrow (\xi_0^*, \ldots, \xi_n^*)^T = \tilde{\xi}_h^* \in K_h^{n+1} \; (\text{bzgl. } (\mathfrak{P}_n; E)) \tag{15.7h}$$

$$\text{mit } \tilde{\xi}_h^* = \begin{pmatrix} 1 & 0 & \cdots\cdots & 0 \\ \tau_1 & \gamma_{11} & \cdots\cdots & \gamma_{1n} \\ \vdots & \vdots & & \vdots \\ \tau_n & \gamma_{n1} & \cdots\cdots & \gamma_{nn} \end{pmatrix} \cdot \tilde{\xi}_h$$

eine Projektivität ϕ_h von **P** *zugeordnet, die ϕ von A_n auf* **P** *fortsetzt; diese hat die Eigenschaft*

$$\phi_h(H_0) = H_0. \tag{15.7i}$$

Umgekehrt induziert eine Projektivität ϕ_h von **P** $=$ **P**(V) *genau dann eine Affinität ϕ auf A_n, wenn (15.7i) erfüllt ist.*

Bemerkung 13. Man kann Projektivitäten allgemein, insbesondere aber bei niederer Dimension und für $K = $ **R** bzw. $= $ **C**, durch Diskussion der zugehörigen Matrizen klassifizieren (vgl. hierzu die Ergänzungen zu §15, insbesondere die Bemerkungen 24 und 25).

In den folgenden Überlegungen sei

> K ein Körper mit Char$(K) \neq 2$,
>
> V ein $(n + 1)$-dimensionaler K-Vektorraum, $\qquad$ (15.8)
>
> **P** $=$ **P**(V) der zugehörige projektive Raum;

weiter bezeichne $(\mathfrak{P}_n; E) = (P_0, \ldots, P_n; E)$ ein projektives Koordinatensystem von **P**(V).

Definition 15G. Ist $Q(x) := Q^B(x) = B(x, x)$ eine symmetrische quadratische Form auf dem $(n + 1)$-dimensionalen K-Vektorraum V mit $Q(y) \neq 0$ für mindestens ein $y \in V$, so nennt man die Punktmenge

$$\mathfrak{H}_{Q,h} := \{P \in \mathbf{P}(V) \mid P = [x],\ x \neq \mathbf{0}_V \text{ mit } Q(x) = 0\} \tag{15.8a}$$

die zu Q gehörige Hyperfläche zweiter Ordnung (Quadrik) in **P**(V) *und die Vektormenge*

$$\mathfrak{K}_Q = \{x \in V \mid Q(x) = 0\} \subseteq V \tag{15.8a'}$$

den zu Q (bzw. $\mathfrak{H}_{Q,h}$) gehörigen Kegel in V.

Bemerkung 14. Im Fall der Dimension $n = 2$ bzw. $n = 3$ spricht man auch von *Kurven* bzw. *Flächen* zweiter Ordnung in **P**(V).

Da stets

$$Q(x) = 0 \Rightarrow Q(\lambda \cdot x) = \lambda^2 \cdot Q(x) = 0 \quad (\lambda \in K,\ \lambda \neq 0) \tag{15.8a''}$$

gilt, ist $\mathfrak{H}_{Q,h}$ durch (15.8a) wohldefiniert.

310

In $\mathbf{P}(V)$ sei das Koordinatensystem $(\mathfrak{P}_n; E)$ mit $P_v = [p^v]$ $(v = 0, 1, \ldots, n)$ gemäß (15.4d, g) gegeben und den Punkten $P \in \mathbf{P}(V)$ seien in der Form

$$P = [x] \leftrightarrow \tilde{x}_h^T = (x_0 : \ldots : x_n) \in K_h^{n+1} \tag{15.8b}$$

$$\text{mit } x = \sum_{v=0}^{n} x_v p^v$$

Koordinaten-$(n + 1)$-tupel zugeordnet; dann ist

$$Q(x) = Q^B(x) =_h \sum_{\mu, v = 0}^{n} \gamma_{\mu v} x_\mu x_v$$

$$\text{mit } \gamma_{\mu v} = B(p^\mu, p^v) \quad (\mu, v = 0, 1, \ldots, n), \tag{15.8c}$$

d.h.

$$Q(x) =_h \tilde{x}_h^T \cdot G_{\mathfrak{P}_{n,h}}^B \cdot \tilde{x}_h$$

$$\text{mit } G_{\mathfrak{P}_{n,h}}^B = (\gamma_{\mu v}) \in K_h^{n+1, n+1}, \quad G_{\mathfrak{P}_{n,h}}^B \neq O_{n+1, n+1}. \tag{15.8c'}$$

Somit liegt ein Punkt $P = [x]$ genau dann in $\mathfrak{H}_{Q,h}$, wenn

$$\tilde{x}_h^T \cdot G_{\mathfrak{P}_{n,h}}^B \cdot \tilde{x}_h = 0, \tag{15.8d}$$

d.h. wenn die homogenen Koordinaten-$(n + 1)$-tupel $\tilde{x}_h$ zu $\mathfrak{H}_{Q,h}$ einer Matrixgleichung, also einem homogenen quadratischen Polynom genügen.

In $\mathbf{P}(V)$ sei bzgl. $(\mathfrak{P}_n; E)$ die uneigentliche Hyperebene H_0 und der zugehörige affine Teilraum A_n durch

$$H_0 := \{P \in \mathbf{P}(V) \mid P = [x] \leftrightarrow \tilde{x}_h \text{ mit } x_0 = 0\} \text{ bzw.}$$

$$A_n = \mathbf{P}(V) \backslash H_0 = \{P \leftrightarrow \tilde{x}_h \mid x_0 \neq 0\} \tag{15.8e}$$

gegeben. Die Menge der Punkte

$$\mathfrak{H}_{Q,h} \cap A_n = \{P \leftrightarrow \tilde{x}_h \mid \tilde{x}_h \text{ mit (15.8d) und } x_0 = 1\},$$

$$\text{d.h. } (1, x_1, \ldots, x_n) \cdot \begin{pmatrix} \gamma_{00} & \gamma_{01} & \cdots & \gamma_{0n} \\ \gamma_{10} & \gamma_{11} & \cdots & \gamma_{1n} \\ \vdots & \vdots & & \vdots \\ \gamma_{n0} & \gamma_{n1} & \cdots & \gamma_{nn} \end{pmatrix} \cdot \begin{pmatrix} 1 \\ x_1 \\ \vdots \\ x_n \end{pmatrix} = 0 \tag{15.8e'}$$

bildet eine affine Hyperfläche zweiter Ordnung in A_n, falls

$$G_{\mathfrak{Q}_n,h}^{B'} := \begin{pmatrix} \gamma_{11} & \cdots & \gamma_{1n} \\ \vdots & & \vdots \\ \gamma_{n1} & \cdots & \gamma_{nn} \end{pmatrix} \neq O_{nn} \tag{15.8e''}$$

ist, wie man sofort nachrechnet.

Bemerkung 15. Die eigentlichen Punkte einer projektiven Quadrik mit (15.8e') bilden eine affine Hyperfläche zweiter Ordnung in $A_n = \mathbf{P}(V)\backslash H_0$, und umgekehrt läßt sich jede affine Hyperfläche zweiter Ordnung durch «Homogenisieren» zu einer projektiven Hyperfläche ergänzen (teilweise wird in der Literatur (15.8e'') nicht gefordert; vgt. auch Aufgabe 13a)). Im Hinblick auf die Verträglichkeit mit dem affinen Fall werden sich in den nachfolgenden Formeln und Tabellen die Zahlen r und p jeweils um 1 von dem Matrizenrang bzw. Positivitätsindex aus §8 unterscheiden.

Definition 15H. Zwei Hyperflächen zweiter Ordnung (Quadriken) $\mathfrak{H} = \mathfrak{H}_{Q,h}$ und $\mathfrak{H}^* = \mathfrak{H}_{Q^*,h}$ in $\mathbf{P}(V)$ heißen *projektiv-äquivalent* oder *geometrisch-äquivalent in* $\mathbf{P}(V)$, wenn es eine Projektivität $\phi_h: \mathbf{P}(V) \to \mathbf{P}(V)$ (mit der Umkehrabbildung ϕ_h^{-1}) gibt, durch die gemäß

$$\phi_h(\mathfrak{H}) = \mathfrak{H}^*, \quad \phi_h^{-1}(\mathfrak{H}^*) = \mathfrak{H} \tag{15.8f}$$

die Punktmengen $\mathfrak{H}$ und $\mathfrak{H}^*$ aufeinander abgebildet werden.

Bezeichnung. Wir sagen, daß eine allgemeine homogene quadratische Gleichung (quadratische Form) $Q^*(\tilde{x}) = Q_{G^*}(\tilde{x}) = 0$ aus $Q(\tilde{x}) = Q_G(\tilde{x}) = 0$ durch *projektiv-zulässige Umformungen* hervorgeht, wenn endlich oft die folgenden Rechenprozesse (auf $Q(\tilde{x}) = Q_G(\tilde{x}) = 0$) angewendet werden:

(i) Multiplikation mit einer Konstanten $d \neq 0$,

(ii) Substitutionen der Form (vgl. (15.7b))

$$\tilde{x}_h = S_h \cdot \tilde{x}_h^*, \quad S_h = A_h$$
$$\text{mit } \det(S_h) \neq 0 \tag{15.8g}$$

(mit eventuell anschließender Variablenumbenennung).

Bemerkung 16. Projektiv-zulässige Umformungen liefern eine Äquivalenzklasseneinteilung in der Gesamtheit der Quadriken; sie

312

bedeutet: Mit einem K-Automorphismus φ von V mit einer nichtsingulären Matrix S (und einem Faktor $d \neq 0$) ist:

$$B^*(x, x) = Q^{B^*}(x) =_h Q^B(\varphi(x)) = B(\varphi(x), \varphi(x)), \qquad (15.8\mathrm{h})$$

d.h. für die Fundamentalmatrizen der quadratischen Formen gilt

$$G^{B^*}_{\mathfrak{P}_n,h} =_h S^T \cdot G^{B}_{\mathfrak{P}_n,h} \cdot S \qquad (15.8\mathrm{i})$$

für $Q^{B^*}(x) = \tilde{x}_h^T \cdot G^{B^*}_{\mathfrak{P}_n,h} \cdot \tilde{x}_h$, $G^{B}_{\mathfrak{P}_n,h}$ im Sinne der homogenen Matrizengleichheit.

Auch die projektive Äquivalenz liefert eine Äquivalenzklasseneinteilung in der Gesamtheit der Quadriken. Hyperflächen $\mathfrak{H}$ und $\mathfrak{H}^*$, deren quadratische Formen durch projektiv-zulässige Umformungen auseinander hervorgehen, sind auch geometrisch-äquivalent; die umgekehrte Richtung ist jedoch nur bei speziellen Grundkörpern, wie z.B. $K = \mathbf{R}$ oder $K = \mathbf{C}$, richtig (vgl. Satz 15.6 und auch Aufgabe 13c)).

Man kann noch weitere Äquivalenzrelationen, z.B. zu Projektivitäten, die eine Hyperebene festlassen, einführen.

Das Klassifikationsproblem für Normalformen von Hyperflächen zweiter Ordnung in $\mathbf{P}(V)$ ist also im wesentlichen gleichwertig zur Diskussion von quadratischen Formen im Sinne von §8. Nach Satz 8.6a, Satz 8.7 und Satz 8.7a und eventuellen Multiplikationen mit Konstanten $d \neq 0$ erhalten wir (vgl. Aufgabe 13d))

Satz 15.6. *Unter den Voraussetzungen* (15.8) *läßt sich jede Hyperfläche zweiter Ordnung (Quadrik)* $\mathfrak{H} = \mathfrak{H}_{Q,h}$ *von* $\mathbf{P}(V)$ *durch projektiv-zulässige Umformungen in eine Hyperfläche* $\mathfrak{H}^* = \mathfrak{H}_{Q^*,h}$ *mit diagonalisierter quadratischer Form*

$$
\begin{aligned}
Q^{B^*}(x) &= \tilde{x}_h^{*T} \cdot \mathrm{diag}(g^*_{00}, \ldots, g^*_{rr}, 0, \ldots, 0) \cdot \tilde{x}_h^* \\
&= \sum_{\rho=0}^{r} g^*_{\rho\rho} x^{*2}_\rho \; \mathit{mit}\; r = \mathrm{Rang}(G^{B^*}_{\mathfrak{P}_n,h}) - 1
\end{aligned}
\qquad (15.9)
$$

überführen, d.h. $\mathfrak{H}$ *ist projektiv-äquivalent zu* $\mathfrak{H}^*$.
Bei algebraisch-abgeschlossenem Körper K *erhält man sogar eine Normalform* $\mathfrak{H}^* = \mathfrak{H}_{Q^{B^*},h}$ *mit der eindeutig bestimmten quadratischen Form*

$$
\begin{aligned}
Q^{B^*}(x^*) &= \sum_{\rho=0}^{r} x^{*2}_\rho = \tilde{x}_h^{*T} \cdot \mathrm{diag}(E_{r+1,r+1}, O_{n-r,n-r}) \cdot \tilde{x}_h^*, \\
r &= \mathrm{Rang}(G^{B^*}_{\mathfrak{P}_n,h}) - 1.
\end{aligned}
\qquad (15.9\mathrm{a})
$$

Ist jedoch $K = \mathbf{R}$, so ist $\mathfrak{H}_{Q,h}$ projektiv-äquivalent zu genau einer Hyperfläche zweiter Ordnung $\mathfrak{H}^* = \mathfrak{H}_{Q^*,h}$ mit quadratischer Form (in $\tilde{x}_h$ geschrieben) vom Typus

$$Q^*(x^*) = x_0^2 + x_1^2 + \ldots + x_p^2 - x_{p+1}^2 - \ldots - x_r^2,$$
$$r = \mathrm{Rang}(G^{\mathfrak{B}}_{\mathfrak{P}_n,h}) - 1, \; p + 1 \geq r - p, \tag{15.9b}$$

wobei $p + 1 = Max(Positivitätsindex(Q), Negativitätsindex(Q))$ gesetzt wurde. Für $K = \mathbf{R}$ und $K = \mathbf{C}$ stimmen die projektiven Äquivalenzklassen mit den Normalformen bei projektiv-zulässigen Umformungen überein (für $n = 2$ bzw. $n = 3$ vgl. auch Tabelle IV).

Wir illustrieren diese Ergebnisse an einigen Beispielen und in einer Tabelle (beachte, daß $r \geq 0$ ist, d.h. daß $\mathbf{P}(V)$ nicht als Hyperfläche mitgezählt wird):

$\boxed{4}$ Sei $K = \mathbf{R}$ (bzw. $K = \mathbf{C}$) und $n = 2$ oder $n = 3$. Führt man die Multiplikation mit Konstanten gemäß (i) so durch, daß die Zahl der positiven Vorzeichen größer oder gleich der der negativen ist, dann gibt es die folgenden, in Tabelle IV angegebenen Kurventypen ($\neq$ Ebene) in $\mathbf{P}_2(\mathbf{R})$ bzw. Flächen ($\neq$ Gesamtraum) in $\mathbf{P}_3(\mathbf{R})$; man setzt dabei für $p + 1 - (r - p)$ auch $|\mathrm{sgn}(Q)|$. Diese Kurven bzw. Flächen fallen über $\mathbf{C}$ in die nachfolgenden Typen zusammen.

Offensichtlich lassen sich jeweils einige affine Typen von Kurven (bzw. Hyperflächen) zu einem projektiven Typus zusammenfassen. Wir illustrieren dies in

$\boxed{4a}$ Es sei $K = \mathbf{R}$ und $n = 2$, $\mathbf{P} = \mathbf{P}_2(K)$. Wir betrachten die «Kreisgleichung» $x_0^2 + x_1^2 - x_2^2 = 0$ und die affinen Teile bzgl. geeigneter uneigentlicher Geraden:

(i) $H_0 = \{x \in K_h^3 \mid x_0 = 0\}$, d.h. $\mathbf{P} \backslash H_0 = \{x \in K_h^3 \mid x_0 = 1\}$.

Dann erhält man $x_2^2 - x_1^2 = 1$, d.h. eine *Hyperbel*.

(ii) $H_0' = \{x \in K_h^3 \mid x_2 = 0\}$, d.h. $\mathbf{P} \backslash H_0' = \{x \in K_h^3 \mid x_2 = 1\}$.

Dann erhält man $x_0^2 + x_1^2 = 1$, d.h. einen *Kreis*.

(iii) $H_0'' = \{x \in K_h^3 \mid x_0 + x_2 = 0\}$, d.h. $\mathbf{P} \backslash H_0'' = \{x \in K_h^3 \mid x_0 + x_2 = 1\}$.

Dann erhält man $x_1^2 + 1 - 2x_2 = 0$, d.h. eine *Parabel*.

n	Name	Gleichung	$|\mathrm{sgn}(Q)|$	$r+1=$ Rang	Name	Gleichung
		Normalform über **R**			Normalform über **C**	
2	Doppelgerade	$x_0^2 = 0$	1	1	Gerade	$x_0^2 = 0$
	Geradenpaar	$x_0^2 - x_1^2 = 0$	0	2	Geradenpaar	$x_0^2 + x_1^2 = 0$
	Doppelpunkt	$x_0^2 + x_1^2 = 0$	2	2		
	Kreis = nicht ausgeartete Quadrik	$x_0^2 + x_1^2 - x_2^2 = 0$	1	3	Kreis	$x_0^2 + x_1^2 + x_2^2 = 0$
	leere Quadrik	$x_0^2 + x_1^2 + x_2^2 = 0$	3	3		
3	Doppelebene	$x_0^2 = 0$	1	1	Ebene	$x_0^2 = 0$
	Ebenenpaar	$x_0^2 - x_1^2 = 0$	0	2	Ebenenpaar	$x_0^2 + x_1^2 = 0$
	Doppelgerade	$x_0^2 + x_1^2 = 0$	2	2		
	Kegel	$x_0^2 + x_1^2 - x_2^2 = 0$	1	3	Kegel	$x_0^2 + x_1^2 + x_2^2 = 0$
	Punkt	$x_0^2 + x_1^2 + x_2^2 = 0$	3	3		
	Regelfläche	$x_0^2 + x_1^2 - x_2^2 - x_3^2 = 0$	0	4	Kugel	$x_0^2 + x_1^2 + x_2^2 + x_3^2 = 0$
	Kugel	$x_0^2 + x_1^2 + x_2^2 - x_3^2 = 0$	2	4		
	leere Quadrik	$x_0^2 + x_1^2 + x_2^2 + x_3^2 = 0$	4	4		

Tabelle IV

Entsprechende Sachverhalte gelten auch bei hoherer Dimension Daruber hinaus kann man die Beziehungen zwischen Hyperflachen zweiter Ordnung und projektiven Teilraumen von $\mathbf{P}(V)$ untersuchen, z B wann Geraden in einer solchen Hyperflache liegen (vgl die Erganzungen sowie die Aufgaben zu diesem Paragraphen)

Ergänzungen zu §15

Wir schildern noch einige weitere Begriffe der projektiven Geometrie, die aus Ergebnissen der linearen Algebra folgen Zunachst vermerken wir

Definition 15I. Bezeichnet

$$\mathscr{P}(V) = \{Z \leq \mathbf{P}(V) \mid Z \text{ projektiver Teilraum von } \mathbf{P}\} \tag{15 10}$$

die Gesamtheit der projektiven Teilraume eines n-dimensionalen projektiven Raumes $\mathbf{P} = \mathbf{P}(V)$ uber K, dann heißt eine bijektive Zuordnung

$$\begin{aligned} &\kappa \ \mathscr{P}(V) \to \mathscr{P}(V) \quad \text{mit} \\ &Z' \subseteq Z \Leftrightarrow \kappa(Z') \supseteq \kappa(Z) \end{aligned} \tag{15 10a}$$

eine *Korrelation von* $\mathbf{P}$

Hierfur bestatigt man leicht (vgl Aufgabe 15a)) die

Bemerkung 16 Ist κ eine Korrelation von $\mathbf{P}$ und sind $Z, Z' \in \mathscr{P}(V)$, so gilt

$$\dim_K(\kappa(Z)) = \dim_K(\mathbf{P}) - (\dim_K(Z) + 1), \tag{15 10b}$$
$$\kappa(Z \cap Z') = \kappa(Z) \vee \kappa(Z'), \tag{15 10c}$$
$$\kappa(Z \vee Z') = \kappa(Z) \cap \kappa(Z') \tag{15 10d}$$

Ein Verfahren zur Konstruktion von solchen Korrelationen erhalt man wie folgt Sei (vgl LA 1, §4)

$$\begin{aligned} V^* &= \mathrm{Hom}_K(V, K) = \{x^* \mid x^* \ V \to K, \text{ linear}\} \\ &\quad \text{mit } \dim_K(V^*) = \dim_K(V) \end{aligned} \tag{15 10e}$$

der zu V duale Vektorraum der Linearformen x^* auf V Man nennt nun

$$\mathbf{P}^* = \mathbf{P}(V^*) = \{[x^*] = P^* \mid x^* \neq 0^*\} \tag{15 10f}$$

den zu $\mathbf{P}$ *dualen projektiven Raum* $\mathbf{P}(V^*)$ Die Punkte $P^* \in \mathbf{P}^*$ sind also die eindimensionalen Unterraume von V^* und vermoge Dualitat entsprechen gemaß

$$\mathbf{P}^* \ni P^* = [x^*] \leftrightarrow H = \{P = [x] \in \mathbf{P} \mid x^*(x) = 0\} \subseteq \mathbf{P} \tag{15 10g}$$

die Punkte von $\mathbf{P}^*$ umkehrbar eindeutig den Hyperebenen von $\mathbf{P}$

Weiter haben wir eine bijektive Zuordnung

$$\begin{aligned} &V \geq W \leftrightarrow W^\perp \leq V^* \\ &\text{mit } W^\perp = \{x^* \in V^* \mid x^*(x) = 0 \text{ fur alle } x \in W\} \\ &\text{und } \dim_K W + \dim_K W^\perp = n + 1 \end{aligned} \tag{15 10h}$$

316

zwischen Unterraumen W von V und ihren Orthogonalraumen $W^\perp$ in V^* Wegen $\dim_K(V) = \dim_K(V^*)$ gibt es K-Isomorphismen

$$\varphi \quad V \to V^* \tag{15 10i}$$

und zu jedem solchen φ eine zugehorige Projektivitat

$$\phi_h \quad \mathbf{P}(V) \to \mathbf{P}(V^*) \tag{15 10i}$$

Fur die durch φ festgelegte Zuordnung

$$\mathscr{P}(V) \ni Z = \mathbf{P}(W) \overset{\kappa}{\mapsto} \kappa(Z) = \mathbf{P}(\overline{W}) \in \mathscr{P}(V)$$

$$\text{mit } \overline{W} = (\varphi(W))^\perp \le V, \quad \varphi(W) \le V^* \tag{15 10j}$$

bestatigt man sofort (vgl Aufgabe 15d))

Bemerkung 17 Bei jeder Wahl von φ und zugehorigem ϕ_h gemaß (15 10i,i) liefert die Zuordnung (15 10j) vermoge Dualitat eine Korrelation von $\mathbf{P}(V)$, analog lassen sich allgemeinere Korrelationen konstruieren Wir illustrieren dies an einem Beispiel

$\boxed{5}$ Sei K ein Korper und $\mathbf{P} = \mathbf{P}_n(K) = \mathbf{P}(K^{n+1})$, $e^0, e^1, \quad , e^n$ die Standardbasis von K^{n+1} und $e_0^*, e_1^*, \quad , e_n^*$ aus $(K^{n+1})^*$ die zugehorige duale Basis mit

$$\langle e_\mu^*, e^\nu \rangle = \delta_{\mu\nu} \quad (\mu, \nu = 0, 1, \quad , n), \tag{15 11}$$

wir betrachten die durch die e^ν bzw e_μ^* in $\mathbf{P}$ bzw $\mathbf{P}^*$ gelieferten Koordinatensysteme Insbesondere ist dann

$$(K^{n+1})^* \ni x^* = \sum_{\mu=0}^n \alpha_\mu \, e_\mu^* \neq 0^*$$

$$\mathbf{P}^* \ni [x^*] = P^* \leftrightarrow (\alpha_0 \ \alpha_1 \quad \alpha_n) = \tilde{\alpha}_h^T \in K_h^{n+1} \tag{15 11a}$$

Durch dieses homogene $(n+1)$-tupel $\tilde{\alpha}_h^T$ wird dann genau eine Hyperebene H von $\mathbf{P}$ gemaß (15 10g), namlich die mit der Gleichung

$$H \quad x^*(\tilde{x}) =_h \sum_{\mu=0}^n \alpha_\mu \, x_\mu = 0,$$

$$\tilde{x}^T = (x_0 \ x_1 \quad x_n) \in K_h^{n+1} \tag{15 11b}$$

(bzgl Standardkoordinatensystem)

geliefert, man nennt dann $\tilde{\alpha}_h^T = (\alpha_0 \ \alpha_1 \quad \alpha_n)$ die *Hyperebenenkoordinaten* von H bzgl des Koordinatensystems (bei $n = 2$ spricht man von *Linienkoordinaten*, bei $n = 3$ von *Ebenenkoordinaten*). – Die homogene Gleichung (15 11b) liefert bei festem $\tilde{\alpha}_h^T$ alle Punkte $\tilde{x}_h^T \leftrightarrow P$ der Hyperebene H, dual hierzu liefern bei festgehaltenen Punktkoordinaten $\tilde{x}_h^T$ die $\tilde{\alpha}_h^I$, die (15 11b) losen, alle Hyperebenen durch den Punkt $P \leftrightarrow \tilde{x}_h^I$

$\boxed{5a}$ In der geometrischen Situation von $\boxed{5}$ muß bei einem Basiswechsel in V, d h $\mathfrak{f}^T = S^T$ e, in V^* die entsprechende duale Basis $\mathfrak{f}^*$ betrachtet werden, hieraus folgen Transformationsregeln für die Hyperebenenkoordinaten (vgl Aufgabe 16b)) – Kollinearen Punkten $P_\nu \in \mathbf{P}_n(K)$ entsprechen bei dieser Dualitat gemaß $\boxed{5}$ jeweils Hyperebenen H_ν, die einen festen $(n-2)$-dimensionalen Teilraum Λ enthalten, d h deren zugeordnete Punkte $P_\nu^* \in \mathbf{P}_n^*$ kollinear sind, somit kann man durch

$$DV(H_1, H_2, H_3, H_4) = DV(P_1^*, P_2^*, P_3^*, P_4^*) \tag{15 11c}$$

das Doppelverhaltnis von solchen Hyperebenen einfuhren (vgl Aufgabe 16c))

$\boxed{5b}$ In $\mathbf{P}_2(\mathbf{R})$ sei bei festem Koordinatensystem die quadratische Gleichung $x_1^2 + x_2^2 - x_0^2 = 0$ gegeben Ordnet man jedem $P = (p_0, p_1, p_2) \in \mathbf{P}_2$ nun die Gerade g mit $p_1 x_1 + p_2 x_2 - p_0 x_0 = 0$ zu, so erhalt man eine Korrelation, bei der sich die Zuordnung von Punkten und Geraden geometrisch interpretieren laßt (insbesondere fur den affinen Teilraum, vgl Aufgabe 17a))

Dem letzten Beispiel liegt folgende allgemeinere Konstruktionsmoglichkeit fur Korrelationen zugrunde Sei

$$\mathbf{P}_n = \mathbf{P}_n(K) \text{ mit festem Koordinatensystem gegeben, d h}$$
$$\mathbf{P}_n \ni X \leftrightarrow (p_0, p_1, \quad , p_n) = \tilde{p}_h^T \in K_h^{n+1} \tag{15 11d}$$

Sei weiter

$$A_h =_h \begin{pmatrix} \alpha_{oo} & \alpha_{on} \\ \alpha_{no} & \alpha_{nn} \end{pmatrix} \in K_h^{n+1\ n+1}, \ \det(A_h) \neq 0 \tag{15 11d'}$$

eine nicht ausgeartete (symmetrische) quadratische Matrix Dann liefert fur $\tilde{x}, \tilde{y} \in K^{n+1}$

$$B(\tilde{y}, \tilde{x}) = \tilde{y}^T A_h \tilde{x} \tag{15 11e}$$

eine nicht ausgeartete (symmetrische) Bilinearform auf K^{n+1}, wobei $A_h = G_{e\,e}^B$ (e = Standardbasis von K^{n+1}) die zugehorige Fundamentalmatrix ist Nach LA 1, §4, insbesondere Satz 4 9 gilt dann

$$U \leq K^{n+1} \Rightarrow \dim_K(U^\perp) = n + 1 - \dim_K(U)$$
$$\text{fur } U^\perp = \{\tilde{y} \in K^{n+1} \mid B(\tilde{y}, \tilde{x}) = 0 \text{ fur alle } \tilde{x} \in U\} \tag{15 11f}$$

Da die zugehorigen linearen Gleichungen jeweils homogen sind, kann dieses Ergebnis auf die projektiven Teilraume von $\mathbf{P}(K^{n+1})$ ubersetzt werden, und wir erhalten

$$Z = \mathbf{P}(U) \mapsto \kappa_B(Z) = \mathbf{P}(U^\perp) \leq \mathbf{P}(K^{n+1})$$
$$\text{fur } U \leq K^{n+1} \text{ mit } \dim_K U \geq 1 \tag{15 11g}$$

eine durch B, d h durch A_h, bestimmte Korrelation von $\mathbf{P}(K^{n+1})$ mit der zusatzlichen Eigenschaft

$$\kappa_B(\kappa_B(Z)) = Z \quad \text{fur alle } Z \in \mathscr{P}(K^{n+1}), \tag{15 11h}$$

d h κ_B ist eine Involution, man nennt eine solche Korrelation auch eine *Polaritat*

Bemerkung 18 Diese Überlegungen ließen sich auch auf geeignete nicht-ausgeartete Sesquilinearformen ubertragen

Durch eine Matrix A_h mit $\det(A_h) \neq 0$ bzw durch die nicht ausgeartete Form $B(\tilde{y}, \tilde{x})$ wird gemaß

$$\mathfrak{H} = \mathfrak{H}_{Q\,h} = \{P = [\tilde{x}] \mid Q(\tilde{x}) = B(\tilde{x}, \tilde{x}) = \tilde{x}^T A_h \tilde{x} =_h 0\} \tag{15 11i}$$

318

eine Quadrik in $P(K^{n+1})$ geliefert und zwar vom Maximalrang

Definition 15J. Ist $\mathfrak{H}$ gemäß (15 11i) gegeben und $P = [\tilde{x}] \in P$, so heißt die Hyperebene

$$H = \kappa_B(P) = \{[\tilde{y}] \in P \mid B(\tilde{y}, \tilde{x}) = 0\} \tag{15 11j}$$

die *Polare* oder *Polarhyperebene* zum *Pol P*, ist hierbei speziell $R \in \mathfrak{H}$, so heißt $\kappa_B(R) = T_{\mathfrak{H}}(R)$ die *Tangentialhyperebene* von $\mathfrak{H}$ in R

Hierzu kann man zeigen

Bemerkung 19 Unter den Voraussetzungen (15 11d', 1) enthalt die Tangentialhyperebene $T_{\mathfrak{H}}(R)$ fur $R \in \mathfrak{H}$ alle *Tangenten* an $\mathfrak{H}$ in R, d h alle Geraden g durch R mit

$$g \cap \mathfrak{H} = \{R\} \quad \text{oder} \quad g \subseteq \mathfrak{H} \tag{15 11k}$$

Die Beruhrungspunkte der Tangenten von $P \notin \mathfrak{H}$ an $\mathfrak{H}$ sind gerade die Schnittpunkte von $\mathfrak{H}$ mit $\kappa_B(P)$ Die eingefuhrten Begriffe konnen insbesondere bei $n = 2$ fur geometrische Konstruktionen herangezogen werden

Definition 15J'. Ist eine Quadrik $\mathfrak{H} = \mathfrak{H}_{Q\,h}$ in $P(K^{n+1})$ in der Form (15 11i) mit nicht notwendig nicht ausgearteter Matrix A_h gegeben, so heißt ein Punkt

$$P = [\tilde{x}] \in \mathfrak{H}_{Q\,h} \quad \text{mit } A_h\, \tilde{x} = 0 \tag{15 11l}$$

ein *Doppelpunkt* von $\mathfrak{H}$ und die Gesamtheit der Doppelpunkte der *Doppelpunktraum* $D(\mathfrak{H})$

Bemerkung 20 $D(\mathfrak{H})$ besteht aus allen Losungen von $A_h\, \tilde{x} = 0$ und ist ein projektiver Teilraum von $P_n(K)$ der Dimension

$$d(\mathfrak{H}) := \dim_K(D(\mathfrak{H})) = n + 1 - \text{Rang}(A_h). \tag{15 11l'}$$

Es gilt $P \in D(\mathfrak{H})$ genau dann, wenn eine Gerade durch P entweder ganz in $\mathfrak{H}$ liegt oder mit $\mathfrak{H}$ nur den Punkt P gemeinsam hat

Weiter vermerken wir

Bemerkung 21 Bedeutet noch $u(\mathfrak{H})$ die maximale Dimension eines projektiven Teilraumes Z, der ganz in $\mathfrak{H}$ enthalten ist, so kann man mit $u(\mathfrak{H})$ und $d(\mathfrak{H})$ die Klassifikationstabelle IV leicht modifiziert angeben (vgl Aufgabe 18c)) – Ist schließlich in $P(K^{n+1})$ eine Hyperebene H_0 als uneigentliche Hyperebene fest ausgezeichnet, beschrankt man sich auf Projektivitaten mit $\phi(H_0) = H_0$ (nicht notwendig punktweise) und diskutiert die Quadrik $\mathfrak{H} \cap H_0$ und ihre Invarianten, so wird man im wesentlichen auf die affine Klassifikation von Quadriken gefuhrt (vgl $\boxed{6}$ und Aufgabe 18d))

$\boxed{6}$ Betrachte wie in $\boxed{4a}$ $P = P_2(R)$ und darin den «projektiven Kreis» $\mathfrak{C}$ $x_0^2 + x_1^2 - x_2^2 = 0$ sowie die dortigen uneigentlichen Geraden

H_0 mit $x_0 = 0$ $\mathfrak{C} \cap H_0 = \{x \in R_h^3 \mid x_1^2 = x_2^2, x_0 = 0\}$

     $= \{(0\ 1\ 1), (0\ 1\ -1)\}$ (zwei Punkte, $r = 1$, sgn $= 0$),

H_0' mit $x_2 = 0$ $\mathfrak{C} \cap H_0' = \{x \in R_h^3 \mid x_0^2 + x_1^2 = 0, x_2 = 0\} = \varnothing$

     ($r = 1$, sgn $= 2$),

H_0'' mit $x_0 + x_2 = 0$ $\mathfrak{C} \cap H_0'' = \{x \in R_h^3 \mid x_1^2 = 0, x_0 = -x_2\}$

     $= \{(1\ 0\ -1)\}$ (ein Punkt, $r = 0$, sgn $= 1$)

Man beachte, daß bei Interpretation von $x_0^2 + x_1^2 - x_2^2 = 0$ als Kegel in $\mathbf{R}^3$ die affinen Teile in $\boxed{4a}$ gerade die Standardkegelschnitte sind

$\boxed{6a}$ Betrachte in $\mathbf{P}_3(\mathbf{R})$ bzgl der Standardkoordinaten die Quadrik $\mathfrak{Q}$ mit $x_0^2 + x_1^2 + x_2^2 - x_3^2 = 0$ und die uneigentlichen Ebenen

H_0 mit $x_0 = 0$ $\mathfrak{Q} \cap H_0 = \{x \in K_h^4 \mid x_1^2 + x_2^2 = x_3^2,\ x_0 = 0\}$

ist nicht ausgeartete Quadrik in H_0,

H_0' mit $x_3 = 0$ $\mathfrak{Q} \cap H_0' = \{x \in K_h^4 \mid x_0^2 + x_1^2 + x_2^2 = 0,\ x_3 = 0\}$

ist ausgeartete Quadrik in H_0'

Bemerkung 22 In Weiterfuhrung der Überlegungen aus §14, Bemerkung 16 kann man mit dem Satz von Pascal (vgl Lehrbucher der projektiven Geometrie) zeigen, daß es zu funf verschiedenen Punkten von $\mathbf{P}_2(\mathbf{R})$, von denen keine drei kollinear sind, stets eine eindeutig bestimmte nicht ausgeartete Kurve zweiter Ordnung durch diese Punkte gibt

Im Zusammenhang mit der Hervorhebung einiger weiterer wichtiger Typen von Abbildungen projektiver Raume formulieren wir in Verallgemeinerung der Definitionen 15F, 13N′

Definition 15K. Eine bijektive Abbildung

$$\phi_h' \quad \mathbf{P}(V) \to \mathbf{P}(W) \tag{15 12}$$

zwischen projektiven Raumen uber K heißt eine *σ-Semiprojektivitat*, wenn es eine bijektive σ-semilineare Abbildung φ $V \to W$ (vgl Definition 8K) gibt mit

$$P = [x] \mapsto \phi_h'(P) = [\varphi(x)] \in \mathbf{P}(W)$$
$$\text{fur jedes } P \in \mathbf{P}(V) \tag{15 12a}$$

Wir zitieren die folgende, oft auch *Hauptsatz der projektiven Geometrie* genannte

Bemerkung 23 Jede σ-Semiprojektivitat ϕ_h' ist eine Kollineation von $\mathbf{P}(V)$ auf $\mathbf{P}(W)$, ist umgekehrt

$$\dim_K(\mathbf{P}(V)) = \dim_K(\mathbf{P}(W)) \geq 2, \tag{15 12b}$$

so ist jede Kollineation

$$f \quad \mathbf{P}(V) \to \mathbf{P}(W)$$

sogar eine Semiprojektivitat und fur $K = \mathbf{R}$ eine Projektivitat

Definition 15K′. Eine Projektivitat ϕ_h des n-dimensionalen projektiven Raumes $\mathbf{P}(V)$ heißt eine *zentrale Kollineation* (oder auch eine *Perspektivitat*), wenn es eine Hyperebene H_0 in $\mathbf{P}(V)$ aus Fixpunkten bei ϕ_h gibt, d h

$$\phi_h(P) = P \quad \text{fur alle } P \in H_0 \tag{15 12c}$$

Bemerkung 24 Jede zentrale Kollineation besitzt ein *Zentrum* Z_0 in $\mathbf{P}(V)$, d h einen Punkt Z_0, so daß $Z_0, P, \phi_h(P)$ kollinear fur jedes $P \in \mathbf{P}(V)$ sind (Z_0 darf in H_0 liegen), durch Z_0 gehen alle Hyperebenen $\neq H_0$ von $\mathbf{P}(V)$, die durch ϕ_h in sich abgebildet werden, und es gilt

$$\phi_h(Z_0) = Z_0, \tag{15 12d}$$

320

wahlt man die Grundpunkte P_1, , P_n eines projektiven Koordinatensystems in H_0, so hat die zu ϕ_h gehörige Matrix eine besonders einfache Dreiecksgestalt (vgl Aufgabe 19b)) Durch Hintereinanderausfuhrung von Perspektivitaten lassen sich alle Projektivitaten darstellen

Bemerkung 25 Da die (bei festem Koordinatensystem) einer Projektivitat ϕ_h zugeordnete Matrix A_h nur bis auf einen Skalarfaktor $\rho \neq 0$ bestimmt ist, sind auch die Eigenwerte von A_h nur bis auf einen gemeinsamen Faktor bestimmt, man kann also einen speziellen Eigenwert zu $\lambda = 1$ normieren, die zugehorigen Eigenvektoren liefern jeweils Fixpunkte von ϕ_h – Zerfallt das charakteristische Polynom $\chi(X, A_h)$ vollstandig in Linearfaktoren (wie z B bei $K = C$), so hat bzgl eines geeigneten Koordinatensystems die Projektivitat die Form (vgl 15 7a, b))

$$K_h^{n+1} \ni \tilde{x}_h \mapsto \tilde{x}_h' =_h A_h \; \tilde{x}_h$$
$$\text{mit } A_h^T = \text{diag}(J_{r_1}(\lambda_1), \quad, J_{r_\mu}(\lambda_1), J_{r_{\mu+1}}(\lambda_2), \quad, J_{r_\alpha}(\lambda_s)), \tag{15 12e}$$

wobei die $J_r(\lambda)$ jeweils *Jordan-Matrizen* sind (vgl LA 1, §7, (7 10c′, d,d) und Satz 7 9) Dies kann zur Klassifikation derartiger Abbildungen herangezogen werden (vgl auch Aufgabe 20)

Sind in einer projektiven Ebene $P_2(K)$ vier Geraden g_1, g_2, g_3, g_4 gegeben, von denen keine drei einen Punkt gemeinsam haben, so haben diese insgesamt sechs Schnittpunkte P_1, , P_6, von denen jeweils drei auf einer Geraden liegen Verbindet man jeden Punkt P_ν mit demjenigen P_μ, der mit P_ν auf keiner Geraden liegt, so entstehen drei weitere Geraden $\mathfrak{d}_1, \mathfrak{d}_2, \mathfrak{d}_3$, die man auch die *Diagonalen* nennt, und die drei Schnittpunkte

$$\mathfrak{d}_1 \cap \mathfrak{d}_2 = Q_3, \mathfrak{d}_2 \cap \mathfrak{d}_3 = Q_1, \mathfrak{d}_3 \cap \mathfrak{d}_1 = Q_2 \tag{15 12f}$$

Die Gesamtfigur nennt man auch ein *vollstandiges Vierseit*, die g_i die *Seiten* und die P_ν die *Ecken* des Vierseits (Figur 14, beachte $\mathfrak{d}_1$ wird durch Zentralprojektion aus dem Zentrum P_4 auf $\mathfrak{d}_3$ abgebildet)

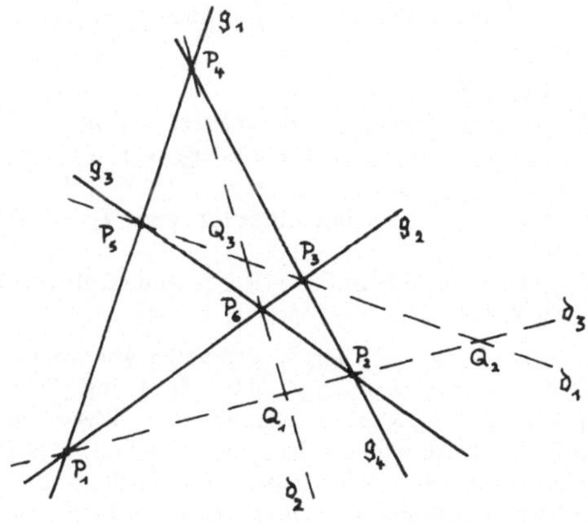

Figur 14

Unter Benutzung von Eigenschaften des Doppelverhaltnisses und von zentralen Projektionen (vgl Aufgabe 21a)) bestatigt man leicht den

Satz 15.7 (*Satz vom vollstandigen Vierseit*) *Auf jeder Diagonalen $\mathfrak{d}_i$ des Vierseits trennen sich die Punktepaare (P_ν, P_μ) und (Q_k, Q_l) $(k \neq i \neq l)$ der auf $\mathfrak{d}_i$ liegenden Punkte der Konfiguration jeweils harmonisch*

Durch Dualisierung erhalt man hieraus den Satz vom vollstandigen Viereck Analog lassen sich andere geometrische Satze im projektiven Raum formulieren und dualisieren (vgl auch die Aufgabe 21b),c))

Aufgaben zu §15

1. a) Sei K der Korper von zwei Elementen und $V = K^3$ Wie viele verschiedene Punkte und wie viele verschiedene Geraden gibt es in $\mathbf{P}(V)$?

   b) Die Kugelflache $\mathfrak{R}$ vom Radius 1 werde durch stereographische Projektion vom Nordpol auf die Tangentialebene im Sudpol (und ∞) abgebildet Fuhre auf $\mathfrak{R}$ die Struktur einer projektiven Geraden uber $\mathbf{C}$ ein

   c) Fuhre auf der Gesamtheit von (ungeordneten) Paaren von Gegenpunkten einer Kugelflache uber $\mathbf{R}$ die Struktur einer projektiven Ebene uber $\mathbf{R}$ ein

2. a) Begrunde, daß $\bigcap_{i \in I} Z_i$ und $\bigvee_{i \in I} Z_i$ gemaß Definition 15B stets projektive Teilraume von $\mathbf{P}(V)$ sind

   b) Fuhre den Beweis von Lemma 15 1 aus

   c) Begrunde Bemerkung 2 und diskutiere die entsprechende Situation fur $\dim_K(\mathbf{P}(V)) = 3$

3. a) In $\mathbf{P} = \mathbf{P}(\mathbf{C}^4)$ sei $Z_1 = \{(x_0\ x_1\ x_2\ x_3)|x_0 + x_1 + x_2 + x_3 = 0\}$, Z_2 der kleinste projektive Teilraum, der die Punkte $(-1\ 2\ 1\ 3)$ und $(0\ 1\ -1\ 4)$ enthalt, $Z_3 = \{(7\ 1\ 0\ -5)\}$ Bestimme $Z_1 \vee Z_2, Z_1 \cap Z_2, Z_3 \cap Z_1$, sowie deren Dimensionen

   b) Fuhre $\lfloor 1 \rfloor$ aus und interpretiere diese Resultate bei $n = 1$ bzw $n = 2$

   c) Es sei K^n gemaß (15 2g) in $\mathbf{P}_n(K)$ eingebettet Es sei q eine Gerade in K^n Welche Punkte muß man zu $j(q)$ hinzufugen, um eine Gerade in $\mathbf{P}_n(K)$ zu erhalten?

4. a) Beweise Satz 15 2

   b) In $\mathbf{P}(\mathbf{R}^3)$ sei eine Hyperebene $H_0 = \mathbf{P}(W)$ mit $W = \{\tilde{x} = (x_1, x_2, x_3) \in \mathbf{R}^3 | x_1 - x_2 + x_3 = 0\}$ und ein Punkt $P_0 \leftrightarrow (1\ -1\ 1)$ ausgezeichnet Bestimme $\tau(P_i, P_j)$ gemaß (15 3e) fur $P_1 \leftrightarrow (1\ 2\ 8), P_2 \leftrightarrow (1\ 0\ 1), P_3 \leftrightarrow (0\ 1\ 2)$ Bestimme die affine Struktur von $A_2 = \mathbf{P}(\mathbf{R}^3) \backslash H_0$ gemaß (15 3e)

   c) Lose die gleiche Aufgabe fur $P_0 \leftrightarrow (1\ 2\ 2)$ und vergleiche die Ergebnisse gemaß Bemerkung 3

5. a) Es sei $(O, \mathfrak{a}^T) = (O, \mathfrak{a}^1,\ \ , \mathfrak{a}^n)$ ein Koordinatensystem des affinen Raumes $A_n = (A, V', \tau)$ uber K Zeige, daß $\mathbf{P}(V)$ mit $V = K\ \mathfrak{a}^0 \oplus V' = K\ \mathfrak{a}^0 \oplus K\ \mathfrak{a}^1 \oplus\ \oplus K\ \mathfrak{a}^n$ in kanonischer Weise ein projektiver Abschluß von A_n ist, und gib die Einbettung von A_n in $\mathbf{P}(V)$ an

   b) Der affine Raum $A_2 = \mathbf{R}^2$ mit dem Standardkoordinatensystem sei vermoge der Zuordnung $(x_1|x_2) \mapsto (1\ x_1\ x_2)$ in $\mathbf{P}_2(\mathbf{R})$ mit der uneigentlichen Geraden $q_\infty\ x_0 = 0$ eingebettet

(ı) Bestimme den projektiven Abschluß der Geraden

g_1 $(1|1) + \lambda$ $(2|1)$, g_2 $(0|-1) + \mu$ $(2|1)$

und ihren Schnittpunkt
(ıı) Löse die gleiche Aufgabe für die Geraden

g_3 durch $(2|1)$ und $(3|-1)$,
g_4 durch $(2|1)$ und $(1|2)$

und bestimme die Schnittpunkte mit g_∞

6. a) Beweise die Aussage (ııı) von Satz 15 2a
b) In $P(\mathbf{R}^4)$ sei die uneigentliche Hyperebene H_0 durch $x_0 - x_1 + 2x_2 - x_3$ $= 0$ und ein projektiver Teilraum $Z = P(W_1)$ mit $W_1 = [e^1 + e^2,$ $e^2 + e^3]$ gegeben Bestimme in $A_n = P(\mathbf{R}^4)\backslash H_0$ die Teilmannigfaltigkeit $\Lambda = Z \cap A$ gemäß (15 3f)
c) Im affinen Raum $A_3 = \mathbf{R}^3$ mit dem Standardkoordinatensystem seien die linearen Teilmannigfaltigkeiten

Λ durch $(1|1|0) + \lambda$ $(1|-1|2)$ und

Γ durch $(1|0|1) + \mu_1$ $(-2|0|0) + \mu_2$ $(0|0|3)$

gegeben $\mathbf{R}^3$ sei gemäß (15 2g) in $P_3(\mathbf{R})$ eingebettet Bestimme Z_Λ und Z_Γ Gilt $\Lambda \subseteq \Gamma$? Ist $Z_\Lambda \cap Z_\Gamma = \varnothing$? Ist $\Lambda \parallel \Gamma$?
d) Formuliere die affine Aussage zu dem Satz, daß in einer projektiven Ebene zwei Geraden stets einen Punkt gemeinsam haben

7. a) Untersuche, ob die folgenden Punkte aus $P(K^3)$ projektiv unabhängig sind

(ı) $P_0 = (1\ 0\ 2)$, $P_1 = (-3\ 1\ 4)$, $P_2 = (-7\ 2\ 6)$ und $K = \mathbf{Q}$,

(ıı) $P_0 = (\imath\ 0\ -\imath)$, $P_1 = (1 + \imath\ 2\ 3)$, $P_2 = (1 + 2\imath\ -2\ 1)$ und $K = \mathbf{C}$
b) In $P = P(\mathbf{R}^3)$ seien die Punkte $P_0 = (1\ 1\ 1)$, $P_1 = (1\ -1\ 1)$, $P_2 = (1\ 1\ -1)$ und $E = (0\ 2\ 2)$ gegeben Zeige, daß (P_0, P_1, P_2, E) ein Koordinatensystem von P ist und bestimme die Koordinaten von $P = (1\ 0\ 2)$ in diesem System
c) Bestimme die Geradengleichung von $P_0 \vee P_2$ sowie eine uneigentliche Gerade g_0, so daß $E \notin A = P\backslash g_0$ und $(P_0 \vee P_1)\backslash g_0$ und $(P_1 \vee P_2)\backslash g_0$ in A parallel sind

8. a) Führe die Begründung von $\boxed{2}$ gemäß Figur 13 aus und bestätige mit Hilfe des Strahlensatzes, daß die Werte $(\xi_0\ \xi_1)$ unabhängig von der Auswahl des Punktes O außerhalb der Geraden g sind, interpretiere diese Werte als $DV(P_0, P_1, E, P)$, Wie läßt sich diese Konstruktion in die Ebene $P(\mathbf{R}^3)$ übertragen?
b) Zeige, daß die Punkte $(1\ 1\ -1\ \frac{3}{2})$, $(0\ -4\ -2\ 1)$, $(1\ 7\ 2\ 3)$, $(1\ 3\ 0\ 2)$ aus $P_3(\mathbf{R})$ kollinear sind und berechne ihr Doppelverhältnis
c) Seien $Q_0 = (1\ \imath)$, $Q_1 = (1\ 1 + \imath)$, $Q_2 = (1\ -2\imath)$, $Q_3 = (5\ 4)$ aus $P = P(\mathbf{C}^2)$ Berechne $DV(Q_0, Q_1, Q_2, Q_3)$
d) Begründe (15 5j) ausführlich und führe den Beweis zu Satz 15 4 vollständig aus

9. Es seien Q_0, Q_1, Q_2, Q_3 vier verschiedene kollineare Punkte in $\mathbf{P}_1(K)$ uber K mit dem $DV(Q_0, Q_1, Q_2, Q_3) = \rho$

   a) Zeige, daß bei einer Permutation der Punkte Q_i das Doppelverhaltnis nur die Werte $\rho, \rho^{-1}, 1 - \rho, 1 - \rho^{-1}, (1 - \rho)^{-1}$ und $1 - (1 - \rho)^{-1}$ annehmen kann

   b) Es sei $\mathrm{Char}(K) \neq 2$ Zeige, daß die Paare kollinearer Punkte (Q_0, Q_1), (Q_2, Q_3) genau dann harmonisch liegen, wenn $DV(Q_0, Q_1, Q_2, Q_3) = DV(Q_1, Q_0, Q_2, Q_3)$

   c) Es sei $K = \mathbf{R}$ Fur welche Punkte ist $\rho > 0$, fur welche ist $\rho < 0$? Wie sieht dies aus, wenn Q_3 der uneigentliche Punkt von $\mathbf{P}_1(\mathbf{R})$ ist?

10. a) Bestatige (15 6d) und begrunde Bemerkung 9

    b) Beweise Bemerkung 10

    c) Zeige, daß gemaß Satz 15 5 jede Projektivitat ein projektives Koordinatensystem auf ein Koordinatensystem abbildet Formuliere die in Bemerkung 11 erwahnte Übertragung von $\mathbf{P}(V)$ auf $\mathbf{P}_n(K)$ ausfuhrlich

    d) Beweise Satz 15 5a

    e) Stelle die in Bemerkung 12 genannten Umrechnungsformeln auf

    f) Beweise Satz 15 5b

11. In $\mathbf{P}(\mathbf{R}^3)$ seien die Punkte $P_0 = (0\ 0\ -1)$, $P_1 = (2\ 2\ 2)$, $P_2 = (1\ -1\ 1)$, $E = (2\ 0\ 1)$ bzw $Q_0 = (-1\ 0\ 0)$, $Q_1 = (0\ 2\ 0)$, $Q_2 = (0, 0, -1)$, $F = (1\ 1\ 1)$ gegeben

    a) Zeige, daß (P_0, P_1, P_2, E) und (Q_0, Q_1, Q_2, F) projektive Koordinatensysteme von $\mathbf{P}(\mathbf{R}^2)$ sind und bestimme $A_h \in \mathbf{R}^{3\ 3}$

    $$\text{mit } \begin{pmatrix} x'_0 \\ x'_1 \\ x'_2 \end{pmatrix} =_h A_h \begin{pmatrix} x_0 \\ x_1 \\ x_2 \end{pmatrix} = \phi_h \begin{pmatrix} x_0 \\ x_1 \\ x_2 \end{pmatrix} \text{ bei der Projektivitat } \phi_h,$$

    die $(\mathfrak{P}, E)$ auf $(\mathfrak{Q}, F)$ abbildet

    b) Sei g_0 durch $x_0 = 0$ bzgl $(\mathfrak{P}, E)$ gegeben Bestimme $\phi_h(g_0)$ und $\phi_h^{-1}(g_0)$

    c) Bestimme alle Fixpunkte von ϕ_h

12. a) Zeige, daß in $\mathbf{P}(\mathbf{R}^3)$ durch $\phi_h(x_0\ x_1\ x_2) = (x'_0\ x'_1\ x'_2)$ mit

    $$\begin{pmatrix} x'_0 \\ x'_1 \\ x'_2 \end{pmatrix} = \begin{pmatrix} 0 & -3 & 3 \\ -3 & 0 & 3 \\ 0 & 1 & 1 \end{pmatrix} \begin{pmatrix} x_0 \\ x_1 \\ x_2 \end{pmatrix} \text{ eine Projektivitat geliefert wird und}$$

    bestimme die Bilder $\phi_h(P_i)$ bzw $\phi_h(g)$ fur $P_1 = (4\ 1\ 1)$, $P_2 = (-1\ 2\ 2)$, $P_3 = (3\ 3\ 3)$ und $g = P_1 \vee P_2$ Zeige, daß durch ϕ_h die uneigentliche Gerade $g_0\ x_0 = 0$ in sich abgebildet wird und bestimme die zugehorige Affinitat von $\mathbf{P}(\mathbf{R}^3) \backslash g_0$

    b) Zeige, daß bei der Zuordnung gemaß Satz 15 5b die Affinitaten eine Untergruppe von $G_p(\mathbf{P}(V))$ bilden

    c) Es seien $H_i = \mathbf{P}(W_i)$ $(i = 1, 2)$ Hyperebenen in $\mathbf{P}(V)$ und P ein Punkt mit $P \cap H_1 = P \cap H_2 = \varnothing$ Zeige, daß die Zuordnung

    $$\phi\ H_1 \to H_2 \quad \text{mit } H_1 \ni Q \mapsto (P \vee Q) \cap H_2$$

    eine Projektivitat ist (die *Zentralprojektion von H_1 auf H_2 mit Zentrum P*)

13. a) Begrunde gemaß Bemerkung 15, daß $\mathfrak{H}_{Q\ h} \cap A_n$ stets eine affine Quadrik ist, und zeige, daß man aus einer affinen Quadrik stets eine zugehorige

projektive durch Homogenisieren erhalt Formuliere die Beziehungen zu §14, insbesondere (14 1g')

b) Zeige, daß die projektiv-zulassigen Umformungen und die projektive Äquivalenz jeweils Äquivalenzrelationen liefern

c) Zeige, daß die projektiven Quadriken $x_0^2 + x_1^2 = 0$ und $x_0^2 + 3x_1^2 = 0$ uber $\mathbf{P}(\mathbf{Q}^2)$ geometrisch-aquivalent sind, aber nicht durch projektiv-zulassige Umformungen ineinander uberfuhrbar sind

d) Beweise Satz 15 6

14. a) Gib die projektive Normalform der folgenden Flachen in $\mathbf{P}(\mathbf{R}^3)$ und $\mathbf{P}(\mathbf{C}^3)$ an Mit welcher Projektivitat ϕ_h erhalt man diese Normalform? Bei welchem Koordinatensystem wird diese Form erreicht? Welche affinen Typen kann man durch geeignete Wahl der uneigentlichen Ebene zuruckgewinnen?

$$\mathfrak{F}_1 \quad 5x_1^2 + 5x_3^2 - 4x_0x_2 + 2x_1x_3 = 0,$$

$$\mathfrak{F}_2 \quad x_1^2 - 3x_2^2 + 5x_3^2 - 4x_0x_2 - 4x_0x_3 - 2x_1x_2 + 2x_1x_3 - 2x_2x_3 = 0$$

b) Homogenisiere die Gleichungen der Quadriken aus §14, Aufgabe 6a), b), c), d), 8a) und 9b) und lose hiermit die gleichen Aufgaben wie in Teil a)

c) Homogenisiere die Quadriken aus §14, Aufgabe 13b) und bestimme die projektiven Normalformen uber $\mathbf{C}$ sowie die zugehorigen Projektivitaten

d) Zeige, daß durch jeden Punkt der Quadrik $x_0^2 + x_1^2 + x_2^2 + x_3^2 = 0$ in $\mathbf{P}(\mathbf{C}^4)$ genau zwei Geraden gehen

15. a) Beweise Bemerkung 16

b) Zeige Mit κ ist auch κ^{-1} eine Korrelation von $\mathbf{P}(V)$

c) Zeige Schon eine Zuordnung $\kappa \quad \mathscr{P}(V) \to \mathscr{P}(V)$ mit

$$Z' \subset Z' \Rightarrow \kappa(Z') \supset \kappa(Z)$$

ist eine Korrelation

d) Bestatige Bemerkung 17

16. a) In $\mathbf{Q}^3$ seien die Standardkoordinaten eingefuhrt Sei durch $x^*(e^1 + e^2) = 5$ und $x^*(e^1 + 2e^2) = 3$ fur $x^* \in (\mathbf{Q}^3)^*$ eine Ebene gegeben Bestimme die Ebenenkoordinaten dieser Ebene

b) Gib die Transformationsregeln fur Hyperebenenkoordinaten bei Wechsel der Vektorraumbasis in V an

c) Seien die Hyperebenen H_i ($i = 1, 2, 3, 4$) gemaß $\boxed{5a}$ gegeben und q eine Gerade, die diese Hyperebenen schneidet und $P_i = H_i \cap g$ ($i = 1, 2, 3, 4$) Zeige

$$DV(H_1, H_2, H_3, H_4) = DV(P_1, P_2, P_3, P_4)$$

17. a) Fuhre die geometrische Interpretation von $\boxed{5b}$ aus

b) Zeige Sind Q_1 und Q_2 auf den Polaren $\kappa_B(P)$ zu P, so liegt P auf den Polaren $\kappa_B(Q_1)$ und $\kappa_B(Q_2)$

c) Begrunde Bemerkung 19

18. a) Betrachte in $\mathbf{P}_3(\mathbf{R})$ die Quadriken

$$\mathfrak{H}_1 \quad x_0^2 + x_1^2 - x_2^2 - x_3^2 = 0,$$

$\mathfrak{H}_2$: $x_0^2 + x_1^2 - x_2^2 = 0$,

$\mathfrak{H}_3$: $x_1^2 - x_2^2 = 0$

und die uneigentliche Ebene H_0: $x_0 = 0$. Bestimme $D(\mathfrak{H}_v)$, $d(\mathfrak{H}_v)$, $u(\mathfrak{H}_v)$ sowie $D(\mathfrak{H}_v) \cap H_0$, r und sgn.

b) Beweise Bemerkung 20.

c) Modifiziere Tabelle IV gemäß Bemerkung 21.

d) Wende die Invarianten von $\mathfrak{H} \cap H_0$ gemäß Bemerkung 21 zur affinen Klassifikation an und diskutiere $\boxed{6}$ ausführlich.

e) Betrachte in $\mathbf{P}_3(\mathbf{R})$ die Quadrik $\mathfrak{H}$: $x_1^2 + x_2^2 + 2x_3x_0 = 0$ sowie $\mathfrak{Q}$ aus $\boxed{6a}$ und folgende Wahl der Hyperebenen: H_0: $x_0 = 0$, H_0': $x_3 = 0$, H_0'': $x_2 = 0$. Bestimme jeweils den uneigentlichen Teil der Quadrik und klassifiziere die affine Restgleichung.

19. a) Beweise die in Bemerkung 24 genannten Eigenschaften des Zentrums einer zentralen Kollineation ϕ_h.

b) Bestimme die Matrix von ϕ_h, falls $P_1, \ldots, P_n$ in H_0 liegen. Bestimme Z_0.

c) Bestimme alle zentralen Kollineationen von $\mathbf{P}_1(\mathbf{R})$ und $\mathbf{P}_2(\mathbf{R})$ bzgl. eines Koordinatensystems wie in b).

20. a) Begründe die in Bemerkung 25, (15.12e) genannte Formel für A_h. Was läßt sich hieraus für die Fixpunkte der Abbildung folgern?

b) Bestimme die Normalform zu Projektivitäten mit

$$A_h' = \begin{pmatrix} 1 & 5 & 1 \\ 0 & 1 & 1 \\ 0 & 0 & -2 \end{pmatrix} \text{ bzw. } A_h' = \begin{pmatrix} 1 & 0 & 0 \\ 0 & 1 & 0 \\ 1 & 2 & 1 \end{pmatrix}$$

und die zugehörigen Fixpunkte in $\mathbf{P}_2(\mathbf{R})$ bzw. $\mathbf{P}_2(\mathbf{C})$.

c) Von der Matrix A_h' bzw. B_h' sei bekannt:

$\chi(A_h'; X) = X^3 - 2X^2 - X + 2 \in \mathbf{R}[X]$ bzw.

$\chi(B_h'; X) = X^3 + X + 2iX^2 + 2i \in \mathbf{C}[X]$.

Zeige, daß hierdurch die Normalform bestimmt ist und gib sie an.

21. a) Beweise Satz 15.7.

b) Dualisiere den Satz 15.7 und begründe diese Aussage (Skizze!).

c) Formuliere die Sätze von Pappos und Desargues in der projektiven Ebene und begründe sie. Dualisiere diese beiden Sätze.

Ergänzende Literatur

A. Vorbereitende Literatur

LAMPRECHT, E., *Einführung in die Algebra,* (2. Auflage). Birkhäuser Verlag, Basel 1991.
LAMPRECHT, E., *Lineare Algebra 1*, (2. Auflage). Birkhäuser Verlag, Basel 1993.

B. Weitere Bücher zur linearen Algebra

FISCHER, G., *Lineare Algebra* (9. Auflage). Verlag-Vieweg, Braunschweig 1986.
GREUB, W. H., *Linear Algebra* (4. Edition). Springer-Verlag, Berlin–Heidelberg New York 1981.
KLINGENBERG, W., *Lineare Algebra und Geometrie* (2. Auflage). Springer-Verlag, Berlin–Heidelberg 1990.
KOWALSKY, H. J., *Lineare Algebra.* de Gruyter & Co., Berlin–New York 1979.
LANG, S., *Linear Algebra* (3. Edition). Springer-Verlag 1987.
LORENZ, F., *Lineare Algebra* I, II. (2. Auflage). BI-Wissenschaftsverlag, Mannheim–Wien–Zürich 1988/1989.
NEF, W., *Lehrbuch der linearen Algebra* (2. Auflage). Birkhäuser Verlag, Basel 1977.
TIETZ, H., *Lineare Geometrie* (2. Auflage). UTB Vandenhoeck & Rupprecht, Göttingen 1973.

C. Weitere Literatur zur Multilinearen Algebra

BOURBAKI, N., *Elements of Mathematics. Algebra* I, Ch. 1–3, Springer-Verlag, Berlin–Heidelberg–New York 1989.
COHN, P. M., *Algebra* Vol. 2/3. (2. Edition). John Wiley & Sons, Chichester–New York 1991.
GREUB, W. H., *Multilinear Algebra* (2. Edition). Springer-Verlag, Berlin–Heidelberg–New York 1978.
LANG, S., *Algebra* (2. Edition). Addison-Wesley Publishing Company, Reading 1984.
REICHARDT, H., *Vorlesungen über Vektor- und Tensorrechnung* (2. Auflage). Berlin 1968.

D. Weitere Literatur zu den Anwendungen in der Geometrie

FISCHER, G., *Analytische Geometrie* (4. Auflage). Verlag-Vieweg, Braunschweig 1985.
HEINHOLD, J. und RIEDMÜLLER, B., *Lineare Algebra und Analytische Geometrie*, Teil 2. Carl Hanser Verlag, München 1985 (Nachdruck).
KELLER, O.-H., *Analytische Geometrie und Lineare Algebra* (3. Auflage), Dt. Verlag Wissenschaften, Berlin 1968.
PICKERT, G., *Analytische Geometrie* (7. Auflage). Akademische Verlagsges., Leipzig 1976.

Verzeichnis der Symbole

(Die Seitenzahlen in Klammern verweisen auf die
genaue Definition des Symbols in Band 1)

328

Sachverzeichnis

(der in Band 2 erklarten Begriffe, fur weitere Begriffe vergleiche das
Sachverzeichnis zu Band 1)

330

334

E. Lamprecht
Universität des Saarlandes, Saarbrücken,
Deutschland

Lineare Algebra 1

2. korr. Auflage 1992. 240 Seiten. Broschur
sFr. 25.– / DM 29.–
ISBN 3-7643-2830-4

Darstellung der linearen Algebra und ihrer algebraischen Hintergründe, die zugleich als Weiterführung des in E. Lamprecht, *Einführung in die Algebra* begonnenen Kurses geeignet ist; im vorliegenden Band werden K-Vektorräume, ihre Homomorphismen und modultheoretischen Weiterführungen, Dualität, algebraische Eigenschaften von Endomorphismen und zugeordneten Matrizen, Elementarteilertheorie, Normalformen von Matrizen und ihre Anwendungen behandelt.
Den einzelnen Paragraphen sind jeweils Ergänzungen und Aufgaben beigefügt, die mannigfache inhaltliche Erweiterungen des Stoffes sowie seine Einübung ermöglichen.

Bitte bestellen Sie bei Ihrem Buchhändler oder direkt bei:
Birkhäuser Verlag AG
P.O. Box 133
CH-4010 Basel / Switzerland
FAX: ++41 / 61 / 271 76 66

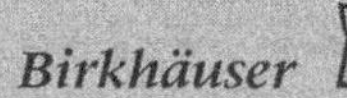

Birkhäuser
Birkhäuser Verlag AG
Basel · Boston · Berlin
Preisänderungen vorbehalten. 5/93

E. Lamprecht
Universität des Saarlandes, Saarbrücken,
Deutschland

Einführung in die Algebra

2. korr. Auflage 1991. 280 Seiten. Broschiert
sFr. 25.– / DM 29.–
ISBN 3-7643-2580-1

Das vorliegende Buch enthält den Stoff einer einsemestrigen vierstündigen Einführungsvorlesung für Studienanfänger. Im ersten Kapitel werden einige Grundbegriffe der elementaren naiven Mengenlehre und der mathematischen Terminologie zusammengestellt sowie die einfachsten Ergebnisse über algebraische Verknüpfungen hergeleitet; Bemerkungen aus der Kombinatorik, über Permutationsgruppen und die algebraische Diskussion der komplexen Zahlen veranschaulichen die auftretenden Begriffe. Nach Diskussion eines algorithmischen Lösungs- und Entscheidungsverfahrens für lineare Gleichungssysteme werden im zweiten Kapitel wichtige Rechentechniken der linearen Algebra behandelt. Anwendungen in der analytischen Geometrie ergänzen den Stoff. Das dritte Kapitel enthält eine Einführung in die Ringtheorie, die Diskussion der euklidischen Ringe Z und K(x) und Restklassen- und Quotientenstrukturen; die Hauptachsentranformation reell-symmetrischer Matrizen und Ergänzungen zur Gruppentheorie runden den Stoff ab.

Bitte bestellen Sie bei
Ihrem Buchhändler oder
direkt bei:
Birkhäuser Verlag AG
P.O. Box 133
CH-4010 Basel / Switzerland
FAX: ++41 / 61 / 271 76 66

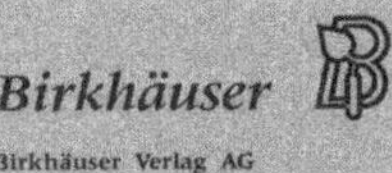
Birkhäuser

Birkhäuser Verlag AG
Basel · Boston · Berlin
Preisänderungen vorbehalten. 5/93